Iris Geiger-Musik & Gunar Musik

Perverse Symposien

Studien zur Chronik eines sozialen Todes I

Dritter Band der Galerie der Geistesblitze

1. Auflage 2015 © Iris Geiger-Musik & Gunar Musik
ISBN 978-1-326-39708-1

Weitere Informationen unter: www.gpunkt-musik.de

Vorschau

a

Wenn du einmal so angekurbelt worden bist, dass du mit Riesenschritten und einer enormen Beschleunigung fast in den Wolken gingst, mit einem inneren Auftrieb, der dir die Erdenschwere nahm... Wenn alles im Nu zu gelingen schien, weil du nach keiner Entschuldigung fürs Scheitern suchen musstest und keinen Zuspruch, keine Förderung nötig hattest; wenn du mit Füßen tratst, wofür sich andere endlos anstrengten, um ihre Vorbehalte niederzuringen, um schließlich froh zu sein, wenn sie sich irgendwo einreihen durften... Wenn du mit aller Selbstverständlichkeit meintest, auf niemanden angewiesen zu sein und die geforderten Anpassungsleistungen ohne Interesse oder Revolte einfach übergehen konntest... Dann war mehr oder weniger schnell der Punkt erreicht, ab dem eine stabile Mehrheit Gleichgesinnter dafür sorgen wollte, dass du überhaupt nicht mehr voran kamst, dass du in ihren Ausbremsungen einbetoniert werden solltest. – Wie sich zeigte, reichte die Interessengemeinschaft vom Professor oder Minister über den Hausbesitzer und seinen Anwalt bis zur Wurstverkäuferin oder zum Müllmann. Jetzt galt es, die Intelligenz in Überlebenstricks umzubauen, den Humor als Waffe zu verwenden und den Antrieb wie den Durchblick für die eigene Ernährung arbeiten zu lassen.

Wenn du die Erfahrung gemacht hast, dass man dich um dein Leben rennen ließ, wirst du der Delegation nicht mehr gehorchen, es einfach wegzuwerfen. Der Abgrund deiner Verzweiflung ist alles andere eher als der Beweis irgendeiner Qualität – er ist dir ganz schlicht angetan worden.

Nachdem dir gezeigt werden konnte, dass nichts mehr von dir übrig ist, dass deine Ressourcen verbraucht sind und alle Möglichkeiten auf einen monotonen und ausweglosen Trott reduziert wurden, wirst du beginnen, jedes noch so kleine Zeichen zu begrüßen, das dich daran erinnert, dass du noch lebst. Wenn dir in irgendwelchen nebensächlichen Zusammenhängen plötzlich auffällt, dass du noch rennen kannst, ist die nächste Schwelle überschritten.

Nachdem dir beigebracht werden sollte, dass all deine großen Ziele nichts wert sind, wirst du die Kleinigkeiten zu schätzen beginnen. Die Vorbehalte sind weg, die fehlerhaften Vergleiche und die verlogenen Rücksichtnahmen, die Angst zu versagen... haben sich in nichts aufgelöst. Du bist für deine Geschichte verantwortlich, für nichts sonst, also wirst du alles, was dir an Wissen und Kraft, an Einsicht und Beobachtungsgabe gegeben ist, darauf verwenden können, in diese Geschichte zu investieren, bis sie sich zu Geschichten auffalten kann.

Dieser Prozess des Umdenkens wird sehr viel mit der Technik der Wiedererinnerung zu tun haben: Du musst dich an deine Zukunft erinnern, sonst wird sie von den Verantwortlichen mangels Interesse abgesagt. Was dir unter der Perspektive der angekurbelten Größenphantasie so unwichtig schien, dass es mit Füssen getreten wurde, was bei zunehmender Beschleunigung ganz selbstverständlich zurückgelassen oder mit einem Achselzucken beiseitegelegt worden war, wird auf einmal der Garant für die Fähigkeit zur Freude gewesen sein. Nur weil die Sachen wie selbstverständlich gelungen waren, war damit noch nicht bewiesen, dass sie keinen Wert hatten – es hängt immer davon ab, in welchem Rahmen sie für einen nützlich werden können. Bleib stehen, schau auf den Boden, der dich trägt, halte die Nase in den Wind und vermeide die Orte, wo es nach Psychose stinkt. Übersehe niemanden, der dir begegnet, nicht weil du etwas erwartest oder irgendwelche Bedürfnisse hast, sondern sichere, dann läufst du in keine Falle. Wenn du dich nicht an die Regeln der Zukurzgekommenen hältst, wenn du ihre Stillhalteprämien nicht brauchst und ihren Selbstbetrug nicht unterstützt, wird fast alles, was an dich herangetragen wird, unter der Kategorie Verleugnung einzusortieren sein. Das ist die einzige Bestätigung, die jemand ständig bekommt, der die anderen infrage stellt, weil er nicht auf ihre Bestätigung angewiesen ist: Über den Umweg der Einsicht in die Mühen der Verleugnung kannst du dich entfernen und je besser dies gelingt, je mehr werden sie sich anstrengen und je weiter kommst du von ihnen weg.

In einem konfliktuellen Kontext kann es a priori nicht von Interesse sein, was die andern machen – nichts lebt dort aus sich selbst, alles ist nur Resultat von Neid und Übertrumpfung und damit als Mittel zum Zweck nichts wirklich wert. Schau deinen Händen zu, was sie alles können, horche auf deinen Atem, genieße die Wärme der menschlichen Nähe, glaube den Wahrnehmungen deiner Haut. Renne nicht mit irgendwelchen Krüppelzüchtern um die Wette, gewöhne dir ab, sie im Dienste abstrakter Werte zu bekämpfen – jede Auseinandersetzung setzt eine Nähe voraus, die dich den Umarmungen des Nichts und der Flucht in die Abwesenheit aussetzt. Die alte Lebensregel „viel Feind, viel Ehr" ist noch der letzte Versuch, dich auf ihr Register zu reduzieren. Es gibt einen ganz einfachen Weg: Besinne dich auf das, was dir Freude oder Lust bereitet. Investiere dich so, dass die Freude zunimmt und die Lust jene Turbulenzen im Unendlichen freisetzt, die dich unerreichbar machen können.

b

Die modernen Medien haben die verschiedensten Sozialisationsagenturen renoviert aber zugleich von den alten Regeln der Zucht und Ordnung nichts übriggelassen. Das ist gut so: Was seine Glaubwürdigkeit durch die Zynismen der Macht verloren hat, taugt nicht länger zur Durchsetzung von Askese und Antriebsstörung. Fraglich an dieser Entwicklung ist nur, dass die Negation des Körpers nun auf einem anderen Level als Virtualisierung und Entkörperlichung durchgesetzt wird. Das letzte Geheimnis unserer Kultur ist in den Essstörungen zu finden: Die Magersucht artikuliert die Größenfantasie der Identifikation mit dem Gesetz, denn nur wenn die anstößige, stinkende und begehrende Körperlichkeit aus der Welt entfernt worden ist, ist das Ideal der Krüppelzüchter erreicht – und der Einverleibungswahn widmet sich dem kulturellen Umweg, die ganze Welt in Scheiße zu verwandeln und die Schuld auf sich zu nehmen, dass von einem/r noch ein amorpher Klumpen blutigen und wässrigen Fettes übrig bleibt. Nichts kommt von nichts, es sind also ganz handfeste Direktiven für den weltflüchtigen Imperativ auszumachen, der das Leben der Menschen als Form der Angstbewältigung mehr oder weniger stark bestimmt.

Für die Praktiken der Askese galt der Körper als Feind, aber ex negativo hatten gerade die Askese ihn in seiner Macht bestätigt, hatte die Übertretung und den Exzess als Formen des Selbstbeweises und der Emanzipation möglich gemacht. Die ursprüngliche Abwesenheitsdressur verdanken wir der Mutter, die unser erstes Medium gewesen ist; die Praktiken, die sie in unsere Körper eingeschrieben hat, haben unsere Fluchtversuche und Ausweichbewegungen geprägt. In einer Leistungsgesellschaft übernimmt das Subjekt mit den Sozialisationsformen der Selbstinszenierung selbst die Instanzen der Zensur. Erst die mediale Universalisierung der Abwesenheitsdressur macht es möglich, an den abwegigsten Perversionen teilzuhaben, ohne sie noch verkörpern zu müssen – wenn im Virtuellen alles unverbindlich erlaubt ist, entfällt sowohl die Revolte wie das Fest der

Verschwendung. Wir können in wenigen Augenblicken auf den verschiedenen Kontinenten präsent sein, aber wir sind fast nicht mehr in der Lage, einem im selben Raum anwesenden Partner die nötige Aufmerksamkeit zu widmen; wir besiedeln Großraumbüros, suchen Schutz in der Selbstentlastung durch Teamarbeit und werden in einer umfassenden Dressur dem Multitasking der dauernden Abwesenheit unterworfen, sind aber dank dieser Arbeit in der Unverantwortlichkeit nicht mehr in der Lage, konzentriert in der Nase zu bohren. Nichts gegen die Erkenntnis in der Zerstreuung, oft setzt sie mit den Techniken der indirekten Wahrnehmung gewisse subliminale Wahrheiten frei, auf die wir in den Kontexten der vorgegebenen Simulation von Normalität nie gekommen wären. Aber dazu muss ein umfassendes Repertoire an Wissensweisen zur Verfügung stehen, eine Masse an Einsichten, die dann gegen den Strich gebürstet werden können, auf dem wir als Agenten unserer eigenen Käuflichkeit ständig balancieren sollen. Ansonsten kommt nur Wischiwaschi zustande, die Nachahmung abgenudelter Kopien, die Einwilligung in die eigene Hohlheit und Substanzlosigkeit.

Weil die Datenströme sich vervielfacht und enorm beschleunigt haben, kann die Fremdbestimmung nun lustbetont verkauft werden. Die Lust darf folgerichtig nicht mehr um ihrer selbst willen gesucht werden, sondern sie wird als Vorlust angepriesen, als Köder für die Verabsolutierung der Surrogate. Deshalb predigen die Medien inverse Formen alter Weisheiten: Geld ist nicht alles – aber ohne Geld sei alles nichts! Oder: Die Liebe könnte die meisten Probleme lösen, wenn sie von den mit großem Aufwand hergestellten Egoisten keinen so hohen Preis fordern würde...

Der dauernde Wettstreit um die Erkennungszeichen des Erfolgs, die fehlerhafte Identifikation mit den hohlsten Vertretern glamouröser Selbstdarstellung, die Reduzierung menschlicher Erfahrungsmöglichkeiten auf Embleme und Rollenspiele... führen einen Leistungsindex in die alltäglichen Belange ein, bei dem es nichts zu gewinnen gibt. Früher oder später hat jede/r einzusehen, dass mit dem bisschen hauszuhalten ist, was von den Träumen und Illusionen noch übrig gelassen wurde und das ist für ein ganzes Leben erbärmlich wenig. So verwundert es nicht, dass das Scheitern idealisiert werden muss und dem Versagen besondere ästhetische Reize abgewonnen werden, dass an den wirklichen Stars besonders zu delektieren ist, wie wenig sie mit dem Erfolg anfangen können und wie erbärmlich sie krepieren. An den Mächtigen wird uns vorgeführt, dass sie nur zur Macht vorgelassen worden sind, weil sie derart verstrickt wurden, dass sie jederzeit mit einer medial aufgeblasenen Diffamierung zu Fall gebracht werden können. An den Schönen sehen wir, wie schnell sie durch die Hässlichkeit der Machtspiele gezeichnet werden, denen sie die Aufmerksamkeit der Bewunderer verdanken. An den Reichen dürfen wir eine Kombination dieser beiden Techniken bewundern, mit denen immer wieder neu erreicht wird, dass die Leute nichts mit den Möglichkeiten anzufangen wissen, die sie ihren Privilegien verdankten. Und das ist sowas von beruhigend für all die kleinen Krüppel, die nichts können und nichts zu wollen haben, die nie an irgendwelchen Privilegien schnuppern durften... aber dank der Statistik der großen Zahl eine Wirtschaftsmacht darstellen und dank der Homöostase des Elends die politische Stabilität garantieren.

Unter den subjektiven, objektiven und medialen Vorgaben des umrissenen Realitätsprinzips war zu beweisen, dass ein Paar, dem jede Möglichkeit des Gelderwerbs abgeschnitten werden sollte, das realisieren musste, was mit Geld und Macht nicht zu erwerben war, um eine neue Welt zu stiften. Sie waren einmal vor vielen Jahren mit dem Traum gestartet, das Paradies müsse sich ervögeln lassen – und auf einmal hingen ihre Überlebensmöglichkeiten von der Fähigkeit ab, dieses antiquierte Prinzip Hoffnung zu aktualisieren und in die Wirklichkeit zu überführen. Sie waren erst einmal nur Anhängsel irgendwelcher Familien- oder Bildungssysteme gewesen, um dann füreinander zu Substituten jener Gesetzmäßigkeiten zu werden, die sie hinter sich zurücklassen wollten, aber immer wieder zu bekämpfen hatten. Als Supplemente verwandelten sie sich nach und nach in jene selbstreferentiellen Phänomene der Philosophie, die als ursprünglich nur Abgeleitete in einem nächsten Schritt eine konstituierende Rolle für das zu spielen begannen, von dem sie abgeleitet worden waren. Sie durften feststellen, dass sie tatsächlich das sind, was sie gewesen sein werden. Es ist der Bruch mit der Situation, die Möglichkeit, sich jenseits ihrer Begrenzungen zu situieren, der in einer Rolle der Ausgeliefertheit die nötige Orientierung verschafft! Sie mussten lernen, sich an ihre eigene Zukunft zu erinnern, um dafür zu sorgen, dass sie von den Leuten, von denen sie einmal abhängig gewesen sein sollten und die sie nur als Material der eigenen Bedürfnisstruktur missbraucht hatten, nicht einfach mangels Interesse abgesagt werden konnte. Es ist die Verbindung aus Sprache und Wunsch, in der die Kausalität einer seltsamen Schleife unterstellt wird, in der der Wunsch auf einmal ebenso sehr Ursache wie Wirkung des Versprechens auf Zukunft wird... Kümmere dich um die Worte und die Sätze kümmern sich um die Bedeutung; kümmert euch um die rechte Behandlung der Partialobjekte und die Körper verbürgen den Sinn. Es ist die Verschränkung der Zeiten, in der die Interpretationsanweisungen für unsere Gegenwart aus genau jenen zukünftigen Wirklichkeiten heran wehen, die die öffentlich bestellten Vertreter der Macht – die Bewahrer der Grundlagen des universitären Wissens – für unwahrscheinlich erklären mussten.

Die Tarnkappe

Wir können nicht weit genug raus, wenn wir die Gesetzmäßigkeiten des innersten Kerns nachvollziehen wollen. Jede Nähe macht taub und blind, jede Einfühlung und Anähnelung zerstört das Erkenntnisvermögen, jede Suche nach Ähnlichkeiten ist auf die Dauer tödlich. Distanz heißt das Zauberwort: Die Möglichkeiten des Wissens nehmen mit dem Grad der Entfremdung zu, das Komische, das Absurde und das Obszöne belehren uns über die Wahrheiten, die wir nicht wissen sollen. Ich hatte mir diese Welt nicht ausgesucht und als ich endlich so weit war, ihre grundlegenden Regeln nachzuvollziehen, kam ich nicht etwa in die Lage, selbst zu wählen und über meine Ziele zu entscheiden. Je mehr ich wusste und kapierte, je mehr Leute arbeiteten daran, dass ich gar nicht dazu kam, etwas damit anzufangen. Es brauchte nur die Basissetzung, selbst erfahren, selbst wissen, selbst entscheiden zu wollen, und von da ab musste ich Haken schlagen und um mein Leben rennen; ich musste lernen, das Wissen zu verleugnen, hatte die verschiedensten Rollen zu spielen und zu immer neuen Masken zu greifen. Ich hatte ein Leben lang an den Strategien zu lernen, mit denen versucht wurde, mich zu unterwerfen, mich zu beherrschen – konnte sie sogar hin und wieder gegen den ursprünglichen Zweck verwenden und wurde alt dabei, ohne auch nur die Chance zu sehen, damit zu einem Ende zu kommen.

Ganz weit von außen: Ein multimediales Gastmahl in einer ellipsoiden Sphäre, die aus Fullerenen komponiert worden ist: Einem funkelnden Juwel von der Größe eines Planeten, das die Lichter aus den fernen kosmischen Winkeln spiegelt und dank der Kräfte verdichteter Kohlenstoffgitter die entlegensten Einflusssphären zu einem prägenden Gestaltbild zusammenführt. Es gibt Gedanken, aus denen Welten entstehen, wie es Denksysteme gegeben hat, an denen sie zuschanden gegangen sind – von hier draußen ein farbiges

Feuerwerk in der abgründigen Schwärze des leeren Raums. Hinter den reflektierenden, von innen halbdurchlässigen Wänden, finden wir eine Welt im Versuchsstadium in den vielfältigsten Farben und Formen. Geschwungene Bahnungen, die wie Rundungen wirken und doch aus lauter Vielecken zusammengesetzt sind, biologische Wesen an der Grenze zum anorganischen, energetische Entitäten, die sich in Wirbeln materialisieren und für Augenblicke einen Ausdruck gewinnen, von vielfältigen Wolkenformationen über vielsagende Kleckse und geheimnisvolle Schattenrisse bis zu wie vertraut wirkenden Gesichtern usw. Und ganz im Innern eine leuchtende Blase, in der alles an Luxus und Komfort aufgeboten wurde, um die für das Überleben menschlicher Körper notwendigen Bedingungen zu gewährleisten. Ein Maximum an Unwahrscheinlichkeiten, von den minimalen Bindungskräften über die Gravitation und den Magnetismus...

Ganz innen ein festliche Gelage, ich sitze mit den Avataren aus der Schule der Liebe zusammen, um durch den Rausch der Bedeutungen zurück zu finden zu den nüchternen Anlässen eines Spektakels der Vernichtung. Schälchen mit den verschiedenen Lebewesen, Polypen, Garnelen oder Krebsen, Würmern und Insekten werden gereicht. Das Zeug wimmelt vor sich hin, die folgende Diskussion ist also auch eine der entsprechenden Häppchen, die das Auge ansprechen oder auf der Zunge wirken sollen. In speziellen kleinen Fritteusen, die in surrealistischen Formen jeweils in Griffweite integriert sind, werden exotische Leckerbissen ausgebacken. Irgendwelche Brutkammern in den Tischen taugen dazu, verschiedene Teigsorten aufquellen und gehen zu lassen, bis sie dann als kleine Taschen mit den Grillhäppchen gestopft und in der Mikrowelle überbacken werden. Wie nebenbei ist zu beobachten, dass manche der Schlänglein oder Kerbtiere, als seien sie aus dem Nichts gezeugt, in den Teigen entstehen und manchmal kein Teig mehr übrig bleibt, sondern nur nachtschwarzes Gewimmel, das aus den Behältern flieht, wenn sie erst einmal leer gefressen sind und in den Ritzen im Boden oder den Fugen zwischen den Sitzmöbeln verschwinden. Die Tische und die Sitze sind multifunktionale technische Wunderwerke, was nichts daran ändert, dass sich im Fortgang des Gesprächs das Interieur verwandelt. Wir machen die Erfahrung, dass uns nur noch Gegenstände umgeben, die von einer seltsamen Lebendigkeit erfüllt sind und eine befremdliche Fähigkeit zur Nachahmung entwickeln. Die Sitzmöbel beginnen ihr Gegenüber zu imitieren oder den auf ihnen Sitzenden nachzubilden... Dass erinnert mich an eine frühere Beobachtung, als Dr. Heinrich mit seinen transgenen Spielereien endlich einen Durchbruch erzielt und das Unsterblichkeitselixier der Axolotl produziert hatte. Zuerst begann sich die Haut zu verändern, bis die körperliche Integrität aufgeweicht war und sich seltsame Warzen und Missbildungen zeigten, die schließlich ein bedrohliches Eigenleben entwickelten... – Es blieb als Notbremse die Reise im Transmitter, mit der diese Veränderungen dank des alten Datenbestands wieder rückgängig zu machen waren und Heinrich an einem Punkt der Verhandlungen auftauchte, an dem ein etwas anderer Verlauf die Infektion vermied: Er hatte dann eben nicht mehr den gleichen argumentativen Hintergrund, wie die anderen, weil ihm gewisse lebensgefährliche Erfahrungen erspart worden waren.

Erst einmal ist die Begegnung mit einer Welt zu verdauen, in der alles im Wandel ist und in gegenseitigen Anähnlungen und Anverwandlungen besteht. Die Avatare figurieren als Agenten der Rede und produzieren sich in gewohnter Form mit den abseitigsten Wissensweisen; alle Disziplinen werden verknüpft und die Grenzziehungen unterlaufen, um an jenen realen Vorgängen anzukommen, die erst die Abgrenzungen und den Todeslauf notwendig machten. Manchmal sind es die bekannten Protagonisten, manchmal werden auch Charaktere oder Handlungsträger in die inszenierte Wirklichkeit überführt, mit denen ich eher in der eigenen Geschichte als in den aktuellen Kolloquien konfrontiert worden bin. Was aber nahe liegt, es werden Situationen durchgespielt, die im weiteren Sinne nicht weniger als Gastmähler zu interpretieren sind: sadistische Machtspiele, hohllaufende Ersatzbefriedigungen, von der konfliktuellen Mimetik angekitzelte Rivalitätsstrukturen, eine Steigerung der Erfahrung von Vergeblichkeiten, die mir ein paar Bildungsbeamte zukommen lassen mussten, um den Status der eigenen Stillstellung auszuhalten. Schon bei Plack ‚Die Gesellschaft und das Böse' finden sich einige interessante Beobachtungen über den Zusammenhang von Eitelkeit und Sadismus. Girards Kennzeichnung der Ventile des mimetischen Taumels legt die Schlussfolgerung nahe, dass die Gesellschaft der Bösen die der Zukurzgekommenen ist. Das Böse und der Hang zur Vernichtung resultieren aus dem Mangel an Sein und daraus folgend, aus dem Mangel an Differenzierungsvermögen – was ich nicht einschätzen kann, kann ich auch nicht schätzen. Alle fehlerhafte Identifikation und alle zwanghafte Verführung zur Ähnlichkeit wollen den Sog des psychotischen Motors abmildern und bestätigen seine Wirkung nur umso mehr. Wer nicht zu Ende geboren wurde und noch immer an den Vorbehalten und Rücksichtnahmen einer symbolischen Nabelschnur hängt, wird seine Existenzbeweise am hergestellten Leiden und der sorgfältig vorbereiteten Vernichtung derer ableiten wollen, die ihn/sie in seiner/ihrer Lebensunfähigkeit infrage stellen konnten.

In den verschiedensten bildungsgeschichtlichen Zusammenhängen lieferte ein Essen den Anlass für treffende Charakterisierungen der Leute: Beobachtungen wie sie schlemmen oder gieren, wie sich manche/r hinter Konventionen und Benimmregeln versteckt, wie andere ihre Hemmung oder die Angst vor dem anderen in distinguierten Selbststilisierungen unterbringen und wieder andere völlig rücksichtslos an einer Selbstdarstellung der völlenden Souveränität arbeiten, die ihnen sonst nur fremd ist. Der Rausch und die Enthemmung – bei manchen ein Zusammenbrechen des Sicherungssystems der Wohlerzogenheit, bei anderen aber dies systematische Zelebrieren ihres Machtanspruchs. Da wir es hier aber mit Programmderivaten und komprimierten Zitatzusammenhängen zu tun haben, ist jede Charakterisierung, jede Beobachtung, mit der wir dem Bedürfnis folgen, Regelhaftigkeiten auszumachen, um die Erwartungsmuster mit einer gewissen Sicherheit zu versehen, schon ein Resultat der Paranoiadressur. Wir sollen an die Wiederholbarkeiten glauben, wir sollen auf unsere Erwartungen vertrauen – eben dadurch werden wir beherrschbar. Die Charakterzüge sind ein Maskenspiel, die Überzeugungen austauschbar, der Klamauk von intellektuellen Komödianten soll davon ablenken, dass es die Kräftepfeile sind, an denen wir die Wahrheiten ablesen können. Es ist nie nur eine Kraft, sondern immer das Wechselspiel verschiedenster antagonistischer Kräfte: Verbündete können sich dabei behindern und zu Fall bringen, während Gegner dafür sorgen mögen, dass die Beschleunigung zunimmt und das Ziel umso sicherer getroffen wird. Das Spiel der Kräfte kann sich derart verselbständigen, dass die Gegner des einen als Verbündete des anderen taugen, aber gerade weil sie ein Interesse an einer Vormachtstellung haben, weil sie sich ihrer Verbündeten versichern wollen, zu Verbündeten der Gegner der Gegner des anderen werden, die tatsächlich als Gegner der Gegner der Gegner des einen zu Verbündeten der Gegner der Gegner des anderen geworden sind... Und da nie nur zwei in dieses Spiel eingebunden werden, entsteht ein vieldimensionales Mobile, das meist zur Unbeweglichkeit verdammt ist; in einigen sehr unwahrscheinlichen Situationen aber, in denen die Hemmung zur Beschleunigung taugt und die Niederlage zum Sieg, kann eine völlig neue Konstellation entstehen, zu der die Verzweiflung den Schlüssel liefert oder bei der die hochmütige Überlegenheit den Absturz besiegelt. Interessant sind dann vor allem die Versuche, über Manipulationen eines kleinen Teils das ganze Mobile in eine Richtung zu zwingen – aus den sich daraus entwickelnden Verzögerungen und Ablenkungen lässt sich sehr viel über den Einsatz und die Effektivität des freien Willens lernen – oder über die narzisstische Störung jener Statthalter der Macht, die das, was sie sind, der Verstümmelung durch eine Institution verdanken, der konventionalisierten Lebenslüge und dem prämierten Verzicht! An dieser Stelle sind die Spuren und Andeutungen zu suchen, mit denen den Gesetzmäßigkeiten eines Kontextes auf die Schliche zu kommen ist, mit denen dann im rechten Augenblick der Kontext dieses Kontextes bearbeitbar wird.

Zum Abschluss dieser Vorschau bietet sich zur Charakterisierung des zivilisatorischen Standindexes an, einen Striptease aus dem Begleitprogramm einzubauen. Später werden wir nicht mehr dazu kommen, uns mit irgendwelchen vergleichbaren Supplementen zu beschäftigen: Wenn die Kacke schließlich am Dampfen ist, wird es darum gehen, die nötige Hintertür in einer Sackgasse zu finden, den

Webfehler einer perfekt ausgeklügelten Strategie, die Gesetzmäßigkeit, mit der die Gesetzmäßigkeiten der Paranoisierung ausgehebelt werden können!

Also zurück zur Augenlust und zum Köder für den Leser: Wir werden von mehr oder weniger unbekleideten Frauen und Männern bedient, die das Gespräch mit etwas Fleisch unterfüttern und mit lasziven Spielereien auflockern sollen. Eine Frau in einer schwarzen Kampfmontur tritt in den inneren Raum unserer Tafelrunde und beginnt sich zu entkleiden. Die Latexhülle liegt so eng an, dass sie den nackten Körper besonders hervorzuheben scheint, solange noch nichts zu sehen ist. Sie schält den Hightech-Panzer in schmalen Partien ab, wirft die dunkel fluoreszierenden Streifen hinter uns und an die seitlichen Wände. Wie die Zeichen einer unbekannten Schrift verweilen sie dort einen Augenblick, um dann mit schlangengleichen Bewegungen aufeinander zuzustreben und immer größere Kleckse zu bilden. Der Blick geht gebannt zwischen den Zeichen und dem nackter werdenden Körper hin und her. Die Haut scheint aufzuleuchten, wenn sie von der Hülle befreit ist, um dann durchsichtig zu werden und in einen Leuchteffekt überzugehen. Und es bleibt nicht beim Schwinden der Montur – die Haare werden wie eine Perücke abgenommen und landen in einem Champagnerkübel, die Brauen fliegen durch den Raum und heften sich an eine Lampe, ein Pad in der linken Hand entfernt den Lippenstift und die Schminke – vom Gesicht bleibt nur eine vage Linie, an der sich das Licht bricht. Die rechte Hand hat einen voluminösen Rasierapparat hervorgezaubert und beginnt den Körper systematisch zu rasieren, bis die Kontur fast nur noch zu erahnen ist. Je weniger an Sichtbarem bleibt, je mehr gewinnen die Zeichen an der Wand eine gespenstische Lebendigkeit, sie verspotten die Anwesenden und ahmen die Posen der Gebanntheit, die Unruhe des Begehrens nach. Fast alles ist jetzt unsichtbar, zuletzt verschwindet das stilisierte Dreieck der Scham als Maskerade der Unsichtbarkeit und Abwesenheit. Ein gespenstischer Rasierer summt noch eine Weile vor sich hin, dann verschwindet das zum Dildo umfunktionierte Gerät immer wieder in der Unendlichkeit des Nichts. Der Vibrator arbeitet im Ungefähren verschwimmender luftiger Schleier, bis am Ende für das Auge eine immer hektischere

Konvulsion im leeren Raum zu erahnen ist. Im Augenblick des Orgasmus wird die Frau noch einmal erahnbar in einer leuchtend bedrohlichen Wolke, um dann als dünner Nebel zu verwehen. Die Damen versuchen das Gesicht zu wahren und tun, als sei nichts gewesen, während einige der Herrn an den vorangegangenen Gesprächsfäden anknüpfen, um zu überspielen, dass sie sich ertappt fühlen. Die abebbende Erregung ist im ganzen Raum zu spüren, sie ist noch da, während an den Wänden die Momentaufnahmen eines Kaleidoskops, in dem die Partialobjekte durcheinander purzeln, reproduziert werden: Die schockgefrosteten Innenseiten der Erfahrbarkeit unserer Welt.

Beginnen wir endlich an einem Anfang, der längst nichts anfangen ließ, sondern die Gegenrechnung auf ein lang andauerndes Unternehmen der Ausbremsung gewesen ist. Starten wir mit dem Ausflug zum Tittisee und einem Abschlussessen, nachdem ich meine ersten vier Monate in einer internationalen Bank hinter mir hatte, die notwendig geworden waren, weil von unseren finanziellen Reserven etwa vier Wochen nach meinem Auftritt in Dresden nichts übrig war und der erste Monat dieses Jobs schon mit dem Überziehungskredit unseres Girokontos abgedeckt werden musste. Als ich den Anruf bekommen hatte, eine Neukonzeption für das Becher Literaturinstitut vorzulegen, hatte ich die über Monate vorbereitete Zusammenarbeit mit zwei Werbebüros schleifen lassen und damit selbst dafür gesorgt, dass der Versuch, uns als Texter über Wasser zu halten, schon nach zwei Entwürfen vergessen werden konnte. Nachdem die Konzeption abgelehnt worden war, brauchte ich schnell einen Job, um wenigstens das Minimum an Lebenshaltungskosten abzusichern – und weil ich unter den Bedingungen der Überqualifizierung vom Arbeitsamt nicht zu vermitteln war, hatte ich wieder auf die studentische Arbeitsvermittlung zurückgegriffen und eine Krankheitsvertretung eines Bankboten erwischt.
Wir haben also von Anfang an den Rahmen des informalisierten Schwachsinns, innerhalb dessen ein paar überangepasste Banker beweisen wollten, dass ihre rücksichtslose und asoziale Selbstverwirklichung im inhaltsleeren Signifikanten Geld durch meine Askese

von den Produkten der innerweltlichen Askese nicht infrage gestellt werden konnte – aber hätten sie dann irgendetwas beweisen müssen! Mit der Gegenüberstellung von Gebrauchswert und Tauschwert war einmal die Entfremdung in einer Warenwelt unter den Gesetzmäßigkeiten des Kapitals begründet worden. Mit der Entfesselung der Simulation und den verschiedensten Bühnen der Selbstinszenierung wiederholt sich dieses Verhältnis in der Relation von Signifikat und Signifikant und die Arten des Bezeichnens verselbständigen sich in Statussymbol, Markenfetischismus und Logo. Die Banker stehen für jene Protagonisten des inhaltsleeren Exzesses, sie unterscheiden sich nur in Einkommen und gesellschaftlichem Anspruch von den Teilnehmern einer Loveparade, des halluzinationsfreien Geratters unter Ecstasy – sie rasen unter dem Gesetz der über Telefon abgerufenen Termine und den immateriellen Datenströmen, die die Server der Großbanken verbinden. Es ist mittlerweile eine Binsenweisheit, dass Technojünger eine Vorschule der beschleunigten Geld- und Informationsströme durchlaufen – die einen spekulieren mit Geld und Immobilien, die anderen mit Mode oder Kunst und wieder andere mit virtuellen Derivaten von Wert und Bedeutung – aber die meisten haben an jenem magischen Feld der entfesselten Ströme teilzuhaben, um danach wieder in die totalitäre Nichtigkeit eines inhaltsleeren Lebens zurückzufallen. Nur deshalb unterstehen die Banker derartigen Statuszwängen und folgen in ihren dumpfen und schmerzhaften Techniken des Ausspielens und Übertrumpfens einer Logik der Überbietung, die ihnen jeden Tag immer wieder neu beweist, was sie mir beweisen wollten: Dass auf die Anstrengungen, ein selbstbestimmtes Leben hinzubekommen und die Präliminarien der Individualität umzusetzen, a priori geschissen war.

Danach im nächsten Teil dann der zweite Besuch Elvuhrs, ein Gastmahl, bei dem wir nichts anbieten, weil er im Auftrag gekommen ist, um sich unsere Niederlage quittieren zu lassen. Er darf für seine Bemühungen, uns zum Scheitern und zur Verzweiflung zu verführen, auf Vorschlag einiger kultureller Größen für ein halbes Jahr nach Paris. Wir dagegen sollen endlich akzeptieren, dass unsere selbsternannten Gegner überall die Finger drin haben, wo wir bisher auch nur ein paar Mark als Hilfsarbeiter, Autoren und freie Mitarbeiter verdienen konnten. Also dokumentieren wir ihm, dass es für uns die reale Alternative jenseits einer Karriere kleingekrüppelter Hungerkünstler gibt, jenseits des Wechselspiels demütigender Speichelleckereien und bramarbasierenden Selbstgefälligkeiten – dank der Möglichkeiten, die eine internationale Bank zur Verfügung stellen kann. Das, was ich am allerwenigsten wollte, eignete sich bei dieser Begegnung als bestes Abwehrsystem gegen jenen Imperativ, der mir beibringen sollte, nichts mehr zu wollen! Wobei wir erst einmal voraussetzten, dass es in dieser Bank keine Versuche der Einflussnahme gegeben hatte. Als uns dann nahegelegt wurde, dass es vielleicht doch irgendwelche Einflüsse gab, die über Umwege beiher spielten, verursachte dieser Verweisungszusammenhang ein paar Weltensprünge, die dafür sorgten, dass ich in den nächsten Jahren zwei Millionen Mark Umsatz in Bewegung setzen konnte – ohne Abhängigkeiten und auf eigene Verantwortung. Die Bank hatte das formale Schema vorgegeben, das dann nur noch auf einen anderen Weltbereich übertragen werden musste.

Schließlich der Rückblick auf den ersten Besuch, bei dem wir Elvuhr verköstigt haben, um die nötigen Informationen über den Gründungsrat und die Möglichkeiten einer erfolgreichen Vorgehensweise gegen seinen Auftrag herauszukitzeln – und einige der wichtigsten Ansatzstellen habe ich auf der subliminalen Ebene wirklich durch diesen Besuch mitbekommen. Er mag mit dem entgegengesetzten Ansatz angetreten sein: Zu vernebeln, einzuschüchtern, das Einwirken einer möglichen Übermacht zu suggerieren – aber er brachte genug mit, was dann unter der Optik des Traums und den Leitlinien der Fehlleistung, des Versprechens und der Erinnerungslücken auszuwerten war. Das Ergebnis war die universalisierte Erfahrung der Perversion – wir lebten wirklich in einer psychotisierten Welt. Ein tabuisierter DDR-Autor, der dank der Ausweichmöglichkeit in ein dekadentes Westdeutschland die Möglichkeit gehabt hatte, zu publizieren, wurde nun nach dem realen Zusammenbruch des Sozialismus dazu verwendet, Autoren kaputt zu machen, die das herrschende System und die akademischen Abhängigkeiten von Bildungsbeamten für einen Augenblick infrage gestellt hatten – die Wiedervereinigung lieferte den Kindern ehemaliger Nazibeamter auf beiden Seiten der deutschen Teilung das Repertoire und die Zugriffsmöglichkeiten, die Macht des Beamtenstaats weiter auszubauen. Und in der ZEIT oder der FAZ lobten sie sich gegenseitig für die Liberalität und Toleranz und den aktuellen Stand des intellektuellen Niveaus.

Zum Abschluss dann die Zusammenfassung der Fahrt nach Dresden und der Vorstellung einer Konzeption, in der ich die 400 Seiten der Texte zum ‚Philosophischen Sperrmüll' auf drei Thesenblätter eingedampft hatte – danach sollte ich ein Wiedergänger und lebender Leichnam sein. Dabei war schon im Altpapier die Selbstcharakteristik zu finden, dass ich in einer Welt der nachgemachten Menschen auf dem Status des Zombies rekurrieren musste, um überhaupt etwas durchsetzen zu können. Die Erfahrungen bei einer internationalen Bank waren also nicht nur auszuhalten, weil ich als Untoter den Routinen des Nichtstuns unterworfen wurde, sondern weil die nötigen Abstände dafür sorgten, dass der Todesmaschinerie der Geisteswissenschaften die Annihilierung der menschlichen Werte durch die Finanzströme des internationalen Kapitals entgegengesetzt werden konnte.

Ausgehend von den dargestellten Erfahrungen haben wir uns an den Gedanken gewöhnt, dass schon die Gründungsdokumente des abendländischen Wissens ein Resultat der Intrige, des Sexualneids, der Verleugnung und der üblen Nachrede gewesen sein müssen. Was die Jahrhunderte dann redigieren durften, waren schließlich wieder idealisierende Generalisierungen der eigenen Bedürfnis- und Erwartungsstruktur – und auch die Interpreten haben mit ihrem jeweils vorauseilenden Gehorsam nur dafür gesorgt, dass der Motor einer konfliktuellen Rivalität am Laufen gehalten wurde. Auf dem Feld der Rede wird am unerbittlichsten und rücksichtslosesten um das Rechthaben gekämpft: Zum einen, weil sie niemals wirklich gelernt haben, welche Verantwortung mit dem Führen einer Waffe verbunden ist – wer nur mit Worten und Blicken töten will, lernt wohl zu selten, dass der Sieger, frei nach Hegels Herr-Knecht-Dialektik, auf die Dauer nur verlieren wird, wenn er nicht gewähren lässt und sich in Duldsamkeit übt. Und zum anderen, weil sie viel zu sehr dran gewöhnt sind, dass Wahrheiten gesetzt und durchgesetzt werden – sie meinen also, dass sie ihre Lügenwelt nur laut genug vertreten, nur genügend Schüler binden und zum Mitlügen bringen müssen, um sich um all das nicht mehr zu kümmern, was an Stimmigkeiten und Passungen in den Binnenwahrheiten der Körpererfahrung zum Fundus wirklicher Wahrheiten taugen könnte.

Viele der hier angesprochenen Fraglichkeiten werden schon zu Zeiten des Symposions ausgebrütet – so ist immer wieder in die Philosophiegeschichte einzutauchen, um die aktuellen Sackgassen besser zu verstehen. Gegen die verschiedensten Deutungsversuche jenes Mythos vom greisenhaften Kind, das später als Kulturheroe zu dienen hat, ist zu vermuten, dass ein Sokrates immun gegen schwule Annäherungsversuche war, weil er sich gegen die Surrogate des fluktuierenden Begehrens dank der exklusiven Bindung an eine Frau zu wehren wusste. Nicht umsonst taucht in solchen Zusammenhängen jener Topos vom greisen Kind auf. Das altkluge Kind ist ein Medium der mütterlichen Welt: Es artikuliert jene Spannungen und Ungerechtigkeiten, die aus der Auftrennung eines ursprünglichen Verhältnisses der Geschlechter resultierten. Deshalb gibt es manchen Hinweis auf einige Stifter der abendländischen Philosophie, die am Schamanismus der weiblichen Verbundenheit mit der Welt teilgehabt hatten. Und diese alten Weisheiten mündeten in einem Mann, dessen Weisheit sich daran bewies, dass er die Halbwahrheiten und Fetischismen jener Männerwelt zerlegte, die vor der Infragestellung ihrer mühsam hergestellten Selbstbeherrschung durch das von der Schönheit weiblicher Körper ausgelöste Begehren in die Sicherheit der kulturschwulen Formierung ausgewichen waren. Lacan – der eine Ähnlichkeit des exklusiven Frauenbezugs von Sokrates zu Freud hergestellt hat – durfte seine Zuhörer darauf hinweisen, dass Platons Schwärmerei daraus resultierte, die Idee des höchsten Gutes auf das zu projizieren, was tatsächlich die undurchdringliche Leere genannt werden könnte. Es ist die Angst vor der Erfahrung, die sorgsam aufgebauten Sicherungssysteme des eigenen Ich im

Begehren zerbröseln zu sehen, die sich vor der Erfahrung der Geschlechterspannung ins Nichts und die Leere rettet. Es ist nicht unwichtig, wenn Lacan darauf insistiert, dass Eros – als Resultat eines Beischlafraubs – ein Kind der Armut ist: Die Liebe und das Begehren sind auf keinem Status der glücklichen Fülle angesiedelt, sondern auf dem von Sucht und Abhängigkeit, sie sind ein nicht zu stillender Hunger nach dem Etwas, das eine stabile Identität zu verleihen verspricht. Die Zahlenmagie und die Metaphysik der Nummer waren überaus erfolgreiche Versuche, einen Raum jenseits der Geschlechterspannung für den Absolutheitsanspruch der Wahrheit urbar zu machen – auch wenn wir heute zu erahnen beginnen, dass dieser Weg die Entscheidung für den Selbstmord der abendländischen Kultur impliziert hat. Vielleicht hatte der Sohn einer Hebamme, als Eingeweihter in den weiblichen Mysterien, einen ganz anderen Wahrheitsbegriff verkörpern und durchsetzen wollen, als dies die kulturschwule Vereinigung um Platon dann propagiert hat – es ist nicht selten vorgekommen, dass eine Lehrmeinung gerade deshalb durchzusetzen war, weil die Schüler ihren Meister gegen dessen ursprüngliche Intention interpretierten. Wie sonst ist der in mancher Hinsicht seltsame Befund zu erklären, dass sich der Begründer des philosophischen Eros jenseits von Rausch und Begehren situieren sollte – erst als Folge der verschiedenen Platonismen konnte konstatiert und beklagt werden, wie unerotisch dieser männliche Ziegenbock gewesen sein soll. Aber vielleicht war das eine von langer Hand vorbereitete Verleugnung, die die eigentliche Wirkungskraft im Nachhinein ungeschehen machen musste. Vielleicht war ein Sokrates nur gut genug gefickt, vielleicht hatte er befriedigende Gründe, einer dominanten Xantippe nachzugeben, um sich damit den Wahrheitsanspruch von Schwätzern und Wichtigtuern zu sparen. Vielleicht liefert dies eine viel stimmigere Erklärung für den angeblich so verderblichen Sog, den er auf die Jugend ausübte.

Für diese Zusammenhänge wäre auf die Vorlesungen zum Souveränitätstraining zu verweisen... Das Streben nach Weisheit zielt einen Status der Abgeklärtheit und Distanz zur Welt an, den die Protagonisten der Institutionalisierung einer erfüllten Befriedigung abgelauscht haben. Zu ihrem Unglück versuchen sie der Prämisse zu folgen, die Reibungsintensitäten und Konflikte der Geschlechterspannung durch kulturelle Umwege zu vermeiden. Die Beziehungsarbeit mag ein Todeslauf sein, allerdings ist dieser Agon mit der Chance versehen, am Ziel des gemeinsamen Überlebens anzukommen. Das Ausweichen in die kulturschwule Vereinigung impliziert von Anfang an den Verzicht auf die Beziehungsarbeit: Handhabbare Surrogate haben zu ersetzten, was an wirklicher Intensität und erfüllender Echtheit zur Verfügung stehen könnte. Die Weisheit selbst, die hier geliebt werden soll, wäre tatsächlich in den Körpern zu Hause und in der Liebe zu erfahren, sie wäre kein Resultat der schon in den Anfängen konstatierten Begattung mit den Toten mehr, die noch in Fromms Diagnose der Nekrophilie der gegenwärtigen Zivilisationsstufe nachklingt: Die Furcht vor der Freiheit und die Anatomie der menschlichen Destruktivität sind notwendig aufeinander bezogen.

Die dritte Sitzung

„Hallo und guten Morgen! Ich hoffe, du hast dich gut präpariert. Bevor wir uns mit den grundlegenden Gesetzmäßigkeiten der Musik beschäftigen wollen, mit einer reversiblen Konzeption der Zeit und den damit einhergehenden Zusammenhängen zwischen Erotik und Ästhetik, habe ich einen kleinen Ausflug vorbereitet. Eine originalgetreue Simulation des Ausflugs zum Tittisee und der umliegenden Örtlichkeiten im Schwarzwald steht zur Verfügung – wir können uns also in einen Bus setzen und dort hinfahren, wir können Rudern gehen oder Golf spielen, wir haben verschiedene Feinschmeckerlokale zur Verfügung und die schönsten Ausflugsziele."

„Was soll das denn jetzt! Das passt doch schlecht als Probe auf die Authentizität. Ich habe nicht mehr als die Erscheinungen, die Oberfläche der Dinge – aber ich bin in dem Augenblick ein Teil dieser Oberfläche, wenn ich vom Geschwätz und den fehlerhaften Identifikationen absehen kann. Also ich lasse mich drauf ein, versuche die Dinge selbst zum Sprechen zu bringen... Warum soll ich also in deinen vom Computer generierten Weltausschnitten Zeit an Spekulationen und willkürlichen Setzungen verlieren, wenn ich in der eigenen Biographie alle Wahrheitswerte habe, mit denen ich die Simulation auf ihren Anlass zurückführen kann! Wir müssen die Weisheit oder die uns betreffenden Wahrheiten nicht in der Tiefe suchen, wenn sie in der Oberfläche versteckt worden sind und in den Konstellationen greifbar werden. Das ist die Chance unserer Sinne, denn Bewusstsein ist immer an analoge Medien gebunden. Die Augen, die Ohren, der Tastsinn und die Nase sind verschränkt – es liegen keine monokausalen Ableitungen vor, sondern wir interpolieren in den verschiedenen Dimensionen, die Schlussfolgerungen werden nicht bewusst, sondern setzen wie selbstverständlich irgendwelche Tatsachen frei. Das liefert die Chancen, subliminale Wahrnehmungen freizusetzen."

„Das sieht für dich vielleicht so aus. Aber die Menschen sind ihren Informationsmaschinen unterworfen, ein Signifikant setzt ein Subjekt für einen Signifikanten. Die Kodierung eines Wissens muss immer schon vorgegeben sein, damit du überhaupt etwas wahrnehmen und erkennen kannst. Wir wollen tatsächlich auf die kombinatorische Matrix der zugrunde liegenden Strategien kommen. Der Sinn, das Bewusstsein sind nur sekundäre Innenansichten, während die Strategien das jeweilige Machtgefälle freilegen: Kräftepfeile! Wenn wir die Gesetzmäßigkeiten der Intrige ausarbeiten wollen, um damit auf jene Tricks und Techniken zu kommen, die es dir ermöglicht haben, eine andere Partitur zu aktivieren, sollten wir den zugrundliegenden Konflikt dort aufsuchen, wo er noch in der Wirklichkeit ausgefochten worden ist. Es gibt wohl keine größeren Kontraste: Jemand der auf Eigenarbeit, Bewusstseinserweiterung und Authentizität setzt in einer Welt der überangepassten, konventionellen Maskenmenschen! Der Hungerkünstler unter Geldleuten; der Vertreter einer reflexiven Lustpolitik gegen die Agenten der Modernisierung der innerweltlichen Askese; die Echtheit der Präsenz gegen die Reproduktion approbierter Stimmigkeiten usw..."

„Nur zu, ich bin über jedes Lob erhaben. Das erinnert mich viel eher an jenen frühen Horrormoment: Ich hatte dauernd das Gefühl, es nur mit nachgemachten Menschen zu tun zu haben – aber nach und nach habe ich mich wohl dran gewöhnt. Ein primäres Erkennungszeichen ist für mich die konfliktuelle Mimetik geworden. Die, die sich ständig mit anderen vergleichen, die nachahmen und wetteifern, die nicht wissen, was sie wollen und deshalb auf jeden Fall das wollen, was der imaginierte Rivale hat, sind für mich apriori durchgefallen. Ich mache bei dem Wettrüsten nicht mit, ich wende mich ab und dem zu, was für mich wichtig ist. Am Ende kommt raus, dass sie mir hinterher hecheln und irgendwelche Lügen über meinen Hochmut, über meine Arroganz verbreiten. Auch das juckt mich nicht. Solange das Gefälle richtig ist, solange sie sich mit mir beschäftigen, ich mich aber nicht mit ihnen beschäftigen muss, sehe ich darin überhaupt kein Problem. Hier oben ist es vielleicht ein wenig leichter. Menschen bringen immer ihre Eitelkeiten mit und manche Katastrophe ist nur ausgelöst worden, weil irgendeine auf einem Missverständnis beruhende Kränkung vergolten werden wollte – wenn sie die Gaben, die man ihnen schenkt, in ähnlicher Form vergelten würden, wäre die Welt nicht so sehr aus den Fugen! Hier gibt es keine mehr, wir haben es nur noch mit Programmderivaten zu tun und die lassen sich umstricken oder runterfahren und im schlechtesten Fall hängen sie sich auf.

Mit Böhme darf ich daran erinnern, dass das unüberschaubar gewordene Wissen immer größere Speicher beansprucht, die zugleich immer kompliziertere Ordnungssysteme nötig machen. Vom in Bibliotheken oder Datenbanken gespeicherten Gesamtwissen kann jeder nur einen winzigen Ausschnitt realisieren, alles andere verliert sich im Ungefähren des Hörensagens. Wenn ich unterwegs bin, transportiere ich auf meinem Tablet etwa sechzehn Gb philosophische und literarische Texte, aber wenn es darum geht, einzelne Gesetzmäßigkeiten zu belegen und nachzuvollziehen, brauche ich die Abende im Hotel, um nur ein-zwei Seiten sicheres Wissen zusammen zu stellen. Das von einem Einzelnen kultivierbare Wissen ist tatsächlich verschwindend gering und wenn ich dann versuche, es in brauchbarer Form zu vermitteln, wenn ich die nötigen Impulse setzen möchte, stelle ich fest, wie wenig der Normalverbraucher den Resultaten dieser Informationsdichte gewachsen ist. Nur weil meine Verarbeitungskapazität ein wenig höher war und die Einsicht in die Relativität der Verarbeitbarkeit etwas früher zur Verfügung stand, soll ich dann für Bildungsbeamte der Schuldige sein oder zumindest den Sündenbock abgeben, mit dem sie anachronistisches Unternehmen heiligen wollen? Wenn es bei Böhme heißt, dass Lebenszeit und Verarbeitungsgeschwindigkeit des Menschen für das Wissensuniversum prinzipiell nicht mehr ausreichen; wenn mittlerweile Leben heißt, mit dem ununterbrochenen Veralten fertig zu werden und an die Stelle von Erfahrungswissen, Bildung und Tradition so etwas zu setzen wie Netzwerk-Kunst, Navigationsvermögen, Adaptionsfähigkeit, so ist doch auf dem Lernvermögen zu insistieren, etwas anderes bleibt uns schließlich nicht! Und damit ist jene Technik der Verleugnung und sekundäre Bearbeitung, mit der die Normalverbraucher seit der Goethezeit und den Bedingungen der Kleinfamilie auf Veränderungen und Lernanforderung reagieren, zu verabschieden."

„Genau das war schon einmal, auf der untersten Ebene, dein Problem! Kommen wir also erst einmal auf die Frage zurück, die diesen ganzen Entwicklungsstrang ausgelöst hat. Wenn Du nicht in der Lage bist, die anderen in ihrer Rolle anzuerkennen, wirst Du auch keine Anerkennung erwarten können. Wenn ihre Leistungen für dich nicht existieren, wenn Du sie nicht wenigstens für den Schmerz und die Selbstverleugnung, die ihnen die Anpassung und Verdumpfung gekostet haben, verstehen und schätzen kannst, wirst Du die Erfahrung machen, dass sie alles daran setzen, dich auf einen Status zu reduzieren, demgegenüber ihr Verzicht und ihre Resignation noch wie das wahre Leben aussehen. Wie kamst Du nur auf die Idee, dass sie anerkennen werden, dass Du durch deine Unangepasstheit und den Willen, einen eigenen Weg zu finden, Leistungen zustande bringst, die ihnen gar nicht erlaubt worden sind. Es wäre alles andere eher erwartbar, denn der Schmerz des verpassten Lebens will ausgehalten sein. Nur wenn ständig neue Beweisfiguren geschaffen werden, dass es gar nicht gelingen kann, können sie sich immerhin die Hände am Feuer einer verlöschenden Hoffnung wärmen. Und Du sagst dir, Du machst einfach weiter und legst unvorhergesehene Leistungen vor, walzt die Widerstände nieder, räumst einen kleinen Krüppel nach dem andern aus dem Weg, zeigst, dass all die Anpassungsleistungen des Selbstbetrugs überflüssig sind...?"

„Es ging den Leuten nicht um die Werte, die sie predigten und mit denen sie sich dekorierten," werfe ich ein: „Es ging ihnen um die Macht, die mit der Verfügungsweise über das Wissen und damit über unsere Wirklichkeit verbunden ist. Aus diesem Grund ist die Klage über die Entwertung des Buchs und der damit verbundenen Wissensweisen nur eine Deckadresse. Sie verteufeln den Computer und die Freiheitsspielräume, die durch das Internet aufgeschlossen werden, weil ihr Monopol damit in Frage gestellt wird. Dabei ist das Argument der Verdummung und Zwangsinfantilisierung eines, das sich auf die Gesetzmäßigkeiten des Buchmarkts im zwanzigsten Jahrhundert nicht weniger anwenden ließe. Der Tratsch ist mittlerweile universalisiert worden und die Selbstdarstellung von Nullen hat eine Reichweite gewonnen und ist so inflationär geworden, dass sie nur noch als entsprechender Anreiz der eigenen Selbstdarstellung taugt – und das heißt, dass in der Regel keine Kompetenz dazu gehört, sie zur Kenntnis zu nehmen: Also auch kein Kanon und keine Benimmregeln des rechten Erkennens für den vorauseilenden Gehorsam sorgen. Der Schwachsinn, der sich heute in der massenhaften Selbstvermarktung feiert, unterscheidet sich qualitativ nur durch die gute Laune und den Blödelfaktor von dem Schwachsinn, den in den vergangenen Generationen die Mitläufer und Strammsteher zustande gebracht haben. Die wenigsten haben damals selbst denken können oder sich auf die Risiken eines eigenen Lebens einlassen wollen – so gibt es keinerlei Grund, über den Verlust des Denkens zu klagen. Es ist sinnlos, vom ‚Ende der Hypnose' zu träumen und der Zeit nachzutrauern, als man aus dreißig Seiten Text mit viel Luft dazwischen ein ganzes Buch machen konnte, auf das man dann stolz sein durfte. Und wenn ich dann daran denke, wie psychotisch die Buchhändler waren, bei denen ich Geld verdienen musste, wie verdreht und geisteskrank die Professoren und Verleger, mit denen ich zu tun hatte, wie intrigant und verbogen die Rundfunkleute und Journalisten, die auf mich angesetzt wurden, werde ich den Protagonisten der Gutenberggalaxis keine Träne nachweinen. Es waren genau jene neu entstandenen informationstechnischen Spielräume, mit denen ich mich unabhängig machen konnte!"

„Das ist schon ein bisschen später in der zeitlichen Abfolge. Wir wollen etwas weiter zurück, um jene Ereignisse freizulegen, während der Du gewisse Wahrheiten gegen Ihre Statthalter gewendet hast. Dann wird vermutlich deutlich, dass es kein Wunder war, dass die Staatsschauspieler jener Werte, die für die Kirche, die Lehre und das Feuilleton gepflegt werden, dafür sorgen, dass Du diese Werte nicht gegen den gesellschaftlichen Schlafschutz einzusetzen in der Lage bist. Du musst solche Selbstprogrammierungen wie Zivilcourage, Selbstverwirklichung, eigenständiges Denken, den Mut zum Widerspruch, den Aufbruch zu neuen Ufern... nur ernst genug nehmen, um sie gegen die Dummheit und Verleugnung, die Lebenslüge, den Tratsch und die Intrige einzusetzen und Du wirst feststellen, dass sich eine stabile Allianz bildet, die von der kleinen Wurstverkäuferin über progressive Verleger bis zum konservativen Wissenschaftsminister reicht, vom behinderten schwäbischen Hausbesitzer über die pseudoprogressiven BuchhändlerInnen zu zynischen internationalen Bankern, vom anmaßenden Friseurmeister zur intriganten Sachbearbeiterin beim Arbeitsamt bis zum Herrgott spielenden Literaturprofessor. Wenn Du diese ganze Welt herausforderst, ist es völlig unerheblich, dass es eine schwachsinnige Welt ist! – Die Apologeten des Verzichts, die Protagonisten der Lebenslüge und Verleugnung sind in einer absoluten Mehrheit und nichts kann sie so in Rage bringen, wie die Demonstration der Unangemessenheit, der Überflüssigkeit ihrer Verzichtleistungen."

„Das haben wir doch alles schon mehrfach durchgesprochen, und anhand meiner Geschichte ist zu sehen, dass es nicht alles sein kann! Schon Platon setzte auf ein Gedächtnis ohne Zeichen, auf einen universalen Transport, der ohne jede Übersetzung auskommt – und das setzt ein Speichersystem voraus, das trotzdem in einem derart dynamischen Eigenleben begriffen ist, dass es nicht verwundern muss, wenn der Mensch in Augenblicken der Inspiration oder in den Nöten einer umfassenden Ausgeliefertheit plötzlich an einer Übersprungbildung teilhat. Mit dem Gedanken eines Eigenlebens der zwischenweltlichen Archive, die sich in Verweisungszusammenhänge verwandeln, liegt also die Folgerung nahe, dass es irgendwelche Transformationen geben müsse, bei denen es gelingt, den semantischen Gehalt von seiner Speicherung unabhängig zu machen: Als gebe es hinter, unter, über oder neben den Archiven eine Sphäre, die so unabhängig ist, wie das System der Monaden oder die Welt der Ideen, die also den Übergang von der Passion in die Vollendung anzeigt. Bücher transportieren Buchstaben, also Verteilungsungleichgewichte von Farbpigmenten: Meist eine maximale Unwahrscheinlichkeit von Schwarz vor dem Hintergrund der Entropie des Weiß – obwohl es nur eine Konvention ist, die der Ermüdung des Auges entspricht und in einer komplementären Verteilung die gleiche

Funktion erfüllen würde. Sinnesorgane reagieren auf Reize, Synapsen produzieren Spannungen, Hirnareale produzieren Erregungszustände und synthetisieren Gedächtnismoleküle, die den Kontext dieser Erregungen reproduzieren können... Aber nirgendwo in dieser funktionellen Betrachtung finden wir die Bedeutung! Und auch wenn in den verschiedensten Zusammenhängen darauf hingewiesen worden ist, dass es die Gefühle sind, denen wir den Fundus der Semantik verdanken, so ist doch klar zu unterstreichen, dass die Bewegung von der Sinneswahrnehmung zum Denken keine Einbahnstraße sein kann, sondern dass ein dauernder Wechselverkehr von Austausch, Vergleich, Anähnelung und Differenzierung statthaben muss, der die einfachsten Wahrnehmungen strukturiert und die kompliziertesten Gedanken materialisiert und mit Fleisch unterfüttert... Was liegt näher, als ein fluktuierendes Reich der Semantik vorauszusetzen – von mir aus als Fließgleichgewicht, als spannungsbalancierendes Gesetz des symbolischen Tauschs. Es ist der evolutionäre Prozess, der die Komplexitätsreduktion unseres Wahrnehmungsapparats steuert, es sind die Traditionen, Konventionen und Erwartungsmuster, die unsere Erfahrung strukturieren: Gelegentlich war schon von morphogenetischen Feldern die Rede, hin und wieder heißt es, dass das Ganze mehr ist, als die Summe seiner Teile, manchmal wird von einer guten Gestalt ausgegangen und von Emergenz ist in ganz verschiedenen Zusammenhängen die Rede. Damit ist das, was sich den Erklärungen entzieht, mit vielen schönen Namen getauft worden, bei denen sich der Wille zum Wissen beruhigen darf, obwohl doch gar nichts verstanden worden ist. Vielleicht sorgt eine durch die Null dividierte und dann mal Unendlich genommene Variation des ursprünglichen Reichs der Ideen dafür, dass längst, bevor wir selbst entscheiden können, wie wir was und warum zu erkennen und zu beurteilen haben, für uns entschieden worden ist."

„Du weichst aus – aber einverstanden! Wir werden uns also jetzt auf eine Erkundungsfahrt begeben, um hinter die Gesetzmäßigkeiten der nichtidentifikatorischen Prozesse einer psychischen Selbstorganisation der Identität zu kommen! Algo hat schon alles vorbereitet und sorgt dafür, dass uns die nötigen Datenbanken zur Verfügung stehen und außerdem gescannt wird, was dir an Assoziationen durch den Kopf geht. Außerdem hat sie Gert als Begleiter gewinnen können, unseren Zeichen- und Systemtheoretiker, der zwei Kollegen mitbringt, die sich auf Wittgenstein und Heidegger spezialisiert haben. Heinrich kennst du ja schon, unser Hermeneutiker hat erreicht, dass wir auf die dynamischen Verweisungszusammenhänge unseres Strukturontologen zugreifen dürfen. Ich bin mal gespannt, was passiert, wenn die durch deine Geschichte auf ein höheres Spannungslevel beförderten Besetzungen mit den Speichertechniken eines Toth zusammentreffen – eigentlich geht ihr die gleiche Aufgabenstellung an, eben aus zwei ganz verschiedenen Richtungen. Die Genealogie – A zeugte B, der C zeugte, der D zeugte... liegt immer noch unserem gängigen Geschichtsverständnis zugrunde und dabei wird schon lange an allen monokausalen Ableitungen gezweifelt. Jetzt kommst du und behauptest, du habest nur deshalb die absurdesten Sachen hingebracht und ausgeklügelte Prüfungen bestanden, weil dir ein Wissen aus der Zukunft entgegen geweht ist, weil gewisse morphogenetische Felder derartig gleichverteilten Wahrscheinlichkeiten unterstehen, dass für sie der Zeitverlauf aufgehoben ist. Das, was du den subliminalen Wahrnehmungen ablauschen willst, müsste also bis zu einem gewissen Maß an diesen Feldern teilhaben – und das sollten wir etwas genauer erforschen und wenn möglich in ein operationales Schema überführen. Deshalb Toth, wir greifen nicht umsonst auf den Meister der Archive zurück und das impliziert für uns noch immer, dass ein Speichersystem für die zarten Unwahrscheinlichkeiten unserer Zukünfte tatsächlich undenkbar ist. Zu diesen Themen hast du mit Helga, unserer Ethnologin und mit dem Psychoanalytiker Charlus schon ausgiebig die Klingen gekreuzt – wenn die Aufforderung bei Benjamin heißt: Was nie geschrieben wurde lesen, hat sich das bei dir wieder in eine Mantik verwandelt, die auf die Zukunft ausgreifen möchte. Wenn die beiden es ermöglichen können, stoßen sie später noch zu uns. Das wird ein lustiges Grüppchen, ich freue mich schon auf den Ausflug."

„Ich habe nichts dagegen, wenn wir die notwendigen Analysen an den realen Geschehnissen ableiten. Aber ich halte es für völlig sinnlos, dass wir uns von unserem jetzigen Wissen aus in eine Simulation begeben und dann auf einen authentischen Zugang zu den entscheidenden Themen hoffen. Zu den wirklich entscheidenden Störungen der multimedialen Zivilisation gehört neben der ständigen Aufforderung zur fehlerhaften Identifikation besonders jene Form der vorwegnehmenden Ahmung. Wir sind nicht locker, innovativ und intelligent, sondern wir setzen alles daran, dass es für mögliche Beobachter so aussehen soll, als seien wir locker, innovativ und intelligent. Aus dem kategorischen Imperativ Was-sollen-denn-die-Leute-denken ist eine Form der vorauseilenden Selbstverstümmelung geworden, die jedes Lernvermögen und jede aufmerksame Wahrnehmung blockiert. Es bleiben verstümmelte Krampfbabys übrig, die von einer enormen Angst vor der inneren Leere angetrieben werden und deshalb immer die Parolen vor sich herbeten, von denen sie denken, dass sie gerade gehört werden wollen. Das erklärt die dauernden Techniken des Eigenlobs und der inhaltsleeren Selbstdarstellung in Großkonzernen nicht weniger wie die Koans der multimedialen Erfahrung: Wir gehorchen einer Form des inversen Buddhismus und suchen den Halt gerade an jenem Blödsinn, der sich als inhaltsleerste Formel der Suche nach Sicherheiten anbietet. Ich halte es für verschenkt, wenn ihr eine jahrzehntealte Begebenheit zu neuem Leben erweckt, um damit die aktuellen Fragestellungen anzugehen. Ich neige eher dazu, den Wahrheitsgehalt herauszuarbeiten, um dann zu zeigen, was sich damals in einer rohen und noch ungeschliffenen Form angedeutet hat, was vielleicht den heutigen Motor der entfesselten Archive ausmacht, aber in den verschiedenen Designs nicht mehr erkannt werden kann, weil die Archive längst Verteiler geworden sind. Das Kaizen ist in solchen Zusammenhängen eine umfassenden Form des Schlafschutzes geworden: Wir werden jeden Tag besser und besser in den Techniken, die Wirklichkeit nicht mehr zur Kenntnis zu nehmen. Auch so lässt sich Sloterdijks Theorem der Immunisierungstechnik verstehen, denn es kann sowohl im Sinne der Emanzipation wirken als auch der Verleugnung zuarbeiten. Ich möchte gern zurück zu den einfachen und rohen Tatsachen gehen – wirklich gehen, weil die Füße einen anderen Rhythmus bereitstellen und damit das Körpergedächtnis und die Sinnensysteme beteiligt werden."

„Falls es die unter deinen erkenntnistheoretischen Prämissen überhaupt geben kann! Aber warum nicht, wir bauen einfach die Gesetzmäßigkeiten der Wissenschaft des Bewusstseins mit ein. Vielleicht bietet es sich sogar an, die einzelnen Themen während der Fahrt in den Gesprächen mit unseren Spezialisten so einzukreisen, dass danach nur eine kurze Zusammenfassung nötig ist, um die wesentlichen Thesen zusammen zu fassen. Aber natürlich hast du mit einer Reihe von kurzen Vorträgen jederzeit die Möglichkeit, uns deine Perspektive zu präsentieren. Ach ja, was ich vergessen hatte, wichtig ist natürlich besonders das Verhältnis von sozialem Tod und der Wiedergeburt auf einem anderen Signifikantenniveau. Das, was wohl das geheime Herz der Musik ausmacht, ist das Thema, das unsere Ausarbeitungen von den verschiedenen Seiten anzielen – und da du eine ganz konkrete Erfahrung mit diesen Fragestellungen gemacht hast, hoffe ich auf jene kleinen Beobachtungen, die als Nebensächlichkeiten immer wieder übersehen werden und verloren gehen, obwohl in ihnen die Gesetzmäßigkeiten materialiter zur Hand sind. Das ist der Sprung, den wir irgendwann hinbekommen wollen! Die Gesetzmäßigkeiten mögen noch so sehr in der Weltgeschichte und den Archiven verstreut sein, sie sind auf jeden Fall vorhanden – die Umsetzung allerdings scheint bisher nur in den maximalen Unwahrscheinlichkeiten der Lebensspannen weniger Einzelner gelungen zu sein. Aus diesem Grund brauchen wir die Nebensächlichkeiten, das unwichtige Beiwerk, die Oberflächenerscheinungen und die subliminalen Preziosen. Es sind nicht die großen Überzeugungen und längst nicht die mythologischen Versatzstücke des Charakters – es ist das laue Lüftchen, auf das man im richtigen Augenblick aufmerksam werden muss, die Wolkenformation oder der Flug eines Schwanenpaars, die Losung entlang der Wege eines öffentlichen Parks, das Gesicht eines einfahrenden Zugs oder der Ausdruck eines bissigen Hundes. So wie es aussieht, gibt es Verweisungszusammenhänge der Bedeutsamkeit, die immer wieder an Konstellationen streifen, die seit Jahrtausenden für Wirkungen verantwortlich sind, die aber nie exakt zu erkennen, nur immer wieder einmal zu erahnen sind, um sie dann zu postulieren, in Begriffen nachzubauen und sie dadurch besonders gründlich zu verpassen. Was ich also von dir erwarte, sind genau jene konkreten kleinen Merkzeichen – du kannst die Leute reden lassen oder ihnen Vorträge halten, das ist mir völlig egal –, die sich anhand der Erfahrung ergeben, dass unsere Spezialisten genau jene Gesetzmäßigkeiten auf den Nenner bringen können, für die du dann der Klangkörper bist."

Das EXE hat Humor! Ich habe beschissen geschlafen und zwischendurch, wenn mir irgendwelche Einfälle kamen, die Fundstellen in den verschiedenen Datenbanken kennzeichnen lassen, aber längst noch keine zusammenhängenden Texte parat. So hätten sie es gern: Dass ich im Nebel stochere und blind vor mich hin rudere, während sie die dem Stress verdankten Einfälle dann weiter verwerten. Also improvisiere ich eine Kritik der Bedürfnisse.

„Wir sollten vielleicht erst einmal die Grundlagen des Unternehmens klären. Ich bin also nicht unbedingt bereit, mich auf einen Ausflug mit irgendwelchen Schwachsinnigen einzulassen. Das ist nicht meine Aufgabe, ich bin hier um Geld zu verdienen!"

„Das ist jetzt nicht das Thema!" wehrt er unwirsch ab: „Wenn jemand mit dem folgenden Text auf sein neues Buch hinweist, sollte er doch kapiert haben, dass er auf die Aufmerksamkeit angewiesen ist. Oder hast du gedacht, Du könntest wieder einmal dokumentieren, du habest es gar nicht nötig? Das scheint mir doch eine ganz typische Form, mit der Du gewohnt bist, dich zu präsentieren. Wir haben es nämlich gar nicht nötig, wenn wir uns ankündigen: Dies ist eine jener E-Mails, die Sie auf eine in einer vernünftigen Welt überflüssige Veröffentlichung aufmerksam machen möchte. Drücken Sie die DEL-Taste, die wichtigste Taste in Ihrem digitalen Leben, und Sie müssen sich nicht mit meinem Angriff auf Ihre Zeitökonomie abgeben. Falls Sie jetzt zögern und den alltäglichen Schwachsinn gelegentlich als sinnlos, Business-as-usual als hoffnungslos, die ganze Welt als alles andere als vernünftig empfinden, habe ich Ihr Interesse an einem *Schamanen im Bücherregal* bereits geweckt. Also? Noch eine letzte Chance! Meine fünfhundert Seiten, die ich keinem Weniger-ist-mehr der von Kontrollern gesattelten Lektoren anvertraut habe, können sehr viel Zeit kosten..."

„Das ist Quatsch. Ich muss Interesse freisetzen in einer Sphäre, in der schon mein Name dem Tabu untersteht. Wenn ich mich dann anbiedere, bin ich mehr oder weniger schnell tot. Ich kann mit Sicherheit davon ausgehen, dass die Zeitungen und Drehpunktpersonen gar nicht in der Lage sein werden, sich mit mir zu beschäftigen – weil eine einfache Recherche schon reicht, und sie verzichten lieber darauf, ein paar wirklich Mächtige zu verärgern. Das würde nämlich der Karriere schaden!"

„Was soll es! Du provozierst sie also damit, dass Du so tust, als wäre dein Ansatz der Grund für Ihre Ignoranz – und willst damit wohl nahelegen, dass ihnen ihre Abhängigkeit bewusst wird. Was soll die Mühe und der unnütze Aufwand an Zeit? Bis die Strategie zündet, liegst Du längst unter der Erde und von den Studenten, die dann mit deinen Texten gequält werden, wirst Du heute nicht leben können. Wenn das alles richtig läuft und du zu unserem Projekt beitragen kannst, was wir von dir erwarten, brauchst du dir für den Rest deines Lebens keine Gedanken mehr machen. Wir bringen dich dann schon wo unter!"

„In anderen Zusammenhängen habe ich ganz konkrete Informationen an Leute geschickt, von denen ich Anregungen aufgenommen habe und es war kennzeichnend, dass immer in den folgenden Tagen der Traffic auf meiner Homepage etwa verdoppelt wurde, dass aber in keinem Fall auch nur ein Buch angefordert wurde."

„Das ist doch keinen Deut besser, keine Spur von Demut, ich würde eher behaupten, du transportiert eine unterschwellige Drohgebärde, wenn du an einige der einflußreichen Professoren schreibst: Nach einer Promotion über Walter Benjamin, einer Medienanalyse des Phänomens Otto, einem autobiographischen Roman über den Weg von den hoffnungsvollen Siebzigern in die dumpfen Achtziger, dem Entwurf einer Neukonzeption für das ehemalige Becher Literaturinstitut... bin ich aufgrund der Intervention von ein paar Geisteswissenschaftlern durch alle Register gefallen. Ich hatte plötzlich keinen Grund mehr, auf die Subalternitätsdressuren des Buchmarkts reinzufallen oder mich mit der Illusion zu trösten, ich würde es schon ohne Anpassung schaffen: Mir wurde keine Möglichkeit mehr eingeräumt! Das Verlagswesen war plötzlich ein vermintes Sperrgebiet und der Buchhandel erwies sich als psychotische Vereinigung. Als persona non grata hatte ich nun die entscheidenden Tricks zu finden und die nötigen Techniken zu entwickeln, mit denen der Erfahrung des sozialen Todes ein Gutes abzugewinnen war.

Kurz auf einen Nenner gebracht: In erzählenden Texten bereite ich philosophische Theorien in Dialogform auf, um zu zeigen, wie die Amalgamierung von Schwarzem Humor und Weißer Magie eine leistungsstarke Armatur gegen die psychotischen Verstrickungen in der Behördenuniversität und den von ihr abhängigen Bildungsinstitutionen bereitstellen kann. Der Band *Der Schamane im Bücherregal* gehört wie die *Schule der Liebe* zur *Galerie der Geistesblitze*. Ich verbinde Ästhetische und Kritische Theorie mit Systemischer Philosophie, nehme den Pädagogischen Eros ins Visier, um die Verkennungsanweisungen im Verhältnis der Generationen und Geschlechter aufzuschlüsseln und führe vor, wie die modernen Medien den Gesetzmäßigkeiten der Traumarbeit gehorchen. Die Spielereien einer von Gibson, Pratchett oder Adams angeregten Science Fiction liefern den Rahmen, in dem die großen philosophischen Fragestellungen zum Thema des Menschen noch einmal aufbereitet werden, um in einer Selbsterlebensbeschreibung als Zeitdiagnose und Gesellschaftskritik zu münden. In den meisten Fällen erwies sich die magische Verfolgerkausalität der Intrige als Witz. In der Regel waren die von einigen Bildungsbeamten anempfohlenen Selbstbehinderungen zum Lachen und der Imperativ: Gib-auf! sah mit dem rechten Abstand besonders komisch aus. Den heiligen Gesetzen des Humors folgend habe ich wesentliche Einsichten über das Ende des Homo-clausus umgesetzt und die entsprechenden Gesetzmäßigkeiten abgeleitet, die mir sonst nicht so einfach zugeflogen wären. Die Ironie der Geschichte: Den Anlass dieser Lernprozesse lieferte der Versuch, mir jeden geregelten Gelderwerb durch einfache Jobs, als Packer im Buchhandel, als Kursleiter auf Volkshochschulen, als Bankbote, mit denen ich die Schreibe bis dahin finanziert hatte, unmöglich zu machen. Tatsächlich wurde durch die mir vorauseilende Flüsterpropaganda bewirkt, dass ich mich selbständig machen musste. Als freier Anzeigenverkäufer bewegte ich in den nächsten Jahren mit genau dem Telefon, mit dem immer wieder Bosheiten in unsere Biographie gefiltert worden waren, zwei Millionen Mark Umsatz – welch eine Beweisfigur für den organlosen Körper der Stimme und den eschatologischen Untergrund der Lachkultur! Und was für ein Argument für eine methodische Schizophrenie: Was mir wertvoll war, sollte mich aushungern und was ich verachtete, lieferte bis dahin unvorstellbare Mittel... An den Schaltstellen von Bildung und Karriere gibt es genügend Gelegenheiten, die die Leute in vergleichbare Kalamitäten verstricken. Vernetzung heißt das Zauberwort. Für die informalisierten Strategien der Macht braucht es keine Todesurteile oder Verbannungen mehr. Das geht reibungsloser und tatsächlich effektiver: Dann reicht ein kurzes Telefonat, ein Wink per E-Mail, ein Stichwort für den vorauseilenden Gehorsam der Mitläufer – und die Mühe von Jahren ist in einem Nu kaputt. Weil ich keine andere Möglichkeit hatte, als mich an dieser Höllenmaschine zu bewähren, kann ich manchem Leser Tipps für die Techniken des Widerstehens zur Verfügung stellen: Eine Form des intellektuellen Jiu-Jitsu, mit der die Negation an den Absender zurück zu schicken ist, mit der die virulenten Energien subliminale Botschaften des Augenblicks freisetzen können. Ich darf mich für die Aufmerksamkeit bedanken! Seit es das Internet möglich macht, ohne Kosten oder Einschränkungen in Buchform zu publizieren, bemühe ich mich darum, einige meiner Erfahrungen und die ihnen zugrunde liegenden Gesetzmäßigkeiten abrufbar zu machen. Während der Lektüre durch die Jahrtausende habe ich ein paar Bedienungsanleitungen gefunden, manche sind noch ganz unverbraucht... stehen aber in der heutigen Welt den wenigsten zur Verfügung. Und ohne prominente Unterstützung bin ich offensichtlich nicht in der Lage, bei den richtigen Lesern anzukommen. Usw, usw,usw. Das ist keine Demut, trotz der Bitte um den Zugang zum Publikum, sondern eine Protzgebärde! In einer Region, in der die Antriebsstörung eine wichtige Zugangsvoraussetzung darstellt, kannst du doch nicht damit rechnen, dass dein Antrieb Interesse freisetzt. Das ist viel eher die Drohung, dass sie sich um dich zu bemühen haben, weil du trotz aller Ausbremsungen und Stolpersteine nicht aufzuhalten warst. Aber erwartest du dann wirklich eine Resonanz? Oder ist das nicht nur eine Quittung, eine Abrechnung, die verschleiern soll, dass du gar kein Interesse mehr hast, dich in dieser Region zu bewähren?"

„Vielleicht hast du recht, vielleicht war das nur eine späte Variation jener früheren Bewerbungsschreiben, mit denen es mir vor allem darum ging, Informationen zu streuen. Dann erinnere ich vorab an eine erste Improvisation über die Grundlagen der Lebendigkeit. Du hast alle Zeit der Welt zur Verfügung und dann spielt es keine Rolle, wer dir gerade welchen Schwachsinn vorspielen muss, um dich davon zu überzeugen, dass er oder sie ganz anders ist, als sie sich tatsächlich jeden Tag erfahren. Es gab einmal die Alternative zwischen Haben oder Sein, aber wie es scheint, ist diese Unterscheidung mittlerweile in den aufwendig eingeübten Selbstdarstellungsformen untergegangen: Heute fragt niemand mehr danach, was echt ist, es kommt nur noch darauf an, dass es die vorgegebenen Schnittmuster des Erfolgs, der Kreativität, der Entschlussfreudigkeit und des Überzeugungswillens stimmig reproduziert. Sie tun alle nur noch so, als ob und gehen davon aus, dass es richtig ist und gar nicht anders geht, wenn sie lediglich die Form gewahrt haben. Aber das ist zu wenig, vielleicht ist das sogar das Geheimnis des Mangels an Lebendigkeit, wenn jemand meint, er oder sie müsse sich eine Form geben. An den Ursprüngen der griechischen Philosophie, die wesentlich an den Kategorien gearbeitet hat, mit denen wir noch heute unsere Wirklichkeit zusammenbasteln, ist genau dieses Manko, diese Angst vor den Mischungsverhältnissen und Vermischungen des Lebendigen, wirkungsmächtig geworden. Die Verabsolutierung von Zahlenverhältnissen hat der Substanzmetaphysik und der Entkörperlichung den Boden bereitet. Also vergiss es, an den nachgemachten Menschen sind vielleicht die Gesetzmäßigkeiten der Nachahmung abzuleiten, aber die des wachen und wahrnehmungshungrigen Lebens wirst du umsonst erwarten."

„Das ist gut, weiter so. Unter gewissen Bedingungen sehe ich sogar von einer Simulation ab. Bisher warst Du nicht davon angetan, die Gesetzmäßigkeiten deines Widerstehens auszuplaudern und von der seit langem angekündigten Vorlesung zum Souveränitätstraining haben wir gerade mal Vorarbeiten abrufen können."

„Du solltest daran denken, dass ein erfülltes Leben sehr viel mit dem Gespür für den rechten Augenblick zu tun hat, mit der Fähigkeit, die Gunst der Stunde zu erkennen und dann das Glück an einem Zipfel festzuhalten. Häufig genug ist es das des Unvorhergesehenen – die Simulanten der Selbstheit sind dagegen ständig damit beschäftigt, einzulösen oder zu erzwingen, was sie von langer Hand und mit mancher Lüge und Erpressung vorbereitet haben: In ihrer Welt zählen Langeweile, Kitzel der Macht und Rausch der Vernichtung – aber keine Hingabe oder Erfüllung. Für mich zählt die Zeit, ich muss etwas mit ihr anfangen können, ich muss wissen, dass ich arbeite und kämpfe, um das zu verwirklichen, was für mich wichtig ist. In diesem Sinne gehe ich von den Offenheiten eines Systems aus, in dem man im Leeren hängt, wenn man nur irgendetwas vorspielt. Ein Betriebsausflug mit Bildungsbeamten, eine Show des Als-Ob lässt mich in der Regel verstummen, dann fällt mir nicht mehr ein. Du solltest also bedenken, dass du von ganz anderen Voraussetzungen ausgehst und das Risiko nicht unterschätzen, dass ich nur schweigend abwarte, bis der Scheiß vorüber ist. Das wäre schade um die Zeit! Nachdem du dich über die Universalisierung der Prothetik und später durch die Übertragung ins Internet nach und nach aus dem Reich des Lebendigen verabschiedet hast, halte ich diese Unterscheidung für eine grundlegende Voraussetzung!"

„Nur zu", unterstreicht er gut gelaunt: „Das ist für mich keine Infragestellung mehr. Wenn Du für mich die Bedingungen auf den Nenner bringst, profitiere ich davon. Als ich mich aus dem Leidensbereich des Lebendigen verabschiedet habe, sah es nicht so aus, als sei den Sinnkapazitäten eines biologischen Horizonts noch eine Chance einzuräumen! Und was deine Zeit angeht, musst du dir keine Gedanken machen. Für das, was ich dir hier biete, würdest du noch manche Anzeigen verkaufen und für die letzten Deppen recherchieren müssen, um die Informationen für eine Promotionsseite zu Wege zu bringen, die für solche Halbidioten nicht einmal sprachlich präsent sind. Ich habe in einigen Fällen verfolgt und nachvollzogen, mit welcher Mühe und welchem Aufwand du Leuten zu einem intelligenten Interview verholfen hast, die vielleicht in der Lage waren, aufgrund der vorhandenen Gelder weiteres Geld in Bewegung zu setzen, die aber nicht einmal in der Lage waren, den eigenen Namen fehlerfrei zu buchstabieren!"

„OK, dann fangen wir mal an! Kraft und Bedeutung stehen in einem Wechselverhältnis, das von Ferne an die Beziehung von Sachvorstellungen oder Objektrepräsentanzen und Wortvorstellungen oder kodifizierten Bedeutungen erinnert. Wir brauchen Kraft zum Leben, die Selbstbejahung des Lebendigen impliziert vor allem die Produktionslust, die Freude an der Kraft, an der Kapazität der Selbstverwirklichung. Forderungen der Erziehung, die an der Sozialität der Lebensäußerungen ausgerichtet sind, die Modellierung des Antriebs durch Verbote und Tabus, die Schulung von Ersatzleistungen und die Dressur durch Surrogate, werden nicht immer als Bremssysteme erfahren. Kultur ist eine Kodifizierung von Umwegen, weil die direkte Umsetzung der Kraft mit einem Tabu belegt ist. In gewissen extremen Erfahrungen wird deutlich, dass der Antrieb selbst dem Verdacht untersteht, eine kriminelle Energie zu sein. Seltsamerweise aber kann eine Übersprungbildung bewirken, dass die Ersatzleistung auf einmal mehr Energie freisetzt – die Verbote können die Kraft in einer Weise bündeln und akkumulieren, wie es dem einfachen Vollzug nicht unbedingt gegeben ist.
Wörter binden Kraft, das richtige Wort im rechten Augenblick kann Leben geben oder töten. Es ist die Kodifizierung, die den mehr oder weniger ambivalenten und frei flottierenden Energien ein Netz überwirft oder unterspannt, damit entweder ein Gängelband oder eine Gehhilfe anlegt. Besetzungen werden schon durch einfache Signale konditioniert, aber es sind die durch das Sprechen strukturierten Weltzusammenhänge in denen die Kräfte kanalisiert werden – mit denen dafür gesorgt wird, dass es zu Verdinglichungen kommt, dass

die Fetische irgendwelcher Bedeutsamkeiten dafür zu sorgen haben, dass uns die eigenen Belange nicht mehr greifbar sind. In der entzauberten Welt binden Erwartungen und Vorstellungen, Melodien und Rhythmen, Bilder und Begehrlichkeiten die vorhandene Kraft und können bestimmte Kräfte freisetzen – wobei schon immer dafür gesorgt ist, dass diese sich im Rahmen der vorgegebenen Erwartungsmuster zu halten haben. Aus diesem Grund ist die Beherrschbarkeit des Menschen am einfachsten über Geilheitsdressuren durchzusetzen. Selbst Geld macht geil, die Ehrgeizprogramme und Selbstgefälligkeitsrituale der konfliktuellen Mimetik mögen noch so sublimiert und körperfremd sein – im Endeffekt gehorchen sie einer Mikrophysik der Macht, die uns zu unseren eigenen Ordnungsmächten bestellt hat. Wir werden zu Geheimagenten gegen die Belange der eigenen Biographie und zu Selbstmordattentätern im Auftrag der Macht, wenn es erst einmal gelungen ist, mit den Geilheitsdressuren am Zentrum der persönlichen Krafterzeugung zu schalten.

Auf der untersten Ebene sorgen schon die ganz gewöhnlichen Erwartungen für die Voraussetzungen der Beherrschbarkeit: Die Leute sollen Lotto spielen oder anderen Glücksspielen huldigen, sie sollen sich den lieben langen Tag auf den Feierabend freuen und die ganze Woche auf das Wochenende, die prosaische Zeit auf die Feste, die Arbeitszeit auf den Urlaub. Die Alternative ist in den Alltag integriert – was für mich gegen die Argumentation Pfallers für das schmutzige Heilige spricht –, denn eine wirkliche Überschreitung ist damit ausgeschlossen, der Rausch selbst wird in einer Weise domestiziert, dass er lediglich noch ein Problem der psychosozialen Betreuung darstellt: Ein Problem der Verwahrlosung und keines der Erscheinung des Göttlichen mehr. Die Theologie hat diese Logik des Verzichts vorgegeben. Ein dauerndes Fehlinvestment der psychischen Energien hat dafür zu sorgen, dass die Maschine läuft und die Protagonisten um ihre Kraft beschissen werden. In diesen Zusammenhängen wird recht deutlich, dass das Zusammengehen von Medienpräsenz und Müttermacht durch die Theologie in einer Weise vorbereitet worden ist, die quer zu jeder Individualisierung steht, um den Egokult der letzten zwei Jahrhunderte nur als Köder der besseren Konditionierbarkeit des Lebendigen zu verwenden.

In der *Ästhetik der Abwesenheit* ist mir an verschiedenen Stellen aufgefallen, wie Kamper die grundlegende Rivalitätsstruktur der weiblichen Lebenswelt verkennt. Natürlich ist es mittlerweile offensichtlich, den Bemächtigungswahn in der menschlichen Zivilisation, den Versuch, alles auf den Status des Objekts zu reduzieren, um darüber zu verfügen, mit dem puerilen Größenwahn in Verbindung zu bringen. Und er bedankt sich für die Erfahrungsformen, die er der weiblichen Welt verdankt und die ihm geholfen haben, die Besessenheiten der Männerwelt zu sprengen. Die ursprüngliche Erfahrung, wie fließend der Übergang zwischen Mutter und Tochter ist, entgeht ihm. In bestimmten Fällen besteht gar keine Möglichkeit der Abgrenzung und die Mutter verfügt in einer Weise über die Selbstdefinition der Tochter, dass das Stichwort psychotische Entdifferenzierung noch immer die Position befördern kann, es habe einmal die Chance der Abgrenzung gegeben – und genau das ist falsch. Der puerile Größenwahn und all die selbstzerstörerischen Folgen einer technischen Zivilisation sind nur eine armselige Form der Verleugnung und damit ein selbstdestruktiver Versuch, gegen den Sog der Entdifferenzierung standzuhalten. Vielleicht sollte einmal unzensiert erfahrbar werden, welche wirkliche Allgewalt in der Verfügung einer Mutter über ihre Kinder besteht – sie hat nicht nur das Leben gegeben, sondern sie ist jederzeit in der Lage, über den Wahnsinn und die Selbstzerstörung zu verfügen, wenn keine Spezialisten ein Veto einlegen. Hier sollte die zivilisationskritische Ansatzstelle sein – hier sollte angeknüpft werden, um zu verstehen, warum die Entmaterialisierung so einen Schub gewonnen hat, warum die Abstraktion und das formale Regelwerk schon immer ein Sicherungssystem gegen die Imperative der Mütterwelt herstellen mussten. In diesem Sinne wirkt die angesprochene Dialektik der Rettung wesentlich stimmiger: Jede Rettungsaktion gegen die ursprüngliche Verstrickung wird den Anlass verstärken und das Leiden vermehren, das sie mindern wollte. Aus diesem Grund waren die Kämpfe der letzten zweihundert Jahre gegen die Verheerungen der Abstraktion nur eine andere Version der Abstraktion, und die Flucht in die Technik, die Universalisierung der Prothese, gibt der Macht der Mutter in einem ganz anderen Masse Recht. Die Medien sind gigantische Übermütter geworden und das Medium, das alle Medien in sich enthalten kann, das Internet, impliziert die letzte Rettung, auf eine/n realen Partner/in, der/die den Bann der Mutter sprengen könnte, Verzicht zu leisten. Das Virtuelle ist eine Spielart der Absenz, die die selbsterzeugten Ungeheuer bereitstellt, mit denen wir vor der Wahrnehmung jener hoffnungslosen Tragödie ausweichen können, die uns in der Sehnsucht nach der mütterlichen Geborgenheit erwartet. Die Macht, insbesondere die von Kamper beklagten Omnipotenzphantasien, ist am allerwenigsten eine knabenhafte Projektion: Es ist ein zum Scheitern verurteilter Rettungsversuch gegen die psychotische Entdifferenzierung, denn die Macht selbst sitzt im Antrieb der Psychose.

In diesem Zusammenhang bietet sich eine Korrektur der Kritik des kulturschwulen Lebensversicherungsvereins an. Es ist nicht nur gezeigt worden, dass der Mann aus dem Fluchtversuch vor der Mutter dazu neigt, die Nähe zur anderen Frau durch das Männerrudel zu vermeiden, die Frau dann in diesem geschützten Zusammenhang auf die Wichsvorlage oder Beuteobjekt zu reduzieren. Aus dieser Ausweichbewegung wurde dann die aberwitzige Folgerung gezogen, der Mann müsste Abbitte tun und die Frau für sein Fehlverhalten in all ihren schwachsinnigen, einer geisteskranken Sozialisation verdankten Verhaltensformen und Denkbehinderungen entschuldigen. Dabei ist die geheime Komplizenschaft viel zu offensichtlich und nur dank dem ständig hergestellten schlechten Gewissen scheint es möglich, die Deppen noch als Schuldige dingfest zu machen.

Die Frau, die mit der durchschnittlichen Rollenanweisung einverstanden ist, auch wenn es bei Lacan heißt, die Frau als allgemeine gebe es nicht, will betrogen werden! Damit kann Sie partizipieren und kann zugleich den moralischen Hammer der Verneinung schwingen. Der Mann nimmt über den Umweg der Frau Kontakt mit dem anderen Mann auf – die Eifersucht, die den Motor des Begehrens befördert, wie dies Girard beschrieben hat, siehe Proust *In Swanns Welt*, oder der zusätzliche Reiz der Prostituierten, der die Käuflichkeit der Verfügbarkeit um ein Vielfaches übersteigt, wenn auf die Wirkung gesetzt wird, dass kurz zuvor ein anderer Schwanz drin war, Tilmann Moser oder Klaus Theweleit haben dafür das Repertoire bereit gestellt. Dagegen hat die Frau, die sich vor dem Geschlecht ekelt, die den Vollzug verweigert und meint, sie sei nur wichtig, wenn sie ankitzelt und zappeln lässt, zu Machtzwecken scharf macht und dann hinhält, um bei der nächstbesten Gelegenheit eine Schwangerschaft als Erpressungsschema einzusetzen – schließlich über den Umweg der Rivalin, über die Imagination der Wege des Fremdgängers, teil am Vollzug. Die Negation auf dem Körper kann wie nebenbei im Hass auf die andere Frau abgefahren werden – oder sich am Willen zu behindern therapieren. Am Versuch, wie ich es bei einer Vermieterin und einer Schwiegermutter kennenlernen durfte, die Zeiten so genau abzupassen, dass sie meinten, direkt beim Vollzug stören zu dürfen. Sie waren direkt dran, sie hatten teil an eine schmutzigen Wirklichkeit und durften noch die Nase rümpfen, weil ihnen gewisse Dünste entgegenschlugen. Hinter diesen weiblichen Machtstrategien kommt eine Schematik der Macht zum Vorschein, die sich der konfliktuellen Mimetik verdankt, die ursprünglich einmal das Mutter-Tochter-Verhältnis geprägt hat – und das ist vielleicht noch ein Knackpunkt, der über alle Analysen der konfliktuellen Mimetik Girards hinausführt: Das Rivalitätsschema ist in seinen Ursprüngen auf ein matriarchalisches Zeitalter zurückzuführen, in der die Protagonistinnen noch nicht in der Lage waren, zwischen sich und der anderen zu unterscheiden. Es gibt viele Frauen, die nur über den Umweg der Rivalin an der Sexualität teilhaben können und es gibt noch mehr Frauen, sicher so viele wie kulturschwule Männer, für die der Zugang zum anderen Geschlecht nur vermittelt wird über die Rivalität mit der anderen Frau.

Und damit sind wir schon bei jener Anstrengung, alles körperliche Geschehen in Licht, in Information, zu verwandeln – es sollte mittlerweile nachvollziehbar sein, dass es die Behinderungen und Infragestellungen des Verhältnisses der Geschlechter gewesen sind, die die notwendigen Energien in die Großinstitutionen umleiten konnten. Ohne den Widerstand und die Beharrungskräfte des Körpers, ohne die Korrekturen, die ein leibliches Gegenüber bereitstellen kann, haben die unbefleckte Empfängnis und der Marienkult tatsächlich das Schema vorgegeben, mit dem die Transformation in das körperlose Geschehen immaterieller Datenströme anempfohlen wird. Zur Kommunikation der Exe oder zu deren Unfähigkeit – wenn die reinen

Bedeutungen in Selbstzeugungen diffundieren und durch kein materielles Bindeglied mehr in der Lage sind, Kontakt zu einander aufzunehmen, wenn das gemeinsame Medium fehlt und der Prozess in unendlichen Wiederholungen totläuft – finden sich einige schöne Anregungen bei Piper avant-la-lettre. Ein bisschen lächerlich scheint mir allerdings, wie dieser alte Mann, der manches Bedenkenswerte geschrieben hat, meinte, gegen den Zeitgeist zu artikulieren, der wahre Nonkonformismus bestehe darin, dass man in der Lage sei, sich gegen den modischen Nonkonformismus zu stellen, indem man sich den ewigen Werten widme oder den Mut habe, das Papsttum zu verteidigen. Der erste Teil ist vielleicht richtig, aber schlechter hat man mit dem Prinzip Hoffnung nicht umgehen können, das sich in den alternativen Selbstdefinitionsversuchen der 70er Jahre artikuliert hat, bis ihm dann Ende des Jahrzehnts die Luft ausging. – Außerdem hat einer, der die Notwendigkeit der Pflege von Traditionen so strapaziert, vergessen, welcher menschenverachtende Zynismus mit den Großinstitutionen einherging, wie viel Not und Verzweiflung, wie viel Qual und Vernichtung sie über die Menschheit gebracht haben. Die Kontinuität dieser Tradition äußert sich in der Vernichtung von Lebensmöglichkeiten, siehe Benjamins Thesen zum Begriff der Geschichte: Dass es immer so weiter geht, ist die Katastrophe.

Aber trotzdem noch einmal ein kurzer Blick zurück auf seine Frage, was es heißt, wenn wir sagen: Gott spricht. Interessant ist, dass er schon in der Scholastik eine Sprachtheorie kennzeichnet, die viele Gemeinsamkeiten mit dem in der Semiotik konzipierten dreistelligen Zeichenbegriff hat – zugleich aber abgrenzt gegenüber einem biologischen Reduktionismus oder einer pragmatischen Sprachtheorie. Das Zeichen oder die Sprache funktionieren nur, wenn die Semantik vorgeordnet ist, die Ideen oder Bedeutungen müssen durch den kulturellen Prozess schon vorgegeben sein, sonst kommt nicht mehr als das Signalverhalten von Tieren zustande oder ein an die Situation gebundener Informationsaustausch. Zur vollen Kommunikation gehört wirklich, dass sie unabhängig vom jeweiligen Ort oder der Zeit funktionieren kann, die Sprache ist ein abgelöster Sonderbereich und somit wirklich ein Äquivalent zu Platons Reich der Ideen. Agamben konnte das Sakrament der Sprache über die performative

Funktion des Eids bis auf die Ambivalenz unserer Erfahrungen des Heiligen zurück verfolgen. Die Bedingungen der Möglichkeit unserer Wahrheit hängen dann an der Traditionspflege, an der Art und Weise, wie mit jeder Generation wieder neu ein Aneignungsprozess stattfindet, wie es dieser Prozess der Wiederaneignung ist, der das Leben der Ideen oder Begriffe bewirkt und der natürlich auch das Risiko beinhaltet, dass gewisse Begriffe absterben. Und weil der reduktionistische Ansatz eines Gehlen nicht funktionieren kann, müssen die Bedeutungen irgendwo hergekommen sein. Der Mensch ist nicht nur das instinktreduzierte, er ist auch das lernoptimierte Wesen! Ganz einfach: Auf der Ebene der Schöpfung heißt das Sprechen Gottes die Schöpfung selbst – im Anfang war das Wort. Und für alle späteren Belange braucht es nur die Voraussetzung einer jeweils aktuellen Offenbarung – wenn sie durch die Verzweiflung und den sozialen Tod hergestellt wird – und die Bedeutungen sind gewährleistet. Vermutlich erklärt das wie nebenbei das Wuchern der Formalismen in unserer Welt. Die Konzentration auf Syntagmen und Statistiken wird zu einem Zeitpunkt notwendig, als eine Ableitung aus obersten Begriffen nicht mehr möglich ist.

Damit wird seltsamerweise das Büchlein über die vier Tugenden in einem ganz anderen Zusammenhang interessant. Wir finden hier Ansätze zu einer Lehre von den Möglichkeiten der Lebendigkeit! Die oberste Tugend der Klugheit auf dem schmalen Mittelweg zwischen Geilheit und Geiz, die Tugend des Muts als eine Form des Widerstehens eines Ausgelieferten, der Mut ist eigentlich einer des Märtyrers, des Zeugen... Wenn wir diese Anregungen entschlacken und im Kontext des utopischen Horizonts seiner Zeit verarbeiten, kommen Handlungsanweisungen für Geistesgegenwart und volles Sprechen zum Vorschein. Das heißt nicht nur: Lebe jetzt! Das heißt vor allem auch, wie ein vorliegender Traditionsbestand dazu verwendet oder missbraucht werden kann, die Biographie mit Geistesgegenwart zu laden und sich an die unerhörte Eroberung der Gegenwart zu machen. Von der Tradition ist nur immer so viel wahr, wie wir in unseren Belangen in Lebendigkeit überführen können!"

„Es ist nicht uninteressant, wie du Benjamin dazu verwendest, so jemand konservativen wie Piper für dich lesbar zu machen – das ist nicht avant-la-lettre, sondern tatsächlich eine Generation nach den Vertretern der frühen Kritischen Theorie. Piper, der in einer Traditionslinie zu den großen Fragestellungen des Glaubens und der Philosophie verortet werden kann, scheint für dich auf dieselben Fragestellungen zu reagieren, aber er will zurück, am liebsten in den Schoß der Kirche, während deine Gewährsleute schon auf dem Weg ins dritte Jahrtausend sind, wenn auch fröstelnd unter den Anmutungen des stählernen Gehäuses der Moderne, wenn auch geängstigt durch die Auslöschung des großbürgerlichen Individuums... Hören wir uns zuerst einmal den kurzen Vortrag Heinrichs über Platons Dialektik als Entmaterialisierung und Spiritualisierung an. Konsequent liegt es dann nahe, den irrwitzigsten Variationen des Themas Gastmahl zu folgen: Deinen Besuch, Elvuhrs Besuch, vielleicht ein Exkurs über den Topos des Gastes, dann ein Blick auf ein dialektisch-dialogisches Weltverständnis im Kontrast zur Vergöttlichung der Zahl. Außerdem bietet sich immer wieder einmal ein Rückgriff auf Krügers ‚Einsicht und Leidenschaft' an, mit dem nachvollziehbar wird, dass der weltflüchtende Impuls nicht der einzige Antrieb der Philosophie gewesen ist. So, wie es hier die Schönheit ist, die über den Umweg des Eros die Wahrheit begründet, könnte auch an einer unterschwelligen Tradition gearbeitet werden, die sich an realen Vollzügen und energiegeladenen Wechselwirkungen entwickelt hat. Als Kontrastfolie haben wir deinen Ausflug mit den Bankern. Ich mache daraus eine Simulation der dumpfen Behäbigkeit, die anscheinend besonders unter den Bedingungen einer enormen Beschleunigung notwendig wird und sich gelegentlich durch spezielle Fraglichkeiten verfremdet. Sie halten gar nicht aus, was sie machen: Also versuchen sie es dadurch für sich ertragbar zu machen, dass sie es allen anderen aufzwingen: Vom Missions- und Kolonisationseifer führt eine direkte Linie zu den virtuellen Wucherungen des Kapitals."

Heinrich erhebt sich – ich habe nicht mitbekommen, dass er den Raum betreten hat –, ein Mann, der mit dem Anspruch auftritt, von jeder persönlichen Befindlichkeit abstrahieren zu können, die personifizierte Objektivität. Er fixiert kurz das EXE, nickt dann in meine Richtung: „Ich möchte mit einigen Zitatzusammenhängen, aus denen wir einen Rahmen bilden, einen Status erreichen, mit dem wir Schritt für Schritt das Prinzip des Rahmens zerstören: Die Gespräche der vergangenen Tage haben für mich einen Grad der Ernüchterung mit sich gebracht, der es ermöglicht, den Gedanken zu akzeptieren, dass jedes Ordnungsschema zu Beginn ein Akt der Welteroberung ist, um die Welt dann um so gründlicher zu verpassen. Das habe ich von Ihnen gelernt. Bisher und leider ist das noch ein bisschen wenig, ich weiß noch nicht, was an dessen Stelle gesetzt werden könnte – aber aus diesem Grund haben wir uns viel Zeit für Ihre Erfahrung reserviert. Ich darf daran erinnern, dass jedes religiöse Ritual in irgendeiner Form auf die performative Qualität der Stimme zurückgreifen muss: Ob Gebete oder sakrale Formeln, ob Zaubersprüche oder Beschwörungen, obwohl sie in irgendwelchen heiligen Aufzeichnungen niedergelegt und überliefert worden sind, die eigentlich jeder kennt, müssen sie ausgesprochen werden, damit sich ihre performative Kraft entfaltet und damit sind wir schon jenseits der Simulation. Ich denke, dass hier – mit dem Kult der Stimme und des gesprochenen Wortes – das Geheimnis verborgen liegt, warum Sie mit einem Telefon einen Notausgang aus der für sie vernagelten Behördenuniversität finden konnten. Es ist, als verleihe der Gebrauch der Stimme gewissen tradierten Werten ihre Durchschlagskraft, ursprünglich scheint die Stimme den rituellen Wert zu verbürgen und den Bezug auf das Heilige zu garantieren, obwohl oder auch weil sie dem Geschehen nichts hinzufügt. Mladen Dolar hat darauf hingewiesen, dass dieser Gebrauch der Stimme ein Echo jener archaischen Stimme reproduziert, die nicht an den Logos gebunden ist, weil in ihr ein Gott die Gesetze diktiert: Alle die drei großen ‚Buchreligionen' beruhen auf heiligen Schriften, in denen sich die Wahrheit offenbart, doch der heilige Buchstabe kann nur dann eine Wirkung entfalten, wenn er von einer lebendigen Stimme angenommen und verkörpert wird. Der Anspruch wird zum sozialen Band und fungiert als bindendes Element der Gläubigen, weil eine Stimme ausspricht, was seit dem ursprünglichen Gründungsgeschehen geschrieben steht, was überliefert wurde, was so oder so schon alle Gläubigen im Gedächtnis haben. Und wenn das der Zaubertrick war, mit dem Sie dank eines Telefons aus dem Limbus des sozialen Todes heraus katapultiert werden konnten, sollten wir jetzt noch wissen, wie dieses Kochrezept verallgemeinert werden kann. Mit der Unsicherheit, auf feste Werte verzichten zu müssen und der Notwendigkeit, die fundamentale Offenheit unserer Weltbezüge anzuerkennen, wächst natürlich das Bedürfnis, den Gesetzmäßigkeiten des Signifikantennetzes auf die Spur zu kommen... Sie sehen, wir bewegen uns im Kreis und laufen Gefahr, mit unseren Gesetzmäßigkeiten jenem mythischen Bild der Schlange zu gehorchen, die sich zu verschlingen beginnt, wenn sie ihren eigenen Schwanz erwischt hat – aber ich habe an ihnen gelernt, dass es in dieser Kreisbewegung, die an sich richtig ist, etwas wesentlich wichtigeres gibt, als die Fixierung auf die eigene Schwanzspitze, und wenn ich eine Quintessenz destillieren wöllte, würde dies heißen: Das Wesentliche ist jenes Dritte, das sich zwischen Zweien ergeben kann – und ich schließe rigoros aus, dass damit ein Kind gemeint sein könnte.

Beginnen wir mit einem erkenntnistheoretischen und körperorientierten Exkurs über die Ursprünge des abendländischen Fluchtversuchs vor den Gesetzmäßigkeiten der Materialität der Welt. Die entsprechenden Fußnoten der Philosophie zu Platon legen die Fundamente der abendländischen Neurose frei: Das Gastmahl und der Typ Sokrates, das Entstehen des Willens zum Wissen aus dem Kater und der Ernüchterung – auf Kosten eines hergestellten Leichnams. Eine Kurzfassung, an der schon deutlich werden kann, wie die Institutionen des Wissens und der Disziplinierung auf Kosten von Lebendigkeit und Entdeckerfreude groß geworden sind. Aus der Lust an den eigenen Kräften und Fähigkeiten, die die Grenzen eines Ich immer überschreiten, wird der kastrierte Wille zur Macht, die Trotzgebärde von in die eigene Geschichte eingemauerten Persönlichkeiten... Und in den meisten Fällen taugt dies nur zu Machtspielen, die apriori etwas für Machtlose sind. Notwendig wird dann ein Surrogatleben, das die verbliebenen Energien in die Simulation von Lebendigkeiten umleitet. In den Bahnungen der Macht und auf der Stufenleiter der

Karriere werden jene Techniken der Selbstdementierung und Verleugnung anempfohlen, die ein sicheres Kennzeichen jenes Mangels an personeller Kraft sind: Geld, Macht, Einfluss. Die Lust an der Verwirklichung eines Potentials an Lebendigkeiten ist jener resignierenden Verzichtleistung gewichen, die wirklich wichtigen Beziehungen einfach nicht realisieren zu können. Und das meint nicht nur, dass es an der Wahrnehmung und Bewusstwerdung mangelte, sondern vor allem, dass es an den Kräften zur Verwirklichung fehlt, weil die Eintrittskarten für gewisse Institutionen des Wissens und Hierarchien der Macht eine enorme Absorptionsfähigkeit besitzen. Am Ende sind immer verstümmelte Krüppelzüchter unter sich – alles andere ist aprori ausgeschlossen worden, als die Institutionen auf Kosten eines Verhältnisses der Geschlechter eingerichtet worden sind.

Wir brauchen keine Kunst, mit der sich der Mensch sein eigenes Bild vor Augen stellt, mit der er seine Substanz und zugleich seine Aufgabe auf einen Nenner bringen kann. Kunst ist das, was einen Rahmen braucht, um den realen Vollzügen entzogen zu sein! Deshalb bedarf es der Erfahrung vieler solcher Vollzüge, um dem Echten nahezukommen – jede Spiritualisierung würde nur in die Irre leiten. Wenn eine Welt im Lot sein soll, ist die Vormacht einer destillierten Substanz allein nur schädlich. Die Versuche, aus dem realen Mangel fehlerhaft in Lebenssinnersatzfunktionen zu investieren oder vor Wut über die Mängel der Surrogate in den Krieg zu marschieren oder auch den unendlichen Variationen der Selbstzerstörung zu huldigen, zeigen zu Genüge, dass dies der falsche Weg ist. Wir brauchen keine Religion, in der der Mensch sich selbst in seiner Substanz projiziert und dann im Vergessen der eigenen Leistung im Himmel vergöttert – die Surrogate haben immer Verzichtleistungen zu sein, vielleicht ist der Traum von der Substanz bereits das erste Surrogat. Tatsächlich ist es die Freude an der Kraft, die Begeisterung an der Verwirklichung des eigenen Potentials, in denen sich junge Götter zu realisieren beginnen. Wir müssen nicht über den Verlust der Mitte klagen, wenn wir die Techniken beherrschen, aus denen die Erfahrbarkeit der Mitte erst hervorgegangen war – wir schaffen eine Versuchsanordnung, mit der es möglich ist, diese immer wieder neu herzustellen. Also keine Transzendenz, sondern die Immanenz des Göttlichen im Akt, in der Erfahrbarkeit des anderen Geschlechts: Von der einfachen Funktionslust bis zu den Künsten der Liebe dient dieses Verfahren der Verwirklichung der ewigen Werte, die sich tatsächlich nur im Augenblick ergeben. Eros und Thanatos sind die beiden Seiten ein und desselben Geschehens. Der Fetischismus und die Verdinglichung führten auf den falschen Weg, aus Komplementärverhältnissen Gegensätze zu machen. Im Fortgang der Kulturen hat sich gezeigt, wie schädlich alle Objektivierung der konfliktuellen Mimetik für den Prozess der Zivilisation ist. Batesons Lernen 2 ist in einer Entsprechung zu Rivalität und phallischem Verhalten situiert, erst der Sprung raus aus dem Kontext und die Erfahrbarkeit seiner Gesetzmäßigkeiten, die nichttangierte Wahrnehmung von außen, die Erfahrung des Musters dieser Gesetzmäßigkeiten, führt die Freiheitsspielräume mit sich, aus denen wirkliche Werte abgeleitet werden können. Und irgendwie ist dies bereits in den Anfängen zu erahnen: Die Pflege der kulturellen Werte beruhte tatsächlich auf dem Totenkult, jedes Kulturdenkmal ist ein spätes Enkelkind der Bestattungsriten und der Grabpflege. Das kann nicht die Mitte sein, in der wir aus der Kraft unserer Lebendigkeit Halt und Sicherheit zu schöpfen wissen. Ein anderes und erfolgreicheres Kulturverständnis muss durch den Tod hindurch auf den Eros bezogen sein. Keine toten Werte mehr, an die sich die Menschen zu entäußern haben, sondern lebendige Kräfte, Felder der Bedeutsamkeit, Orte der Begegnung, Dokumente des Verschmelzens.

Das Göttliche ist kein Akt der rücksichtslosen Selbstbefriedigung, sondern es erweist sich an der Schöpfung und damit haben wir eine wesentliche Einsicht in die Ungerührtheit und Unerreichbarkeit freigesetzt. Die männlichen Selbstinszenierungen bis in die höchsten Höhen der Metaphysik sind tatsächlich Formen der Ersatzbefriedigung, die auf die mütterliche Macht reagieren und diese verleugnen. Was zeigt sich denn tatsächlich, wenn in der griechischen Mythologie eine Göttin der Schönheit Resultat der männlichen Kastration ist oder wenn der Pegasus der Poesie der Enthauptung der Gorgo entspringt? Was könnten wir, wenn wir nur in der Lage wären, die Energien der Geschlechterspannung für uns nutzbar zu machen, an Opferkult und Selbstzerstörung zugunsten einer umwerfenden Schöpfung einzutauschen. Mit der Faszinationsgeschichte eines Klaus Heinrich zur Geschlechterspannung oder gewissen Einsichten eines Devereux über die Angst als Mutter der Methode der Regelung psychosexueller Entwicklungen käme eine Metaphysik der Geschlechter zustande, die vielleicht noch eine weitere Variante des von Platon sicherheitshalber einer Frau in den Mund gelegten Mythos von den beiden getrennten Hälften einer ursprünglichen Ganzheit wäre: Dieses Mal als Einsicht in das Regelwerk der allmählichen Verfertigung junger Götter. Und wenn wir dabei alt werden und irgendwann nicht mehr teilnehmen – an der ewigen Jugend haben wir teilhaben dürfen. Der Zauber des schönen Körpers ist etwas umfassendes, mit dem die Teile aufs Ganze bezogen sind, mit dem in den kleinsten Details plötzlich das System der Sinnstiftung deutlich wird – nicht umsonst entzündet sich bei Platon die Liebe zur Weisheit an der Schönheit. Wobei wir unter Schönheit nicht nur die Proportion, die Harmonie und das Einswerden mit der Idee verstehen, sondern das umfassende Feld, das mit den Sinneswahrnehmungen zugleich das Spirituelle umfasst. Es gibt nichts, was für sich alleine schön ist, Schönheit ist ein Relationsbegriff – die Erfahrung der Schönheit liefert ein sinnliches Muster jener Muster, aus denen für uns erst Wert, Wahrheit und Sinn hervorgehen können. Dewey folgte den semiotischen Fundierungen eines Peirce, wenn er beschreibt, wie Kunst als Erfahrung jene ästhetischen Beziehungen erfahrbar macht, die für uns in einer reinen und potenzierten Form aufdecken, was die Bedingungen der Erfahrung ausmacht. Das Unterste wird mit dem Obersten verbunden, das Heilige mit dem Verruchten, das Sublime mit dem Gewöhnlichen. Der Zauber eines schönen Körpers setzt für einen Augenblick den umfassenden Sinn unseres Lebens frei – nur deswegen sind solche Momente oft mit einem Erschrecken, mit einem Zurückweichenwollen verbunden... Es ist die Angst, von einem umfassenden Geschehen geschluckt zu werden, wie wir sie einst in den mütterlichen Imperativen erfahren haben – das Ausweichen vor dem oder der, der oder die uns heilen und ganz machen könnte oder in dem oder der wir unserer Vernichtung begegnen. Unter dem Blick eines/r Anderen auf das Nichts reduziert zu werden, das wir einst als stinkendes Bündel verkörpern mussten... Damit ist ein anderer Gedankengang weit wichtiger, denn im Kontext der phantasievollen Spielformen der Liebe taucht wie nebenbei ein Begriff der Schönheit auf, der mit dem Glück der Bedürfnislosigkeit legiert ist. Und das erscheint mir sehr wichtig, wenn von einer Schönheit die Rede ist, die nicht den Techniken der Macht und der Manipulation unterstellt ist, sondern die sich selbst genügt. Keine Harmonievorstellung, die noch immer auf den Schein der Idee verweist, auf Einfachheit und Einfältigkeit, die einen großen Glanz von innen bewirken, die reibungsarm und ergebnisleer sind und uns im Endeffekt um unsere Erfahrung der Welt betrügen. Sondern eine Harmonie maximaler Höhen und Tiefen, kleinster Unterschiede und extremster Gegensätze, die vor allem ein anderes Gefühl der Selbstgenügsamkeit vermittelt, die das energetische Gewitter als notwendige Voraussetzung der Bindungskräfte des Paar erweist. Das ist die Schönheit der erfüllten Lücke, die Stimmigkeit einer Passung, die sich einer langen und geduldigen Übung verdanken darf und manches mit der materialen Nähe des handwerklichen Zugangs zur Welt zu tun hat: Die Schönheit als Nachklang und zugleich als Erwartung einer geglückten Vereinigung. Während alle anderen irgendwelchen Ausgeburten des eigenen Imaginären hinterher rennen, können diese zwei Menschen in der momentanen Erfahrung des Paars mit sich eins und zufrieden sein – und das macht immun gegen die üblen Nachstellungen und die subalternen Verführungen all jener, deren Antriebe einer konfliktuellen Mimetik gehorchen. Es ist diese in sich gerundete Gelassenheit, die uns unter dem Bild der Schönheit erscheinen kann. Mit der Erinnerung an die Figur des Teiresias zeigt sich die Weisheit als eine Form des Wissens um die Gesetzmäßigkeiten der Liebe!

Womit die Schönheit, weil wir aus dem Instinktrepertoire herausgefallen sind, nicht am Gestaltbild hängt, das Auge, das gebannt werden kann, hält der menschlichen Wirklichkeit, die durch die Sprache definiert wird, nicht stand. Am Bild des Körpers haftet das Abfuhrphänomen, bis zu einem gewissen Alter hängen wir alle mehr an den Masturbationsaktionen, als an der Begegnung mit einem leiblichen Körper – es ist ein Entwicklungsdefizit, das von unserer multimedialen Erfahrung fast anempfohlen wird, wenn es über einen gewissen Zeitrahmen dabei bleibt. Aus diesem Grund kommt eine Liebe ins Spiel, die die Macht der Schönheit auf einer anderen Ebene jenseits des Blicks erst wirklich in ihr Recht versetzt. Eine Wirklichkeit, die sich an der Stimme entzündet, am Stimmton, der im Körper mitklingt und damit die unwillkürlichen Erinnerungen und die eingesenkten Erfahrungen zum Mitschwingen bringt, an den Körpern, die Botenstoffe ausschütten, die für die Zwei ein energetisches Volumen zustande bringen, das jenseits der Erfahrung des Einen angesiedelt ist: Gott ist ein Peptid! Wichtig scheint mir, dass es anders, als in der Platonischen Traditionslinie des Abendlands, die vom Höhlenhintergrund bis zum Videoscreen reicht, der zufolge die Liebe sich am Bild des Schönen entzündet, hier die Stimme ist, die akustische Erregbarkeit, die ins Labyrinth des Ohres führt. Sloterdijks Kritik an Lacans Spiegelstadium nimmt tatsächlich nur gewisse Einsichten Sonnemanns ernst, wenn die Metapher eines Sirenenstadiums so stimmig wird, dass tatsächlich einige Kapitel der Philosophiegeschichte umgeschrieben werden müssten! Der Mensch bewegt sich in Räumen, er ist nicht in der Fläche zuhause. Das Hören ist eine Form der Orientierung im Raum, selbst die Zeitvorstellung kann mit Piagets Beobachtungen aus der räumlichen Wahrnehmung abgeleitet werden, während die Identifikation mit dem Bild eine zweidimensionale Reduktion darstellt, also eine Abstraktionsleistung, die von den echten Wirksamkeiten abzusehen versucht. Mit den zum Fetisch gemachten Bildern ist es ein leichtes, in der Welt auszuschwärmen, die man nicht so richtig versteht und sich dort mit brachialer Gewalt über alle Eigengesetzlichkeiten hinweg zu setzen. Die Beschleunigung der Zeit und die Entwertung der unmittelbaren Erfahrbarkeiten, die Inflation des Wissens und die Haltlosigkeit eines leeren Fortschrittsbegriffs gehen wie von alleine aus diesen Reduktionen hervor. Der wirkliche Bereich der Erfahrung wird immer der Innenraum sein, die Überlappung oder Berührung von Einflusssphären, die Belehnung mit Kraft und Wissen, die Fähigkeit, sich auf die Eigengesetzmäßigkeiten des jeweiligen Prozesses einzulassen – und tradierbare Erkenntnis, wenn sie etwas taugen soll, wird immer eine Verallgemeinerung dieser Erfahrungen sein. Im Hinblick auf die umfassende Semiose des menschlichen Feldes und die Frage nach den entsprechenden Medien und der immer wieder einmal bezweifelten Medialität der psychischen Systeme ist dies ganz klar ein radikal anderer Ansatz. So verwundert es nicht, dass für die Philosophie eine produktive Schaukelbewegung zwischen Symbiose und Distanz freigesetzt wird, die an die späten Schriften eines Montaigne erinnert, auch wenn es in Anlehnung an Kittler heißt, schon Platon habe Mathematik und Erotik nicht voneinander trennen können. Tatsächlich ist in den verschiedensten Zusammenhängen zu sehen, dass die Liebe in ihren ursprünglichen Antrieben der Versuch ist, ‚ins Runde' einer sich selbst genügenden Vollkommenheit zu gelangen und damit ‚die erste Kugel zu rekonstruieren'.

Wir müssen wieder durch den Wahn und die Besessenheit hindurch, um die nötige Distanz zum tagtäglichen Wahnsinn zu gewinnen. Das leistet der Rückgriff auf die Schrift – diese Technik der Mortifizierung kann gegen die Dressuren der Entlebendigung eingesetzt werden. Also noch einmal zurück zu jenem historischen Scharnier, mit dem Platon die Macht der Mythen und der bezaubernden Gestaltbilder brechen konnte – genauere Hinweise finden Sie in ‚Mimesis' von Gebauer und Wulf – nur dieses Mal in der entgegengesetzten Richtung: Gegen den hysterischen Sozialcharakter, die entfesselte Phrase und die Imperative der Bildwelten. Der funktionalisierte und reduzierte Alltagstrott betrügt uns durch Stillstellung und Verzicht, durch den Köder der Surrogate, um alles, was an Echtheiten für eine Lebenszeit zur Verfügung stehen könnte. Wenn das Menschengeschlecht den Weg von der Besessenheit durch Halluzinationen über die deiktische Poesie bis zur Prosa der Wirklichkeit gehen musste, ist heute im einzelnen Leben dieser Weg nicht nur nachzuzeichnen, sondern in den Fällen, die entscheiden, wieder rückwärts zu buchstabieren. Diese archaische Strukturierung der Welt durch Halluzinationen und Projektionen macht den Bezug zu jenen Techniken deutlich, mit denen wir uns einer Involviertheit entwinden – sie sind nämlich erst einmal Emanzipationsleistungen. Ursprünglich bezogen auf den Schamanen, der durch irgendeinen Kick – sei es eine chemische, sei es eine organische oder soziale Insuffizienz – aus seiner gewohnten Welt heraus katapultiert wird und dann, wenn er zurück kommt, auf einmal diesen gewohnten Lebenskontext von außen sehen kann – und damit Gesetzmäßigkeiten erkennt oder auf den Nenner bringt, die eine weissagende oder heilende Funktion in dieser kleinen Welt haben. Das mag für die, die nicht über den Lattenzaun der Kultur geschaut haben, die nicht durch die Maschen der Wirklichkeit gefallen sind, dann so aussehen, als bringe er irgendwelche Weisheit aus den göttlichen Sphären mit. Wenn wir heute noch in der Lage sein können, mit Gesetzestafeln vom Sinai der Besessenheit herabzusteigen, sollten wir die Tafeln nicht einfach zerschlagen, nur weil wir akzeptieren müssen, dass das normale Volk einen Scheiß auf unser unter Qualen und Todesangst gewonnenes Wissen gibt. Wenn wir nachvollziehen können, wie diese Tafeln beschriftet worden sind, sehen wir, welcher gewaltige Abstand zwischen einer im Körper brennenden Erfahrung und den verallgemeinerten Daten im Archiv besteht. In den richtigen Zusammenhängen können wir manchmal einen Geistesblitz zünden, der die Zukunft mit der Vergangenheit verknüpft, der das Gewordene auf einmal Veränderungen unterstellt.

In solchen Zusammenhängen wird deutlich, dass das niedergelegte und unabhängig gewordene Wissen, die Welt der Archive, einen fast uneingeschränkten Sieg über die animalische Natur darstellen. Der antisoziale Akt des Lesens, der Rückzug aus den realen zwischenmenschlichen Vollzügen, wird erst dann für einfachere Schichten möglich, als diese Selbstzentrierung sich nicht mehr durch den unanständigen Körper desavouiert. Als die Philosophie bei Platon als Liebe zur Weisheit erklärt wird, ist dies bereits eine Distanzleistung, sie wurde zu einem mehr oder weniger unerfüllbaren Streben. Was die kulturschwule Vereinigung nicht kontrollieren kann, untersteht der Irrealisierung und Verleugnung: Dies habe keine Substanz. Mit der platonischen Akademie entsteht die Wissenschaft als Ersatz für die aufdeckenden Kapazitäten der Entgrenzung und des Rausches ... das Zugangskriterium ist seitdem die Einwilligung in die Impotenz! Wichtig in diesen historischen Zusammenhängen ist die Einsicht, dass der alkoholbedingte Kater zum Ursprung der Techniken der Distanzleistung wird – in Sheldrakes *Denken am Rande des Undenkbaren* finden sich interessante Folgerungen über den Zusammenhang der jeweiligen Rauschdroge mit der entsprechenden Kulturform. Das mit dieser Entwicklung einhergehende Anwachsen des Schamgefühls und der Gewissensinstanz übten einen derartigen Druck aus, dass es irgendwann einen Freud brauchte, um die kleinen, unterdrückten Ichs gegen das eigene Über-Ich zu unterstützen und zu stärken. Und das resultierte schließlich aus den Konsequenzen eines Buchdrucks, der die Botschaft von ihrem Absender trennte, es damit erst möglich machte, dass es so etwas wie abstrakte Gedanken unabhängig von den lebenden Körpern gab. Ein platonisches Reich der Ideen war im Fortgang der Geschichte mit der Ausdifferenzierung von Medien in einer Seinsmächtigkeit zu installieren, die irgendwann mit jeder Buchmesse mehr Realität und Substanz gewann. – Nebenbei ist daran zu erinnern, wie viel Antriebsstörung und Ressentiment Ihnen bei durchschnittlichen BuchhändlerInnen begegnet ist, welche vom Sexualneid angetriebenen Intrigen bei den Verlagen oder beim Rundfunk zu erfahren waren... Sie waren schon als Selbstmörder in die Welt geschickt worden und die hoffnungslosen Kämpfe in solchen Sphären der Vergeblichkeit waren tatsächlich ein Stück Kulturarbeit, um die ursprüngliche Negation zu verdünnen und zu verlagern. In solchen Zusammenhängen sollte nie vergessen werden, dass unser erstes Medium die Mutter als nährende und zerstörende war.

Eros steht seit Platon nicht für die Erfüllung, sondern für einen Fehlschlag und die Transponierung des Begehrens in den Bereich der Wahrheit – darauf hat vor allem Lacan hingewiesen: Der Bereich des körperlosen Nichts soll uns als der der höchsten Wahrheit präsentiert werden und dieser Taschenspielertrick funktionierte durch die Jahrtausende und wurde für den Antrieb der Moderne durch das ‚Ich-denke' Descartes maximiert – aber es wäre falsch, hier irgendwelche Folgen einer paranoiden Psychose zu reklamieren: Schon in den Gründungsdaten des Abendlandes finden wir dieses Prinzip der Körperverleugnung. Der philosophische Eros hat den reinen Sex erfunden und er führt zu dem an mathematischen Formen ausgerichteten reinen Denken. Damit ist doch tatsächlich alles ausgeklammert, was den Menschen zum Menschen macht; unter dieser Regie verwandelt sich der Liebhaber in einen distanzierten Beobachter. Folgerichtig kann de Rougemont zeigen, wie Paulus gewisse antike Einsichten in die Wirkungsweise der Liebe umwertet und gegen den Eros versucht, mit der Konzeption der Agape die Welt des Begehrens aus den Angeln zu heben. Seit es das Christentum gegen den ureigenen Impuls der Verkörperung geschafft hat, die spirituelle Verbindung idealisierter Entitäten zu empfehlen, leidet der Körper an Bedeutungsschwund, während im Gefolge dieser Entwicklung die leidenschaftliche Liebe ein Remedium und eine Gegenwelt zur christlichen Ehe wird. Außerdem ist zu erinnern, dass die Platonische Ideenlehre auf einer Metaphysik der Zahl beruht, dass es diese mathematische Wissenslust gewesen ist, die das Denken von allen Trübungen und Beschmutzungen durch die konkreten Dinge zu reinigen hatte.

Aus der Einsicht in den Verzicht und die einhergehende Maximierung der Abstände zwischen den Menschen stammt Durrells Charakterisierung des Spielers, die als Metapher des abendländischen Willens zum Wissen taugen kann. Damit ist es nur stimmig, wenn er den Gewinn kennzeichnet als Verdopplung des eingesetzten Zeichensystems. Schon Benjamin hatte im Kontext des Passagenwerks eine kleine Metaphysik des Spielers umrissen, der auf die Nummer setzt, um mit der Zahl zu kopulieren – ein Ausweichmanöver, das lebensnotwendig scheint, wenn der Übermacht des mütterlichen Imperativs und der als psychotisch erfahrenen weiblichen Welt ausgewichen werden will. Gewonnen haben die abstrakten Wissenssysteme, die Techniken der Abstandserweiterung oder der verschobenen Minimalisierung, mit denen die körperlichen Erfahrungen und die psychischen Reziprozitäten als nichtig erklärt werden konnten. Die Handlanger der Macht schieben goldene Schmutzhaufen, die symbolisch mehr bedeuten als der Gegenwert in Geld, über den Tisch, der immer auch an das Komplement Bett erinnert. So passt es, wenn lüstern im Gewinn gewühlt wird, bevor er wieder zurück in den Schmelztiegel zu werfen ist – der Zocker ist dem Geheimnis der Null auf der Spur, es geht darum, aller Sorgen ledig zu sein! Je höher der Gewinn ist, je höher muss der Einsatz für das folgende Spiel sein – und der fast zwangsläufige Ruin ist mit einer perversen Einsicht in die Sinnlosig-

keit des menschlichen Unternehmens und damit mit einer unheimlichen Erleichterung verbunden, die es nun nahelegen kann, das Leben zu beenden, man/frau kann nur verlieren.
Auf der Rückseite dieser melancholischen Wahrheit sind die Gesetzmäßigkeiten der wachen Lebendigkeit zu erahnen – nur deshalb kann die Erfahrung der Ausweglosigkeit eine derartige Überzeugungskraft gewinnen. Nicht mit Abstraktionen, nicht mit Machtspielen, nicht mit irgendwelchen alchimistischen Fetischismen kommt man den Geheimnissen der Schöpfung auf die Spur. Durrell erinnert an eine grundlegende Gesetzmäßigkeit: Nur mit Gold macht man Gold! Wobei das Gold hier für all das stehen mag, was so edel und unvermischbar ist, dass es sich den Surrogaten und der Kontrolle entziehen kann, dass es an den Kräften des Lebendigen teilhat. So wird der Bezug auf das Freudsche Anale einleuchtend, und wenn alles Glück die aufgeschobene Erfüllung eines prähistorischen Wunsches ist, geht es nicht um einen Reichtum, der nicht glücklich macht, der nur die Komplexität einer außer Kontrolle geratenen Welt erhöht... Vielmehr geht es für den Spieler, für den Süchtigen, für den Machtgierigen darum, diese Welt zuzuscheißen. Ab dem biographischen Zeitpunkt, ab dem auf die Kräfte und Geheimnisse der Lebendigkeit verzichtet worden ist, geht es um die Vermehrung von Geld und Macht. Aus dem alchimistischen Traum der Menschheit, an der Potenz der Schöpfung teilzuhaben, wird das impotente und sadistische Unternehmen, über die Vernichtung des Lebens herrschen zu können.
Im platonischen Eros, wie er in den sokratischen Lehrgesprächen erscheint, finden sich wesentliche Anregungen, die gerade deshalb so bedeutsam sind, weil in diesem Zusammenhang die Körperausschaltungsprinzipien erst entstehen, weil in dieser Geschichte die Erotik zugunsten der Zahl von den körperlichen Befriedigungen abgekoppelt werden sollte, um sie in ein Streben nach Wissen und Wahrheit zur transformieren. Bei der Betrachtung dieser ursprünglichen Weichenstellung sollte nie vergessen werden, dass das Schöne bei Platon und Aristoteles auf einer Seinshöhe mit der Tragödie angesiedelt ist, dass es eine der Erscheinungsformen des Göttlichen für uns ist – mit dem Schicklichen und der Dekoration hat es am

allerwenigsten zu tun! Die Fundierung der abendländischen Episteme stammt aus der Vermittlungstätigkeit des Schönen und der Erotik... und was Paz über Ficinos Lektüre der griechischen Philosophie zusammenfasst, dem wir den Ausdruck Platonische Liebe verdanken, unterstreicht die Vielschichtigkeit dieser Entwicklung und zeigt zugleich die Lücken im System, die Schwellen zwischen den verschiedenen Erfahrungsfeldern und Wissensbereichen. Ficino verbindet die Säftelehre mit der Kosmologie und entwickelt den Sympathiegedanken weiter: Alles hängt mit allem zusammen. Die Liebe beschreibt einen Kreis: Sie geht vom Gott zum Geschöpf, und vom Geschöpf kehrt sie durch die Liebe zum schönen Leib und der edlen Seele wieder zu Gott zurück. Das dürfte die klassische metaphysische Begründung sein, warum die höchste Form der Liebe die gegenseitige Liebe ist und damit haben wir eine über einen langen Zeitraum reichende Fundierung der kommunikativen Notwendigkeit gleichzeitiger Orgasmen. Nicht nur, dass wir auf diese Weise des Göttlichen in einer Universalpräsenz bewusst werden können – sondern auch und viel mehr, dass mit diesem Ansatz nicht mehr über die Gleichberechtigung der Geschlechter diskutiert werden muss. Die Liebe macht die Liebenden gleich, alle großen Augenblicke der Liebespoesie fallen mit der Freiheit der Frau zusammen, sie sind Indizien für die Reife einer Kultur. Und unter diesen Voraussetzungen müssen wir uns über das Verschwinden des Göttlichen aus der Welt nicht mehr den Kopf zerbrechen. Die Götter sind gegenwärtig, wenn wir die Kraft aufbringen oder die Gelegenheit nutzen, sie zu vergegenwärtigen! Betrachten Sie die romantische Abwesenheitsdressur als eine Form des platonischen Bindeglieds und es fällt leicht, Huxley mit Durrell zusammen zu denken. Wenn klar ist, in welcher Funktion die Schönheit angetreten ist, sollte nie auf die Verführung reingefallen werden, sie mit der Verdinglichung und dem Bild zu verwechseln. Das Bild mag immer eine Verzichtleistung sein, das Stillleben ein Betrug, doch es muss einem nur einmal im Leben der Atem gestockt haben gegenüber einem schönen Leib, die Säfte müssen nur so im Mund zusammengeschossen sein, dass es die Rede verschlug: Dann haben Sie erfahren, dass es bei der Schönheit ein ganz eigenes Wahrheitskriterium gibt."

„Ich darf mal unterbrechen! Wenn Freud in den verschiedenen Zusammenhängen von der Stimme der Vernunft spricht, dass sie leise sei, aber immer dasselbe sage, ist es doch auffällig, dass er fast das gleiche vom unbewussten Wunsch sagt, dessen Stimme leise aber unzerstörbar sei. Die Stimme der Vernunft ist eben nicht die des Gewissens oder der verinnerlichten Ansprüche der Macht, schon Lacan hat eine Beziehung zwischen beiden vermutet. Wenn ich nun noch an die kulturell verbürgte Tatsache erinnere, dass der Schlaf der Vernunft Ungeheuer gebärt, liegt es doch nahe, dass die Vernunft etwas mit den Wahrheiten des Körpers zu tun hat, die Vernunft wäre machtlos, wenn sie keinen Verbündeten im Unbewussten hätte, ihre Stimme scheint sogar das Aggregat zu sein, in dem die Ansprüche des Denkens mit den Kräften des Es verschmolzen werden!" Was hier die letzten Tage aus den Thesen der Schule der Liebe gefolgert werden konnte, hat Heinrich mit einer Akkuratesse zusammengefasst, die immerhin beweist, dass er in der Lage war, dazu zu lernen und Argumentationen zu verabschieden, mit denen er sich bisher die nötige Sicherheit verschafft hat. Trotzdem behagt mir irgendwas nicht – als rieche es nach Verrat, als werde nur daran gearbeitet, gewisse Einsichten der Inflation zu unterstellen, um sie dann wieder vergessen zu können: „Von Furcht und Mitleid, vom Erfreuen und Nutzen, von Lessings kleinlicher Trauerspieldefinition, sind wir so weit entfernt, dass ein ganzes Weltzeitalter dazwischen liegt: Das Schöne ist erst einmal ein Ausdruck der Macht des Göttlichen – lange bevor es das Wahre und das Schickliche werden konnten. Und das hat Folgen – wir leben in einer Kette der Verleugnungen, wir sollen uns damit zufrieden geben, dass mehr als Surrogate nicht zu haben sind: Die realen Beziehungen haben wir zu vergessen, weil sie zu schmerzhaft und zu hoffnungslos sein sollen! Dagegen muss alles Selbstgemachte, alles der Kontrolle Unterstehende, alles was wir manipulieren und zerstören können, dann das sein, was wir als Realität anzuerkennen haben – die Selbstzerstörung inklusive! Der ursprüngliche pädagogische Eros ist ein Induktionsstrom, das Überspringen von Energien und der damit verbundenen Lebensroutinen – aber das, was sich im Platonismus anbahnt und dann durch das Christentum perfektioniert wurde, ist auf jeden Fall der falsche Weg gewesen. Es darf nicht durch die Abstraktion vom Begehren und den magischen Wirkungen des Leibes zu einem übersteigerten Erhebungsstreben kommen, sonst geht der Antrieb verloren, sonst geht der Motor kaputt. Das Wort ward Fleisch, wie Kamper immer wieder in den verschiedensten Zusammenhängen unterstrich, weil es nicht Begriff werden konnte – nun mögen uns die Begriffe noch so nützlich sein, unsere Wahrheit steckt doch im Wort und das Wort ward Fleisch. Das Fleisch will geliebt werden, die Hochschätzung des Augenblicks nimmt hier ihren Anfang. Die Weisheit ist im Hier und Jetzt zu Hause, wenn es jedes Mal wieder einzigartig ist, wenn es nichts zum Verallgemeinern gegeben hat, weil die Intensität der Erfahrung sich nur im Jetzt einstellt und jede Erinnerung, wenn die Synapsen aufgehört haben zu feuern, nicht mehr an die Inkommensurabilität des Augenblicks heranreicht. Man sollte sich einfach immer wieder einmal klar machen, dass die Intensität nicht auf der Ebene der Bedeutungen und in der Welt des Verstehens zu haben ist, sondern die Abfolge nur in der entgegengesetzten Richtung fruchtbar sein kann: Es sind die Gefühle, die den Fundus der Bedeutungen und den Motor der Interpretation liefern. Antriebsgestörte Bildungsbeamte und andere Sadisten von Profession mögen das Gegenteil predigen und an der Form kleben oder die Struktur vergeistigen, weil sie über den Mangel ihrer Empfindungsbehinderung nicht hinaus kommen. Mögen sie noch den Sammler mit seiner Nähe zum Material und den Süchtigen mit seiner Version von Souveränität kopieren, mögen sie die Halbwelt simulieren oder die Besessenheit des Spielers bewundern... Tatsächlich unterstehen diese Formen der Selbstdarstellung nur der Verleugnung: Das ganze Theater hat vergessen zu machen, wie stumpf und taub die Ausbildungsgänge in der verwalteten Welt eine/n zurücklassen, wie durchgehend der eigene Antrieb in der konfliktuellen Mimetik verstümmelt worden ist. Denn echten Intensitäten ist nur auf der energetischen Ebene zu begegnen – und das ist dann eine Sache der Inkommensurabilität des Augenblicks, der Fähigkeit, sich nicht zu vergleichen, sondern sich hinzugeben und damit eine der Kraft, die freigesetzt wird... Oder auf der erkenntnistheoretischen Ebene an das angeknüpft, was Sie vorhin ausgeführt haben: Von Platon bis zu Descartes und Leibniz gibt es die Voraussetzung, dass die Mathematik der Schlüssel für das Verständnis der Welt ist und damit das notwendige Instrument, sie zu kontrollieren und ihren Fortgang zu prognostizieren. Dass dieser Versuch, Halt in einer schwer durchschaubaren Welt zu gewinnen, nicht viel sicherer sein kann, als ein durchschnittlicher Wetterbericht, der heute immerhin an der Chaostheorie geschult wird, dürfte seit den Arbeiten zur Quantentheorie nicht mehr zu bezweifeln sein! Mir ist der Zwang zur Kontrolle zuwider und wenn ich dieser Aversion folge, werden noch ganz andere Zwangssysteme deutlich. Die wichtigste Bedingung all dieser Ordnungssysteme ist die Epoché der Inhalte, das Katalogisieren und Systematisieren führt zu Generalisierungen, die nur funktionieren, wenn die realen Gegebenheiten ausgeblendet werden. Und da, wo eine Systematik der Wissensweisen den ganzen enzyklopädischen Rahmen auf ein Blatt voll zeichentheoretischer Kombinationsregeln reduzieren soll – das war das Leibnizsche Programm –, steht seltsamerweise das Zeichen am Anfang aller Überlegungen und das Bezeichnete, die Inhalte, die konkreten Anlässe, fallen hinten runter. Nichts gegen den Vorrang der Relation, aber es darf keine zweistellige der Formalismen sein, sondern muss als dreistellige Relation die Nähe zum Material und die Intensität des realen Augenblicks gewährleisten. Sie wissen, dass ich aus dem Stall Max Benses entlaufen bin und das hat einen ganz realen Grund, der an meinen biographischen Fraglichkeiten festzumachen ist. Die Hüter der Wahrheit haben die Geschichte des abendländischen Denkens gebraucht, in ihrem Jahrtausende dauernden Suchen und Streben, um an jenem Weltstatus anzukommen, an dem die Dichtung schon immer zu Hause war: Der Quellcode der Semantik ist das Gefühl, das schmerzhafte oder lustvolle Gewahrwerden der Materialität einer momentanen Weltverwobenheit. Es geht mir um Inhalte, um konkrete Fragestellungen, um Lösungsansätze, die einen Zeitkern haben – den Rest meine ich, kann man vergessen!"

„Das ist richtig, keine Spur von Einwand!" Heinrich grinst ein bisschen schief vor sich hin, als er erwidert: „Vielleicht sollten Sie das gesunde Misstrauen etwas herunterfahren. Ich habe von Ihnen einiges gelernt! Und das Ergebnis ist, dass ich versuche, die ganze Masse eines Wissenssystems neu zu strukturieren. Mit Böhme ist daran zu erinnern, dass längst eingelöst ist, was Platon als Metaphysik nur behaupten konnte: Das Wesen der Welt, ihre rationale Struktur, besteht in Zahlenverhältnissen. Was wir aber sehen, ist *doxa*, trügende Erscheinung des Vielen und Heterogenen, das über die Wahrheit der Dinge keine Auskunft gibt. Denn Wahrheit ist ein Identisches und Homogenes, dasjenige, was seinem Wesen nach gleich bleibt und zugleich jede Materialisation determiniert. Und eben dies wird, jenseits aller Metaphysik, in der gegenwärtigen dritten industriellen Revolution zur Wirklichkeit. Alles, was wir mit den Sinnen, der organisch fundierten Intelligenz erfahren können, verkennt die wesentliche Identität des Verschiedenen auf der Ebene der immateriellen Zeichenoperationen. Deshalb greift auch die Sprachkritik des frühen Wittgenstein zu kurz, denn es hilft nichts, zu schweigen, wenn uns metaphysische Versatzstücke begegnen, es ist notwendig sinnvoll, wenn wir den verselbständigten Generalisierungen auf die Spur kommen, denn dann gilt es, richtig und aufmerksam zu handeln. Wir sollten wissen, auf welchen Zug der Signifikantenkette wir aufspringen, wir sollten erschnuppern und wittern können, wo eine Verkörperung des Wissens möglich ist, wir sollten sehen können, welches die Kräfteparallelogramme sind, die unsere Selbstdefinition präfigurieren. Jede Fabrik ist mittlerweile zur Höhle Platons geworden, jeder Rechner zur Sonne, von der aus in der Höhle jene Schatten erzeugt werden, die den armen Sinnen als Wirklichkeit erscheinen. Und das sind keine der Literatur oder dem Film abgelauschte Spekulationen, sondern es ist die heute schon ganz reale Anforderung in bestimmten Arbeitsumgebungen, sich tagtäglich durchgreifenden Strategien der Depersonalisation zu unterwerfen. Diese Erfahrung, der wir ausgeliefert sind, ist eine neue Sozialisationsanforderung, die uns nötigt, den Anforderungen der Maschine entsprechend zu reagieren und uns zu einem Anhängsel zu machen. Für Böhme haben wir die Notwendigkeit einer nächsten Stufe der nüchternen Erwachsenheit vor uns – und er sieht ihr nicht unbedingt optimistisch entgegen. Aus diesem Grund sollten wir uns vielleicht fragen, ob es so richtig ist, den Rausch einfach in die Rumpelkammer der Ersatzbefriedigungen zu verbannen – vielleicht war er schon immer eine Vorschule der Strategien der Depersonalisation. Wir gehen gern davon aus, dass der gemeinsame Orgasmus das Ziel sei, dem der Süchtige oder der Spieler auf einem ertragbareren Level, wenigstens als minder Abklatsch, nachstreben. Nach der Erfahrung eines unvergleichlichen Augenblicks sagen wir uns, dass all die Umwege, die sich verselbständigen wollen, bei einem erfüllten Triebleben nicht sein müssten. Aber vielleicht stimmt das so gar nicht – vielleicht hat diese Erfahrbarkeit mit dem Göttlichen gemein, dass man sie nicht suchen und nicht kontrollieren kann und dass sie nichts so lässt, wie es gewohnt gewesen war. Der Rausch lässt immerhin die Illusion zu, er sei in Stärke und Intensität beherrschbar und auch nach schlimmen Katern führt er ins tragbare Gefängnis der Normalität zurück, bestätigt diese sogar hinterrücks. Manche Erfahrungen geben zu bedenken, dass ein Paar mit den verschiedensten Tricks, vom Kinderwunsch über den beruflichen Ehrgeiz bis zu den eigenen vier Wänden, daran arbeitet, den Stachel der Unbefriedigtheit stumpf zu machen. Oft genug gelingt das so gut, dass die Beziehung in der eingehandelten Stumpfheit sanft entschläft – wenn sie sich nicht von Anfang an der Konfliktualität, dem oder der übertrumpften Rivalin/en verdankte. Wie häufig bekommen wir zu hören, dass das Begehren sich an dem entzündet, was sich entzieht... Dieser Sog des Nichts, der sich dem Völlegefühl verdankt, vollgestopft mit allem möglichen Fett und Zuckerzeug, übersättigt von den Kochrezepten der Ersatzbefriedigung, wird in einer weitgehend saturierten Gesellschaft genügend Nischen für erotische Eskapaden zur Verfügung stellen, die zu erweisen haben, dass es kein wirkliches Verhältnis der Geschlechter gibt und im Internet kehren sogar die verschiedenen Spielarten des Platonismus wieder. Demgegenüber ist an die Notwendigkeiten der Inkommensurabilität zu erinnern, an die Disziplin, sich nicht zu vergleichen und die konfliktuelle Mimetik zu suspendieren. Die Erfahrung der ambivalenten Notwendigkeit eines Verhältnisses der Geschlechter, der wir seit Urzeiten ausgeliefert sind, stellt eine Sozialisationsanforderung dar, die uns mittlerweile nötigen könnte, die ursprüngliche Egozentrizität zu überwinden und in den Begriffen trirelationaler Beziehungen zu denken. Natürlich müssen wir bis drei zählen können und uns von der Eins und dem identisch Einen verabschieden – aber es gibt keinen Grund, deshalb die Macht der Zahlen anzubeten. Was zwischen dem einen und der anderen geschieht, der einen und dem anderen, ist ein Drittes, das vielleicht mit trichotomischen Triaden beschrieben werden kann – seine Macht bezieht es jedoch in keinem Fall von den Symbolsystemen, viel eher ist es andersrum und diese werden mit personeller Kraft belehnt. Die Wirklichkeit der Maschine und die Arbeit in Reinräumen, ob in Mikro- oder Makrobereichen, ob im virtuellen Raum der Zeichensysteme, erscheint mir gegenüber einer Aufgabenstellung, vor der Generationen versagt haben, um auf Nebenkriegsschauplätze auszuweichen, wie eine gute Übung: Die Schulungsgänge der Depersonalisation waren schon oft genug die Zugangsvorrausetzungen, um neue Welterfahrungsformen zu entdecken – seien es religiöse oder wissenschaftliche Formen des Wissens. So ist also auf der ursprünglichen Tatsache zu bestehen, die die Voraussetzung unserer Wahrheit gewesen sein wird, dass uns im realen, reibungsintensiven, rhythmischen und saftigen Verhältnis der Geschlechter die Erfahrung des Schönen, des Guten und der Erfüllung gegeben worden ist – alles andere ist zu spät gekommener Ersatz!"

Er verwendet ständig Zitatzusammenhänge, die aus meinen Kontexten stammen, aber ich habe das ungute Gefühl, dass er sie in einer Weise präsentiert, mit der die Vergeblichkeit untermauert wird und nur das Nichts und die Ausgeliefertheit die Schlussfolgerung nahelegen sollen, dass die Rückbesinnung auf die früheren Werte der einzige Ausweg sei. Dazu fällt mir die faszinierende Endlosschleife der Beweisfigur Paveses in den Gesprächen mit Leuko ein: Der Stein, die Pflanze, das Tier sind einfach nur präsent, ihnen bleibt die Einsicht in die Sinnlosigkeit der kulturellen Umwege und der destruktiven Abkürzungen schlicht erspart. Also rede ich gleich wieder dazwischen und bemerke mit einem gewissen Erstaunen, dass er mich reden lässt, dass ich nicht mal vom EXE an die Verfahrensordnung gemahnt werde: „Ich darf daran erinnern, dass ich nach sechzehn Monaten Ersatzdienst in einer Zentralsterilisation, nach der Erfahrung einer umfassenden Depersonalisierung, nicht mehr in der Lage war, mich auf die Talmischauspiele der Normalen einzulassen: Die Normalität ist nicht mehr als die Simulation des statistischen Durchschnittswerts – das ist nichts, was Wissen gibt oder einen Halt verspricht; das ist eher eine Verführung, sich derart mit irgendwelchem Schwachsinn zu identifizieren, dass dann, wenn ein Chef ein Mobbing für nötig hält, nichts mehr von den Sicherheiten übrig bleibt! Oder eine Ehe zerbricht, die Selbstzerstörung nimmt mit einer Arbeitslosigkeit oder einer Drogenkarriere ihren Anfang – und niemand sieht, wie die ganzen Fehlverhaltensweisen in der Simulation der Normalität schon vorgegeben worden sind! Und das hat Gründe! Wir können nicht einfach das Echte reklamieren und dabei vergessen, dass schon bei Platon gesehen wurde, dass der einzige Zugang zur Wahrheit über den Schein läuft und noch Kants transzendentale Bestimmung der Kategorien des Urteilens und Schließens in der Tiefenstruktur durch die ästhetische Urteilskraft abgesichert wird, durch die Würdigung der wesentlichen Funktionen des Scheins! Das ist sicher richtig, aber ich würde dann anempfehlen, verschiedene Formen des Scheins zu unterscheiden: Es gibt den heiligen Schein, das biomagnetische Feld, das sich dank einer in sich stimmigen Bedürfnislosigkeit ausbreitet, und es gibt graduelle Schattierungen, mit denen die Bosheit und die Dummheit mit dem Bedürfnis und der Befriedigungsunfähigkeit zunehmen. Wenn ich für die subliminalen Botschaften des Körpers empfänglich bin, muss ich mir nicht die entscheidenden Einsichten von Leuten entwenden und unbrauchbar machen lassen. Wenn ich genau horche und nur aus den Augenwinkeln hinsehe, kann ich feststellen, wie sie die Wahrheiten zur Rechtfertigung ihrer Verstümmlung pervertieren! Es ist nicht damit genug getan, so zu tun als ob, es reicht noch lange nicht, irgendwelche Werte zu simulieren, wenn das tägliche konfliktuelle Verhalten in einer ganz umfassenden Art und Weise dazu taugt, jeden Wert zu konterkarieren. Es ist viel einfacher, wenn wir die grundlegende Befriedigung als Maßstab verwenden, wir müssen längst nicht auf jene Wahrheitswerte verzichten, die durch Empfindung und Erfahrung zur Grundlage aller späteren Gewissheiten werden. Es braucht nicht den Umweg über den Totstellreflex oder die Scheintode im

Denken, um über ein Maximum an Abstand die maximale Abstraktion und damit das Gesetz zu erreichen – die dann eher dank der Frustration durch die Befriedigungsunfähigkeiten der Sublimation zu einem barbarischen Abstrafen und Negieren des erfüllten Körperbezugs führen. Es braucht tatsächlich nur die Erfahrung einer erfüllten Befriedigung, denn dieser Wahrheitsbezug ist derart treffsicher, dass kein Umweg über eine Metaphysik mehr nötig ist, die an den Leerstellen und fehlerhaften Verallgemeinerungen nur den Diener vor der Körperverleugnung der Lakaien der Macht akzeptiert. Ich würde also bei dem Rückbezug auf die Ursprungsszenen immer fragen, wer spricht tatsächlich! In unserem Fall ist es nicht Sokrates, sondern der von Plato konstruierte und pervertierte Sokrates. Und es sollte nicht vergessen werden, dass darauf hingewiesen werden konnte, wie der exklusive Bezug auf Eine Frau eine Linie ist, die von Sokrates bis Freud reicht: Hier scheint sich die Lösung anzubieten, wie das Begehren zu stillen ist, ohne einfach nur auf den Todstellreflex zu regredieren! – Wenn ich vielleicht zu einer ganz aktuellen Erfahrung springen darf, wird deutlich, wie universal die eigentliche Aufgabenstellung ist und wie gründlich sie in den Fundamenten des Abendlandes verpasst worden ist: Wenn wir die Aufzeichnungen von Videos auswerten, entdecken wir in gewissen Bruchteilen von Sekunden wie der lebendige Ausdruck zu lügen versteht, wie die Vorahmung uns über ein strategisches Ziel täuschen soll – die vergrößerte und verlangsamte Zeitlupenaufnahme zeigt dann die verkrampften Augenblicke, die Momente, in denen sich die Verstellung einen Ruck geben muss, um die Lüge zur Wahrheit zu promovieren. Ganz anders der Stimmton, hier ist es nicht nur der Versprecher oder die Kontrastassoziation, sondern schon das Schwanken, das Kratzen, das Hängenbleiben im falschen Ton, mit denen eine Strategie offensichtlich wird. Dieses Einklinken in ein übergeordnetes Geschehen, das einmal auf den Begriff Sphärenharmonie getauft worden ist – obwohl dies nur eine unvollkommene Metapher darstellt –, ist das überzeugendste Modell für das, was tatsächlich geschieht. Die Selbstdarstellung, die sich ans Auge richtet, untersteht tatsächlich immer den Gesetzmäßigkeiten der Täuschung, der Übergang zur Simulation ist fließend, während das Phänomen der Stimme auf eine andere Art der Selbstoffenbarung verweist. Natürlich kann ein guter Lügner seinen Stimmton derart dressieren, dass die Lüge nicht gleich erkannt werden kann, aber sie müssen ihm nur eine Weile zuhören und die Lüge wird offensichtlich. Die Stimme verweist auf einen viel tiefer sitzenden Wahrheitsgehalt, im Stimmton haben wir die Wahrheiten des Körpers präsent, während sie im Fake der Selbstdarstellung endgültig verloren gehen... In diesem Zusammenhang ist an Lacans Ansatz zu erinnern, dass die vollendete menschliche Autonomie über das Begehren erreicht wird. Nicht über den Trieb, sondern über die Vorstellungen und Selbstdarstellungen, die sich immer an ein Gegenüber richten, über einen sich verselbständigenden Prozess, der im Begehren des Begehrens des anderen mündet: Wenn der Mangel im Begehren des einen auf den Mangel im Begehren des anderen stößt, multipliziert sich das Nichts mit dem Nichts und häufig genug ist der entstehende Sog nur auszuhalten, indem dann durch die Null dividiert wird. In solchen Augenblicken, in denen zwei autopoetische Prozesse ineinander greifen, entsteht aus den Reflexionsfiguren die konkrete Unendlichkeit eines paranoiden Bewusstseinsprozesses. Die beiden mögen sich lieben oder nur aneinander gewöhnen – in der Tiefenstruktur werden sie versuchen, ihre Wahrheit zu verkennen oder im anderen zu bekriegen. Dass ich selbst ein Adjutant des Mangels bin, lässt sich am leichtesten vergessen, wenn ich mich an den Mängeln des anderen abarbeite, wenn ich ein/e Schuldige/n für meine Misere nennen und bekriegen kann. Mit der Fixierung auf die Entschuldigung für ein verfehltes Leben schwindet das Lernvermögen und die Kreativität – dabei haben wir jetzt schon oft genug gehört, dass es so einfach sein kann, im Jetzt und Hier gemeinsam Fuß zu fassen. Es braucht Geduld und tägliche Übung, bis die Körper aneinander zu lernen beginnen, es braucht tatsächlich den Rückbezug auf die körperliche Erfahrung und dann heißt es nur: Gewähren zu lassen! Rhythmus und Reibungsintensität, klingende Resonanzräume, gespiegelte Spiegel, in sich gefaltete Übergänge von Innen und Außen, die sich verschlingen und entzerren – und tatsächlich haben wir an einem Geschehen teil, das weit vor die entfremdende Vereinsamung des exponierten

Subjekts zurück reicht und uns die Erfahrbarkeit des kosmischen Einsseins nahe bringt."

„Nichts anderes versuchte ich gerade zu erarbeiten", erwidert Heinrich: „Das ist das offenbare Geheimnis! Ich fasse also noch einmal zusammen, was in den letzten Tagen in den verschiedensten Zusammenhängen angeklungen ist: Jede/r wurde mit dem Zugangskode für ein selbsterfülltes und in sich gerundetes Leben ausgestattet. Die fehlerhaften Identifikationen sind Restbestände der Zwänge der patrilinearen Kleinfamilie – und die Angst vor Erfahrungen, die Unfähigkeit, sich auf die Welt oder den anderen einzulassen, sorgen erst für jenes tragbare Gefängnis, in dem der Ich in sich eingemauert bleibt, bis er verzweifelt oder hirntot ist. Das androgyne Tier mit den zwei Rücken ist seit Ewigkeiten die Metapher für die Erfahrung der Präsenz des Göttlichen in der Welt. Und wenn es bei Platon heißt, dass die Götter aus Eifersucht dafür gesorgt haben, dass diese ursprüngliche menschliche Einheit aufgetrennt wird, illustriert dies nur die beschreibende Annäherung an einen Status der Vollkommenheit, der für uns erfahrbar macht, wie das Göttliche in die Welt kommt: In der geschlechtlichen Erfahrung haben wir die umfassendste Form der Kommunikation – nur aus dem Grund teilen Sprachgestörte, Gehbehinderte und sexuelle Krüppel ein gemeinsames Feindbild. Keine Askese, die dem Verzicht und der Versagung untersteht, taugt dazu, an einer Fülle teilzuhaben, sondern nur eine kommunikative Technik des wechselseitigen Aufbaus eines immer höheren Spannungsvolumens – und das geht nicht allein. Am Anfang mag es so aussehen, als sei alles darauf angelegt, einen zum Scheitern zu bringen oder zur Verzweiflung zu treiben. Vielleicht ist die Liebe als Duell schon eine erste Chiffre der Transzendenz – es müssen dann nur noch übermächtige Gegner auf den Plan treten, es müssen Anlässe gegeben sein, damit dieser innere Antagonismus zu einer Einheit auf einem höheren Niveau zusammentritt und dann die Bewährung an der Welt dessen Nachfolge antritt. Man oder frau kann den Stress nicht einfach wegficken, sonst bleibt nur übrig, in der Selbstzerstörung die letzten Spannungen freizusetzen – wir wollen nämlich gar nicht frei von Spannungen sein, wir wollen nur immer wieder in die Lage kommen, sie in einer Weise genussvoll abzufahren, dass sich das Gefühl einstellt, Grenzen überschritten und ein beschränktes Leben zur Unendlichkeit hin geöffnet zu haben. In jedem von uns wartet ein junger Gott auf den Anspruch: Es reicht nicht aus, dass Drogen oder Übertragungssysteme diesen Anspruch stimulieren, denn nach dem Kick ist die Enttäuschung über die Leere und Hohlheit der Welt nur umso größer. Die jungen Götter verwirklichen sich Schritt für Schritt im Paar, in den körpereigenen Drogen, die durch die Beziehungsarbeit freigesetzt werden: Sie warten darauf – manchmal ein Leben lang – dass der Kontakt hergestellt wird. Wir können die Welt nicht verändern, denn sie gehorcht ihren eigenen Gesetzmäßigkeiten, die jeden unserer Willkürakte vereinnahmen und verwandeln werden. Aber wir können uns ändern, wir können graduell für eine Zunahme an Freude und Lust und Empfindungsfähigkeit in der Welt sorgen. Im kybernetischen Sinne haben wir tatsächlich im eigenen Leib ein winziges Steuer, das mit der nötigen Geduld den Kurs des Schiffs unserer Welt bestimmen kann – die Lebendigkeit in ihrer Offenheit und Wachheit ist selbst dieses Steuer. Die Lust und das Lernvermögen, die Freude am Leben sind der einzige Kanal zur Welt, der wirklich gewährleistet ist, denn wir sind ein Teil von ihr, selbst wenn wir dies nicht wahrhaben wollen!

Wenn dem Schein das Sein gegenüber gestellt werden muss, haben die Hohepriester des Seins oder der Substanz über das Wahre, das Gute, das Schöne zu entscheiden. Aber dies ist der falsche Weg, es werden künstliche Alternativen kultiviert, die von den realen Verhältnissen abstrahieren, es entstehen Nebenkriegsschauplätze, die sich vervielfältigen und Fronten schaffen, die vor allem der Funktion gehorchen, von den anfänglich ganz leicht zu lösenden kleinen Fraglichkeiten abzulenken. Erst steht die Theologie gegen das Theater, dann als letzte Verdünnung, als homöopathischer Jahrtausendaufguss, ist es die Theorie, die den verschiedenen Graden der Simulation gegenübergestellt werden soll, wenn die asketische Schau gegen die verlogene und oberflächliche Selbstinszenierung gesetzt wird. Und damit ist nichts gelöst, ob einer ein guter Schauspieler ist oder ein schlechter, ob einer es ablehnt zu schauspielern und dann die Rolle dessen einübt, der vorführt, dass ihm die Inszenierungen gleichgültig sind oder schlimmer noch, der uns dazu verführt, anzuerkennen, dass es die Möglichkeit einer Nicht-Selbstdarstellung geben solle. Dabei ist das alles ein Abweg, eine Flucht vor den Wahrheiten des Körpers. Schon mit Platon tritt diese Fragestellung auf den Plan und wird zugunsten der Besessenheit durch mathematische Objekte auf eine andere Ebene transponiert, mit der es ihm gelingt, sich mittels musikalischer Proportionen von den körperlichen Harmonien zu verabschieden. Von Nietzsche hätte die Menschheit wieder lernen können, dass der Mensch ein mediales Geschöpf ist, die Sprache ist seine Substanz, seine Echtheit, seine Bühne und seine Lüge – gerade deshalb aber ist es zu wenig und zielt zu kurz, die rhetorischen Finessen dieses kulturellen Heros zu untersuchen. An diesem bildungsbürgerlichen Monomanen ist zu sehen, dass er die körperlichen Zugänge zum Verhältnis der Geschlechter zugunsten der Aufmerksamkeit für die Signalsysteme des Körpers verpasst hat oder als Muttersohn verpassen musste.

Warum wohl träumt der von Platon portraitierte Sokrates in seiner letzten Nacht, dass Apollo ihm mehrfach sagte: Sokrates, treibe Musik! Gadamer, dessen hermeneutischer Neubeginn an den Musen ansetzt und nicht bei der hohen Theorie, hat sehr eindrucksvoll gezeigt, welche fast mathematisch präzise Ironie in den Portraits Platons zu Hause ist. Auch Picht hat anschaulich vorgeführt, dass es die Gesetzmäßigkeiten der Musik sind, mit denen wir uns die Gesetzmäßigkeiten der Kosmologie vergegenwärtigen können. Wir müssten den Cern befragen und die Superstringtheorie bemühen, wenn uns die Musik nicht schon in den einfachsten Ohrwürmern zeigen würde, dass wir an gemeinsamen Harmonien teilhaben. Die Musik scheint die erste und einfachste Hinführung auf jenes Geschehen, das in der Liebe einen Höhepunkt erreicht. Mit Parmenides Formulierung sind *der Vernehmende und das Sein* das Selbe – die Zwischenglieder des medialen Prozesses sind in bestimmten Erfahrungsformen noch nicht in die Selbständigkeit entlassen worden. Und weil sich der Bereich des Mediums noch nicht als dritter Seinsbereich etabliert hat, sind das Ich und die Welt in einer reziproken Form zusammen geschlossen, dass schon fast von einer Form der Identität gesprochen werden könnte. Wenn wir heute der Konzeption der großen Wahrheit gerecht werden wollen, müssen wir genau auf jenen Ansatz zurückgreifen, den Leibniz freigesetzt hat und der uns allen Kritizismus und die einseitige Betonung der Technik erspart hätte, wenn er schon zu Beginn des achtzehnten Jahrhunderts bekannt geworden wäre. Mit Benjamin und Günther ist jener Zwischenbereich jenseits der Subjekt-Objekt-Dichotomie zu thematisieren und dann zeigt sich: Das Sein und das Vernehmen sind das Selbe und zwar ein Drittes, ein ästhetischer Zustand. In der Inszenierung der Rolle wird jene Identität von Mensch und Welt wieder gegenwärtig. Dann würde ich mit Kamper den *Abgang vom Kreuz* empfehlen. Das Wort ward Fleisch, weil es nicht Begriff werden konnte und ich muss nicht erst eine feministische Theologie bemühen, um mit Ammicht-Quinn in der Inkarnation Gottes zugleich die Schaltstelle für die Vergöttlichung des Menschen zu entdecken, der körperlichen Erfahrung des Menschen! Wenn die Fleischwerdung Gottes die Schlüsselbotschaft des Christentums war, so erscheint die abendländische Körperfeindschaft als das tragische Missverständnis des Christentums! Das Kreuz ist die durchgesetzte Abstraktion: das Kreuz ist das Symbol der notwendigen Abtötung und es steht für die umfassende Verleugnung der Wahrheiten des Körpers. Das erklärt vermutlich auch den von Benjamin dargestellten engen Zusammenhang zwischen der Allegorese der Kirchenväter und der mit der Renaissance aufbrechenden Tyrannei der Melancholie. Schon der von Platon idealisierte Sokrates bereitet als A-Erotiker das Absehen von aller körperlichen Erfahrung vor und die kulturschwulen Rituale der Platoniker wurden noch getoppt durch die Abstraktionsleistungen der christlichen Adaption, die die Generationen und die Völker übersprang, um nichts von den ursprünglichen Einsichten unversehrt zu lassen!"

„Ok, mit der Einschränkung, dass die Inkarnierung durch das Paar geleistet wird, dass die liebende Vereinigung das Sakrament ist, bin ich einverstanden!" werfe ich ein: „Wir müssen uns nur die Massenmedien vornehmen, um zu zeigen, dass die Fraglichkeiten nicht gelöst werden, wenn in einen anderen Weltbereich ausgewichen wird. Die verdrängte Problematik wird in den Darstellungen der Liebe der Maschinen und Mutanten wieder virulent und konsumierbar: Damit ist aber klar, dass sie die Menschen heute nicht weniger umtreibt, als zu der Zeit, als der Sex die Körper noch nicht verlassen hatte. In den Stadien der Verliebtheit wird der andere nur immer als Projektionsfolie der eigenen Erwartungen und Sehnsüchte und als Relais der Wiederholung frühkindlicher Prägungsmuster missbraucht. Und wenn die Zeit dann für die nötige Vertrautheit sorgt, wird dies häufig genug als Verlust der Verliebtheit und als Eintritt eines Stadiums der Langeweile empfunden. An diesem Punkt, an dem es eigentlich erst richtig losgehen könnte, ist es für die meisten Paare tatsächlich schon am Ende. Wie wir erfahren haben, beginnt die Beziehung erst mit dem Stadium einer Liebe als Duell – und dann muss alles so lange ausgekämpft werden, bis die frühkindlichen Rollenanweisungen zu Bruch gegangen sind und der jeweils andere in seiner Andersheit anerkannt und geschätzt werden kann. Das ist eine lebenslange Arbeit, die auf der Fähigkeit aufbaut, Balancen zu finden und auszuhalten.

Seltsamerweise will diese Gesetzmäßigkeit so wenig anerkannt werden und wird so umfassend verdrängt, dass sie den unerkannten Fundus der Unterhaltungsindustrie bilden darf. Vom Paar, das sich liebt und bekämpft, bei dem einer zum tödlichen Schicksal des anderen wird, wie dies ‚Dare Devil' und ‚Elektra' vorführen, kann in unendlich vielen Filmen ausgegangen werden, um dann den narzisstischen Träumereien eines ereignislosen Glücks zu zweit Futter zu geben – es gibt mittlerweile einige Extremformen, in denen die Liebe als Duell in ihrer unmenschlichen Reinheit inszeniert worden ist.

Im ‚Terminator III' die Szene als das neuere weibliche Modell die liebgewordene Arni-Kampfmaschine aus einer veralteten Fertigungsserie mit Hilfe eines Autokrans zu Schrott verarbeiten möchte und dabei durch die Maske der Ungerührtheit eine Spur sadistisches Behagen erscheint. Oder gegen Schluss, als er ihr seine Brennstoffzelle in den Mund drückt, eine Variation des finalen Coitusersatzes, bei dem beide in die Luft fliegen. Oder Spielereien in den verschiedenen Teilen der ‚X-Men', wie schon eine Umarmung oder ein Kuss töten können, wie Blicke wie Flammenwerfer wirken... oder in ‚I Robot'... der Hass eines Cyborgs auf die Robots... Ich würde annehmen, dass in diesen multimedialen Spielereien in immer deutlicherer Form aktiviert wird, was das hormonelle Geschehen, wenn es als Tsunami durch einen Körper braust, an Vernichtungsängsten und utopischen Erwartungen in Bewegung setzt – und erinnere daran, dass in den frühen Tragödien, in vorgeschichtlichen Wiedergeburtsriten, im Sündenbockmechanismus und den Opferkulten schon einmal da war, was uns heute über die medialen Metamorphosen der Technik neu zugänglich werden kann."

Heinrich knüpft einfach an, er ist nicht mehr zu irritieren, wie in den ersten Tagen: „Hier sollte nach einigen konkreten Analysen anzusetzen sein, um zu zeigen, wie in Kitsch und Comic jene Weisheiten weiterleben dürfen, denen wir uns heute nicht mehr stellen wollen. Die Liebe als Duell kommt schon ganz nahe an jene Erfahrung, dass man in einer Liebe neu geboren werden kann – wofür allerdings erst einmal die Erfahrung notwendig ist, in ihr oder durch sie zugrunde zu gehen. Damit taucht die Utopie in ‚Avatar' noch einmal auf, wer weiß wie oft noch, wer weiß wie oft unerlöst – zum anderen zu werden und durch die Liebe zu einem neuen Leben zu gesunden...
In diesen Zusammenhängen darf ich an Hermann Lübbes Wiener Vorlesung *Zwischen Herkunft und Zukunft, Bildung in einer dynamischen Zivilisation* erinnern. Weil die Zukunftsungewissheit in einer dynamischen Zivilisation zunimmt, weil die Kongruenz zwischen Erwartungshorizont und Erfahrungsraum komplementär zur wachsenden Dynamik abnimmt, weil das, was wir Gegenwart nennen, immer mehr schrumpft und eine undurchschaubare, nicht mehr planbare Zukunft im rapiden Prozess der Innovation immer näher rückt...kann gegen das Plädoyer für die musealen Institutionen mit Ihren Texten daran erinnert werden, dass es ein Glück des Unvorhergesehenen gibt. Was Gumbrecht ‚Unsere breite Gegenwart' nennt, zeigt eine andere Perspektive auf diesen Prozess: Weil uns ein Repertoire aus allen Zeiten und Weltgegenden zur Verfügung stehen kann, müssen wir nicht hilflos oder ausgeliefert zuschauen, was mit uns geschieht. Nachdem das Verhältnis zwischen Vergan-

genheit und Zukunft derartigen Veränderungen unterworfen war, dass wir keine Sicherheit in dem mehr finden, was einer vergangenen Generation noch Sicherheiten liefern konnte, müssen wir vielmehr im eigenen Lebensgang mit einer Pluralität von Wahrheiten leben, die wir wie ein Bastler immer wieder neu zusammenpuzzeln und damit an das ursprüngliche Schöpfungsgeschehen des mythischen Denkens anknüpfen. Wenn Sie wirklich in der richtigen Richtung vorangekommen sind, müsste das Prinzip Hoffnung tatsächlich einen ganz anderen Stellenwert gewinnen, wenn es wieder darauf ankommt, eine noch undurchschaubare Neuheit auf den Nenner zu bringen, ein prinzipiell unerkennbares Entwicklungsgeschehen in verkürzter Form auf gewisse Schemata zu reduzieren, mit denen es sich improvisierend umgehen lässt. Es ist also längst an der Zeit, an den schöpferischen Impuls im einzelnen Leben zu appellieren und damit an das Göttliche im Menschen. Was wir mit der Schöpfung teilen, was jede Zeugung, jede Geburt als Aufbruch in ein unermessliches Abenteuer kennzeichnet, bei dem schon die Tatsache, überhaupt geboren worden zu sein, gegen eine extreme Unwahrscheinlichkeit gewonnen hat, zeigt, dass der beste Teil in uns jener schöpferische Impuls ist, der aus dem Nichts eine Wirklichkeit werden lassen kann. Aus diesem Grund greifen die Lebensersparnismodi, der Vorbehalt Marquards, die Begründungslast für eine mögliche Veränderung habe erst einmal der Veränderer selbst zu tragen, zu kurz und führen zu der Paradoxie, dass das ersparte Leben ein verlorenes ist, während das riskierte Leben zu einem freitragenden Mobile werden kann."

„Das stimmt!" bestätige ich: „Die Delegation der Lebendigkeit an die behäbigen Großinstitutionen ist mit viel mehr Vorsicht zu handhaben und mit den nötigen Vorbehalten und Freiheitsspielräumen abzupuffern oder aufzufächern. Was machen denn die Leute, die ständig in Watte gepackt und wohlbehütet von den Gefahren des Lebens ferngehalten werden? Sie widmen sich so edlen Beschäftigungen wie der Selbstzerstörung, der Sucht, dem Fetischismus und Sadismus: Das werden jene Felder, in denen sie krampfhaft versuchen, an irgendwelchen Restintensitäten teilzuhaben.

Ich habe viele Einsichten von Koselleck, Lübbe, Blumenberg, Marquard u.a. aus dem Kontext *Poetik und Hermeneutik* verarbeitet und weiterverwendet, aber es steht für mich nicht zur Diskussion, dass die Institutionen des Wissens nicht verabsolutiert werden dürfen, sie dürfen eben nicht zur Funktion der Religion gerinnen. Die Sicherheiten, die sie zu liefern versprechen, funktionieren nur in abgeschotteten Reservaten und in denen heißt eine Basissetzung, dass die herrschenden Gesetze und Interessen, die gewohnten Abhängigkeitsverhältnisse, das Netz der Beziehungen für verbindliche Förderungen, nicht angetastet werden dürfen, dass ihnen jede neue Wahrheit und wenn sie noch so wichtig ist, lieber geopfert werden soll. Wenn es in diesem kulturkonservativen Zirkel einmal geheißen hatte, gewisse Werte stehen nicht zur Diskussion, weil sie die Fundamente der Kultur sind, so möchte ich daran erinnern, dass die reale Grundlage jeder Kultur in einer wachen Lebendigkeit, einem sinnenbewussten Körpererfahren fundiert ist. Der Vorrang der Institution ist der Bankrott des Göttlichen... und das steht für mich in keinem Zweifel – allen musikalischen Bezügen, jeder Erfahrung der Schönheit, jeder gültigen und deshalb reziproken Erotik ist diese Verwirklichung des Göttlichen abzulauschen."

„Nichts anderes habe ich zusammengefasst!" unterstreicht Heinrich. Jetzt habe ich kapiert, Heinrich spricht mir nicht zum Mund, sondern er verdankt der Rekonstitution durch den Transmitter wohl, dass ein Teil der früheren Borniertheit durch meine Texte reflexiv abgefedert worden ist. Das ist lustig, bei den ersten Sitzungen hatte dieser harte Konservative begonnen, sich in ein Krebsgeschwür zu verwandeln und jetzt ist eine frühere Version in der Lage, das Thema Lernvermögen ernst zu nehmen. Also höre ich um einiges aufmerksamer zu, wenn er erklärt: „Von Krügers *Einsicht und Leidenschaft* ausgehend, lässt sich noch einmal anknüpfen an die verschiedenen Demaskierungen der geheimen Bewegungsgesetze der kulturschwulen Vereinigung. Hier passt, was Picht zu Schönheit, Wahrheit und ökologischer Harmonie ausgeführt hat – dass wir in dem, was uns in der Natur stimmig vorkommt oder in der Kunst als Schönheit gegenübertritt, an einer Wahrheit teilhaben, die jenseits des Zweckrationalismus zu situieren ist. Notwendig sind in diesen Zusammenhängen immerhin die Korrekturen von Kittler und Klaus Heinrich zum Thema Geschlechterspannung, die dann dafür sorgen können, dass ein Wahrheitsgehalt der Lebendigkeit zum Vorschein kommt, von dem die Institutionalisierung – und nicht nur die der Philosophie, auch die der Liebe, der Schönheiten, der Stimmigkeiten – zehrt. Nirgends ist dies so leicht zu fassen und nachzuvollziehen, wie im Platonischen Unternehmen, dass im Gang der westlichen Zivilisation von der Weltflucht der Religion über die Lebensfremdheit der Kunst bis zur Körperfeindschaft der Wissenschaft die Institutionen die notwendige Energie aus der Verleugnung eines Verhältnisses der Geschlechter beziehen."

Heinrich deutet eine Verbeugung an und setzt sich wieder in seine Ecke, während das EXE ankündigt: „Ok, ich habe die Zeit genutzt und einige Parameter geändert. Wir beginnen also erst einmal mit den rohen Erfahrungsdaten und dann starte ich die Simulation, mit der wir uns in das Geschehen einfädeln!"

„Das ist nicht meine Sache! Ich kann die Reproduktion akzeptieren, wenn wir dann möglichst viel Wissen einfließen lassen, um etwas über unseren eigenen historischen Standindex zu erfahren! Aber ich werde mich nicht an einer quasi historistischen Neuauflage beteiligen, mit der wir unsere Selbstbefindlichkeit in die Vergangenheit projizieren." Während ich spreche, sind drei Figuren von Algo in den Raum begleitet worden und haben sich ausdruckslos an den Tisch rechts von Heinrich gesetzt. Schwarze Reinraumtrikots, OP-Hauben und Atemschutz in blassgrün, weiße Silikonhandschuhe – ich kann nicht einmal sagen, welches Geschlecht diesen scharfkantig harten Silhouetten zuzuordnen ist und beobachte, wie sie ihre Tablets mit den Anschlüssen von Heinrichs Dockingstation verbinden. Sie sprechen nicht, ich stelle keine Intention fest, keinen Kontakt untereinander, es gibt nicht einmal orientierende Blicke – aber dafür saugen sie Daten, um anscheinend schnell auf dem Laufenden zu sein.

„Einverstanden, wir werden also versuchen, die perversen Symposien mit Geistesgegenwart zu laden – vielleicht hast du ja Recht und wir finden so einen leichten Zugang zu den Fragestellungen, die aus einer aktuellen Perspektive erst einmal unlösbar erscheinen."

Algo sonnt sich in der Aufmerksamkeit, die ihre Begleiter freisetzen und scheint mit einer triumphierenden Miene nahe zu legen, dass sie an Möglichkeiten partizipiert, die uns bisher verschlossen sind. Aber sie hat es noch nötig, mir zuzuwerfen: „Ich habe übrigens mehrere hundert Seiten Texte von Ihrer Frau ausfindig machen können. Die Aussage, dass es hier fast nichts in digitalisierter Form gebe, ist also falsch! Interessanterweise habe ich dort die kennzeichnende Frage gefunden, wie aus dem Lustobjekt ein Subjekt zu machen sei, das Meister seiner Lüste ist – wie gesagt, für mich ist dies eine sehr ernst zu nehmende Fragestellung einer Frau, Ihrer Frau!"

„Das ist doch toll! Dann dürfte endlich für Sie nachzuvollziehen sein, dass einige meiner besten Einsichten nicht allein auf meinem Mist gewachsen sind!" Sie gibt nicht auf. Es war schon ein paarmal zu bemerken, dass sie ein gewaltiges Bedürfnis hatte, mich auf das für sie handhabbare Mittelmaß zu reduzieren. Nur zu, das waren die Leute, die nicht kapierten, dass sie viel zu bereitwillig für mich arbeiteten. „Aber bei dieser Gelegenheit darf ich darauf hinweisen, dass die Fixierung auf die Quellen noch lange keine Geschichte liefert, das das Raunen in Ihren Archiven stumm bleibt, wenn sie niemand dazu bringt, sich in Erfahrungen zu materialisieren. Und dann hängt das Ergebnis vor allem davon ab, wer die Erfahrungen liefert, wer einen Sinn ausfalten möchte, der seinem oder ihrem eigenen Erwartungshorizont entspricht. Wenn Sie zur Meisterin Ihrer Lüste werden wollen, werden Sie sehr schnell feststellen, dass die Lust abnimmt und mit dem Erwerb der Meisterschaft verschwindet."

„Und? Wir haben doch von Ihnen gehört, dass dauernde Übung und Routine, wenn sie an die Stelle der Lust treten, wesentlich weiter führen! Noch dazu haben Sie in verschiedenen Abschweifungen immer wieder betont, dass es ein Wissen aus der Zukunft ist, das uns in der nötigen Empfangsbereitschaft derart stimulieren kann, dass sich das Dunkel des gelebten Augenblicks zu einer tragenden Bedeutsamkeit aufhellt – so etwa sind doch einige Kühnheiten auf den Begriff zu bringen."

„Warum nicht, an solchen Gedanken habe ich in den verschiedensten Zusammenhängen gebastelt. Trotzdem will ich noch einmal auf die Fraglichkeit verweisen, dass das Ereignis nicht die Geschichte ist, dass Sie aus Ihren Quellen aber immer eine Geschichte destillieren, die vor allem auf der Linie Ihres gegenwärtigen Selbstverständnisses liegt. Gewisse Singularitäten werden damit unerreichbar bleiben." Ich signalisiere ihr eine aufmerksame Erwartung und sie greift gleich in die Vollen: „Außerdem habe ich einige Zitate von Capra in ihren Zusammenhängen entdeckt, die nahelegen, dass Sie von der *Sanften Verschwörung* einige Revolutionen der Denkart und der Lebensverhältnisse erwartet hatten. Auch wenn Sie schon früh vor weiblichen Machtstrategien gewarnt haben, wenn Sie darauf hingewiesen haben, wie erfolgreich diese Techniken in die Personal- und Menschenführung aufgenommen werden, dass sie längst Marketingstile und Managementtheorien prägen, heißt dies doch noch lange nicht, dass sie deshalb verwerflich sind! Wie immer hängt es davon ab, was wer mit den entsprechenden Techniken anfängt... was zum Einlullen und zur Verdummung taugt, kann in gewissen Zusammenhängen auch dazu dienen, die reflexive Federung des Bewusstseins voran zu treiben."

„Ich habe nie gesagt, dass sie verwerflich sind. Aber ich gehe davon aus, dass jeder Versuch, sie unter die Entdifferenzierungen der Psychose zu sortieren, aufgedeckt werden sollte! Also nicht etwa, das Böse bekämpfen, um ihm damit Dauer und Rechtfertigung zu verschaffen, sondern die Gesetzmäßigkeiten der Verleugnung und Entdifferenzierung im konkreten Fall zu bezeugen und damit unwirksam zu machen. Es ist der Zeuge, der über den kommunikativen Prozess und die Tradition der Sprechergemeinschaft immer wieder das Tribunal der menschheitsgeschichtlichen Vernünftigkeiten zusammen ruft! Es ist nämlich nie nur eine Vernunft am Werk und wenn die

Abhängigkeitszwänge der Sippe, das logische Kalkül der Wirtschaft oder die Selbstermächtigung des Verwaltungsapparats jeweils eine absolute Wahrheit für sich reklamieren wollen, mit der dann die irrationalsten Zwänge durchgesetzt werden, reicht schon ein kleines Kind, das bemerkt, dass der Kaiser gar keine Kleider an hat und der anmaßende Spuk der Macht ist nicht durchzuhalten! "

„Wir haben gehört, dass gegen die solipsistische Konzeption des ‚Ich-denke', für die die Funktionen oder Welthaltungen Haben und Sein immer weiter auseinander gedriftet sind, die Konzeption des erotischen Paars jene Vereinigungsmenge liefert, in der Haben und Sein zusammenfallen. Interessant ist doch, dass die sich in solchen Wechselbezügen konstituierte personale Identität keine unangemessenen, also verhärteten, auf sich zurück gezogenen, die Wechselbeziehungen verweigernden Rollendefinitionen mehr zulässt. Sie reden von einem Fließgleichgewicht von Ungleichzeitigen, von einer durch Bewegung und Lernverhalten harmonisch austarierten Disharmonie... das geht bis zu dieser absurden Behauptung, die Liebe, wenn sie sich vom Projektionsstatus der Verliebtheit verabschiede und dabei nicht absterbe, sei am besten mit dem Bild des Duells zu verstehen: Dass zwei sich aneinander abarbeiten, dass sie sich zu Höchstleistungen anspornen, dass sich gegenseitig nötigen, über sich hinaus zu gehen. Das ist eine ungeheuerliche Konzeption von Liebe, fast so absurd wie ihr aus dem symbolischen Tausch gewonnener Begriff der Gerechtigkeit. Aber wenn ich mich auf die Schlüssigkeit der Argumentation als Anwalt des Teufels einlasse, hätte ich gern einmal gewusst, mit welcher Rechtfertigung Sie diese These vertreten und zugleich dazu neigen, sich abzukapseln und jede vernünftige Kommunikation verweigern?" Sie fasst nach und gibt mir die Möglichkeit, ein paar Differenzierungen hervorzuheben, die sie sich gern gespart hätte.

„Wenn Kommunikationsfähigkeit und gegenseitige Anerkennung tatsächlich als Grundlage unserer menschlichen Möglichkeiten zu betrachten sind, werde ich sicher keinen Wert darauf legen, meine Zeit mit Leuten zu verschwenden, denen die Fähigkeit zur Anerkennung abgeht und die mit aller Kraft daran arbeiten, das Gegenüber nach ihrem Bilde umzugestalten. Zur Kommunikation gehört vor allem Aufmerksamkeit und Gewährenlassen, also die Fähigkeit zuzuhören. Und es sollte die Voraussetzung stimmen, dass es um ein gemeinsames Thema oder Ziel, um eine geteilte Fragestellung geht. Ansonsten bin ich mir selbst genug, mit den damit einhergehenden Aufgaben ist eine Lebenszeit schnell genug aufgebraucht.

Außerdem: Wer will denn was von wem und warum? Ich brauche die Leute nicht, die mir nachrennen, um mich davon zu überzeugen, dass sie so, wie sie sind, richtig sind – wäre überhaupt eine Notwendigkeit nachvollziehbar, mir nachzurennen, wenn sie selbst mit sich einverstanden wären? Womit bewiesen ist, dass ein lernfähiges und für das Leben offenes Denk- und Erfahrungssystem allen Grund hat, die Antriebsstörungen und Denkbehinderungen von Fetischisten und Machtmenschen zu meiden. Es gibt keinen vernünftigen Grund, sich in ihren Verliesen der Selbstgefälligkeit einsperren zu lassen oder Gewohnheiten zu teilen, die auf die Dauer Intelligenzbehinderungen sind und das Denken einschläfern.

In den Ursprüngen des symbolischen Tausch und damit in den heutigen Tiefenschichten des sozialen Körpers, ist festzustellen, dass keine Aussage berechtigt ist, solange sie nicht die entgegengesetzte Position passieren lässt: Die Rhetorik hat sich schon mit ihrem Prinzip des Rechthabens, der Vorgehensweise, den anderen über den Tisch zu ziehen, vom Ansatz einer ewigen Wahrheit verabschiedet. So hat sie von langer Hand vorbereitet, dass der nötige Wertrelativismus uns um die Möglichkeiten eines festen Halts betrügt. Das war sicher eine Errungenschaft, wenn es darum ging, dem Absolutheitsanspruch irgendwelcher Dogmen zu entkommen, aber oft genug ging damit auch der Wahrheitsbezug verloren, den wir unserem eigenen Herkommen und dem postulierten Wohin verdanken. Woher kommen wir? Wohin gehen wir? Wer sind wir? Wer seine Lebenszeit richtig in diese drei Fragen investiert, wird keine Kraft an Wahnsysteme verschenken oder für Ersatzbefriedigungen übrig haben.

Ein paar über diese kurze Zusammenfassung hinausgehende Beschreibungen finden Sie im ersten Teil von Sloterdijks Hyperbolik. Die rhetorischen Techniken und Finten waren immer ein Trainingsprogamm für die Orientierung in der Welt. Im Prozess der Zivilisation ging es nicht nur darum, den jeweiligen Sparringspartner niederzuringen, sondern vor allem war es das Lernvermögen, das damit freigesetzt wurde, auf das es ankam. Das entscheidende waren die Techniken der Selbstmodellierung, um anhand dieses symbolischen Agons das Repertoire auszuarbeiten, mit dem über die Waren- und Geldströme verfügt werden konnte. Es ging darum, über Symbole und Erregungen zu herrschen und die dabei ausgearbeiteten mimetischen Imperative der Vorahmung, der Täuschung und der Verleugnung mögen mehr über das Wesen des Menschen aussagen, als die Fundierung in unveränderlichen und ewigen Werten der Metaphysik. – Im Resultat ist es immer das Körpergedächtnis, das Sensorium für Spannungen und die Wahrnehmung von charakteristischen Formen, die uns über das belehren können, was uns gut tut – oder was als Aufgabe auf uns wartet, um dann mit dem Lohn der Befriedigung auf einem der oberen Spannungslevels zu locken: Wir wollen nämlich gar nicht frei von Spannungen sein – wir empfinden es sogar als höchst angenehm, unter Spannung zu stehen, solange wir meinen, den nötigen ästhetischen Rahmen zum realen Geschehen aufbauen zu können, um uns nicht bedroht zu fühlen. Aber genau aus diesem Grund lege ich keinen Wert auf antriebsgestörte Schlaftabletten oder festgefressene Sadisten: Wir haben nur ein Leben, das von unserer Kraft abhängt! Nichts ist so gefährlich, wie die gesellschaftlichen Konventionen, die uns die Kraft kosten sollen. Und es gibt nichts verwerflicheres, als die Idealisierung der Antriebsstörung. Ich befolge schon lange die Regel, keine Zeit mit Leuten zu verschwenden, die meinen, die Welt durch die Verleugnung zu strukturieren und die zu keiner Anerkennung fähig sind. Warum soll ich jemand zuhören, der nicht in der Lage ist, zuzuhören, warum soll ich mich auf Leute einlassen, die nur ein Bedürfnis kennen, nämlich alle anderen in ihr tragbares Gefängnis hinein zu zwingen? Ich brauche mir von niemandem unterjubeln zu lassen, dass ich etwas brauchen soll, das ich gar nicht haben will!"

„Das haben wir diskutiert, das ist bereits bekannt. Wichtig scheint mir viel eher der gelegentlich auftauchende Bezug auf Chilida und den kosmischen Eros, den ich bei Ihrer Frau finde. Vielleicht sollten wir den Bezug auf eine Charakteristik der Galeristin weiter verwenden, der Sie ein Interview verkauft haben, um sich bei den Bestandsaufnahmen der notwendigen Information derart demütigen zu lassen, dass die Dame irgendwann meinte, großmütig ihr Altpapier lesen zu können und von da an erledigt war. Ist das ihr Erfolgsschema: Überhaupt keinen Widerstand entgegen zu setzen, nur der Sache zu dienen – um irgendwann die Sachen für sich sprechen zu lassen, um das Realitätsprinzip zu einer scharf geschliffenen Waffe umzufunktionieren? Das sind einige Strukturgesetzmäßigkeiten, die wir nur ein wenig genauer kennen müssten, um auf die Gesetzmäßigkeiten zu kommen, die Sie unter dem Topos des Blankpolierten Spiegels zusammen gefasst haben. Starten wir also mit einer Science-fiction-Transponierung des Betriebsausflugs. Verwunderlich finde ich, dass mir, obwohl ich alles zusammen gesammelt und versucht habe, die Stimmigkeit herzustellen, kein logischer Faden, kein konkreter Plan, keine Zielvorstellung nachvollziehbar waren."

Ich lache sie an oder aus: „Das ist die Stimmigkeit! In diesen Weltzusammenhängen sollte für mich nur die Erfahrbarkeit der absoluten Haltlosigkeit übrig bleiben – und der Witz ist, dass genau dies ein Potential der Erfahrbarkeit freisetzte, das jenseits aller Identifikation noch funktionierte. Ich war so gut wie nie in der Lage gewesen, mich mit irgendetwas identifizieren zu können. Aber jetzt war ein Punkt erreicht, an dem ich klar ablesen konnte, wie sehr jede Identifikation eine tödliche Falle war. Das, was sich immer wie ein Manko angefühlt hatte, was häufig genug mit der Erfahrung verbunden war, das ich nirgends wirklich dazu gehörte, dass ich auf Lob und Vereinnahmung misstrauisch reagierte und niemandem traute, lieferte auf einmal die Handlungsanweisungen für meine Überlebensstrategien. Ich musste nur noch auf die Idee kommen, Adornos negative Dialektik als pragmatisches Rezept des Widerstehens zu verwenden, und ich war jenseits der Psychotisierung! Also fahren Sie mal ab, legen Sie los, für mich ist es egal, ob sie die Aufzeichnungen meiner Frau oder irgendwelche Gesprächsprotokolle aus dem Wissenschaftsministerium verwenden konnten. Vielleicht sehe ich ja manches heute noch genauer!"

„Ok, keine Sache! Was ich hier an Daten um diesen Samstag zur Verfügung und einer stimmigen Verteilung unterworfen habe, gehorcht keiner chronologischen Aufzeichnung, und auch der analytische Rahmen war so dünn, dass wir uns auf keine klare Linie der Interpretation berufen können. So haben wir zwar eine enorme Menge Informationen, aber kein wirkliches Prinzip der Strukturierung. Alles, was in den Kontext gehört, scheint in komprimierter Form mehrfach, aus verschiedenen Perspektiven gesehen, vorzuliegen. Es werden also objektive Daten mit inneren Monologen gemixt und ad hoc durch Ihre Assoziationsmuster strukturiert. Was wir im Augenblick scannen können, wandert also direkt in die Präsentation ein, wobei nicht extra betont werden muss, dass die Auswertung der synaptischen Erregungsfelder immer auf den Wahrscheinlichkeiten beruht, die in den vergangenen Gesprächen erarbeitet wurden. In dem Augenblick, in dem Sie untypisch reagieren oder reagiert haben, wenn nicht vorherzusehen war, wie Ihre Antwort auf eine Fraglichkeit ausfallen würde, wird uns auch heute noch eine klare Zuordnung unmöglich sein. Genau dann sind wir auf Ihre Mitarbeit angewiesen. Manches, was Ihnen heute dazu einfällt, liefert vielleicht einen Schlüssel, Zeugnisse aus allen möglichen Zeiten und Zusammenhängen auf den Nenner zu bringen! Beginnen wollen wir mit einem auf gleichverteilten Wahrscheinlichkeiten beruhenden Intro. Aber vielleicht davor noch einen kurzen Text, den ich auf das Jahr 92 datieren kann, er muss während Ihrer Zeit in der Bank entstanden sein und als eine verabschiedende Vergegenwärtigung dessen verstanden werden, was sie entschlossen waren, sich zu sparen!" Sie verteilt ein paar der bereits vorbereiteten kopierten Zettel:

Zombie: Eine Version G. stellt sich vor: Er habe resigniert und lässt sich nun gut dafür bezahlen, das er den Mist macht, den er früher abgelehnt hat. Kennzeichnend für diese Phantasie ist die Selbstverständlichkeit, mit der noch angenommen wird, dass er irgendeine Form von Karriere machen konnte – noch dazu in Verwaltungszusammenhängen, von denen er bisher behauptet hatte, dass sie nichts von ihm übrig lassen würden. Die früheren Abseitigkeiten liefern keinen Grund zur Furcht, aus dem sozialen Netz herauszufallen, nicht einmal den Anlass, darüber nachzudenken, dass er in eine antriebsbehinderte Apathie wegrutschen könnte, wenn er resigniert. Für ihn scheint die Resignation nur zu bedeuten, dass einer seine Kraft in den Dienst der falschen Sache stellt, aber nicht, dass der Druck hinter dem, was er tat, absorbiert werden könnte. Die Erfahrung, in Weltzusammenhängen gelandet zu sein, in denen es völlig egal war, ob einer etwas leistete oder vor sich hin schlief, solange er nur mitjubelte, wenn die Firma wieder einmal das Wir-sind-die-besten als Parole ausgab – entsprach den oft völlig absurden Entscheidungen der Führung. Einige Jahre musste diversifiziert werden, weil anscheinend nicht mehr klar war, wo man mit dem vielen Geld hin sollte und einige Jahre wollte man sich wieder auf das Kerngeschäft konzentrieren, weil es auf jeden Fall bei dem vielen Geld bleiben sollte – aber für jemanden, der aus reiner Gewohnheit mitdenken wollte, schien es völlig absurd, dass immer den neusten Moden am Kapitalmarkt und dem Wandel der Managementstile hinterher gehechelt wurde, weil die überangepassten Krüppel überhaupt keine eigenen Ideen hatten. Und von ihm wurde erwartet, dass er den Schnabel hielt.

Er wurde nach und nach in der Hierarchie nach oben befördert, das war ja klar. Schließlich funktionierte er nicht nur wie eine Maschine, er verglich sich mit einer Maschine, die ungerührt aber stetig vor sich hinarbeitete. Was er arbeitete, war ihm gleichgültig, aber er hatte den Ehrgeiz, die notwendigen Vorgänge so zu standardisieren und auf den ihm gewohnten Rhythmus abzustimmen, dass die Dinge wie von alleine liefen und er riesige Mengen wegschaffen konnte. Er bemerkte im Laufe der Jahre, dass er immer weniger dabei dachte, dass er nach einem Arbeitstag oft völlig leer nach Hause kam, und er fühlte sich gut dabei. Das war sein System: Was ging ihn das Zeug an. Wenn er gekonnt hätte, wäre er immer schneller und schneller geworden, aber auch so entsprach die einmal erreichte Arbeitstemperatur seinen Vorstellungen. Er spielte mit dem Gedanken, dass er vernichtete, was auf seinem Schreibtisch landete. Er schaffte weg, er schaffte beiseite. Was er zwischen die Finger bekam, wurde in der kürzest möglichen Zeit erledigt.

Er kam nie zu spät, war nie krank und blieb oft noch länger, um aufzuarbeiten, was anfiel. Er genoss es, wenn er dank seiner früheren Belesenheit immer wieder einen Einfall oder ein Zitat so vorbringen und einschmuggeln konnte, dass es von seinen Vorgesetzten mit einem entgegenkommenden Lächeln als Leistung der eigenen Intelligenz reklamiert und weiterverwendet werden konnte. Diese Vorgesetzten waren mehr oder weniger beschränkt – es fehlte am eigenen Leben, an den Versuchen, selbst etwas hinzubekommen: Erst einmal machten sie alles so, wie es alle machten und dann wollten sie in ihren Verwaltungsvollzügen auf einmal die Macht genießen, Entscheidungen zu fällen, mit denen ihnen der Erfolg die Bestätigung ihrer Persönlichkeit zu liefern hatte. Er hatte es mit unterdurchbluteten Abhängigen und zwangsneurotischen Fetischisten zu tun, aber er hütete sich davor, sie merken zu lassen, was er von ihnen dachte. Vielleicht fielen ihm nur deshalb im richtigen Augenblick die entscheidenden Klauseln ein, und er wusste eine Formulierung vorzuschlagen oder einen wichtigen Paragraphen zu bedenken. Manchmal entlockte er den Vorgesetzten, die es für ihn nur in der Mehrzahl gab, so ein seltsam warmes Lächeln. Er bestärkte sie in dem Glauben, dass sie längst selbst an so etwas gedacht hatten und sich nun freuten, endlich zu hören, wie gut der Gedanke doch war.

Er war ganz zufrieden mit seiner Rolle, jedes Machtspiel wäre unnütze Energieverschwendung gewesen. Er wollte sich nicht mehr den Zwang antun, intellektuell so auf dem Laufenden zu sein, dass er mithalten und Pari bieten konnte, wenn es sein musste. Was er wissen musste, entnahm er den gängigen Fachzeitschriften – in einer kleinen Kartei heftete er den jeweils aktuellen Stand des Wissens ab. Er verließ sich auf die Pünktlichkeit seiner Sekretärin, die die Sammelmappen der Literatur- und Zeitschriftenabteilung durchzuarbeiten hatte. Er las die Überschriften und das Notwendigste – der Drang, wissen zu wollen, hatte sich heimlich und leise verabschiedet –, was ihn früher interessiert hatte, war nicht mehr wichtig. Wenn er sich schön leer fühlte, rauchte er genüsslich eine Pfeife und trank ein paar Gläser Trollinger bevor er ins Bett ging – das waren seine schönsten

Abende. So ein unverantwortliches Stückchen Genuss, den er mit keinem teilen musste und an dem er niemanden teilnehmen ließ.

Der Rest interessierte ihn immer weniger, aber er achtete darauf, dass seine Teilnahmslosigkeit nicht unangenehm auffiel. Was sollte es, wenn seine Krawatten teurer wurden und seine Anzüge dem internationalen Bewegungsgesetz der Mode auf der Spur schienen. Dafür gab es bestimmte Magazine und nachdem seine Leitlinie erst einmal klar war, wurde wie selbstverständlich für ihn gesorgt. Je weniger er noch an den erinnerte, der er einmal war, je mehr wirkte alles, was er sagte und vorführte, wie aus einem Guss. Nach und nach war klar geworden, dass er die idealen Voraussetzungen für eine optimale Mitarbeiterführung mitbrachte. Er tat, was notwendig war, er fand die genau angemessene Dosierung zwischen aufmunterndem Interesse und notwendiger Pflicht mit spielerischer Leichtigkeit. Er begann zu einem Charakter zu werden. Das gehörte dazu, wie die Tatsache, dass seine Sekretärinnen mit jeder Versetzung jünger und hübscher wurden. Er spielte mit und gehorchte seinen Repräsentationspflichten. Er schnappte die unausgesprochenen kleinen Tipps auf, wie er die Schönheit als Blitzableiter oder als bestes Argument in seinen Verhandlungen verwenden konnte.

So war es gedacht, er machte bereitwillig mit. Er meinte, seine geheimen Vorbehalte gegen den Verwaltungsapparat entbanden ihn von allen Verpflichtungen der Identifikation. Wer erst mal hier gelandet war, wer meinte, in der Verwaltung sein Glück zu versuchen oder sein Recht einzuklagen, der war selber schuld – wenn er dann abstürzte, geschah ihm das recht. Gerade diese Distanz aber erleichterte ihm manche knifflige Aufgabe. Man konnte ihn die unangenehmsten Gespräche erledigen lassen. Ihn ließen die peinlichsten Zugeständnisse kalt und aufgrund des gleichen Desinteresses gelang auch eine widerliche Abfuhr.

Nicht, dass er nichts Besseres gewusst hätte und er deshalb in einer Arbeitstherapie aufging. Er hatte einmal besseres gewusst, aber er fühlte sich längst ausgebrannt. Er kletterte mittlerweile auf der Erfolgsleiter, weil ihm alles egal geworden war, einschließlich der früheren Ablehnung von Erfolgsleitern. Er kletterte mit, weil er gut zu gebrauchen war und weil er abends das Gefühl brauchte, ein Glas guten Wein verdient zu haben –

mittlerweile kostete die einzelne Flasche mehr, als der Wein, den er früher in einer ganzen Woche getrunken hatte. Wenn er sich noch auf etwas freute, dann auf das Gefühl, das sich einstellte, wenn er bettschwer geworden war und traumlos absauste.
Vielleicht dachte er hin und wieder an frühere Phantasien, die Kräfte des Rauschs in den Dienst einer Revolutionierung der Lebensverhältnisse zu stellen, an Träume vom Anarchismus, der durch die Pornographie zu entfesseln sein sollte, manchmal jagten noch Hitzewellen und Stress durch den Körper, manchmal tauchten noch Bilder auf. Aber weil er mit niemandem darüber sprach, verband er bald nicht mehr damit als ein wehmütiges Gefühl: Das ist schon lang vorbei! Was taugte schon so ein Gefühl? Manche der Träume und Entwürfe klangen noch jetzt gut, wenn er ihnen gelegentlich am Wochenende beim Ausmisten begegnete – aber sie klangen aus. Das war vorbei. Manchmal, immer seltener, wenn er wirklich einen schlechten Tag hatte, reichten Straßennamen oder ein befremdendes Geräusch, der Geschmack des ersten Zugs der morgendlichen Zigarette, die mit einem Zündholz angesteckt worden war oder ähnliches aus und er begann im Geiste zu taumeln und vor sich hin zu stolpern. Wenn er glaubte, es nicht mehr auszuhalten, weil Erinnerungen an vergangene Erinnerungen wie irre bei ihm anklopften, besuchte er einen angesagten Club für die gehobenen Ansprüche: Der Fick war weniger wichtig, als die Erfahrung, über die intimsten Empfindungen gebieten zu können. Das beruhigte, danach war die Spannung weg und er fragte sich, ob nicht die meisten überflüssigen Probleme einfach abgefahren werden konnten.
Er ging nie soweit, die schlichte Anpassung zu predigen. Sie war ihm so wenig Zweck, dass sie sich in seinem Fall wie nebenbei einstellte. Aber weil er sich nicht identifizierte, sondern ganz bewusst nur funktionierte, brauchte er keine der üblichen Entlastungen und Abfuhrleistungen. Wenn er nachdachte, wurde es nur schwerer. Wer erst begann, seine privaten Gefühle in die Arbeit einfließen zu lassen, verwickelte sich nach und nach derart, dass die meisten Energien vom simplen Schwachsinn absorbiert wurden. Er war für eine strikte Trennung von Arbeits- und Privatsphäre, Gefühle hatten bei der Arbeit nichts verloren, und er konnte begründen warum. Das familiäre Getuschel in den Büros ließ ihn kalt, für Flirts und

andere Wichtigkeitsspiele hatte er nichts übrig und wenn hin und wieder gefeiert wurde, setzte er sich ab, bevor die puritanischen Exzesse begannen. Er kiffte schon lange nicht mehr, trank abends und allein seinen halben Liter Wein. Täglich, aber eher weniger als mehr und einem Rausch ging er mittlerweile aus dem Weg. Ob Betriebsfeste oder private Festivitäten, er ging wenn er sein Quantum abgemessen hatte. Sprach ihn jemand darauf an, so klang das: ‚Ich habe genug' nicht einmal mehrdeutig, aber es schien unwiderruflich.

Von den früheren alternativen Projekten war nur ein gut getarnter Rest übriggeblieben, der niemals als solcher aufgefallen wäre. Er hatte einmal gedacht, man müsste mit den richtigen Leuten zusammen sein und dann wäre fast alles zu erreichen, dann wären Ordnungsdenken und Kuschertum aus der Welt zu schaffen. Der späte Schatten des Prinzips Hoffnung hieß Absonderung und Einsamkeit. Er genoss die Stunden, die er mit keinem teilen musste und in denen ihn nichts mehr anging. Wenn alles mehr oder weniger sinnlos war, taugte der Kontakt zu anderen nur dazu, sich über diese Sinnlosigkeit täuschen zu wollen.

Das war seine kleine Rechtfertigung. Schließlich funktionierte er und sorgte vor allem dafür, dass er auf keine dummen Gedanken kam. Insgesamt spielte er nicht mit und ganz selten, wenn ein alter Trotz in ihm aufwachte, beruhigte er sich mit der heroischen Feststellung, dass standzuhalten mehr Kraft kostete. Was war schließlich damit gewonnen, eine vernichtende Diagnose durch Veränderungsprogramme zu vernebeln. Mit manchem Begriff hatte er festumrissene Vorstellungen verbunden; die frühere Bedeutung begann die Trennschärfen zu verlieren und manchmal ertappte er sich dabei, dass er das Gegenteil für mindestens ebenso wahr und unwichtig hielt. Einmal sprach er zu einer Kollegin, die ihn vergeblich umwarb, von dem beinahe revolutionär zu nennenden Glück, allein zu sein. Aber fast entschuldigend räumte er ein, dass ja längst bekannt sei, wie viele Gemeinsamkeiten das Glück und Revolution teilten und dass sie deshalb in dieser Welt nichts verloren hatten.

Manchmal kam er sich wie ein Arschloch vor, aber er ging davon aus, dass in der Vorstandsetage jeder dieses Gefühl kannte. Er wollte sich nicht einschmeicheln und behielt es für sich. Ein Block, eine Trutzburg aus Stahl und

Glas, mittlerweile war er in den oberen Stockwerken angekommen. Ein Wahnwitz an Repräsentation, er wurde immer wichtiger und er hatte immer weniger zu tun. Die eine Hälfte des Tages stapelte er die Zeitungen, Zeitschriften und Aktenordner von links nach rechts und sortierte sie nach der aktuellen Relevanz und die zweite Hälfte des Tages mussten die Sachen in der richtigen Ordnung dann wieder auf der linken Seite landen. Es war eine Katastrophe, manchmal störte ihn, dass sein Bedürfnis nach innerer Ruhe nur schwer auszuhalten war, wenn er den lieben langen Tag stillsaß und hin und wieder Unterschriften leistete – welcher Hohn, dass die Fähigkeit, stillzuhalten und nichts zu tun, als verantwortliche Leistung ausgegeben wurde. Auch daran sollte man sich mit der richtigen Einstellung gewöhnen können. Oft eilte er von Sitzung zu Sitzung, immer mit den neusten Daten ausgestattet, immer mit der von ihm erwarteten Simulation von Aufmerksamkeit versehen und dabei reichte es, wenn er nur da war – er hatte mit genügend Hirntoten zu tun. Eine neue Erfahrung, die ein komisches Gegenstück zu seiner Einsamkeit darstellte. Es wurde von ihm erwartet, dass er zuverlässig, dynamisch und intelligent auftrat, dass er diese Eigenschaften im Sinne der Verwaltung repräsentierte. Er konnte dabei so leer sein, so tot und abgestumpft, wie gegenüber den eignen früheren Belangen, nur durfte ihm nichts davon anzumerken sein.

Manchmal morgens, wenn er sich dem Verwaltungsgebäude näherte und dieser Kasten aus Glas und Beton alle anderen Gebäude überragte, dann am Eingang angekommen, ihm das Tor geöffnet und sein Wagen zum Parkplatz gefahren wurde, fragte er sich, wie klein der Mensch sich fühlen musste, der solche Monumente brauchte. Einmal sprang ihn der Einfall an, so ein Ding müsste eigentlich Vergewaltigungsgebäude heißen. Und er dachte dabei weder an die rosalackierten Brustspitzen, mit denen seine Sekretärin um Aufmerksamkeit und Zuwendung warb, noch an die Masse an jungfräulichem Fleisch, die hier Tag für Tag älter wurde, es interessierte nicht mehr. Er lachte leise vor sich hin, als ihm einmal der Gedanke kam, dass der stählerne Protz die Geschlechter schluckte, dass ein Material zur Verfügung stand, das in jedem Pornofilm besser eingesetzt wäre – Menschenmaterial, durch dauernde Vergleiche und Tauschvorgänge neutralisiert und stillgestellt.

Etwa seit dieser Zeit fiel immer häufiger auf, wie wenig er bei der Sache war. Er begann in der Nase zu bohren, wenn er eine Entscheidung zu fällen hatte. Bei Besprechungen kam es immer wieder vor, dass er einen Referenten zur Seite bekam, der nur die Aufgabe hatte, zu verhindern, dass er einnickte. Oder er schaute bei den wichtigsten Punkten der Tagesordnung ständig auf seine Armbanduhr. Außenstehende Beobachter mochten daraus schließen, dass er schon den nächsten Termin vor sich sah und nicht wusste, wie er die Zeit noch effektiver managen sollte. Aber das war es nicht: Er hatte sich angewöhnt, zur Beruhigung die Sekunden mitzuzählen.

Er verlor den Boden unter den Füßen – oder vielleicht war ihm nur klar geworden, dass so etwas wie Bodenhaftung in den Verwaltungsvollzügen längst verloren gegangen war: Sie machten sich was vor und glaubten fest daran! Die selbsterfüllende Prophezeiung funktionierte perfekt, solange von der Welt nur wahrgenommen wurde, was sich für die eigenen Zwecke instrumentalisieren ließ und wenn dann noch die Freizeit und der Urlaub mit Kollegen verbracht wurde, wenn es eigene Hotels oder Sanatorien gab, war der Wahn geschmackvoll und perfekt möbliert. Viel zu lange war er ganz unauffällig immer weniger geworden, weil sein Verhalten den entscheidenden Tugenden in der Verwaltung so täuschend ähnlich sah. Er blieb zu Hause im Bett und zählte die Zeit vor sich hin: Null, Eins, Null, Eins.... Nachdem manches unternommen worden war, um ihn wieder einzufangen und auf die Beine zu stellen, verschwand er plötzlich. Die Ärzte waren gerade noch vom Erfolg der Therapie überzeugt, eine sechswöchige Kur zur Nachsorge war bereits geplant gewesen... und er war weg.

Er blieb verschollen. Ein früherer Kollege setzte irgendwann das Gerücht in die Welt, er wäre ihm in Bremen begegnet. Die beiden hatten sich nie gemocht, nur deshalb habe er ihn wohl nicht erkennen wollen. Ein Penner, der den Pflastermaler spielte oder umgekehrt. Eine fremde Erscheinung, in diesem Alter ließ man es einem Menschen nicht mehr durchgehen, wenn er verwahrloste. Er habe nur Muster gemalt, Linien und Wellen und ineinander verwickelte Flächen. Sehr schöne Farben und interessante Formen, das musste man zugeben, aber immer eine Spur obszön.

Wir ziehen von der in den ersten vier Monaten bei einer internationalen Bank gewachsenen Fantasie ab, was den durchschnittlichen Vorurteilsmustern entspricht. Was zutage kommt, ergibt ein Schema der gleichgültigen bis angewiderten Arbeitsfähigkeit. Gerade sie hatte früher beim Jobben oder jetzt bei der Neuorientierung zum Durchhalten befähigt. Jede Anpassung wurde verweigert, solange es möglich war, in den unendlichen Weiten eines Bücherregals den Weltenspringer zu üben und darauf zu setzen, dass mit dem nächsten oder übernächsten Buch alles anders werden könnte. Wenn er unter Leute ging, dann um zu arbeiten. Wenn es genug zu schaffen gab, fiel nicht weiter auf, dass Konventionen, die dem Beisammensein mit den anderen entsprachen, so gut wie umgangen wurden. Wenn er sein Pensum in einer Affengeschwindigkeit hinter sich gebracht hatte, half er noch bei Arbeiten, die aufgelaufen waren. War alles weggeschafft, ging er nach Hause. Das ihm im Gefolge seiner Absonderung immer wieder nahegelegte Schuldgefühl wurde umgelegt in Leistungsfähigkeit oder beim Lesen, Schreiben und Malen verdrängt. Wenn wirklich einmal jemand auf die Idee kam, ihn als Eigenbrötler aufzuziehen, waren es eben die Leistungen, auf die er verweisen konnte, das dritte oder vierte Buch, an dem er gerade arbeitete, um weiterhin seine Ruhe zu haben. Dann blieb aufgrund der Erfahrung, dass noch die primitivsten Gelegenheiten, Geld zu verdienen, hintertrieben wurden, dass Gleichgültigkeit und Zynismus die eigene Person und deren Pläne nicht minder betrafen, allerdings von der Verweigerung nicht viel übrig: Ein einsames Lesen und die Abwendung von den Interessen und Pflichten der sogenannten Normalverbraucher hatte der Entscheidung, in ganz anderen Weltausschnitten Geld zu machen, nichts entgegenzusetzen. Vielleicht war es sogar der Zynismus, dass die besten Einsichten nicht dazu taugen konnten, einen satt zu machen, dem die Rücksichtslosigkeit zu verdanken war, mit der von nun an in Kategorien des Umsatz gedacht wurde.

Ich lächle sie ein wenig müde und desinteressiert an, nachdem ich den Text überflogen habe. „Natürlich ist er von mir. Der Text stammt aus einer Zeit, in der ich noch die Illusion hatte, so etwas wie eine Karriere sei für mich möglich – unter Berücksichtigung all der Vorbehalte die ich gegenüber so etwas wie einer Karriere oder einer Persönlichkeit hatte: Vergessen Sie nicht, dass der Sohn eines ehemaligen Heimkinds und Hilfsarbeiters in jenen Zeiten nicht unbedingt damit rechnen durfte, in irgendwelchen Sphären zugelassen zu werden, in denen Macht ausgeübt werden konnte. Vermutlich kam aus dieser Kette der Leistungsüberschuss her: Als Kind hatte ich mich angestrengt, um von dem Vater eine Anerkennung zu erfahren, der sie mir versagen musste, weil er damit gekränkt worden war, dass er nicht mein Vater sein konnte! Später brachte ich enorme Anstrengungen zustande, um zu rechtfertigen, dass es mich gab, obwohl ich nirgends dazu gehörte, nur um damit zu erreichen, dass die Leute, die sich durch mich infrage gestellt fühlten, allen Grund hatten, daran zu arbeiten, dass es mich nicht mehr geben sollte. Das ist ein geheimes Muster, das einmal von einer Mutter als Moira verwoben worden war, die ihre Kraft der Nichtanerkennung aus der Erinnerung an einen großväterlichen Gymnasiallehrer bezog – der idealistische Terror des Bildungsbürgertums kulminierte in einer Biographie, in der nur noch die höchsten Werte zählten, weil alle alltäglichen Zusammenhänge derart prekär waren, dass ohne Sozialwohnungsschein und Gutscheine für alle möglichen Belange nicht bis zum Monatsende durchzukommen war und der kleine Gunar immer dann auf die Bank geschickt wurde, wenn der Überziehungskredit schon so weit ausgereizt war, dass meine Mutter nichts mehr hätte abheben können – manchmal klappte es, manchmal wurde der Zwerg auch ins Büro des Zweigstellenleiters gebeten und bekam dort erklärt, dass seine Mama sich doch mit der Bank in Verbindung setzen sollte. Auch das ist ein Fundus der späteren Möglichkeiten, für den Willen, von niemandem abhängig zu sein und natürlich für die Erfahrung, nirgends mehr zugelassen zu werden. Ich musste den Willen zu einer enormen Leistungsfähigkeit entwickeln – und dann natürlich auch die Routinen einüben, an denen sich die Kapazität bewähren konnte. Schon aus diesem Grund kommt in den von Ihnen zitierten Zusammenhängen nicht richtig raus, dass ich zur Zeit der internationalen Bank einer enormen Ausbremsung unterstellt worden war. In den nötigen systemischen Zusammenhängen ist immer wieder das Gesetz zu erahnen, das ich Homöostase des Elends getauft habe:

Die Stillstellung will sich durchsetzen, die Ausbremsung hat sich als Realitätsprinzip maskiert, die Lebensunfähigkeit wird zur Feinheit hochstilisiert und die unterdurchbluteten Arschlöcher an den Schaltstellen der Macht predigen das Folge-mir-nach. Bis dahin hatten alle Jobs unter der Kategorie Fitnesstraining rangiert, gerade weil ich schneller und besser war und in der Regel mindestens für zwei arbeitete. Bei der Bank musste ich es auf einmal aushalten, so gut wie nichts zu tun – wenn dies geplant worden war, war es der hinterlistigste Trick, den man sich vorstellen konnte, um meine Leistungsfähigkeit in den Griff zu bekommen – die sich ursprünglich nur als Kompensation jenes mütterlichen Sogs des Nichts und der Nichtanerkennung gebildet hatte, der sich der Bildung und der akademischen Distinktionskriterien bedient hatte, um meinen Namensgeber zum Selbstmörder und seinen eigenen Sohn zum Fixer zu machen. Tatsächlich war für mich mit diesen Hintergründen und dem einher gehenden Doppelleben in einer päderastischen Halbwelt alles andere eher als eine Karriere denkbar und nur weil es gelungen war, den virtuellen Weltenspringer aus dem Bücherregal zu aktivieren, weil mir frühere Drogenerfahrungen das Repertoire bereitstellen konnten, in einen ganz anderen Ausschnitt der Wirklichkeit auszuweichen und dann dort enorme Gelder in Bewegung zu setzen, bin ich nicht bei den Fraglichkeiten der Ausbremsung in einer Bank hängengeblieben. Sie wäre nur ein Nebenkriegsschauplatz gewesen, um meine Kraft zu binden und dafür zu sorgen, dass ich auf keine richtigen Antworten stoßen sollte."

„Das klingt jetzt hochdramatisch", versucht sie mich zu provozieren: „Aber alles was Sie sich unter Todesangst und Qualen abgezwungen haben, können wir heute mit den nötigen Lernprogrammen spielerisch im Assessmentcenter umsetzen und die Leute merken nicht einmal, dass es an die Substanz geht; sie sind sogar ganz bereitwillig dabei, an der Modellierung ihres Selbstbilds zu arbeiten!"

Man muss so gut wie tot gewesen sein, dann jucken einen solche Provokationen nicht mehr. „Das sieht vielleicht für nachgemachte Menschen so aus! Aber wo Sie nur noch Klischees kombinieren und

Oberfläche aufpolieren, können Sie nicht damit rechnen, dass ihre Produkte eine größere Standfestigkeit beweisen. Am Schluss war es immer der andere, waren die Vorgesetzten verantwortlich, war es der Befehl oder der gesunde Menschenverstand... Wenn Sie die Möglichkeiten einer umfassenden Lebenserfahrung zugunsten von Konditionierbarkeit und Funktionalität verabschieden, müssen sie sich nicht wundern, dass dieses Prinzip der Lebensersparung keine Substanz übrig lässt und ihre ganze Nachzucht so etwas wie Rückgrat und Zivilcourage nicht mehr kennt, weil die Wahrnehmung von Differenzkriterien aberzogen worden ist – es bleiben Parolen und Wischi-Waschi-Erkennungszeichen, es bleibt die Hoffnung, überzeugend rüberzukommen, obwohl gar nichts mehr zur Verfügung steht, was rüber zu bringen wäre. Was bei Sloterdijk als Zugangsvoraussetzung für die Institutionen des Wissens dargestellt wird, ist tatsächlich nur die Idealisierung der Behördenstruktur, die die Selbstdementierung und den „Scheintod im Denken" voraussetzt, bevor sie die Eintrittskarten für ein abgesichertes Einkommen vergibt. Der Preis heißt in vielen Fällen, dass statt der befreienden Erfahrung des sozialen Todes in die komplette Selbstverleugnung einzuwilligen ist, in lebenslange Selbstsubalternisierungen, vor denen jede Lebenserfahrung in die Knie geht.

Ganz anders sieht es dagegen aus, wenn man/frau die Behördenstruktur als Behindertenkabarett gekennzeichnet und abgelehnt hat. Die stillgestellten und von mir als unterdurchblutete Arschlöcher gekennzeichneten Bildungsbeamten hatten von langer Hand vorbereitet, dass ich in eine Situation kommen sollte, in der ich mir wünschte, wenigstens an ihrer Absicherung teilhaben zu dürfen: Und dann wollten sie mir zeigen, dass ich gar nichts mehr hatte. Ich hatte die Erfahrung zu machen, dass nichts zählte, kein besseres Wissen, keine umfassende Überlegenheit, ich hatte um mein Leben zu rennen und in den entscheidenden Augenblicken hatte ich meine Partnerin, gegen alle Widerstände der Wohlerzogenheit einer Beamtentochter, auf den Schultern aus jenem Bereich des Todes hinauszutragen. Ich musste bereit gewesen sein, für die zu sterben, die mir das Versprechen des Lebens bedeutet hatte; auch das gehörte noch zur Liebe als Duell, denn wenn ich nicht alle Kraft aufgebracht hätte, um sie trotz eines Betonblocks aus Ängsten und Verzweiflung mitzuziehen, hätte das ursprüngliche Sozialisationsmuster Recht behalten und die Beziehung wäre erledigt gewesen. Diese Botschaft hatten die Strategien der modernen Personalführung der Volkshochschule im Auftrag eingegeben – bei einem der Gespräche mit dem Direktor hatte dieser mit einem ‚Alles-Umsonst' argumentiert. Genau diese Delegation wirkte damals nach; meine Partnerin versuchte sich in einer vergangenen Identifikation – die noch dem Luxus der Eitelkeit huldigen wollte, den Laden zusammen mit der Direktion umzubauen und effektiver zu machen – zu stabilisieren, indem sie diese Last des Umsonst auf mich zu übertragen hatte. Sie wurde selbst zur Last, sie machte es sich so schwer wie möglich, um mich zum Aufgeben zu bewegen.

Vielleicht gab es im Hintergrund noch eine weitere Unterscheidung, die meinen Durchsetzungswillen beförderte. Ich hatte den Kontakt zu meiner Mutter und meinen Geschwistern 1978 abgebrochen und von da ab jeden Annäherungsversuch derart rigoros abgeblockt, dass ich damit rechnen konnte, enterbt worden zu sein, mit Sicherheit aber keine Unterstützung zu erwarten war – sie hätten sich wie Aasgeier auf die Reste meiner Biographie gestürzt und nichts von mir übrig gelassen. Ich war also wirklich allein, das war der Ausnahmezustand, den ich brauchte, um Energien freizusetzen, die sonst nicht zugänglich waren und über die man nicht frei verfügen konnte. Was ich machte, verstand den bösesten Verwünschungen und den hinterhältigsten Einflüsterungen, aber was ich hinbrachte, hing nur noch von mir ab, es gab keine falschen Rücksichtnahmen und keine erpresste Versöhnung. Das war der wesentliche Unterschied, denn bei meiner Partnerin hätte ein Anruf gereicht, das Eingeständnis, dass sie Hilfe brauchte und sich von mir enttäuscht fühlte, und ihre Eltern hätten die ganze Welt in Bewegung gesetzt, um mich als gefürchteten und lästigen Zeugen endlich aus ihrem Leben zu entfernen.

Sie sorgte also dafür, dass meine Frustrationstoleranz in der nächsten Potenz gefedert, dass mein Wille, gegen den Rest der Welt etwas hinzubekommen, gestählt wurde, dass ich jenen energetischen Gipfel des antiken Heros erreichte, auf dem alles von der eigenen

Kraft und Geistesgegenwart abhängt. Ich durfte mich bei ihr nicht ausweinen und auch keinen Halt suchen, sonst hatte ich verloren; ich musste in der Lage sein, über Monate als lebender Toter durch die Gegend zu marschieren, nur um ein Minimum an Lebensunterhalt zu verdienen; der Ich musste die Schockmomente und Deterritorialisierungen durchlaufen, die seit Menschengedenken zu jedem Initiationsverfahren gehören, nur um einen Status zu erfahren, an dem keine Aufnahme oder Absicherung durch die Bestätigung Gleichgesinnter mehr gestattet wurde – musste die Erfahrung gemacht haben, völlig allein zu sein und dabei zu beobachten, wie die Welt immer blasser und ausgewaschener wurde. Der Ich musste sich durch einen dunklen Tunnel vorankämpfen und dabei erfahren, was es hieß, dass die Wände immer näher heranrückten, dass sie ihn erdrücken wollten und lange kein Licht am Ende zu entdecken war. Der eindimensionale Punkt auf den der Ich zu marschierte war der, an dem einst Dante eingeschrieben hatte, dass man alle Hoffnung fahren lassen soll. Zugleich wurde er auf diesem Weg der umfassenden Reduzierung genau der Wendepunkt, den ich als solchen akzeptieren und kapieren musste. Ich hatte nicht mehr der Eitelkeit huldigen, meine Lebenszeit einer Kerze zu verdanken, die an beiden Seiten zugleich abbrannte; ich musste keinen energetischen Stau, der nur der Stillstellung zu verdanken war, für mich ertragbar machen, indem ich mich zum Dynamit erklärte... ich musste nur kapieren, dass es außerhalb der institutionalisierten Perspektiven und Absicherungsformen noch ganz andere Wege gab und dass man eine andere Welt erarbeiten konnte, indem man neue Wege schuf. Der Ich war zu Schrott gefahren worden und damit die Perspektive aufgebrochen, von der aus andere Lösungen freigelegt werden konnten, weil die Konstruktionsweise des sozialen Körpers offensichtlich wurde. Das, was den Leuten Halt und Identifikation versprach, hielt zusammen durch Sexualneid und üble Nachreden, durch die schlechtesten menschlichen Regungen: durch Dummheit, Bosheit und Verleugnung."

„Ja, das schauen wir uns jetzt genauer an!" meint sie gut gelaunt, als habe ich in keinster Weise irgendetwas gesagt, was sie infrage stellen konnte. „Was mich vielleicht ganz nebenbei interessieren würde, ohne dass es hier verhandelt werden muss, wäre der Widerspruch: Was ist die Liebe als Duell, wenn nicht der Versuch, dass zwei verschiedene Arten und Weisen, die Welt zu verstehen oder sich in ihr zu bewegen, zusammenstoßen. Aber damit haben Sie bisher doch immer vorausgesetzt, dass zwei gleichberechtigte Partner die Möglichkeiten nutzen, sich aneinander abzuarbeiten. Mittlerweile klingt es aber eher nach der Hegelschen Dialektik und alles, was Sie an ihrer Partnerin kennzeichnen, taugt nur dazu, von Ihnen aufgehoben zu werden! Was aber haben Sie von ihr gelernt, wo haben Sie sich angepasst und gewisse eigene Voraussetzungen modifiziert?"

„Schön wär's, wenn das so einfach auf den Nenner zu bringen wäre. Tatsächlich ist von mir und von dem, was einmal zu meiner Selbstdefinition gehört hatte, gar nichts übrig geblieben. Doch es war längst kein privates Verhängnis mehr, an dem wir uns abarbeiten mussten. Oder andersrum: Vielleicht gerade deshalb, weil uns Größere vernichten wollten, ergab sich die Chance, über die kleinlichen Gegenseitigkeiten der narzisstischen Selbstzerstörung hinaus zu kommen. Und dann war an den entscheidenden Punkten zu erfahren, dass wir uns eine eigene Welt ervögeln konnten: Das kann man nicht allein! Dass es mich heute noch gibt, beruht nicht darauf, dass ich meinen Willen durchgesetzt habe, sondern dass ich mich hingeben konnte, bis nichts von dem Sohn meiner Mutter übrig geblieben war!"

„Wenn jemand daran arbeitet, sich alle Welt zum Feind zu machen, ist es sicherlich nicht verwunderlich, wenn er irgendwann eingekreist wird und dann selbst den Beweis liefert, dass er untragbar geworden ist. Bei dieser Gelegenheit darf ich darauf hinweisen, dass mir schon mehrfach aufgefallen ist, mit welcher Verachtung Sie Leute strafen, die körperlich aus der Form geraten sind – das sollten wir auch noch einmal genauer unter die Lupe nehmen. Aber wie gesagt, wir schauen uns das an, bisher ist noch nicht nachvollziehbar, wie und mit welchen Mitteln Sie aus dieser Falle entwischen konnten. Wir brauchen nicht nur den Trick, sondern vor allem die darunter wirkenden

Regelhaftigkeiten, wenn wir ein operationales Schema gewinnen wollen. Ich frage mich immer wieder einmal, was man sich einfallen lassen muss, damit jemand freiwillig auf diesen Point of no return zu geht, denn auch das scheint dazu zu gehören: Dass es freiwillig geschieht, im Bewusstsein einer selbstgewählten Notwendigkeit, dass es ohne Vorbehalte und dem geheimen Verlangen nach einem Schuldigen abläuft, dass jemand alle vorhandenen Rezepte und Routinen beiseitelässt, um auf die Lösung zu stoßen, die es nur für ihn gibt und die bis dahin nicht einmal gedacht werden konnte. Das scheint mir der Knackpunkt: Wie schneiden wir jemanden von aller Hilfe und Unterstützung ab und sorgen zugleich dafür, dass die Kraft für einen neuen Weg oder ein bis dahin unbeachtetes Paradigma freigesetzt wird?"

Ich schaue sie mir eine Weile an und meine dann: „Das habe ich alles schon erklärt. Stichwort Souveränitätstraining! Wir wollen mal hoffen, dass der Verweisungszusammenhang tragfähig genug ist, damit Sie ihn nicht als Machtapparatur missbrauchen können. Aber was soll es, es funktioniert so oder so nur, wenn Sie makellos genug sind, auf jegliche konfliktuelle Rivalität zu verzichten." Das kenne ich ja schon, ich muss einfach nur abwarten, bis so eine Intrigantin über die eigenen Füße stolpert und am besten sage ich ihr geduldig immer wieder, was sie zu machen hat. Damit ist fast schon garantiert, dass sie es genau so nicht durchführen kann. Auffällig ist, mit welcher Hektik die Supervisoren Infos austauschen und sich Zeichen geben. Die Systeme scheinen überlastet, Gestik und Gestrampel unterstreichen ihre Hilflosigkeit. Als bei einem der Atemschutz verrutscht und er sich hektisch gegen die ungereinigte Luft schützen möchte, dabei noch die Kapuze zurückfällt, sehe ich, dass das der Leiter der Datenbankverwaltung ist, der vor zwei Tagen noch selbstgefällig und unerreichbar in seinem sterilen Herrschaftsbereich eine Führung zelebriert hatte – ein amorpher Klops, alles hing und schwitzte formlos vor sich hin, die einzigen Differenzkriterien in dieser kranken Masse schwitzenden und rotunterlaufenen Fleisches wurden durch die geometrischen Figuren der Barttracht bereitgestellt.

Nach einer ersten Saison in der Hölle

Schon am Ende der letzten Woche meiner drei Monate hatten die beiden Sekretärinnen und Frau Fipfe aus der Devisenabteilung den Auftrag gehabt, mir zu signalisieren, dass ich wiederkommen solle. Das implizierte natürlich, dass ich bereit war, an ihrem Betriebsausflug teilzunehmen: Es war so was von selbstverständlich, weil damit unter Beweis gestellt wurde, dass ich bereits ein Teil der Bank sein sollte und mich dem identifikatorischen Rahmen unterstellte, der den Leuten Halt und Sicherheit versprach – es stand gar nicht zur Debatte, dass der Ausflug in meine private Zeit fiel: Oder besser noch, wenn ich auf meine Freizeit Wert legen sollte, war nicht gesagt, ob ich weitere Urlaubsvertretungen machen konnte. So einfach war das! Auf der Uni hatte ich alle Veranstaltungen für überflüssig gehalten, in denen Freizeit und Studium vermengt worden waren. Und bei den vielen Urlaubsvertretungen, die ich im Laufe der Jahre im Buchhandel gemacht hatte, war immer ganz klar herauszustellen gewesen, dass ich zum Geldverdienen kam, dass mit mir bei irgendwelchen Jubiläen oder Firmenevents nicht gerechnet werden konnte – vielleicht war das schon ein Grund, warum diese Leute so bereitwillig auf die Einflüsterungen von jenen Literaturwissenschaftlern gehört hatten, um mir das Leben schwer zu machen. Mittlerweile lag der Buchhandel schon fast ein Jahr hinter mir und ich hatte seitdem mangels Buchhändlerrabatt kein Buch mehr gekauft; die Welt und meine Art und Weise, mit ihr umzugehen, sah anders aus, als zu den Zeiten, in denen ich den Konsum verweigerte, um hemmungslos Bücher zu konsumieren: Wenn ich gelegentlich auf unseren Spaziergängen mit den Hunden vor einer Buchhandlung stehen blieb, die meine Themengebiete führte und mir Neuerscheinungen anschaute, wurdest du aggressiv und scheuchtest mich weg. Pro Monat hatte ich auf der Bank knapp 2000 Mark verdient und bei etwa 1200 Mark Kosten war genug zusammengekommen, um die nächsten zwei Monate ohne Einnahmen zu überbrücken... es durfte nur nichts kaputt gehen, es durften keine Sonderausgaben entstehen, die Dinge in unserer Wohnung mussten noch eine Weile durchhalten: Die Nähte unserer Federbetten waren mittlerweile schon so morsch, dass ich sie in den vergangenen Wochen mit Hansaplast verklebt hatte und als eines Morgens die Teemaschine durchbrannte, brauchte es ein paar Tage Überzeugungsarbeit, bis ich das billigste Modell aus der Kaufhalle für 19 Mark besorgen durfte – die Angst davor, dass uns das Geld ausgehen würde, sorgte schon dafür, dass wir uns in einer so extremen Weise einschränkten, als müsste mit den letzten Reserven gerechnet werden: Als unsere Klospülung den Geist aufgab – irgendeine Feder war gebrochen und das Wasser rieselte vor sich hin, hatte aber nicht genug Druck, um die Schüssel zu leeren, war außerdem nur zum Schweigen zu bringen, wenn der Sperrhahn zugedreht wurde – kam ich nicht einmal auf die Idee, den Hausbesitzer zu benachrichtigen, sondern besorgte bei einem Schrotthändler für ein paar Mark einen sicher ähnlich alten Druckspüler, um dann einen ganzen kostbaren Samstag damit zu verplempern, das Bad unter Wasser zu setzen und die Apparaturen zu tauschen. Ein Portrait des verhinderten Philosophen bei der Arbeit... Dabei folgte nach diesen zwei Monaten bereits der Sommerurlaub des Bankboten, der aufgrund seines Unfalls noch den ganzen Jahresurlaub zur Verfügung hatte. So wollte ich weitermachen, bis sich eine Chance ergeben würde, abzuspringen oder auf das immer wieder suggerierte Angebot der Bank zuzusagen – also sollten diese Leute keinen Grund haben, auf die gleichen oder ähnliche Hintertreibungen wie der Buchhandel anzuspringen.

Dieses Spiel war gar nicht so selbstverständlich, denn die sieben Stunden täglich auf der Bank hatten mich seltsamerweise so zu absorbieren, dass ich nicht viel Vernünftiges zustande brachte. Am ersten Tag, als der Innenleiter mir die einzelnen Sachen erklärt hatte, hatte er mehrfach angedeutet, dass nichts dagegen einzuwenden war, wenn ich die Wartezeiten, die Pufferzonen, in denen jemand präsent zu sein hatte, aber tatsächlich nichts zu tun war, gern dazu verwenden konnte, mir Notizen über die Sachen zu machen, die mir durch den Kopf gingen. Aber dann hatten sie es schnell so hingebogen, dass immer dann, wenn ich den Anschein machte, irgendwelche Stichworte oder Einfälle notieren zu wollen, zufällig jemand zur Stelle war, um die Konzentration zu stören – selbst wenn ich in den Keller ging, um die Ablage zu sortieren oder Büromaterial zu besorgen, dauerte es nie lange genug, um auch nur einen klaren Gedanken zu formulieren und irgendjemand wurde runter geschickt: Oft war es die phallische Tute, die mich anmachen sollte. Die Texte, die dann am Abend entstanden, waren gerade noch als Material für künftige Arbeiten anzusehen, das Zeug taugte wenig, wenn ich auf meine über Jahre gewachsenen Qualitätsansprüche hörte. Mehr ging eben nicht und manchmal wunderte ich mich darüber, dass eine Tätigkeit, die ich sonst in maximal zwei Stunden erledigt hatte, ohne mich dabei auszureizen, auf einmal so viel Kraft kostete, nur weil sie auf sieben Stunden gestreckt werden musste – das war eine der Gesetzmäßigkeiten, die im Fortgang der Moderne immer wirkungsmächtiger geworden war: Die organischen Zusammenhänge wurden aufgesprengt, die Fähigkeiten und Fingerfertigkeiten, mit denen der Körper mit dem bearbeiteten Material zu einer Einheit wurde, zählten nicht mehr, maschinelle Vorgänge, die jeden Vollzug in kleine Einheiten zerhackten, die unabhängig von den beteiligten Muskel- und Wahrnehmungssystemen waren, reizten erst einmal die Leistungsfähigkeit aus und begannen sie dann überflüssig zu machen – auf einmal durfte man nichts mehr tun, nur noch beobachten, die Prozesse passiv begleiten, damit sie richtig abliefen, man wurde zur Untätigkeit verdammt. Davon hatten sich bei meinen primitiven Jobs bisher nur Anzeichen gezeigt – anfangs hatte ich die Adressen mit einem Leimpinsel aufgeklebt, irgendwann waren es selbstklebende Adresskleber, erst hatte ich die Kuverts mit einer Klammermaschine verschlossen, und es hing von meinem Gefühl ab, ob die Bücher beschädigt wurden oder aus der Tasche fielen, dann übernahm eine elektrische Nagelmaschine den Vorgang und meine Tätigkeit wurde darauf beschränkt, das Material regelmäßig nachzuschieben. Beim Aus- oder Einpacken hatte ich eine Reihe von Handgriffen so eingeübt, dass die Bücher richtig saßen, nicht verwackeln und rutschen oder sich verkannten konnten und nach und nach wurde dies überflüssig, weil es ganz egal war, wie das Zeug in eine Kiste gelegt wurde, wenn man alles mit Schaumstoffflocken auspolsterte usw.

Alles was wir bei den Arbeiten gelernt hatten, wurde mehr oder weniger schnell überflüssig – als stehe der lernfähige Körper unter dem Tabu der in anderen gesellschaftlichen Sphären längst herrschenden Körperausschaltungsprinzipien. Und es waren nicht nur die Techniken, wie ich meinen Rücken bewegte, wenn ich Lasten hob, wie ich schwere Pakete trug, es waren auch die kleinen Tricks der Selbstorganisation, mit denen der Tag strukturiert wurde, um den Stumpfsinn auszuhalten, die ständig neu der Inflation unterstanden. Die verschiedenen Hilfsarbeiten schienen alle darauf angelegt, dass jegliches Lernen entwertet, dass jede an der Werkmoral wachsende Selbstachtung unterminiert wurde und die Tätigkeit als Bankbote lieferte noch einmal eine Steigerung der Nichtigkeit, eine Potenzierung der Wertlosigkeit. In den vergangenen siebzehn Jahre hatten mich einfache körperlichen Tätigkeiten durch eine Mischung aus Natural- und Tauschwirtschaft über die Runden gebracht, hatten mir eine Promotion und eine Arbeitsbibliothek von etwa dreitausend Bänden beschert – jetzt arbeitete eine Form der Ausbremsung und Abstumpfung an mir, unter der ich vieles vergaß, was ich einmal kapiert hatte, manchmal sogar mit einer zynischen Haltung des Wegwerfens: Wenn es nicht dazu taugte, uns mit unseren minimalen Bedürfnissen über Wasser zu halten, konnte es nicht sehr viel taugen, dann war es vielleicht wirklich nur für unterdurchblutete Bildungsbeamte gedacht. Der Stumpfsinn und die Inhaltsleere sorgten dafür, dass ich nach und nach manches aus den Augen verlor, was mir einmal wichtig gewesen war.

Ich sagte mir, dass es auf der Bank eben nicht die Arbeit war, die so anstrengte, sondern die Formen der modernen Personalführung, die ich zu akzeptieren hatte, wenn ich dort Geld verdienen wollte – und die waren so ausgearbeitet, dass sie sich an den ganzen Menschen richteten. Der soziale Körper dieser Induktionsmaschinen für Geldströme beanspruchte einen absoluten Vorrang und wirkte bis in die Freizeitveranstaltungen und Hobbies der Leute, er war sogar bei ihren Krankheiten oder Hochzeiten präsent. Von einem früheren Mitarbeiter, der jetzt als freier Berater arbeitete und gelegentlich zu Besuch kam, hatte ich mitbekommen, dass seine Frau an Krebs erkrankt war und wenn ich die energetische Stresswoge um ihn herum wahrnahm, wunderte mich diese Ausstrahlung von Elend und Vergiftung nicht: Er stabilisierte sich durch das Bewusstsein, wie viel Geld er bewegte – und führte gleichzeitig vor Augen, wie wenig in solchen Zusammenhängen von einem Menschen übrig blieb, wenn er nicht einmal die Zeit oder keinen Nerv hatte, das Schicksal seiner Frau zu verstehen oder beeinflussen zu wollen. Und dieses Unvermögen, diese verbohrte und eindimensionale Funktionalisierung auf den Signifikanten Geld, der der Partner und die Utopie zum Opfer gebracht werden musste, wurde jetzt von mir als Leistung erwartet – das war die nächste Perversion, die ich akzeptieren musste: Alles, was ich für falsch hielt, lieferte nun die letzten, die allerletzten Möglichkeiten vor dem verordneten Ende. Und eben weil wir keine anderen Möglichkeiten mehr sahen, hingst du mir wie ein verwunschener Kobold im Genick, um mich anzutreiben, um dafür zu sorgen, dass ich jede Chance nutzen sollte, die sich bei dieser Bank bot – als wärst du nicht schon geschädigt genug durch die Folgen jenes Sicherheitsbedürfnisses, das dich in den letzten Jahren zur Identifikation mit den linken und verlogenen Vorgesetzten geführt hatte, die tatsächlich den Auftrag erfüllen sollten, mich zur Strecke zu bringen. Wie so oft setztest du dich besonders für die Lösung ein, die dich auf Dauer geschädigt hätte und wie häufig zuvor schaffte ich es durch ein paar unvorhergesehene Manöver und geschicktes Hakenschlagen, dass eine Lösung zustande kam, die der Missgunst und den Bremsversuchen deiner verinnerlichten Mutterinstanz kein Opfer brachte. Während der Jahre des Studiums hatte ich mich in schöner Regelmäßigkeit über deine Abwesenheitsdressur geärgert und immer mehr Leistung und Wissen objektiviert, um dich von meiner Präsenz zu überzeugen – und jetzt wurde mir auf einmal nahegelegt, dass ich nur deshalb so gut und leistungsfähig gewesen war, weil du weit genug weg gewesen warst, um nicht wie ein Betonblock der Vorbehalte einer Beamtentochter alles zu blockieren: Als hätte diese Abwesenheitsdressur, die ich durch Leistungen zu durchbrechen suchte, die meine Professoren beeindruckt hatten, tatsächlich dafür gesorgt, dass ich überhaupt die Fähigkeiten entwickelte, mich auf das Inkommensurable einzulassen, als hätte ich mit der Zeit einen Sparringspartner gebraucht, der mir die Hoffnungslosigkeit und Verzweiflung in einer Dosierung zukommen ließ, dank der ich nach und nach immun wurde: Das war eine biographische Verifizierung von de Rougemonts Einsichten aus dem Buch, das mich durch einige Untersuchungen begleitet hatte: *Die Liebe und das Abendland*. Später überlegte ich mir manchmal, ob nicht in diesen Zusammenhängen der irrealen Geldströme der Funke übergesprungen war, der mich zu jenem erfolgreichen Anzeigenverkäufer machen konnte – ich brachte die Kraft über den Draht, der gegenüber viele Leute nicht mehr Nein sagen konnten. Das ganze Abstraktionsunternehmen des Abendlandes muss wohl als Gegenbewegung zum psychotischen Imperativ der mütterlichen Machtausübung verstanden werden. In einer extrem komprimierten Kompaktversion hatte ich als ehemaliger Muttersohn dieses Pensum nachzuholen, bis sich der Ich in einer informalisierten Welt und unter den psychotischen Einflüssen der modernisierten Machtfiguren in eine unter Hochdruck vibrierende Relaisstation für in Bewegung zu setzende Umsätze verwandelt hatte... um diesen Todeslauf später dokumentieren zu können.

Bis zu den Monaten in der Bank schien der soziale Körper nur eine Metapher für mich und noch kein energetisches und informatorisches Leitsystem – dass das Spiel der Geisteswissenschaften, dessen Regel in der Vorgabe mündete, mich aus der Wirklichkeit zu entfernen, auf vergleichbaren Gesetzmäßigkeiten beruhte, war erst anhand des primitiveren aber wirksamen Schemas der Bank abzuleiten. Anscheinend brauchte ich dieses Spiegelphänomen auf einer minderen Ebene, um nachzuvollziehen, was schon seit geraumer Zeit versucht worden war, mit meiner Biographie anzustellen. Dass sich solche Totalisierungsimperative im Rahmen von Corporate Design und der Verabsolutierung des Namens in der Markenphilosophie von den menschlichen und sozialen Zusammenhängen abgelöst hatten und nun eine Eigengesetzlichkeit reklamierten, musste ich erst lernen, um dann zu erarbeiten, welche destruktiven Energien, welcher kastrierte Trieb, welch stillgestelltes Begehren nun auf einer sekundären Ebene die flottierenden Zeichen im Körper der Geisteswissenschaften rotieren ließ. Im Kontext dieser Bank waren die Regeln so einfach zu sehen, wie bei einem Kasperletheater – es war ein Hohn, wie die Leute spurten, wenn über sie verfügt wurde, es war so lächerlich wenig und, wie sich zeigen sollte, ganz einfachen auszuhebeln – auch wenn anhand einzelner Fallbeispiele nach und nach klar wurde, dass die Spiele der Marionetten einen tödlichen Ausgang nehmen konnten.

Die Bank hatte neben den omnipräsenten Augen und Ohren Abwesender den Blick und das Gehör eines fleißigen und aufmerksamen Innenleiters, dem nichts entging, der den Drill einer großen Lebensversicherung durchlaufen hatte: Er kultivierte durch eine theatralische Sprechweise die dauernde Unterstreichung, dass er nur eine Rolle im übergeordneten Funktionszusammenhang ausübte, die nichts mit ihm als Person zu tun hatte – für den Privatmann stand der symbolische Bezug auf seine Töchter, ansonsten ging er, seit er Innenleiter war, nach Dienstschluss nicht mehr mit den Kollegen in die Kneipe an der Ecke. Die Lebensversicherung hatte ihn nach der Ausbildung nicht übernommen, was noch heute weh tat, aber – Ironie der Geschichte – nach meinem Jahr kaufte sie die Dresdner Bank, nachdem diese die deutschen Niederlassungen der Pariser Bank übernommen hatte, also war er wieder da angekommen, wo seine Form der Machtausübung hergestellt worden war.

Es gab genug fleißige Hände in den unteren Chargen, die fast stummen Sekretärinnen, ein ehemaliger Theologiestudent am Schalter, der sein Leben auf ein Zeitlupentempo herunter gefahren hatte, um mit den drei-vier Kunden pro Tag hauszuhalten, ein junger, karrieregeiler Banker im Styling eines Ted, der sich von der Girokasse hierher beworben hatte, um festzustellen, dass er nicht wusste, was er tun konnte oder sollte und aufgrund des Drucks gelegentlich zu Hause beim Hemdenbügeln am Küchentisch ohnmächtig wurde; ein paar geldgierige Rechenmaschinen und Stimmen am Telefon, die mit Tagesgeldanlagen den Verschiebebahnhof über Luxemburg dazu verwenden konnten, anhand der zweiten Stelle hinterm Komma gutes Geld zu machen. Dann die drei Kundenberater, die die Bank nach außen vertraten und die für die rund 460 Kunden im Großraum Stuttgart zuständig waren, die der Bank einen Umsatz bescherten, der etwa dem entsprach, was die Girokasse mit ihren hunderttausenden Kunden und einem ganzen Netz von Filialen zustande brachte.

Alles wurde zusammengehalten durch ein fluktuierendes Begehren, das in den Machtspielen und Protzritualen sein einziges wirkliches Ventil fand. Ein Innenleiter, der zusammen mit dem Devisenhändler den bevorzugten Platz im ersten Stock gegenüber einem Eiscafé innehatte, die sich gegenseitig mit dem Blick in die dort vorgeführten Dekolletés als Spezialisten für Möpse lobten. Ein in weißen Blusen und schwarzen Lederhöschen verpacktes Geschlechtsteil – das bereitwillig zur Verfügung stand, wenn der Direktor eine Armatur benötigte, um hochkarätige Kunden, die immer auch als Bedrohung kodiert wurden, auf den Holzweg zu locken. Eine seit Monaten vorbereitete Hochzeit zwischen dem Devisenhändler und der Dame, die unter der Drohung stand, dass der Direktor nicht die Zeit oder Lust haben könnte, daran teilzunehmen. Ein paar Töchter zeugende Väter, die alles tun würden, um ihr Häuschen oder Eigenheim abzustottern und aus diesem Grund sogar vergessen konnten, was sie an Basisanforderungen während ihrer Ausbildung eingepaukt bekommen hatten – und die gelegentlich den Puff oder noch speziellere Etablissements aufsuchen mussten, um das Spannungslevel auszuhalten. Ein Don Juan, der jeden Monat andere langbeinige Blondinen in seinem Büro empfing und dann zum Essen oder für den späteren Opernbesuch ausführte, der sie durch seine bildungsbedingte Zurückhaltung scharf machte... Er spielte den Zyniker, um seine Verletzbarkeit zu verleugnen, weil es eben trotz Protektion auf dem zweiten Platz gelandet war. Außerdem ein impotenter Zyniker, der den Machtmenschen und Vabanquespieler gab, um damit vergessen zu machen, wie er einem geisteswissenschaftlichen Vater derart unterlegen gewesen war, dass nur das Spiel mit Millionenbeträgen noch als Therapie taugte; für den das Auto eine Waffe war und der schon in der Tiefgarage so loslegte, dass niemand, der es einmal probiert hatte, wieder bereit war, mit ihm mitzufahren. Geld und Geschwindigkeit, das war sein Kitzel, ein schneidiger Auftritt, der vor allem dazu dienen sollte, genießen zu können, wie andere vor ihm einknickten, denn zu einer anderen Entgrenzung, als der auf Kosten anderer, war er nicht in der Lage. Mit einem besonderen Genuss probierte er die verschiedenen Strategien aus, mit denen ich einzuschüchtern sein sollte und versuchte irgendwelche Schwachstellen zu finden: Es gab nur die eine, dass ich kein Geld hatte und für die paar Mark Demütigungen wegzustecken hatte, die ich für keine Hochschulkarriere akzeptiert hätte. Zu diesen internen Kräftespielen traten dann potenzierend die gelegentlichen Besuche völlig deformierter Mächtiger aus der Zentrale in Saarbrücken, denen die Impotenz und die Ausweichbewegungen in diverse Spielarten der sadistischen Abfuhr angestauter Energie schon anzusehen war.

Dieser soziale Körper war derart präfiguriert, dass ich all die Aufgabenstellungen der vergangenen Jahre noch einmal in potenzierter Form zu spüren bekam. In den drei Monaten hatte ich einige Beobachtungen gemacht, die alles bestätigten, was ich aus der Theorie bezogen hatte, um mich von jener kleinen und deformierten Spießerwelt meiner Erzeuger abzusetzen und die nur unterstrichen, wie gefährlich derart verstümmelte Nullen sein konnten. Was die sechzehn Jahre Jobben im Buchhandel trotz aller Verführungsanstrengungen der verschiedensten Buchhändlerinnen und der lancierten Einflüsterungen nicht geschafft hatten, was sich nach sechs Jahren Subalternalisierungsversuchen durch unseren Verleger, durch ein paar Profs und die Suggestion einer Habilitationsmöglichkeit als unhaltbar erwiesen hatte, sollte nun in einem komprimierten Verfahren, ungreifbar auf der Ebene der Machtschematik, im Rahmen der narzisstischen Selbsterhöhungsversuche überangepasster Krüppel, noch einmal zu beweisen sein. Wie von langer Hand, als gebe es einen deus malignus im Signifikantennetz, sollte abschließend auf der untersten Ebene erwiesen werden, dass ich gar kein Recht haben konnte, die perversen Chargen auf den oberen Ebenen in Frage zu stellen. Damit bekam ich zu spüren, wie auf dem Level von Professoren und Ministern mit der psychotischen Verleugnung gearbeitet wurde, dass ihre Instrumentalisierung in einer Form eingesetzt wurde, wie es meine Mutter nicht besser gekonnt hatte, um ihren parasitären Status durch moralische Forderungen zu überbauen. Tatsächlich schien das ganze Verfahren so angelegt oder delegiert worden sein, dass ich akzeptieren sollte, warum die Resultate der vergangenen Erfolge, die nahelegten, dass das Signifikantennetz für mich gearbeitet hatte, auf meiner Einbildung oder Fehlinterpretation beruht haben mussten.

Am Montag nach diesen ersten drei Monaten hatte ich noch einmal anzutraben: Für die Schlüsselübergabe und den Kontakt zu Gatterer, dem Bankboten, mit dem ich die künftigen Urlaubsvertretungen ausmachen durfte, solange ich solche Vertretungen noch brauchte – was im Klartext hieß, dass ich mich zu bemühen hatte, um mir diese fast ideale Folgeschaltung von Urlaubsvertretungen wirklich zu sichern. Das hätte gleich am Anfang, in den ersten zwei Tagen auffallen können: Der Ami, der mich damals anlernte, hatte in Notfällen den Boten zu ersetzen und er schwärmte gleich davon, dass sie so jemanden wie mich für die Vertretungen immer gebrauchen konnten, denn damit hatte er mehr Zeit, sich der Vorbereitung seiner Bankprüfung zu widmen: Auch er war ein Seiteneinsteiger, der als Vertreter des früheren Bankboten angefangen und sich einige Zeit gelassen hatte, bis die Einsicht reifte, dass er die Ausbildung als Banker an der Abendfachschule nachholen musste. Als sei alles darauf angelegt, dass ich mich weiterhin mit minimalen Einnahmen über Wasser hielt und außerdem klar war, wo der Hebel angesetzt werden konnte, wenn ich vom Produzieren abgehalten werden sollte. Das Behindertenkabarett war kein Resultat autopoetischer Prozesse, denn als ich im vorangegangenen Herbst versucht hatte, den Absprung als Texter zu schaffen, reichte ein Bewerbungsgespräch bei einer Werbeagentur, die unter die ersten hundert gerechnet wurde und ich bekam ein paar Tage später wie zufällig die Einladung, eine Konzeption für das ehemalige Becher-Literaturinstitut zu erarbeiten. Die Geisteswissenschaften konnten nicht loslassen, weil der Imperativ meiner Vernichtung zirkulierte und vor allem durfte ich nicht in Zusammenhängen landen, in denen Gelder bewegt wurden, von denen ein Bildungsbeamter schon ehrenhalber die Finger lassen musste, die mich allerdings von allen Einflüsterungen und Intrigen erlösen würden. Der Auftrag, den mir das Werbebüro versprochen hatte, um einschätzen zu können, was ich als Texter leisten konnte, blieb seltsamerweise aus, ich musste mich also nicht einmal entschuldigen, dass ich keine Zeit haben würde, dem schnöden Mammon zu huldigen und konnte an der Konzeption basteln.
Durch die Aushilfe bei der Bank konnten sich wie von allein Konditionen ergeben, mit denen ich die vergangen Jahre drei Bücher zu-

stande gebracht hatte: Ich sollte einen Boten für seinen Jahresurlaub oder die Kur und andere Ausfälle ersetzen und durfte den verbliebenen Rest des Jahres die Zeit zum Schreiben verwenden – allerdings auf einem schlechteren Niveau, denn nun war der Buchhändlerrabatt weggefallen und außerdem war dein Job futsch und es kostete noch immer einiges an Zeit und Kraft, dich zu stabilisieren, damit die Schwindelanfälle weniger wurden. Bei einer sauberen Rechnung sprang ins Auge, dass ich nur in diesem Jahr, durch den Arbeitsunfall des Boten, die nötigen Monate zusammenbringen würde, um den Lebensunterhalt während dieser Zeit abzudecken, dass es aber unter Normalbedingungen in den kommenden Jahren schon nicht reichen würde. Also war klar, dass ich auf dem Sprung war, innerhalb des Jahres musste etwas geschehen und wenn ich ins Leere springen musste, um nicht vom Nichts aufgesaugt zu werden.

Nun bei der zweiten Verabschiedung musste mir Riskner erklären: „Sie können viel mehr, als hier gebraucht worden ist, wir waren sehr zufrieden. Aber Sie sollten sich überlegen, ob Sie bei der Stellensuche nicht zu spezialisiert vorgehen. Noch ein, vielleicht eineinhalb Jahre, aber dann sollten Sie unbedingt entscheiden – es muss ja nicht die Literatur sein, es gibt so viele Möglichkeiten, Ihr Wissen einzubringen und jeder Personalchef wird sofort darauf anspringen, Sie müssen nur den ersten Schritt machen."

Ich sagte mir, dass das alles kleine Subalternisierungsversuche waren und grinste in mich rein: Wenn er wüsste, wer alles schon angespitzt worden war, um mir die Lust an oder die Kraft für weitere Bewerbungen zu nehmen, würde er sich nicht diese Mühe geben. Dann machte ich sogar das Zugeständnis: „Seit Januar wälze ich solche Überlegungen vor mir her!"

Riskner hatte mich währenddessen beobachtet, dann mit einem sympathischen Timbre in der Stimme gefragt: „Seit Dresden?" Und dann hatte er mich mit der positiven Unterstreichung verabschiedet: „Auf dem Ausflug müssten wir uns einmal genauer unterhalten." Die beiden Sekretärinnen in seinem Vorzimmer, hatten aufmerksam zuzuhören und nun, als ich mich verabschiedete und ging, zu nicken und erfreut zu lächeln – Riskner zeigte gern, wie er seine Leute wie fügsame Spielfiguren an unsichtbaren Fäden führte, die genau das zu unterstreichen hatten, was er nicht aussprach, aber durchsetzen wollte. Wie es schien, war das ihre Hauptaufgabe: Als Glieder in einer Kette, als geschmierte Rädchen in einem System zu funktionieren. Sie mussten nichts wissen, nichts überblicken, nichts wirklich einschätzen können – abgesehen von den minimalen Fähigkeiten, wie ein Kredit auszurechnen oder ein Tagesgeldkonto erfolgreich zu manipulieren war – sie mussten nicht einmal richtig dafür arbeiten. Nach der Postbesprechung zum Arbeitsbeginn und den Direktiven für den Tag konnten sich die Leutchen erst mal darüber austauschen, was sie am Abend gemacht hatten. Hin und wieder kam vielleicht ein Anruf rein oder eine elektronische Zahlungsanweisung musste verarbeitet werden – was sie nicht davon abhielt, die Kunden im Eiscafé direkt unter den Fenstern zu beobachten und sich gegenseitig anzukitzeln, wenn in ein besonders sehenswertes Dekolleté geschaut werden konnte. In solchen Zusammenhängen war es möglich, das ein Sachbearbeiter um 12 Uhr auf die Idee kam, sich ein Eis zu holen, um die nächsten zehn Minuten zu strecken, dass er dann um halb Eins seine Bildschirmpause nahm, um die nächsten zehn Minuten über irgendwelche privaten Unternehmungen zu quatschen, dass er oder sie dann um Eins in die Mittagspause ging, um ein bisschen verspätet um zwanzig vor Zwei zurück zu sein. Dann musste er schnell zwei-drei Gespräche nachholen, um sich dann die nächsten zehn Minuten zum Scheißen aufs Klo zu verdrücken. Danach konnten sie trödeln oder Pläne für den Abend, das Wochenende oder den Urlaub austauschen, bis dann ab halb fünf die Feierabendstimmung aufkam. Und am Ende der Woche wurde der Tag und damit die Arbeitswoche schon ab Vier mit ein paar Gläschen Sekt abgeschlossen. Das war so was von irre, die Parasiten hatten eine Form von Arbeitsethos entwickelt, die darauf hinauslief, dass sie unter gewissen Spannungen sich, ihre Beziehung oder ihre Kinder opferten, aber sie waren in keinster Weise dazu in der Lage, auch nur einer normalen Arbeit nachzugehen. Und nun stand ich als klassischer Sündenbock zur Verfügung, weil ich arbeiten und Wert schöpfen konnte und von den Krüppelzüchtern der Universität auf die Abschussliste gestellt worden war. Ich hatte meist für zwei, manchmal auch für drei beim Jobben gearbeitet, um die nötigen

Einnahmen zustande zu bringen – das war das Ergebnis, wenn man von einem Hilfsarbeiter sozialisiert worden war und sich gleichzeitig damit zu stabilisieren hatte, dass der Erzeuger aus einer Millionärssippe vom Stuttgarter Killesberg stammen sollte – meine Mutter hatte ganze Arbeit geleistet, um mir die Möglichkeit zu geben, die menschheitsgeschichtlichen Unwägbarkeiten, die einmal Mythen und später Metaphern geprägt hatten, in meiner Biographie zu aktualisieren. In der Bank gab es vor allem das Programm, dass man den Tag so rumbringen musste, dass nicht auffiel, wie sehr es an einer wirklichen Tätigkeit mangelte und all das wurde geduldet, war gestattet, wenn garantiert war, dass die ganze kleine Zweigniederlassung mit einer Stimme sprach, dass alle, die da waren, zuverlässige Delegierte des Chefs und damit ausführende Organe des sozialen Körpers dieser Bank waren. Eine parasitäre Struktur, wie sie nur eine Mutter hätte ausbrüten können – die Banker gingen davon aus, dass ihre Organisation länger halten würde, als das Wirtschaftssystem und das schien mir nur logisch, denn erst hat der Wirt abzusterben, bevor sie sich Gedanken über eine Neustrukturierung machen mussten. Es war mindestens so pervers, wie die Vorstellung, dass ich mich hier anstellen sollte, um ein Sprungbrett für unsere gemeinsame Zukunft zu finden – wenn es nur bei der Vorstellung geblieben wäre...

Bis nach Pfingsten – dieses Jahr sehr spät, nach der ersten Juniwoche – überlegten wir, welche Gefahren mit so einem Ausflug verbunden wären. Dass ich mitgehen würde, war ausgemacht, denn bisher war in den verschiedensten Zusammenhängen immer wieder ausgegeben worden, dass ich mir zu fein dazu sei, irgendetwas zu begleiten oder mit anderen die Zeit zu teilen, weil ich die Leute für Idioten hielt. Also hatte ich umzulernen und dem gängigsten Argument für eine gemeinsame Front von vornherein das Wasser abzugraben. Vielleicht würden meine nächsten Bücher an den Feierabenden und Wochenenden eines Bankers entstehen – auch das wäre noch eine Form des subversiven Widerstehens und dann müsste ich nur noch die nötigen viralen Marketingstrategien entwickeln. Falls allerdings während der Fahrt irgendwelche Gruppengesetzmäßigkeiten dafür sorgen würden, dass ich den Sündenbock darstellen sollte, konnte ich mich abseilen und mit der Bahn nach Hause fahren. Allerdings musste es nicht soweit kommen, schließlich würde ich daran teilnehmen, um künftige Chancen zu sondieren... Manchmal hatte ich das Gefühl, ich würde brennen, hatte elektrische Wirbelstürme um mich und erwartete immer wieder, dass die Dinge, die ich anfasste, in Flammen aufgingen. Es war ein enorm virulentes Energielevel, und ich hatte kein Manuskript als Hoffnungsträger mehr, keinen Vertrag auf Zukunft, mit denen diese Energien in irgendeiner Weise abgeleitet worden wären – dafür platzte eine gläserne Teekanne in meiner Hand, Schlösser schlossen nicht mehr oder Schlüssel brachen mitten entzwei, die Inhaltsverzeichnisse von Disketten wurden zerschossen, der Videorekorder verlor den Ton und die Klospülung baute keinen Druck mehr auf. Wenn ich im falschen Augenblick irgendwas anfasste, war es hin... ich bemühte mich um Gleichmut und machte regelmäßig Atemübungen, um die Gefahr unwillkürlicher Entladungen zu minimieren. Ich ging in einer Wolke heißer Wüstenwinde, ausgemergelt und kurz vor dem verdursten, aber auch immer mit der Gewissheit versehen, dass meine selbsternannten Gegner, wenn sie versuchten, weitere Störungen zu lancieren, aufgrund der Mimesis ihres Antriebs dann genau diese Energien abbekommen würden. Vielleicht war das noch die stärkste Form der Selbstvergewisserung: Solange ich diese Energien aushielt, solange mein Spannungsvolumen nicht durchbrannte, konnten die Virulenzen sogar in meinem Sinne sein! Jeder Versuch der Krüppel aus der Literaturwissenschaft würde nur dafür sorgen, dass diese Energie in ihre Richtung abgeleitet werden würde. Sollten sich doch – erst in den letzten Wochen war die alte Käte Hamburger gestorben, ich hatte es einmal als abstoßend empfunden, wie sehr dieser nach meiner Leiche gierende Literaturprofessor sich um eine Mumie bemüht hatte, welches subalterne Andienern er nötig gehabt hatte – nur zu, vielleicht gab mir dieses Wissen auch die Kraft, durchzuhalten. Mir wurde zwar keine Zukunft mehr eingeräumt, aber ich konnte die Virulenzen, auch die der Bank, auf einen biomagnetischen Akkumulator umleiten und die Spannung halten, weil ich davon ausgehen durfte, dass diese Leute, die mir schaden wollten, mich nicht vergessen hatten. Das war die fremdeste Weisheit, die mir über den Weg laufen konnte, was sie seltsamerweise aber regelmäßig tat. Sie hätten mich nur ignorieren müssen, ich wäre irgendwann ins Leere gerannt und hätte akzeptiert, dass die Texte, die ich schrieb, niemanden interessierten, dass damit auf Dauer selbst bei maximaler Selbstausbeutung nicht einmal ein minimaler Lebensunterhalt gewährleistet war. Doch schon seit Monaten war es soweit, dass jeder ihrer Versuche mich entlasten und bei ihnen Schadstellen freisetzen konnte, sie arbeiteten an meiner Bedeutsamkeit und ich war von der Frage nach dem Sinn dieses sinnlosen Lebens befreit. Solange ich keinen Durchhänger hatte wusste ich, dass ich nur abwarten musste und die Spannung halten – den Rest machte das Signifikantennetz für mich.

Wenn ich jetzt die Reproduktion wirken lasse, zeigt sich eine ganz verlogene Farce. Vom Ergebnis ausgehend, von den Recherchen in der uralten Datenbank Omegazwei gestützt, kann ich schließen, dass versucht worden war, eine Identifikation anzukurbeln, gerade weil ich bei den verschiedensten Angeboten nur immer zu erwidern wusste: Damit-relativiere-ich-mich-nicht. Sie hatten versucht, mich dahin zu bringen, dass ich wollte, was ich nicht wollte, um mich dann auszureizen, bis ein Punkt erreicht war, an dem sie ansetzen konnten, um mich abstürzen zu lassen. Sie jubelten mir unter, was ich gar nicht haben wollte und setzten dann den Rahmen so an, dass ich mich dafür gestraft fühlen sollte, dass ich nicht bekam, was ich gar nicht haben wollte. Vor einer ganz schönen Weile, 1985 hatte ich mich aus der Maschinerie der Verwaltungsuniversität verabschiedet. Schon ein Jahr zuvor hatte ich dank einer Einserpromotion akzeptiert, weiterhin als Packer, Bote, Nachtwächter und Hausmeister und mit gelegentlichen Einführungskursen auf verschiedenen Volkshochschulen für das notwendige Minimum zu sorgen und konnte diesen Rückzug aus dem Wettrennen um eine Stelle sogar mit kreativer Eigenarbeit rechtfertigen: Es ging darum, den Konsum zu verweigern und die Ausgaben zu minimieren – im Gegenzug aber die nötige Zeit für wirkliche Intensitäten und Einsichten zu haben, für das Echte, das nur zwischen Zweien entstehen konnte. In diesen sechs Jahren waren nach und nach die Volkshochschulen oder einzelne Jobs weggefallen, wenn ich die Einflüsse irgendwelcher üblen Nachreden bemerkte und einige Verlage, auf die ich gehofft hatte, waren eingegangen oder wollten mit mir nichts mehr zu tun haben. Das hatte mir nicht weh getan, als Hans-im-Glück war ich froh um jede Gelegenheit, irgendwelche Verbindlichkeiten, die sich aus der Wiederholung ergaben, über Bord zu werfen. Aber dann hatte die Intrige dich erreicht und nach ein paar fiesen Mobbings und einer Quälerei, die sich fast zwei Jahre hingezogen hatte, durftest du kündigen und ich helfen, die Burnoutsymptome wieder abzuarbeiten. Erst ab diesem Zeitpunkt begann ich, mich um irgendwelche Stellen zu bewerben. Weil aber die Strippen, mit denen ich entmutigt und subalternisiert werden sollte, schnell zu bemerken waren, dienten mir die Bewerbungen vor allem dazu, die notwendigen Informationen zu streuen und auf das aktuelle ‚Altpapier' hinzuweisen.

Dann hatte irgendwann Elvuhr angerufen und mich auf die Gründungsprofessur für ein Literaturinstitut angespitzt. Ich durfte alles beiseitelegen, was noch hätte stören können und mich auf den Entwurf einer Neukonzeption konzentrieren – du unterstütztest das Unternehmen, obwohl du von Anfang an eine Falle gewittert hast. Mir war das Wurst – obwohl in meinen Träumen die Welt bebte und ich ertrank oder verbrannte, um dann morgens in einem Körper aufzuwachen, der von Spannungen geschüttelt wurde und sich immer wieder wie zerschlagen anfühlte. Die Kämpfe gegen den Imperativ des sozialen Körpers wurden vor allem in den Nächten ausgefochten, während unsere Tage einer dauernden unterschwelligen Paranoisierung unterstanden. Die Einflüsse hatten sich bei den Jobs bemerkbar machen sollen, die ich immer wieder brauchte und sie hatten deine kleine BAT-Teilzeitstelle imprägniert. Nachdem wir alle Einflusssphären abgekappt hatten, versuchte ich mich als Texter bei großen Werbebüros zu empfehlen und nachdem ich die ersten Termine für zwei Bewerbungsgespräche zustande gebracht hatte, meldete sich dieser verfemte Autor der Ex-DDR, der nicht mit ansehen wollte, wie das ehemalige Becher-Literaturinstitut von der CDU-Landesregierung kaputt verwaltet werden sollte. Sein Anstoß war angeblich unser ‚Altpapier', die dort geschilderten Erfahrungen in der verwalteten Welt des gelobten Westens. Vorbehalte, die die energetische Woge dieses Anrufs mit sich brachte, hätten nichts gebracht und nur die Paranoisierung bestätigt: Natürlich konnte das eine Falle sei, aber wenn sich Leute die Mühe gemacht hatten, eine derart anspruchsvolle Falle zu bauen, sollte man die Mühe für sich verwenden können. Ich war in der Lage zu abstrahieren und den ganzen Schwachsinn wegzustreichen – auch gegen deine warnenden Einwände. Ich musste nutzen, was es an Möglichkeiten gab, um unser Repertoire an Medien und Spiritualisierungen zu erweitern, um aus den nichtvorhandenen Möglichkeiten einen übersehenen Zugang für die Zukunft zu destillieren. Der Verdienst aus dem letzten Job und ein paar kleine Honorare waren bei genauer Planung so einzuteilen, dass unsere finanziellen Möglichkeiten bis Ende Februar 92 tragen konnten. Und es geschah nichts, oder das Entscheidende, dass aus den Kontakten zu den Werbebüros nichts geworden war, weil den Leutchen der Umgang mit jemandem, der gerade die Neukonzeption für ein Literaturinstitut vor einem Ministerrat vorlegen durfte, zu anstrengend war. Auch das könnte man als eine ganz geschickt ausgedachte Falle behandeln: Ich hatte weitere Möglichkeiten außerhalb der universitären Einflusssphäre mit Füßen getreten und sollte warten, bis mich das inszenierte Nichts aufsaugte und alle Kräfte absorbiert waren. Die Protagonisten hatten nicht einmal den Mumm, meine Konzeption als haltlos und meinen Ansatz als Gespinne abzutun, sie versuchten mich von der Leere der Verwaltungsbezüge in einer Wattewelt aufsaugen zu lassen. Das Absageschreiben wurde so lanciert, dass es an dem Tag eintreffen sollte, an dem vor zwei Jahren mein kleiner Chow gestorben war – sie versuchten jeden Kanal auszureizen, mit dem eine Negation rüberzubringen war, auch den Sog, der von diesem qualvollen Ende eines unvollkommenen Gottes ausgegangen war – der Tod meines Hundes war immerhin das Startsignal für das Mobbing an dir gewesen. Es ging um keinen Ausscheidungskampf, es ging nicht darum, dass ich noch die Möglichkeit hatte, mich bewähren zu dürfen – das hatte ich ein paar Mal mit solcher Bravour hingebracht, dass sich die Verantwortlichen wohl ein besonderes Verfahren ausgedacht haben mussten: Die durchschnittlich auftretenden Ambivalenzen wurden quadriert und in eine simulierte Psychose umgegossen; ich sollte den Eindruck gewinnen, umzingelt zu sein und bei allem was ich unternahm, schon immer auf einen ihrer Delegierten zu treffen, vor entscheidenden Terminen legten sie Wert darauf, mir als Unglücksboten selbst über den Weg zu laufen. Wenn ich eine Wahl gehabt hätte, wäre ich ausgewichen, hätte sie umspielt, hätte mich wie früher den schönen Dingen zugewendet und die inszenierten Rivalitäten einfach vergessen. Aber ich hatte keine Wahl, musste gerade als Bankbote für den minimalen Lohn sorgen, mit dem wir uns über Wasser halten und unsere Miete zahlen konnten. Diese Leute traten die Werte, die sie lehrten und für die sie sich loben ließen, mit Füßen; sie wurden hässlicher und deformierter bei jeder Begegnung, die sie von langer Hand vorbereitet hatten – sie versuchten die Panik, die Ausweglosigkeit, die Sinnlosigkeit in der eigenen Körperspannung rüberzubringen und akzeptierten dabei sogar die Tatsache, dass der eigene Anspruch einer ästhetisch durchgestylten Form auf der Strecke blieb. Als Bildungsbeamte gingen sie davon aus, dass sie sich ein derart risikoreiches Verfahren leisten konnten. – Wenn sie mich geschafft hätten, hätten sie recht gehabt, aber mit jeder Begegnung, die erweisen konnte, dass sie mich noch nicht erreichten, begannen die Haltestricke und Sicherheiten der verwalteten Welt mehr und mehr der Inflation zu unterstehen. Umso höher der Druck geworden war, der auf mir lastete, umso leichter war es wiederum, das Korsett der Individualität zu sprengen: Wie schon in früheren Extremsituationen konnte ich auf die Möglichkeit ausweichen, mich von außen zu betrachten, die Geschichten, die gerade abliefen, als neutraler Beobachter zu kommentieren – die humoristische Einstellung, wie sie bei Kierkegaard auf den Nenner gebracht worden ist, wie sie aber bereits dem Kompositionsprinzip der großen Romane Jean Pauls zugrunde liegt, scheint auf eine Gesetzmäßigkeit zurück zu führen zu sein, die als erste die Schamanen für den menschlichen Raum erobert haben. Vielleicht wurde mir durch die Bejahung der Entfremdung ex negativo das Geheimnis aller Identifikationsstiftung bewusst: Wir sollen akzeptieren, dass wir zum richtigen Zeitpunkt am richtigen Ort als Opfer zur Verfügung zu stehen haben!

Und dann ist der Samstag da! In der Nacht hatte ich unruhig und schlecht geschlafen, ich musste akzeptieren, dass es die Angst vor diesem Betriebsausflug war. Ich war diesen kleinen Arschlöchern zu sehr ausgeliefert! Der Innenleiter Schlagke hatte bei meinem letzten Besuch erklärt, dass sie meine Lohnsteuerkarte gleich für die Vertretung im Juli behalten würden – ach welche wunderbare Sicherheit, nicht dass ich auf die Idee kam, mich woanders zu bewerben und wenn, wollten sie es wissen – und dass sie den zweiten Teil der Gelder, die noch ausstanden, wegen der Sozialversicherung erst im Juli überweisen würden. Als ich am Freitagmittag Kontoauszüge auf der Bank holte, stellten wir fest, dass sie noch nicht einmal den Teilbetrag für den Mai überwiesen hatten. Sie hatten vorgesorgt, und es war kein Trost, dass sie mir einige Macht zuerkennen mussten, sonst wären diese Sicherheitsmaßnahmen nur lächerlich gewesen – aber seltsamerweise waren 1000 Mark von deiner Oma überwiesen worden, eine Schenkung oder eine vorweg genommene kleine Beteiligung am Erbe: Das war nur eine Kleinigkeit, aber damit war der Verfügungsanspruch der Bank wesentlich leichter auszuhalten. Zum einen hatten mich irgendwelche unverbindlichen Versprechungen an die Bank zu binden, dann sollte ich gar nicht mehr auf den Gedanken kommen, andere Sachen zu probieren, außerdem in der erbärmlichen Sicherheit gewiegt werden, dass monatliche Zahlungen zu erwarten waren und gleichzeitig in einer so eingeklemmten Bedürfnisstruktur hängen, dass unser Geldspielraum derart eng bemessen war, dass es körperlich zu spüren sein sollte, wenn eine Überweisung wie jetzt gerade zwei Wochen Verspätung hatte. Für die Leute existierte kein Datenschutz, sie waren direkt dran und wenn sie wissen wollten, wie es um das Konto stand, auf das sie meine Zahlungen überwiesen, reichte ein Anruf bei einem ehemaligen Kollegen, der jetzt bei der Landesgirokasse saß.
Natürlich war das alles auch positiv zu werten: Die boten was, die wollten was... also hatten sie auch das Recht, mich unter den verschiedensten Voraussetzungen zu beobachten. Und ich hatte eben zu spuren. An den Sicherheitsvorkehrungen war zu sehen, welche Energie in ihr Unternehmen investiert worden war, mich an diesem Samstag siebzehn Stunden austesten zu dürfen. Die beiden Male,

als ich in der Bank vorbei schaute, hatte mir Schlaeger demonstrativ den Rücken zugekehrt, aber es war zu sehen dass er angespannt, dass er auf dem Sprung war und wartete, ob ich es nötig hatte, zu ihm zu kommen und um schönes Wetter zu bitten – Schlaeger war der Schöngeist des französischen Mutterhauses und nachdem er nach einer kommissarischen Leitung wieder auf Platz zwei zurück gesetzt worden war, verwendete er einen Großteil seiner Zeit darauf, den Dandy zu spielen – gelegentlich rannte er aber auch hinter mir rum und stöhnte, hier werde man krank gemacht. Es war schon klar, dass Kobes nicht dabei sein würde, aber mit zwei Direktoren würde ich es schon aufnehmen müssen. Und das war für mich kein Problem, ich hatte mir sogar schon Gedanken darüber gemacht, Schlaeger Tipps zu geben, wie er mit den Virulenzen besser fertig werden könne. Dann war Schlaeger gar nicht dabei, Riskner und Schlagke warteten in Schlaegers Büro auf seinen Anruf, bis simuliert werden konnte, Schlaeger habe sich noch kurzfristig entschuldigt, weil sein Großvater ins Krankenhaus gekommen sei. Nicht zu vergessen, dass Schlaeger derjenige war, der über die Versuche der Anähnelung und der fehlerhaften Identifizierung ganz schweinische Tests angekurbelt hatte. Er war mir hin und wieder so sympathisch gewesen, dass ich mir überlegt hatte, ihm die Techniken der aktiven Distanzierung zu empfehlen: Die Gesetzmäßigkeiten zu erklären, dass er gesund bleiben würde, wenn er die psychische Bindungsenergie verminderte, wenn er auf die in dieser Bank üblichen Spiele der ausreizenden Paranoisierung mit einem spielerischen Schizotraining antworten würde.

Zu meinem Glück hatte ich nur mit diesem Gedanken gespielt – aber wenn ich mir schon einmal Gedanken machte, einem Direktor Hilfestellungen zu geben, war klar daraus zu schließen, dass es sich um einen großen Feind handeln musste. Ich war nicht identifikatorisch, diese Schiene musste irgendwann, schon in sehr frühen Jahren längst vor der Verführung zerbrochen sein – vielleicht war das das Signalsystem gewesen, auf das ein Päderast angesprungen war: Dass sich so ein kleiner Kerl so alleine in der Welt fühlte, dass er zu niemandem rennen würde, um ihn zu verpfeifen. Das war schon Ewigkeiten vorbei, heute lief das eher anders herum: Wenn mir ein

Lügenbold schaden wollte, so auftrat, als gebe es Gemeinsamkeiten, als müssten wir für die gleichen Sachen kämpfen, kam irgendwann immer der Punkt, an dem ich mir sagte, ich müsse helfen, Tipps geben, aus dem Sumpf der vielen falschen Prämissen heraushelfen. Diese Leute waren gehandikapt, weil sie ständig auf irgendwelche Vorgaben Rücksicht nehmen mussten, das war ein Teil ihrer Identität, und an mir sahen sie, dass man es sich gar nicht so schwer machen musste. Aus diesem Grund mussten sie es mir tatsächlich immer schwerer machen, das war eine Beweisfigur – man konnte mir wünschen, dass isch krnk werden sollte –, dieser Prozess wurde nach und nach die klarste Identifikation eines Feindes. Es gab oft genug in den verschiedensten Kontexten irgendwelche Leute, die mir schaden wollten oder dazu delegiert worden waren, ohne zu wissen, ohne einschätzen zu können, für wen sie gerade die Drecksarbeit machten und weil im Laufe der Zeit zu sehen war, dass ich durch solche Leute gar nicht zu erreichen war, stellten sich nach und nach Situationen ein, in denen irgendjemand um meine Einsichten buhlte oder zu suggerieren versuchte, dass er meine Unterstützung gebrauchen konnte – ein Hohn, ich war die Aushilfe, der kleine Depp, auf den so oder so niemand hören würde und nun durfte ich das Strickmuster studieren, mit dem du dazu verführt worden warst, dich mit den Personalführungsstrategien der Volkshochschule zu identifizieren. So war dies ein klares Zeichen: Wenn ich auf die Idee kommen sollte, jemandem helfen zu müssen, konnte ich ziemlich sicher daraus schließen, dass das jemand war, der für meinen Kopf eine Prämie kassieren wollte. Ein gutes Beispiel war der Sohn unserer Hausbesitzersippe, auch bei ihm hatte sich im Laufe der Jahre immer wieder der Gedanke aufgedrängt, ihm einen Rat geben zu wollen, wie er den Ballast des mütterlichen Behinderungssystems abwerfen könne. Ein anderes der Rechtsanwalt dieser Hausbesitzersippe, der über den Umweg einer Fachbereichsleiterin an der Gerüchteküche der Volkshochschule angeschlossen war. Ein weiteres die neue Zahnärztin unter uns, die schon während ihres Einzugs aufgehetzt worden war und das krönende Beispiel der Rechtsanwaltssimulant gegenüber, der seit Jahren einen Großteil seiner Energie darauf verwendete, eine florierende Praxis vorzuführen und uns vor allem als Zeuge fürchtete, denn wir waren so nah dran, dass uns seine Simulationen hätten auffallen müssen, wenn er uns überhaupt interessiert hätte. Bei allen war ich hilfsbereit und freundlich und gab auch klar zu verstehen, dass ich wichtigere Dinge hatte und mich nicht in ihr Leben einmischen wollte – auch deshalb hingen sie alle süchtig dran und versuchten, das ihnen angekündigte grandiose Scheitern eines anmaßenden Nachwuchsschriftstellers ein wenig zu beschleunigen. In solchen Zusammenhängen war nach und nach das Prinzip Blankpolierter Spiegel greifbar geworden. Niemand hätte es mir erklären können oder wollen – obwohl ich später genügend Hinweise entdecken konnte, dass diese Gesetzmäßigkeiten seit Jahrtausenden bekannt sein könnten, wenn sie gewusst werden dürften. Nach und nach – ich kooperierte, spielte mit, machte gute Miene zum bösen Spiel, gab mir Mühe, den Karren der Delegierten meiner selbsternannten Gegner noch aus dem Dreck zu ziehen, in den sie ihn gesteuert hatten, um sich an meinen vergeblichen Anstrengungen zu weiden – war mir die bittere Essenz der Heilsbotschaft des Christentums nachvollziehbar geworden – warum sonst hatte diese Weisheit eines Nomadenvölkchens im Laufe der Jahrtausende über alle weltlichen und geistlichen Gewalten triumphieren können. Ich praktizierte, ohne dass ich es mir jemals bewusst gemacht hatte, schon seit Jahren den Satz: Liebet Eure Feinde! Und so ergab es sich wie nebenbei, dass diese Feinde von einem Blankpolierten Spiegel ausgeschaltet wurden. Ich kooperierte, versuchte zu helfen, versuchte die Qual zu lindern, schien aber naiv genug, um nicht bemerken zu müssen, dass es meine Existenz war, die zu ihren Qualen beitrug! Und wie ich mich bemühte, zu verstehen und zu helfen, wenn ich bemerkte, welche Probleme diese armen Erben und Bildungsbeamten drückten, mussten sie sich trotzig noch weiter in die eigene Scheiße eingraben; wenn ich widerlegte, dass die Apparaturen ihrer Stillstellung einen erdrücken mussten, meine spontane Reaktion war, ihnen helfen zu müssen, konnte das sie nur dazu motivieren, verbohrt auf dem eigenen Behinderungssystem beharren zu müssen. Wie es schien, nahmen sie mir die Mühe ab, sie niederringen zu müssen: Das war mein Koan und als ich kapiert hatte, dass die Spiegelwesen, die uns umgaben, gar nichts Bedeutsames spiegelten, nichts eigenes, nichts wertvolles, nichts echtes, nur die blasse Nachahmung von Nachahmungen, verbunden mit dem krampfhaften Versuchen, sich mit irgendetwas zu identifizieren, um sich daran festzuhalten, wurde ich von der Ebene des Theoretikers auf die der täglichen Praxis befördert. Damit war ich bei der täglichen Übung eines Blankpolierten Spiegels angekommen, der jeden Tag ein bisschen besser und blanker und leerer wurde – hier muss nicht noch einmal ausgearbeitet werden, was sich an Theorie in Teilen des Philosophischen Sperrmülls nachlesen lässt. Also nur die Zusammenfassung: Weil von mir keine Negation ausging, weil ich mich bemühte, alle anfallenden Fraglichkeiten so zu lösen, dass auch die anderen davon profitieren konnten, weil ich keine bösen Wünsche ausbrütete, zündeten die Intrigen und Aggressionen nicht bei mir, sondern fielen auf ihre Urheber oder deren Delegierte zurück. Und wenn ich einem helfen wollte, der schon dazu angespitzt worden war, mir schaden zu wollen, war das häufig genug das Urteil seines Scheiterns – vielleicht weil sich die Mimesis derart verknotete, dass ein Auftrag, der mir schaden sollte, in sich implodierte, wenn er auf meinen guten Willen zur Kooperation stieß... denn genau das durfte er a priori nicht wollen, also vernichtete er sich lieber selbst.

Wobei ich zum damaligen Zeitpunkt als hemmungsloser Hans-im-Glück noch differenzieren wollte: Die Bank als Signifikantennetz schuf diesen Druck, um mich auszutesten... ich habe mich testen lassen und die nötige Kooperationsbereitschaft gezeigt – nur den Druck habe ich nicht angenommen. Wenn allerdings davon ausgegangen wird, dass die leitenden Köpfe dieser Bank den Auftrag hatten, mich zu Fall zu bringen, sieht das Ergebnis viel stimmiger aus. So lernte ich aus der Erfahrung, wie ein Blankpolierter Spiegel funktioniert – und es wurde mir nach und nach klar, dass in den Religionen der Menschheit ein pragmatisches Potential steckte, das unschlagbare Waffen lieferte, dass im Ursprung ein Emanzipationsgeschehen in Gang gesetzt werden konnte, das erst auf späteren Wegstrecken durch Großinstitutionen pervertiert worden war: Ein Jahr später sollte es diese Bank schon nicht mehr geben! Bereits in Dresden hatte ich auf den Schamanismus im Bücherregal verwiesen, und damals hatte ich schon gewusst, dass ich auf menschheitsgeschichtliche Erfahrungsschätze zurückgreifen konnte, während die Erfahrung einer Individualgeschichte immer nur den Kürzeren gegenüber den Imperativen der jeweiligen Institution ziehen musste.

Ein magischer Bus voller Lebensfreude: Am Samstag standen wir früher auf, machten nach dem Frühstück eine kleine Runde durch die Parks, es war kühl und der Himmel grau verhangen, laut Wetterbericht kam ein kühler und regnerischer Tag auf den Titisee zu. Auffällig war, dass Kaiwah sehr schlecht ging. Die letzten zwei Wochen, als ich endlich wieder Zeit für richtige Spaziergänge gehabt hatte und keine fremde Routine vorgeordnet war, ging sie gar nicht schlecht. Ich sagte mir, dass der kleine Chow nicht akzeptieren wollte, dass die Bank vielleicht mein Arbeitsmittelpunkt werden könnte – aber vielleicht hatte sie auf der mimetischen Bahn bereits kapiert, was wir nicht wahrhaben durften und agierte es direkt aus: Dass jedes Engagement in diesen Zusammenhängen zu einer beschwerlichen Antriebsstörung führen würde. Wir redeten fast nichts, die Stimmung war abwartend, nicht einmal gedrückt, wir tasteten uns noch unausgeschlafen in den frühen Morgen. Jetzt hatte ich den nächsten Test hinter mich zu bringen, warum sollten wir uns verrückt machen, das hatte so auszugehen, dass die Bedürfnisstruktur der Banker zunahm, so jemanden wie mich haben zu wollen. Als wir zurück waren, trank ich noch den restlichen Tee, zog mich um und sprach beruhigend mit dir: Insgesamt waren wir mit Hilfe der Bank wieder so weit stabilisiert, dass wir nichts Böses erwarten mussten, also kein Grund zur Paranoia! Dann ging ich los, ein bisschen wehmütig, weil ich dich keinen ganzen Tag alleine lassen wollte.
In der Kronprinzstrasse war so früh noch nicht viel los. Ein paar Leute, die auf den Markt gingen oder am Samstag arbeiten mussten. Straßenkehrer, die den Dreck der vergangenen Nacht beseitigten – wobei die ganze Innenstadt, seitdem die Müllabfuhr gestreikt hatte, noch immer recht dreckig wirkte – in den Wochen des Streiks hatten sich in allen Nischen und Ecken stinkige Berge aufgetürmt und diese Aura von Verfall und Verwesung hatte meine Botengänge nicht gerade aufgeheitert. Ein paar ausgebrannte und frierende kleine Jungs vor dem Club Paris, aus dessen Kellerloch noch immer die Technobässe wummerten. Ein mit dicken Klunkern behängter Neger, der zwei aufgedonnerte und mit vielen Schichten Schminke verputzte Mädels vor dem Moulin Rouge als Operettentenor in Schach oder bei Laune halten wollte, während sie vor Übermüdung aufgedreht

hektisch um die Wette lachten. Auf der anderen Seite, neben dem Parkhauszugang, aus dem die Bullen vor ein paar Tagen mehrere Busladungen vollgeknallter Technofreaks abtransportiert hatten, vor der Bank, schräg neben der Konditorei, steht ein kleiner weißer Firmenbus, in den vielleicht gerade mal fünfzehn Leute passen. Ich gehe darauf zu, als Frau Fipfe suchend um die Ecke kommt, Riskner läuft hinter ihr her und wirkt sehr unsicher. Ich kannte ihn bisher nur in Anzug und weißem Hemd mit Krawatte; jetzt hatte er eine dunkelgrüne Breitkordhose an, eine sportliche Windjacke, drunter einen braunen Rolli – so wie einem die Prospekte der Herrenausstatter (mit denen ich schon eineinhalb Jahre später Werbeverträge abschließen konnte) einen Bankdirektor in der Freizeit präsentierten. Ich gehe auf die Fipfe zu und begrüße sie, Riskner macht eine nervöse Bewegung mit den Fingern, ich strecke ihm die Hand hin und er bemüht sich, ruhig zu wirken, obwohl seine Hand kalt und nass geschwitzt ist. Während dem Händeschütteln fängt er sich und fragt, wie er es als Führungskraft beigebracht bekommen hatte: „Und, wie geht es Ihnen?" Ich lache und erwidere: „Zwei Wochen gehen schnell rum, aber während ich hier die Straße lang lief, ist mir klar geworden, dass das über drei Monate mein Gang zur Arbeit war." Riskner nickt bekräftigend und Fipfe fragt sich mit einem Blick auf meinen Stockschirm, ob das Wetter wohl mitmachen würde, Riskner meint, der Wetterbericht sei ganz optimistisch gewesen. Dann macht sie ein Späßchen, das ich zuerst nicht verstehe, manche Gebräuche der Bank sind mir noch immer fremd, weil keine vergleichbare Situation aufgetreten ist. Sie fragt noch einmal: „Na, wer kommt heute wohl zu spät? Ich denke Schlaeger muss die erste Lage zahlen!" Sie lacht dazu mit einem gequetschten Meckerton, eine fettärschige Bauerntochter mit zu kurzem Hals; sie trägt aus Gründen der Distinktion Kostüme, die dummerweise ihren Schwimmgürtel unterstreichen. So, wie Riskner reagiert, steht das noch nicht zur Debatte. Kwäsl und die beiden Sekretärinnen kommen um die Ecke, mit Schirmen ausgerüstet, ich trete auf ihn zu und gebe ihm die Hand. Er reagiert verunsichert und meint: „Das machen wir doch sonst nicht!" Ich lache die Sekretärinnen an und verzichte darauf, ihnen die Hand hinzustrecken, erkläre diesem unflexiblen Banker, der zur Feier des Tages eine Jeansjacke anhat: „Ich bin ja nicht drin! Versuche mich anzupassen, ich habe noch bei manchen Sachen nicht kapiert, wann sie bei Ihnen angemessen sind und wann nicht. Aber ich bemühe mich." Kwäsl lacht darauf, er ist mir nicht einmal unsympathisch, eben ein unbeholfener rechteckiger Klotz, für den die Bank ein angemessenes Gehege abgibt, in dem er vor allem das stabilisierendes Geländer nutzen darf.

Schlaser, Schwartz und Dewitz kommen und diskutieren lautstark übers Wetter, im Schwarzwald kann man schon mal Pech haben. Mir fällt auf, dass Frau Schwartz jetzt einen jungenhaften Kurzhaarschnitt mit neckischem Seitenscheitel trägt. Schlaser mustert mich wie immer mit einem gewissen Misstrauen. Es ärgert ihn, dass der Direktor seine Bald-Frau mehrfach auf mich angesetzt hat, wobei nicht klar ist, ob er eifersüchtig ist, weil sie immer wieder versucht hatte, mit mir zu flirten oder vielmehr sauer, weil ich auf so eine Frau nicht reagierte. Ein braungebrannter Dreißiger, der das Haar ganz kurz geschoren trug, damit nicht auffiel, dass die Ratsherrenecken auf dem Weg zur kahlen Stelle am Hinterkopf waren. Er war eitel und selbstgefällig, außerdem so humorlos, dass seine Fähigkeit zur Selbstbeherrschung minimal war: Als Riskner ihn einmal übergangen und danach noch begründet hatte, dass er ihm eine spezielle Aufgabe nicht zutraute, rannte er empört in sein Büro, schimpfte vor sich hin, nahm sein Sacko und verschwand in der Stadt. Zur Beruhigung kaufte er sich ein paar handgefertigte Designerschuhe für 600 Mark und als er lange nach der Mittagspause in der Bank erschien, hatte er einen verschmitzten Gesichtsausdruck aufgesetzt, die Andeutung von Negerlippe fiel besonders auf, und zugleich war nicht zu übersehen, dass er Stress hatte: Sein Verhalten bestätigte das Urteil und die Rüge des Direktors. In den ersten Wochen hatte er ein paar Mal versucht, mich blöde anzumachen in dem er andeutete, dass es so viele einfache Möglichkeiten gab, gutes Geld zu verdienen und dann nachfragte, wie ich auf die Idee gekommen war, sowas anachronistisches wie die Philosophie zu probieren. Ein Depp, der gewohnt war, sich ruhig zu stellen, indem er dauernd kaufte, was ihm seine Medien als erstrebenswert vorgaben. Kein bisschen kritische Distanz, kein Reflexionsvermögen, aber die Krücken betriebswissenschaftlicher Floskeln und die dauernde Reproduktion der in seinem Umfeld gängigen Themen, vor allem die Schadenfreude, dass es anderen schlecht ging und der Neid auf jene, die offensichtlich erfolgreicher als er waren. Ich erzählte ihm nicht mal, dass mein Alter sich aus ganz einfachen Verhältnissen zum Geschäftsführer hochgearbeitet hatte, nur um vom Nichts geschluckt zu werden, als seine Ehe in die Brüche gegangen war. Das war eine rhetorisch bereits erprobte Selbstdarstellung, mit der ich die Frotzeleien von Buchhändlerinnen auf Distanz gehalten hatte – und wenn es notwendig war noch einen drauf zu satteln, erklärte ich, dass der Todessog, der von einem Selbstmord ausging, am besten in Schach gehalten wurde, wenn man begann, sich der Weisheit zu widmen. Bei Schlaser hatte ich nur gelacht und gesagt: „Ich war so gut, dass ich davon ausgegangen bin, mir übers Geld keine Gedanken machen zu müssen." Beim nächsten Subalternisierungsversuch hatte ich ihm erklärt: „Es ist ja klar, Geld macht nicht glücklich – wie auch feststeht, dass Wissen nicht klug macht. Also muss es irgendwas anderes geben, mit dem wir unser Leben so einrichten können, dass es sich gelohnt haben wird. Weil ich das versuche, habe ich nur noch ein ganz kleines Problem: Ich muss dafür sorgen, dass wir mit unseren minimalen Kosten Monat für Monat über die Runden kommen." Schlaser hatte gelacht wie jemand, der haushoch über solchen Botschaften stand und mich einfach stehen gelassen. Der ideale Konsument der Botschaften von Luxusmagazinen, elitär und sadistisch wie fast all diese Banker, dabei flattrig und dank der fehlerhaften Identifikation mit der Bank größenwahnsinnig, vor allen Dingen grenzenlos eitel.

Schlagke winkt von oben aus Riskners Büro direkt über dem Schriftzug der PARISER BANK. Riskner will hoch, braucht zwei Anläufe, ist schon um die Ecke der Konditorei, als ihm noch was einfällt. Er kommt zurück und holt den Wagenschlüssel aus seiner Tasche, er will noch ein Skatspiel organisieren und im Wagen hat er auf jeden Fall eines. Wir stehen vor dem Kleinbus, die Leute kennen sich gut genug, um sofort irgendwelche Sachen zu erzählen und ich lächle dazu, gemäßigtes Interesse, ich will mich nicht einmischen, nur keine Bange, ich höre eben zu und beobachte – oben erscheint Riskner am Fenster, winkt blind in den Raum, Schlagke feixt hinter ihm, dann

schließen sie das Fenster und kommen runter. Ich beobachte die Kronprinzstrasse, da ist nichts, was es zu sehen gibt, einfach nur ein leerer Samstagmorgen auf dem kalten und abweisenden Pflaster, gelegentlich weht eine Wolke aus Abfällen und verwesenden Essensresten zu uns rüber. Als Riskner wieder bei uns steht, wiederholt die Fipfe ihr Späßchen: „Wer wohl die erste Lage zahlen muss?" Riskner wirkt zerstreut und angespannt: „Schlaeger hat gerade angerufen, sein Großvater ist schwerkrank auf der Intensivstation, er kann nicht kommen!"
Während wir einsteigen, überlege ich, was das wohl für ein Zeichen ist, positiv oder negativ? Es hat mit mir zu tun und heißt wohl, wenn ich nicht gekommen wäre, wäre Schlaeger heute mit dabei. Aber vielleicht will mich Riskner auch nur in Sicherheit wiegen, denn in den verschiedenen Zusammenhängen hatte ich mitbekommen, was für ein ausgefuchster Schauspieler er war: Vielleicht sollte ich mir sagen, dass er Stress hatte, weil er nun ohne Unterstützungen der beiden Vizes mit mir zu tun haben würde, um dann unvorsichtig zu werden. Im Laufe des Tages hat es Riskner immer wieder nötig, zu unterstreichen, dass Schlaeger auf jeden Fall auf dem großen Betriebsausflug der Saarbrückener Zentrale mit dabei sein wird – und mir fiel schon nicht mal mehr auf, welche Gewichtung hier die lächerlichsten Kleinigkeiten bekamen; das war eben so, wenn die Leute keine wirklichen Inhalte hatten. Er musste es in diesen Zusammenhängen nicht einmal betonen, es war klar, dass ich zu diesem Ereignis nicht eingeladen sein würde: Irgendwie schaffte es Riskner, damit noch eine Zensur zu verteilen, er wollte mir das Bedürfnis vermitteln, auch auf dieser Fahrt dabei zu sein – und dabei war dieser Samstag schon eine Zusatzleistung von mir, mehr von meiner freien Zeit wollte ich diesen Schwachköppen nicht gönnen.
Der Busfahrer nickt uns zu, ein vierschrötiger älterer Typ, der wortkarg wirkte und seine Kundschaft erst einmal misstrauisch von seinem Sitz aus beobachtete. Nachdem er mitbekommen hat, was sich auf der rechten Busseite abspielt, hat er sich wohl gesagt, dass er mit den Bankern keine Probleme haben wird. Später bietet er gleich nach dem Einsteigen an, dass sie sich an der Kühlbox bedienen

dürfen, die Preise habe er oben auf dem Deckel notiert, die Kasse stehe daneben.
Dreizehn Leute am 13.6.1992, nichts gegen den Aberglauben, mit dem manche Leute Ängste für sich arbeiten lassen wollten, ich hatte bisher davon profitiert. Die Dreizehn hatte mir oft genug Glück gebracht – gerade die Chefin im Buchhandel hatte gemeint, die Ängste der Leute gegen mich zu verwenden und dann traf es sich ganz zufällig, dass der Schuss immer nach hinten losging, dass die Leute, die sie auf mich angesetzt hatte, mehr oder weniger schnell krank wurden oder sich aggressiv gegen ihre mimetischen Imperative zu Wehr setzten und damit den Grund lieferten, dass sie sich von ihnen trennen konnte: Meine um die Drei rankende Zahlenmagie konnte sie glücklicherweise nicht nachvollziehen – die 13 war vierzehn Tage vor der 27, meinem Geburtstag und das war die dritte Potenz der Drei: Alle möglichen Operationen mit der Weltzahl Drei, mit der psychoanalytischen Triangulierung, mit semiotischen Triaden und Trichotomien mussten mir Glück verheißen und davon konnte ich nicht genug haben. Das Professorenehepaar hatte nach und nach präzise daran gearbeitet, die biographischen Daten mit bösartigen Negationen zu besetzen, und nun war es wirklich schon weiße Magie, gegen diesen Vernichtungswillen auf das Glück harmonischer Dreiklänge zu bauen. Also ein Magicbus, in dem wieder einmal das alte Spiel der guten gegen die schlechten Wünsche ablaufen würde: Ich durfte diesen Leuten keinen Anlass geben, mich als Sündenbock abzustempeln und musste zugleich dafür sorgen, dass das Bedürfnis des Leiters weiter angekitzelt wurde, mich zu vereinnahmen. Es waren mit dem Busfahrer vierzehn Leute am 13.6. und wenn aus den Zahlen des Datums die Quersumme gezogen wurde, kam 31 raus, also eine spiegelsymmetrische 13: Die Banker mit ihrer Jagd nach den großen Zahlen steckten voll im magischen Denken, auch weil die auf sinnleerer Konditionierung beruhende Meerschweinchenpsychologie der Betriebswirte an Strukturen und Schemata haftete und keine tragfähigen Themen zur Verfügung stellte. Riskner hatte es während der Fahrt zweimal nötig, zu unterstreichen, dass wir 14 waren; er meinte zu wissen, auf was er achten musste – so war es nicht verwunderlich, dass ich darin bestätigt wurde, mit einer gewissen

Sprachmagie rechnen zu können und dafür war ich durch die Arbeit über Benjamins Sprach- und Erkenntnistheorie bestens ausgestattet: Der Chef hatte gewisse Risiken einzugehen und musste dabei auf eine schlagkräftige Truppe zurückgreifen können; die Namen der Männer hatten Hauen-und-Stechen zu konnotieren, wenn ich an Heinrich Mann dachte, passte selbst Kobess als Systemterrorist in dieses Schema – er rannte gern mit dem Diktiergerät rum und ließ sich immer die letzten zwei Worte wiederholen, bevor er weitersprach, auf voller Lautstärke und am liebsten, wenn er unerwartet hinter einem auftauchte; die Namen der Damen hatten was mit Reiz und Geschlecht zu tun zu haben. Bei einem Zwangsneurotiker wie Riskner spielten die Assoziationszusammenhänge der Namen garantiert eine Rolle als Einstellungskriterien.

Im Bus sitze ich in der zweiten Reihe auf einem Einzelplatz. Vor mir die Sekretärin Vogel, ein blondes, blasses, zartes Sommersprossenwesen, das es wirklich geschafft hatte, mich während der drei Monate kein einziges Mal zu kränken – wenn ich irgendwas von ihr brauche oder jemandem was erzählen soll, was mit dieser Sekretärin zu tun hat, fällt mir in der Regel der Name nicht ein. (Obwohl ich irgendwas mit dem Namen verbinde und mir später einfällt, dass es Erzählungen gab, in der der Zufluchtsort meiner Mutter, wenn sie vor den Invektiven ihrer bösen Stiefmutter ausweichen musste, in der Ludwig-Vogel-Straße war, bei einer Nenntante, die seltsamerweise die Tante eines Schulfreundes gewesen war, mit dem ich später einmal sechs Wochen getrampt war und im Amsterdamer Vondelpark gekokst und Trips eingeworfen hatte.) Schräg davor der noch immer leicht gehandikapte Gatterer, obwohl es mir irgendwie zu dick aufgetragen schien, als er Riskner vormachte, wie gut er schon wieder laufen konnte, als müsste er irgendeinen Zuschauer, zum Beispiel mich, davon überzeugen, dass es wirklich einen Grund gab, wenn er drei Monate ausgefallen war – aber vielleicht war ich schon zu paranoid. Neben ihm die Sekretärin Zäh, ein grell geschminktes, breithüftiges Trampel, das mir in der vergangenen Zeit ein paar Mal signalisiert hatte, dass ich erledigt war und sie nur aus diesem Grund, aus reinem Mitleid, gelegentlich ein freundliches Wort für mich übrig hatte – als wir ihr dann im Sommer bei einem Spaziergang mit den Hunden begegneten, starrte sie dich an wie ein Wesen von einem anderen Stern. Von da ab versuchte sie mich in den folgenden Wochen der Urlaubsvertretungen gar nicht mehr zur Kenntnis zu nehmen: Auch wenn es die informalisierten Pseudos nicht zur Kenntnis nehmen möchten, ist die Schönheit einer Frau ein Macht- und Wahrheitskriterium, und wer dann in die Verleugnung abtaucht, schafft ex negativo noch immer die Bestätigung einer jahrtausendealten Wahrheit. Neben mir auf der linken Seite Kwäsl, hinter mir Semper, der Neue, der gerade seine Lehre bei der Landesgirokasse abgeschlossen hatte und für den die PARISER BANK ein erster Schritt Richtung Karriere sein soll: Ein simpler Anruf bei seinen früheren Kollegen hätte schon ausgereicht und er konnte Riskner vom prekären Status unsres Kontos berichten, womit der Druck bei einem verminderten Risiko erhöht werden konnte... Ein seltsam verdruckster Typ – wenn er nicht so überangepasst wäre, würde ich ihn für schwul halten, aber vermutlich ist er noch gar nichts. Nach und nach stellt sich vielleicht raus, dass das gemeinsame Masturbieren wesentlich weniger Aufwand kostet und jederzeit ganz leicht zu arrangieren ist, während die Anstrengungen beim anderen Geschlecht häufig genug frustriert wurden und auf vergebliche Liebesmühen hinaus liefen. Schräg hinter ihm saßen Schlagke und Riskner, ganz hinten auf der Rückbank dann Schlaser, Schwartz und Dewitz, der fette Ami und Banker in spe mit den vielen Töchtern. Nachdem wir losgefahren sind, fragt mich Kwäsl, was ich in den zwei Wochen gemacht habe. Ich berichte mit Understatement und ein wenig bescheidenem Zieren, dass es erst mal nur Routinetätigkeiten waren. Er gibt nicht auf und fragt ein bisschen steif: „Was macht ein Schriftsteller, wenn er drei Monate Vertretung hinter sich hat?" Ok, er soll mich also bauchpinseln, ich erkläre: „Ein Tierarztbesuch für die jährliche Impfung, mein Pass musste erneuert werden, ein paar Einkäufe waren notwendig, ein paar Sachen, die lange liegen geblieben waren, sind jetzt erst mal erledigt. Die Zeit geht schnell rum, und so leicht schaltet man auch nicht hin und her." Er hat immer wieder mal genickt und schaut jetzt so, als wolle er noch mehr wissen. Ich lache ihn an und sage: „Klar, mein Manuskript habe ich wieder vorgenommen und nach drei Monaten Pause sieht manches ganz anders aus.

Ich habe kleine Verbesserungen gemacht und gemerkt, dass da mindestens noch zwei erklärende Kapitel fehlen." Jetzt hat Kwäsl genug gehört, im Gegenzug erzählt er: „Ab Montag habe ich auch zwei Wochen Urlaub und will manches machen, zu dem ich in den letzten Monaten nicht gekommen bin." Ich grinse ihn an: „Dann ist der Ausflug nun die Einstimmung auf den Urlaub." Er unterstreicht diese Aussage mit einer Grinsgrimmasse und nickt – und damit haben wir vorerst genug Konversation gepflegt. Kwäsl ist kein Mensch, der viel redet, er verbirgt sich hinter steifen Konventionen, aber nachdem er vor ein paar Wochen versuchte hatte, mich ins Unrecht zu setzen und als Delegierter Kobess agierte, hat er wohl jetzt das Bedürfnis, etwas wieder gut zu machen oder zumindest, sich aus der Schusslinie zu entfernen. Die Banker sammelten jeden Freitag für den Sekt zum Abschluss der Woche und es wurde von mir erwartet, dass ich dabei blieb, also hatte ich – so weh mir diese unnütze Verschwendung tat und so sehr ich mich überwinden musste, tagsüber Alkohol zu trinken – immer ein paar Mark in der Tasche, um mich für solche Gelegenheiten einzukaufen, sie sollten mich nicht einladen müssen. Er hatte seinem Auftrag gehorchend mit Münzen geklimpert, war hin und her gegangen und dann ganz erstaunt getan, als ich ihm in Vorübergehen meinen Obulus mitgeben wollte, dann gesagt: „Heute ist nichts geplant!" Das war eines der typischen Spiele, die sich ein Kobess ausdachte: Moderne Personalführung, die daran arbeitete, die mitgebrachten Sicherheiten und Gewohnheitsmuster derart zu unterminieren, dass irgendwann nur noch die totale Identifikation mit der Bank die nötige Sicherheit versprechen konnte. Das waren Schwachsinnige, hier wurde eine enorme Energie auf irgendwelche beliebigen Kleinigkeiten verschwendet, aber die institutionalisierte Zwangsneurose hatte ihre Wirkung, ich war immer wieder erstaunt, wie tief diese primitiven Konditionierungen ansetzten. Kwäsl hatte sich dann prompt zur Strafe am folgenden Wochenende in die Hand gesägt. Er kapierte zwar nicht, um was es ging, aber sein Körper zeigte ihm, dass er sich um ein gutes Einvernehmen zu bemühen hatte. In der Tiefenstruktur hat sich irgendwas bemerkbar gemacht... Vielleicht reicht es aber, wenn einer nicht ganz verbohrt ist, wenn er sich nichts beweisen muss, und so ein kleiner Unfall

wirkt überzeugend genug, um von weiteren Machtspielen Abstand zu nehmen.
Schlagke verteilt während der Fahrt belegte Brötchen. Beim ersten Mal habe ich noch dankend abgelehnt: „Ich habe doch gerade erst gefrühstückt!" – ich wollte mich nicht als Schmarotzer präsentieren. Beim zweiten Durchgang, wir sind jetzt schon über eine Stunde unterwegs, nehme ich eins mit der schüchternen Bemerkung: „Wenn ich auch eins bekomme!" Er lacht und sagt mit Personalführungsstimme: „Aber deswegen haben wir sie doch mitgebracht!" Wenn Schlagke so künstlich klingt, gibt er damit immer zu verstehen, dass er in seiner Rolle als Innenleiter spricht, dass er der Mund des Direktors ist. Ich kann davon ausgehen, dass ihnen die Distanz, dass ich bisher nicht mitgegessen hatte, nicht ins Konzept passte und lasse mir das Brötchen mit Bierschinken schmecken – das ganze Konzept sieht so aus, als solle ich auf jeden Fall vereinnahmt werden, und das kann keine schlechte Voraussetzung sein.
Hinten wird Skat gespielt, Kwäsl geht dazu, Schlagke setzt sich hinter, Frau Klits kommt vor auf den Platz von Kwäsl. Ich überlege, dass mir eine Übung ganz gut tun würde, beobachte die Leute. Gatterer lacht mir gelegentlich zu, ich lächle zurück, nicke um meinen guten Willen zu zeigen. Ein ehemaliger Schornsteinfeger, nach einem leichten Herzinfarkt hatte der Arzt ihm einen weniger stressigen Job angeraten, und dann hatte er den Job als Bankbote bekommen. Schornsteinfeger sollen Glück bringen. Frau Klits ist eingenickt, mit ihr habe ich in den drei Monaten keinen vollständigen Satz gesprochen, sie wollte nichts von mir und hielt sich soweit es ihr möglich war, aus den Machtspielen raus – nur nachdem ihr Gegenüber am Schreibtisch an die Front geschickt worden war, hatte sie sich daran beteiligt, gut Wetter für Kwäsl zu machen. Die beiden Sekretärinnen schauen gelangweilt zum Fenster raus, sie sitzen den ganzen Tag im gleichen kleinen Büro und haben sich anscheinend nichts zu sagen. Gatterer unterhält sich mit dem Busfahrer. Ich schaue eine Weile aus dem Fenster, dann mache ich Autogenes Training, damit die Verkrampfungen in der linken Brustmuskulatur weniger werden – das habe ich erst seit dem Job auf der Bank, früher kannte ich diesen dumpfen Druck in der Brust nicht und nachdem in den ersten

Wochen gelegentlich stechende und bohrende Schmerzen auftraten, haben regelmäßige Atemübungen dafür gesorgt, sie auf ein mehr oder weniger starkes Gefühl der Beklemmung zu reduzieren. Das ist die Quittung der Ausbremsung und Stillstellung... Ich atme tief und gleichmäßig, reduziere die Frequenz, versuche anfangs noch aufmerksam zu erscheinen, schaue mich hin und wieder nach den Sprechenden um, nach einiger Zeit lasse ich es sein. die Arme und Beine werden warm und schwer, die Entspannung wirkt und ich döse vor mich hin.

Dewitz und Schlaser holen immer wieder Piccolos und Pilse, für die sie einen Obolus in die bereitgestellte Kasse entrichten. Wenn ich zu lange daran denke, dass ich künftig nur mit solchen Schwachköpfen zu tun haben werde, rutsche ich in ein schwarzes Loch. Ich muss mich anstrengen, dass mich kein Selbstmitleid übermannt – es ist, als müsste eine hochgezüchtete Rennmaschine auf einmal steinige Äcker pflügen, als dürfte ein begnadeter Künstler in einer Behindertenwerkstatt arbeiten... Ich mache die Augen zu, atme ruhig und tief ein und aus: Es geht mir in jeder Hinsicht besser und besser! Formelhafte Vorsatzbildung, vermutlich wäre ich schon tot, wenn ich das Metaprogramming-System nicht immer wieder neu gegen die offensichtlichen Eingaben immunisieren würde.

Irgendwann fordern die hinten eine Pinkelpause und der Fahrer steuert den nächsten Rastplatz an. Ich muss nicht, habe mich wieder stabilisiert, schaue zu, wie Dewitz und Schlaser zu den Toiletten streben – ohne den amerikanischen Slang klingt es ganz anders im Bus. Riskner und Schlagke gehen gemächlich hinterher. Ich beobachte, wie der Fahrer mit einem selbstgefälligen Grinsen Getränke nachfüllt, die wenigen kalten Fläschchen rausnimmt und die Reserven hinter seinem Sitz hervorholt, die Kartons aufreißt und das Zeug in die Kühlbox legt, zum Schluss die kalten wieder oben drauf – das ist eine zusätzliche kleine Einnahme, über die er sich freut. Die Leute auf dem Rastplatz schauen neugierig, Schlagkes breites Schwäbisch, der Pfälzer Dialekt Schlasers und natürlich die amerikanische Truckermelodie von Dewitz' Stimme addieren sich zu einer seltsamen Geräuschkulisse. Dort stehen nur Personenwagen, unserer ist der einzige Bus, alles Stuttgarter Nummern, ich glaube, Gesichter zu erkennen, weiß nicht woher, nehme an, dass sie mir einfach ein paar Mal in der Innenstadt über den Weg gelaufen sind. Seit 1975 habe ich jedes Jahr etwa vier Monate lang Botengänge gemacht, genauso lange haben wir Hunde mit denen wir mindestens drei Stunden pro Tag unterwegs sind – ich habe einmal ausgerechnet, dass bei durchschnittlicher Gehgeschwindigkeit etwa 200000 Kilometer zustande gekommen sind, und die Zahl der Tonnen Bücher konnte ich nicht einmal abschätzen –, es wird in Stuttgart nicht viele Leute geben, denen wir nicht im Laufe der Jahre aufgefallen sind. Und wenn ich dann eine Geschichte nehme, die nur durch Brüche erklärbar ist, vom verführten Puzzi in einem Doppelleben, zum ausgeflippten Chaoten, über den Studenten als stummen Outsider zum promovierten Schriftsteller auf einem Todeslauf – das war alles so weit weg, fremde Geschichten, an denen ich einmal teilgenommen hatte, die der Instantaneität des Bewusstseins aber nicht unbedingt anhaften mussten, solange keine Zeugen zu einer Objektivierung nötigten. Und dann diese Situation. Vielleicht hätte ich als Bankbote noch viele Monate durch die Stuttgarter Innenstadt gehen können und jeder Gang wäre ein kleiner Sieg gegen das Behinderungssystem der Geisteswissenschaftler gewesen, aber da waren die Banker eben nicht dabei. Und jetzt: Welche Qual, zu diesen Knallköpfen zu gehören, das fühlt sich derart peinlich an – wenn einer von diesen Stuttgartern wusste, wer ich war und nur eine Spur einschätzen konnte, wie sehr ich darauf angewiesen bin, dass mich solche nachgemachten Menschen akzeptieren... Wie einfach es war, bei den Reisen im Bücherregal von einer reflexiv gefederten Identität auszugehen, wie selbstverständlich es sich aus meiner Biographie ergeben hatte, an nichts hängen zu bleiben, mit nichts wirklich identifiziert zu sein. Und nun hatten mich die kleinen Änderungen ganz einfacher Parameter und der tägliche Hinweis auf das ganz primitive Bedürfnis, unsere monatlichen Minimalkosten abzudecken, auf das reduziert, was tatsächlich von Äquivalententausch und uneingeschränkter Selbstausbeutung übrig geblieben war: Mittlerweile war ich ein Prostituierter auf einer der untersten Ebenen der gesellschaftlichen Wirklichkeit und hier fragte niemand mehr danach, ob ich Bildungsbeamte oder Funktionäre aus Funk und Fernsehen zu Prostituierten erklärt hatte. Im Nachhinein war dies ein Luxus innerhalb einer Welt der verbalen Selbstdarstellungen gewesen: Solange man dazu gehörte, durfte noch die härteste Kritik als kommunikative Selbstbefriedigung durchgehen – es musste nur gewährleistet sein, dass das Schema der Selbstdementierung dafür sorgte, dass niemand die Kritik wirklich zu beherzigen hatte. Jetzt ging es nicht mehr um die scholastische Fragestellung, ob das Fressen vor der Moral komme – sondern nur noch um die ganz einfache Anstrengung, den Lebensunterhalt zu gewährleisten. Wie leicht hatte ich einmal über Autoren urteilen wollen, die sich irgendwelchen Machthabern angedient hatten oder sich vom Strom des Zeitgeistes tragen ließen: Mittlerweile war mir klargemacht worden, dass selbst das noch immer eine Kapazität war, an der es bei mir mangelte. Dass ich einen Weltstatus erreicht hatte, in dem ich totgeschwiegen oder vernichtet werden sollte, war noch auszuhalten gewesen. Aber dass ich an einen Punkt geführt worden war, an dem ich mich mit dem minderwertigsten und verwerflichsten Dreck identifizieren sollte – genau diese Botschaft würde Elvuhr mitbringen –, um überhaupt noch ein Rollenkonzept zu finden, war die tatsächliche Vernichtungserklärung. Die Situation auf dem Parkplatz steht symbolisch für das Maximum an antagonistischen Verweisungszusammenhängen, die der Ich so lange versuchen soll zu integrieren, bis er daran zerbricht.

Dabei gibt es einen ganz einfachen Perspektivenwechsel in den psychischen Systemen: Ich musste nicht vor Scham im Boden versinken, weil ich dir versprochen hatte, ein brauchbares Ergebnis zustande zu bringen – dass es dich gibt war wichtiger als irgendwelche suggerierten Befindlichkeiten oder implementierten Selbstvernichtungsimperative. Schließlich warst Du der Mensch, der mich bisher am meisten in Frage stellen und fordern konnte. Wenn das bessere Wissen nur zur zynischen Verleugnung taugte, wenn in den Bildungszusammenhängen nur die Selbstdementierung und die Antriebsstörung prämiert wurden, lieferten diese Beobachtungen schon den Schlüssel für den Notausgang aus dem ausbruchsicheren Gefängnis der akademischen Identität.

Aber vielleicht war es genau so gedacht, vielleicht hatten sich ein paar Cracks genau eine solche Falle ausgedacht, um zu zerstören, was mich ihnen hatte überlegen sein lassen. Ich hatte es nie nötig gehabt, mich mit diesen Simulanten des Wohlwollens und des Wissens wie der Einsicht zu identifizieren und nun sollte ich alle verbliebene Kraft darauf verwenden, mich wenigstens mit weit darunter angesiedelten Krüppeln identifizieren zu dürfen. Wenn ich den bürgerlichen Charakterbegriff nicht über viele Jahre hinweg als schlechte Simulation empfunden hätte und die propagierten Formen der Selbstachtung als enorm fraglich, wenn das Selbst aufgrund meiner Brüche und Systemsprünge nicht klar als Verkennungsanweisung eingeschätzt werden musste, hätte ich über den Verlust jeder Selbstachtung verzweifeln können. Manchmal tauche der Gedanke auf, dass alles, was ich gelernt hatte, nicht sehr viel wert sein konnte, wenn es mich in eine solche Ausweglosigkeit brachte – nur weil ich es ernst genommen hatte, weil ich nicht zynisch damit umgegangen war, um es für die nächstbeste Chance zu verleugnen. Unter dieser Belastungsstruktur blieb immerhin die Außenperspektive möglich, mit der ich abchecken und zusehen konnte, was der Musik aushielt: Im Laufe des letzten halben Jahres hatte ich im Gefolge irgendwelcher Bewerbungen mehrere Arbeitsexemplare des Philosophischen Sperrmülls an verschiedene Gremien geschickt, außerdem bei allen Bewerbungen ausführliche Informationen über Dresden und meine Konzeption beigelegt, um davon ausgehen zu können, dass ich nur lange genug durchhalten musste, bis irgendwo Interesse freigesetzt wurde... Vielleicht deutete sich aber schon eine Ahnung der Haltung an, die dann später, als ich telefonierte wie ein junger Gott, bis zum Exzess ausgereizt werden konnte: Ich verheizte jene psychischen Strukturen, die den Geisteswissenschaften zu verdanken waren. Ich sprach mit hundert Leuten täglich und das mit einer Haltung, dass es gar nicht drauf ankam, ob sie jetzt ja sagten, weil gleich der nächste ja sagen können würde – es sprangen genug auf diese zelebrierte Bedürfnislosigkeit an. Es zählte das Gesetz der großen Zahl, die Statistik, und wenn man erst einmal kapiert hatte, dass alle subjektive Befindlichkeit nur dazu taugen konnte, auf Werbung und Manipulation anzuspringen, dass dem Subjekt außer der Eitelkeitsdressur kein Eigenrecht zugebilligt wurde, war es gar nicht so schwer, den Geheimagenten der herrschenden Verhältnisse im

eigenen Kopf das Wasser abzugraben. Ich reizte meine Speicher aus, brannte die Sicherungssysteme des Bewusstseins durch, bis ich abends nicht einmal mehr wusste, wie man meinen Namen buchstabierte. Eine große Leere war alles, was vom Denken übrig blieb und ich machte auf einmal Geld aus Scheiße, in einer Größenordnung, die mir früher nicht einmal vorstellbar gewesen war.
Als wir wieder losfahren, gucken die Leute uns neugierig nach. Schlagke produziert sich und schneidet Grimassen am Fenster, streckt die Zunge raus und dreht eine lange Nase, macht ein paar Verrenkungen wie ein Bekloppter. Schon anlässlich des Faschingsumzugs hatte dieser Innenleiter sich als kompletter Idiot zu erkennen gegeben, hatte unter Juhu-Gebrüll bei der Erzeugung absurder Geräusche mit der Büromechanik die Schreddermaschinen geleert und die kleingehäckselten Datenschutzreste mit vollen Händen aus dem ersten Stock geschmissen, das war Fasching für einen Banker – eben deshalb gehörte eine besondere soziale Kompetenz dazu, sich mit ihm zu arrangieren. Und nachdem er in Fahrt gekommen ist, macht er damit weiter und versucht die Leute zu veralbern, die wir überholen. Einmal ist es ein zerbeulter und angemalter alter VW-Bus mit ein paar Leuten, die aussehen wie in die Jahre gekommene Ausgeflippte. Schlagke führt ihnen eine primitive Karikatur depperter Kiffer vor, macht dazu dumme Bemerkungen, die diese Leute zwar nicht hören können, aber doch intuitiv verstehen. Sie schauen erst böse verkrampft zurück, werden dann aggressiv und bäffen durch die Scheiben. Die anderen Banker hinten lachen sie aus und unterstreichen durch ihre Bemerkungen den sozialen Statusunterschied. Ich halte mich raus, finde es irgendwo seltsam, dass die Leute im VW-Bus auf die Verarschung als Kiffer anspringen und dann keinerlei Humor haben – und weiß nun, dass ich auf jeden Fall für mich behalten muss, dass ich für viele Jahre in den Augen dieser Banker ins Lager der Ausgeflippten zu gehören hatte und wenn ich mich zu erkennen gäbe, immer noch gehören würde. Kurze Zeit später, unser Fahrer hat aufgrund einer Geschwindigkeitsbegrenzung langsamer gemacht, muss uns der bunte Bus überholen und vorbeiziehen, die Leute schauen verkrampft anmaßend, um zu zeigen, dass sie uns für angepasste Arschlöcher halten. Das ist mir unangenehm, seit

dem Theater am Rastplatz fühle ich mich extrem ausgeliefert und fremd unter den Bankern.
Wir fahren Richtung Freiburg und es beginnt zu nieseln. In der ZEIT hatte ich in den letzten Wochen einen verarschenden Artikel über dieses Kaff gelesen – von dem ich mir gesagt hatte, dass einige der Beteiligten den Urhebern des Dresdner Unternehmens signalisiert hatten, wie man sich mit einer Intrige lächerlich machen konnte: Ein Universitätsstädtchen in dem die Leute nicht erwachsen werden mussten und an einer ewigen Pubertät hängen blieben. Eines der Signifikate in diesem Signifikantennetz lautete, dass die Professorengattin dort Literaturwissenschaft unterrichtete. Als wir von der Bundesstraße runter sind und am Titisee entlang fahren, zeigt Dewitz Schlaser schon einmal den Minigolfplatz, von dem er schon ein paar Mal erzählt hat. Von der Straße aus sind diese in den grünen Rasen eingelegten Embleme aus Beton zu sehen. Irgendwie lächerlich und bedrohlich zugleich: für Leute die dumpfbackig genug waren, ihre Freizeit totzuschlagen, für junge Familien und deren Bekannte, wenn sie nicht wussten, was sie miteinander anfangen sollten, für Heranwachsende im Zeltlager, die eine weitere unter vielen Beschäftigungstherapien brauchten, wenn sie außer vom Rauchen und Biertrinken noch davon abgebracht werden sollten, sich mit den wenigen zirkulierenden Pornoheften das Rückenmark leer zu wichsen – als wäre das nicht viel gesünder, als der dauernde Aufenthalt unter nachgemachten Menschen. Und für Banker war das anscheinend noch im vorgeschrittenen Alter Mitte bis Ende Dreißig ein Anlass, schon durch ihren Arbeitsalltag waren sie darauf konditioniert, nicht zu bemerken, wann die Zeit einfach nur totgeschlagen wurde. Schlaser ist in der richtigen Verfassung, um mit einer Bestimmtheit, als hätte er den Ablauf organisiert, zusammenzufassen, dass wir erst einmal eine Privatbrauerei besuchen, dort essen und trinken gehen würden, danach konnten wir rudern und nebenbei essen und trinken, dazwischen vielleicht die Beine vertreten oder ein Stück Schwarzwälder Torte probieren und am Abend, bevor wir schließlich zurückfuhren, gab es ein Essen in einem feineren Restaurant – aber davor, um den Nachmittag ausklingen zu lassen und den Alkohol abzubauen, würden wir Minigolf spielen. Dieser eitle Geck hatte ab der ersten

Stunde aus reiner Dummheit gemeint, dass er mich zu seinen Feinden zählen musste – und dabei war er schon hirntot.
Der Fahrer hält auf einem frisch gestreuten Schotterparkplatz, es hat wieder aufgehört zu regnen. Auf dem Weg zur Brauerei, während wir an ein paar Bauerhäusern und Ställen vorbeigehen, erzählt der dicke Dewitz, dass er regelmäßig auf dem dazugehörenden Campingplatz mit Frau und Töchtern die Ferien verbringt. Er hatte schon mehrere Führungen mitgemacht, Dewitz grinst breit in seinen ordentlich gestutzten Vollbart. Die Familie, der die Brauerei und der Campingplatz gehören, hat wohl inzuchtbedingte Probleme. Ich schließe aus den Andeutungen, dass der Vater sich das Leben genommen hat und zwei der Kinder in der Klapsmühle sind, der Typ, der die Führungen macht, ist zwar nur ein Onkel, aber er hat auch eine Schraube locker. Bei Dewitz ist für mich nicht einzuschätzen, ob ihm diese in breitem Südstaatlerschwäbisch vorgetragene Story peinlich ist, weil er einen Stammplatz für seinen Wohnwagen auf dem Platz hat oder ob ihn die Sache amüsiert, weil er als Ami so weit weg davon ist, dass er nur an einen Witz denkt, der die Borniertheit der Leute in den Schwarzwalddörfern auf den inzuchtbedingt verengten Horizont zurückführt. Und kurz überlege ich mir wieder, dass es eine Hierarchiebedingung dieser Bank ist, dass die Leute nur Töchter zustande gebracht haben, Dewitz gleich fünf von der Sorte – vielleicht löste das Thema Inzest bei ihm noch andere Fantasien aus, wer hatte sonst noch mit so vielen weiblichen Wesen zu tun. Und auch wieder die Inszenierung: Wir von der Pariser Bank sind was außergewöhnlich gut Gelungenes, was Besonderes, und wir würden nun ein paar vom Aussterben bedrohte Exoten in einem landsmannschaftlichen Freiluft-Museum zu sehen bekommen. Die Führung selbst wäre ein Anlass für niederländische Stillleben aus dem achtzehnten Jahrhundert, der bucklige Onkel ein echter Quasimodo. Die Banker stammten aus einer ganz anderen Welt. Seltsamerweise muss Riskner später mehrfach betonen, wie viel so ein Familienbetrieb, der sich dank der aufopferungsvollen Hingabe aller Beteiligten trotz des Anachronismus noch halten könne, sehr wohl mit der PARISER BANK vergleichbar sei.

Auffallend ist dann, dass dieser Mann, der betont, dass ihm jegliche Fachkenntnisse fehlten und der einspringen musste, als der Fachmann, sein Bruder, ausgefallen war, unter Beifall und Gelächter erzählen muss, er wolle die Geschichte von der Verbraucherseite aufrollen. Während er uns durch den Braukeller führt und alle Erwartung schon so auf das anschließende Vesper im Braustüble fokussiert, betont er mehrfach, dass wir keines seiner Worte auf die Goldwaage legen sollen. Er ist offensichtlich ein Säufer, vermutlich nicht mehr, kein außergewöhnlicher Freak, aber für meine Banker schon ein Vertreter des Kuriositätenkabinetts, und glücklicherweise kommt keiner von denen auf die Idee, dass ihr Abstand zu mir wesentlich größer ist, als ihr Abstand zu ihm. Auffallend ist, dass die Banker danach anhand des Bierkonsums wirklich zeigen wollen, was sie auf dem Kasten haben – während diese Verbraucherseite einen Alkoholiker zeigte, dessen ausgelaugter, grobporiger und aufgedunsener Haut anzusehen ist, dass er regelmäßig große Mengen hochprozentigen Stoff ausschwitzt. Eine seltsame Karikatur der Normalität, und wenn ich mich daran erinnere, wie ich vor über zwanzig Jahren immer von einem Rausch in den nächsten gestolpert war, um mir mit Hilfe des Katers meine Besonderheit zu beweisen und anhand der Rauschintensitäten für ein paar Augenblicke über einen kläglich beschränkten Horizont hinaus zu reichen, kam mir das nur noch erbärmlich vor. Ich hatte mir die Birne zugesoffen, weil mir die Schule zu blöd war, weil die Lügen und Unredlichkeiten meiner Elternwelt in einem derartigen Kontrast zur luxurösen Medienwelt meines Verführers und den dadurch versprochenen Anweisungen auf eine lebenswerte Zukunft standen, dass dieser Sprung im System durch Intoxinierung und Selbstkasteiung erst einmal ausgehalten werden musste. Für die Banker gab es keine Überschreitung oder sinnlose Verschwendung, selbst der Rausch bestätigte nur ein Realitätsprinzip, das sie zur inhaltsleeren Verdumpfung anhielt: Die Intensitäten waren aus zweiter Hand, die Beweglichkeit und Erfahrungsfähigkeit enorm ausgebremst, aber dafür bekamen die Zeichensysteme eine fast materielle Durchschlagskraft und das Geld labte sich an der Geschwindigkeit des elektrischen Stroms.

Irgendwo war das absurd, der Typ macht für mich einen derart erbärmlichen Eindruck, die Brauerei mit allem drum und dran ist so traurig ärmlich und hinterdrein, dass es mir brutal und zynisch vorkommt, wenn so ein paar saturierte Banker sich am Elend laben und damit beweisen können, wie gut es ihnen tatsächlich geht. Und dieser Typ in Trachtenjoppe mit Gamsbart auf dem spitzen Filzhut führt Floskeln im Munde, die an Jesuslatschen erinnern und an selbst gestrickte Pullover mit Zopfmustern. Die bäuerliche Erzeugung kann in der heutigen Welt genauso wenig bestehen, wie eine Brauerei als kleiner Familienbetrieb, ein nachhaltiges Wirtschaften nach genossenschaftlichen Prinzipien ist genauso notwendig, wie eine behutsame Modernisierung. Die Zukunft der Stadt ist das Dorf, auf einer neuen Stufe, in Zusammenhängen, die nicht über den einzelnen Menschen hinausgehen. Er kaut ökologische Schlagworte wieder und die mittlerweile gängige Betonung eines ganzheitlichen Organisationskonzeptes, wobei manche der Termini überhaupt nicht zu einem borniertem Dorfdeppen passen und deswegen schon durch eine seltsame Aussprache assimiliert werden müssen. Vielleicht beschwören die Großunternehmen heute ein ganzheitliches Denken, weil sie nur noch von der Zeit träumen konnten, in der jeder wie in so einem kleinen Familienbetrieb für alles verantwortlich sein musste. In der die Leute auf Gedeih und Verderb aufeinander angewiesen waren und für irgendwelche persönlichen Animositäten gar keine Kraft bleiben konnte. Und dann verwendet der Typ neben blöden Bildzeitungsüberschriften sogar grüne Klischees, quasi um zu zeigen, dass er in seiner Rolle als engagierter Fremdenführer sehr wohl bereit ist, dem modischen Sprachgebrauch entgegenzukommen, ohne deswegen auf seine Stammtischüberzeugungen verzichten zu müssen. Ein kleiner Missklang ergibt sich kurz, als ein Zusammenhang der Brauerei zur im Ort angesiedelten Trinkerheilanstalt aufleuchten will – fast zwanghaft, keiner der Banker hätte diesen Bezug herstellen können oder wollen. Das war ein notwendiger Haken im Kopf dieses Abgesandten eines Familiensystems; wieder einmal mache ich die seltsame Beobachtung, dass einer agierte, wie es bei den Normalen üblich sein sollte, während er tatsächlich nur auf ein Szenario reagierte, das seinen Kopf besetzt hielt. Er führte eine Haltung vor, von der er meinte, dass in der Normalität so mit der Problematik umgegangen wurde: Dieses Thema musste zerredet werden! Es brannte unter den Nägeln, wenn man nur darüber schweigen würde, musste es einen auf Dauer verbrennen, also war es bis zur absoluten Langeweile zu zerreden. Für mich als Außenstehenden klingt das so holprig und unecht, dass es schon peinlich ist, dieser Fehlleistung zuzuhören. Zusammengefasst: Mit diesen armen Menschen in der Trinkerheilanstalt muss sich niemand aus der Perspektive eines Endverbrauchers abgeben.

Nach und nach fällt mir auf, wie sich die Informationen ausglichen und gegenseitig korrigierten, wie sich Dewitz gehässige Freude daran, dass der Chef des Unternehmens es nicht blickte, wohl nicht sehr viel mit dem zu tun hatte, was ich anfangs geglaubt hatte zu verstehen – aber das lieferte immerhin einen klaren Hinweis darauf, was Lautmanns Brief an zusätzlichen Problemen suggerieren sollte. Lautmann hatte uns erst vor ein paar Tagen, nach einem Jahr Wartezeit, seine Wischiwaschi-Rezension unseres Altpapiers in einem Lexikon für schwule und lesbische Sozialisationsformen zugeschickt und nachgefragt, ob uns nicht noch Material über den familiären Missbrauch der Töchter vorlag – wir hatten gerochen, dass das eine Auftragsarbeit war und es darum ging, mit einer solchen Fährte weitere Zeit und Energie zu verschwenden: Natürlich war klar, dass das phallische Modell aus dem Altpapier Grund hatte, den besseren Mann zu spielen, schon allein, weil der Papa aus irgendwelchen Gründen nicht in der Lage war, sich gegen die Forderungen der Mutter durchzusetzen und nie darüber gesprochen werden durfte, bei welcher Gelegenheit das Jungfernhäutchen einfach verschwunden war. Eine böse Falle, die Arschlöcher hatten das nötige Wissen zur Verfügung, um kleine Abhängige in die vertracktesten Fraglichkeiten zu verbannen und so mussten wir einfach noch ein bisschen mehr wissen, um dann entscheiden zu können, dass wir diese Fraglichkeit später vielleicht in unserem zehnten oder zwölften Buch zur Sprache bringen wollten.

Hier schien die Problematik viel konkreter. Der Betrieb aus Brauerei, Schnapsbrennerei, Campingplatz und Gaststätte wurde von der Frau geführt, weil ihr Mann nicht mehr ganz dicht war und seine Zeit nur noch auf dem Campingplatz verbrachte. Dewitz kannte die Dauergäste des Campingplatzes schon so gut, dass er, als er vor drei Wochen erst wieder ein Wochenende oben war, alte Bekannte getroffen hatte, die ihm erzählten, dass sich die Töchter mittlerweile den ganzen Tag im kleinen Hallenbad prostituierten. Was ich also vorhin aus seinen Andeutungen herausgehört habe, hat nichts mit der Wirklichkeit zu tun: Er hat sich als ein Medium erwiesen, um mich kapieren zu lassen, was Lautmann im Auftrag delegieren und was das jüngste Anschreiben der Humboldt-Universität suggerieren soll: Dass die Geisteswissenschaften nicht loslassen können und zwar nicht, weil sie auf meine Leistungsfähigkeit spitz sind, sondern weil sie noch auf die Chance warten, den vernichtenden Schlag zu führen. Dewitz verworrene Erzählungen bestehen aus dauernden sozialen Abgrenzungen und Ausgrenzungen, die mir nicht gefallen und die mir zudem immer wieder das Gefühl vermitteln, dass ich in diesem Rahmen der Banker nichts anderes als ein Quasimodo bin.

Als der Bucklige uns in das Brauhaus führt, gibt es kurz eine fragliche Situation. Riskner steht vor mir, die Gruppe um uns herum, und der Typ, der vielleicht gerade deswegen, weil es ihm am intellektuellen Überbau fehlt, viel stärker auf die Mimesis reagiert, als das jemand erwarten kann, der moderne Personalführung studiert hat, beginnt mich, während er erklärt, wo wir jetzt waren und welche Stationen der Rundgang durchlaufen würde, in der Gruppe zu fixieren, wendet sich an mich, als sei ich für ihn ganz selbstverständlich der Kopf der Truppe. Vielleicht hat ein Machtvolumen ihn tangiert, das mehr und anders war, als er es bisher gekannt hatte: Er gerät aus dem Takt, stockt immer wieder mitten im Satz und schaut mich verstört an. Weil ich mir sage, dass ihn mein Blick irritiert hat, trete ich zur Seite, um mich hinter Schlagke zu verstecken. Riskner hat bemerkt, dass mich jemand für ihn gehalten hat, dreht sich kurz um und hat es von nun an nötig, durch Fragen und Unterstreichungen zu zeigen, dass er hier der Chef ist. Das ist eine unerwartete Irritation, es ist zu sehen, wie er den Typ während des Rundgangs verbal an der Hand nimmt und so viel Zuwendung und Selbstdarstellung als Chef produziert, dass es sich wie von alleine ergibt, den Typ aufs Stuttgarter Weindorf einzuladen. Wenn er in diesen Wochen in Stuttgart sei, solle er bei der PARISER BANK vorbei schauen und Riskner würde ihn zu einem neuen Wein mit Zwiebelkuchen einladen. Der Bucklige führt uns durch die Produktion und scheint ganz zufrieden, wenn irgendwelche Maschinen laut genug sind, um ihm Erklärungen zu ersparen, die über die üblichen Sprüche hinausgehen. Das war irgendwann eine Anlage, die nur noch zu Gast war in unserer Zeit, aber mittlerweile haben sie eine Vermarktungsstrategie und es gibt sogar schon einen Vertrag mit einer Brauerei, die er hier nicht nennen möchte, sie können als Lokalbrauerei naturtrübes Bier an die umliegende Gastronomie liefern. Vielleicht waren solche ländlichen Familienbetriebe organisch gewachsen, dem Außenstehenden wirkte das verwinkelt und verbaut, auf jeden Fall aber nicht mehr sehr effektiv. Zu sehen war, wie über viele Jahre improvisiert werden musste, in der Zeit der Fernsehbiere spiegelte sich eigentlich nur noch einmal die soziale Problematik einer kleinen Brauerei und wenn es der Verantwortliche vorzog, hackezu auf einen Campingplatz auszuweichen, schien mir das eine realistische Einschätzung zu beweisen. Wir klettern unter altem Rohrgestängen durch und werden von dem Buckligen an den stinkigen Becken entlang geführt, stehen gegenüber einem chromblitzenden Kessel in einem Raum, der an eine Waschküche erinnerte, steigen nasse Treppen hoch und sehen, wie an mancher Wand Wasser runter läuft. Wie selbstgemacht dort alles wirkt, die grob verschweißten Rohre, die anscheinend von Hand gewickelten Isolationen, die handgeschmiedeten eisernen Stiegen über die wir klettern, ... wie überaltert und jenseits der Möglichkeiten – wie Elvuhr gesagt hätte. Und ich ertappe mich dabei, wie ich einen Maßstab realistischen Verhaltens anlege, den ich für mich selbst tatsächlich als unmaßgeblich angesetzt hatte – warum sollten dann so ein paar Idealisten nicht an einer vorindustriellen Produktionsweise festhalten dürfen? Nur weil es ein Familienbetrieb war, in dem die Mutter das Steuer hielt und ich allergisch gegen herrschende Mütter reagierte? Es war wohl eher mein Problem, ich war in Philosophie und Lesen ausgewichen, als sich herausgestellt hatte, dass meine alternativen Welten nur für Augenblicke existierten, während die alltägliche Prosa jeglichen Ausbruchsversuch ausbremsen würde. Und dann hatte ich vorgeführt bekommen, dass man in den Bereichen der Literatur, die es möglich machten, einen Lebensunterhalt zu finanzieren, niemanden dulden wollte, der nicht komplett abhängig und aus diesem Grund kontrollierbar war. Kein Wunder war ich auf irgendwelchen angepassten Scheiß angewiesen, wie ihn die Bank oder vergleichbare Berufszweige bieten konnten. Ich war eben kein Erbe, und zum Wegelagerer fehlte mir noch eine kurze Einführung am Telefon in zehn Schritten oder die Einsicht, dass es sich ganz gut leben ließ, wenn man es schaffte, reiche Schmarotzer auszunehmen.

Gleich am Anfang hat der Typ betont, dass das Brauhaus nach historischen Gesichtspunkten restauriert und rekonstruiert worden war: Balkenbauweise, Holznägel, organische Werkstoffe, Rücksicht auf die ursprüngliche Anlage. Die Räumlichkeiten, in denen die Bewirtung stattfindet, sind im alten Bauernhaus untergebracht und der Typ erzählt ein bisschen abfällig, dass irgendwann ein paar alternative junge Leute aufgetaucht waren und angeboten hatten, die ganze Anlage zur restaurieren. So wie das klingt, hatten die gar nichts dafür verlangt, nur die Möglichkeit eingeräumt bekommen, dort umsonst zu wohnen. Während dem Umbau haben sie wohl in den Nebenräumen logiert und als die Sache vorangegangen war und die ersten Gäste bewirtet werden konnten, hatte man ihnen ein altes Holzhaus hinter der Brauerei zur Verfügung gestellt, das sie für ihre Zwecke umbauen konnten. Als wir vom Braukeller über den Hof gegangen sind, liefen wir an einem bunten Hexenhäuschen vorbei, sahen wie diese späten Hippies im Garten mit den Kindern spielen, wie alternde Blumenkindermamis neben dem Pferdestall die Wäsche aufhängen, wie langhaarige Papis mit vielen grauen Strähnen, auf den Feldwegen mit Hund und Kindern rumtollen. Während Dewitz als Hillibilly-Trucker zur Belustigung der Banker taugt, sind solche Leute eine echte Infragestellung. Schlagke schneidet Grimmassen und zeigt immer wieder mit den Fingern auf die Leute, während mir die Situation mit dem alten VW-Bus wieder einfällt, Dewitz grient vor sich hin, und diese Alternativen, deren Begeisterungswillen und Arbeitskraft immerhin zu verdanken ist, dass Brauerei und Gasthof noch laufen, versuchen uns zu ignorieren.

Das sind Beobachtungen, die zur Depression einladen – nicht einmal zum Resignieren, ich stehe für nichts mehr, ich setze nichts mehr durch, ich prostituiere mich nur noch für die paar Mark, mit denen wir gerade mal so über die Runden kommen. Ich stecke irgendwo dazwischen und habe leider nicht mehr die Möglichkeit, mich irgendwo hinter dem Mond zu situieren. Zu den Bankern gehöre ich offensichtlich nicht – auch wenn das für manche dieser Leute so wirken soll – manche der überheblichen Reaktionen sind mir peinlich und extrem unangenehm. Aber ich bin schon lange über den Lattenzaun der Alternativen geklettert und meine Distanz zu pseudoalternativen Anpassungsversuchen habe ich solange genießen können, wie für den Bewohner eines verzweigten Archivs noch ein Ort in der Welt vorhanden war – leider war mein Bücherregal aufgrund der Intervention einiger Professoren seit ein paar Monaten unbewohnbar. Die ganze Situation legt mir nahe, dass das alles gleichermaßen erbärmlich ist und dass ich noch dazu nichts zu wählen habe. Vermutlich hatte ich keine Wahl gehabt, als ich noch mit langen Haaren herumgelaufen war, aber zumindest die Illusion gepflegt, wählen zu können, und das Prinzip Hoffnung hatte mich getragen. Und nun sehe ich, auf wie viel guten Willen diese Alternativen heute eingewiesen sind, auf welche Leute und welche verfahrenen Situationen, auf welche Ausbeutung sie sich einlassen müssen. Wie klein und erbärmlich sieht der selbstgestrickte Lebensalltag tatsächlich aus, wenn dann nur der Umsatz zählt, den ein paar Affenärsche wie diese Banker bringen. So endete das, das war nur traurig. Was mich noch frappiert, ist die Beobachtung, wie diese Leute in der Wirtschaft und in Stall und bei allen anderen Verrichtungen mithelfen. Bevor wir das Vesper einnehmen, richtet eine Frau oder Tochter das kalte Buffet an, wir sahen sie von hinten in bunter Disco-Montur, hochhackigen Schuhen, einer leuchtend grünen Stretchhose und einem knalleengen T-Shirt, an dem Metallapplikationen klimpern. Sie hat sich für den Besuch der Banker in Schale geworfen, und denen gefallen die Beine, der Busen, der Po – das ist an den Blicken zu sehen, die immer wieder zu ihr rüber wandern. Das ist nicht einmal eine zielgerichtete Prostitution, der BH ist zu hoch geschnallt und die Bewegungen sind so schwerfällig und dumpf, dass klar rüberkommt:

So jemand kann sich einen Auftritt vor Gästen aus der Großstadt gar nicht anders vorstellen. Und dann sagt sie, bevor sie rausstöckelt: „S'isch oahgericht! Oan Guote wünsch i!" Das passt überhaupt nicht zu dem fetzigen Outfit, die primitive Mundart scheint mir alles zu widerlegen, was sie an weiblichen Reizen für die Banker hatte mitbringen sollen. Aber ich stelle mir Erstaunen fest, wie gut das bei denen angekommen ist. Also können sie sich nur an einem tumben Sexhäschen freuen, während sie sich bei einer starken und ihrer Wirkung bewussten Frau eingeschissen hätten.

Grob gezimmerte Holzbänke, kleine Fenster, von denen es heißt, dass das neueste Isolationsglas verwendet worden war, eine schummrige Atmosphäre, die mit den handwerklichen Geräten an den Wänden, dem Werkzeug, den mit Bändern geschmückten Strohpuppen, den Ochsengeschirren und Hirschgeweihen wie eine Bauernstube wirken sollte, obwohl klar an den Geschmack des Besuchers aus der Stadt appelliert wird. Das Zeug wirkte sauber und unbenutzt wie Theaterrequisiten. Der Bucklige bleibt neben der Treppe stehen, die ein paar Stufen hoch zu den Toiletten führt, hält noch einmal eine kleine Rede. Jetzt schon fast ein bisschen selbstgefällig, er sonnt sich im Glanz dessen, was sie in den wenigen Jahren hinbekommen haben, und wir sollen es uns schmecken lassen, um das durch unseren Appetit noch einmal zu bestätigen.

Wir nehmen Platz. Links am oberen Rand die Clique, die gern zusammen feiert und schon im Bus keine Gelegenheit ausließ, neben mir Kwäsl, gegenüber die Sekretärinnen, dann rechts davon Schlagke und Riskner. Bier wird gezapft, als handle es sich um eine heilige Handlung und der Bucklige zeigt sein Missfallen, als ich ein Fanta möchte. Die Sekretärinnen geben mir von ihrer Limo ab und die anderen trinken, als könnten sie es sich gar nicht anders vorstellen. Nach einiger Zeit lasse ich mich von Gatterer animieren, von dem naturtrüben Bier zu kosten. Nachdem ich die ersten Brote gegessen habe, bestelle ich mir auch eines, ich will nicht Gefahr laufen, mich selbst auszuschließen. Ich erkläre: ich wollte erstmal was anderes trinken – und Riskner machte ein Späßchen daraus, und meinte: „heute früh auch mal was anderes". Er grient dabei vielsagend vor sich hin und die anderen jodeln Beifall. Die Banker führen Saufen vor

– ich habe nichts gegen das richtige Quantum einzuwenden, allerdings am Abend, wenn ich dazu rauche und auf kein Publikum achten muss, ich hatte genügend Disziplin geübt, um mich vor niemanden gehen zu lassen. Ich trank schon deshalb tagsüber nichts mehr, weil es während der Schulzeit Phasen gegeben hatte, als ich nicht mehr aufhören konnte, wenn ich einmal angefangen hatte und das manchmal schon morgens um acht. In den luxurierten Zusammenhängen des Päderasten hatte ich gelernt, dass das beste Mittel gegen einen Kater ein kleines Bierchen war und für ein paar Jahre hatte ich den jungen Körper derart ausgereizt, dass er schon an der Verzweiflung der Selbstzerstörung entlang schrammte. Nach den Jahren der exzessiven Verdumpfung und der endlosen Masturbationsrituale zu zweit hatte es nur ein paar erfüllende Orgasmen gebraucht, damit ich endgültig kapierte, wie falsch und verlogen die Leute durch die konfliktuelle Rivalität bei Funk und Fernsehen angeleitet wurden. Und dann hatte es nicht lange gedauert, bis ich das richtige Maß einhalten konnte – ich brauchte keine Askese und gelegentlich tat eine kleine Anregung ganz gut, aber es lief nicht mehr aus dem Ruder. Dass man auf einem Betriebsausflug anhand des Bierkonsums zeigen will, wer man ist, scheint ein Imperativ, der zumindest für die männlichen Mitglieder der Bank nicht hinterfragt werden darf, sondern ausagiert werden muss. Als ich mir dann endlich auch ein Bier bestelle, braucht der Bucklige drei Anläufe, er vergisst es einfach immer wieder bei den anderen Bestellungen, bis das Glas dann endlich vor wir steht. Diese so einfachen und ganz selbstverständlichen Sachen der Normalos sind alles andere als einfach und selbstverständlich, dahinter verbirgt sich ein komplettes magisches System von Verhaltensstörungen und Weltverkennungen – und nachdem ich es immer noch nicht geschafft habe, auch nur die einfachsten Grundlagen einzusehen, bin ich auf sehr viel Toleranz und Einfühlungsvermögen angewiesen. Man muss die Sache nur aus einer anderen Perspektive betrachten: Wenn ich der Behinderte bin, ist die Welt viel leichter zu verstehen; wenn ich es nicht blicke, sind diese Leute, die nicht für fünf Pfennig denken können, lebensklug und weltweise.

Kwäsl spricht ein bisschen mit mir, Gatterer lobt, dass ich mitgekommen bin, Schlagke und Gatterer unterstreichen, wie toll es ist, dass jetzt feststeht, dass ich die künftigen Urlaubsvertretungen machen werde, Schlagke muss vor allem unterstreichen, wie gut und zuverlässig ich dies gemacht hatte. Beim zweiten Bier lobt Schlagke noch mehr, meinte dann: „Wir wünschen Ihnen, dass Sie mit Ihrer Sache Erfolg haben, aber ..." er verschluckt ein paar Worte, „... sonst kriegen wir das auch anders hin." Immer wieder muss angestoßen werden, zum wiederholten Male wird das Naturtrübe am Bier gelobt. Ich bediene mich zweimal bei den kalten Platten, das sind feine Sachen, die die Bank etwa 250 Mark gekostet hatten. Zu Brötchen und aufgeschnittenem Bauernbrot gibt es verschiedene Sorten Rauchfleisch, Schinken, rote und graue Hausmacherwüste, Salate und diverse Käsesorten. Und immer wieder wird das Bier gelobt und angestoßen, als Schlagke beim vierten angekommen ist, muss Riskner betonen: „Sie haben es leichter, ich habe schon gestern Abend bis spät in die Nacht rein gezecht." Das kommt mir nicht echt vor, etwa so schlecht gespielt, wie wenn ein Pubertärer betont, wie viel er schon getrunken hat, um damit zu verdecken, dass er nicht weiß, ob er genug vertragen würde oder demnächst kotzen musste. Ich gehe einmal die Stufen hoch zum Klo pinkeln, höre die Leute unten lärmen und reden, sage mir, dass man mein Plätschern hören konnte, es gab keine weitere Außentür.

Riskner fordert Schlagke auf, den Fahrer zu holen: „Die Platten sind noch so voll und wir haben sie schließlich bezahlt, er soll etwas zu essen bekommen." Riskner unterhält sich dann mit ihm über Wandern und Bergtouren, über seine Ausbildung bei der Bundeswehr und dass das die beste Voraussetzung für sein späteres Fitnesstraining war, über Schießen mit Vorderladern, über die Faszination großer Kaliber und automatischer Waffen, dann kommen sie wieder aufs Bergsteigen zurück. Riskner betont mehrmals, dass er nicht schwindelfrei sei, wie unangenehm das bei der und der Tour gewesen sei, dass es aber ein tolles Gefühl ist, seine körperlichen Grenzen kennen zu lernen.

Das Vesper geht dem Ende zu, die Banker sind angeheitert und guter Dinge. Riskner unterhält sich noch mit dem Buckligen, lobt die

Führung und das ausgezeichnete Essen: „Hausgemacht schmeckt es eben doch am besten", er bedankt sich ausführlich. Dann lädt er den Buckligen noch einmal ein, wenn er nach Stuttgart komme, solle er die PARISER BANK besuchen, Weindorf oder so, sie könnten dann einen trinken gehen. Ich gehe raus, und kriege mit, dass er dem Typ noch Trinkgeld gibt. Eine Selbstdarstellung, sage ich mir, vielleicht sollte es so aussehen, als sei er besonders großzügig.

Es ist etwa halb 2 Uhr, wir gehen zum Bus, großes Gelächter und angeturntes Hallo. Dewitz und Schlaser müssen irgendeinen Lattenzaun anpinkeln, langsam steigen sie alle ein, ich setze mich wieder auf den Fensterplatz, an dem mein Schirm hängt. Schlagkes Satz hat mich etwas beruhigt, vielleicht ist ja wirklich für Notfälle was drin. Aber ein schlechtes Gefühl hat dabei die Beruhigung schon amalgamiert: das Anstoßen, diese Gemeinschaftsrituale, das Theater dieser Rudelstiere stößt mich ab. So nötig ich sie habe, so widerwärtig sind mir die Vereinnahmungsversuche. Bei den Abgrenzungen der Banker gegenüber irgendwelchen Exoten ist mir immer wieder aufgestoßen, dass ich für die Bank auch ein Exot bin – ganz im Hintergrund noch ein Anflug von Wehmut, dass ich einmal ein ziemlich ausgeflippter und kaputter Alternativer gewesen war, der alles besser wusste und für die angepassten Arschlöcher nur Verachtung übrig hatte. Das ist ein Phantomschmerz, der noch ein bisschen weh tut, wenn irgendwelche alternden Hippies einen desinteressierten Blick gelinder Abneigung für uns übrig haben, mich mit eingeschlossen – und ich zu akzeptieren habe, dass zurzeit nur die blanke Anpassungsleistung zählte. Die Angestellten einer solchen Bank hätten jemandem wie dem früheren Ich gar keine Chance eingeräumt und die vielen Jahre im Bücherregal hatten mich so weit aus der Welt herausgeschossen, wie es für keinen der Anwesenden überhaupt vorstellbar war. Allerdings waren sie mit einem Titel gekrönt worden, der für diese Leute eine enorme Anziehungskraft auszuüben schien: Aufgrund einer Promotion, die einem Todesurteil gleichgekommen war, hatte ich auf einmal Chancen, bei Bankern mitzumischen – und wenn es nur war, weil sie sich an mir beweisen wollten. Ich brauchte Zeit und ein bisschen Geld. Seit ein paar Generationen war die ganze Welt aus den Fugen, und zwar so gründlich, dass ich immer noch

Grund zur Hoffnung hatte, mich mit der Schreibe eigenhändig aus dem Sumpf zu hieven. Wo überhaupt keine Möglichkeiten mehr eingeräumt werden, entstehen oft wie von alleine Lücken, durch die es zu entwischen gilt, entstehen Unsicherheiten und Mehrdeutigkeiten, die neue Interpretationen möglich machen. Wenn mein Alter die Bevorzugungen durch meine Mutter lächerlich machen wollte, nannte er mich den Herrn Baron und wahrscheinlich war ein Baron von Münchhausen ein entfernter Verwandter meiner Mutter.

Wir werden zum See kutschiert und direkt an der Fußgängerzone abgesetzt – mittlerweile sieht das Wetter so aus, als werde es freundlicher, wir können die Regensachen im Wagen lassen. Das Hotel am See ist hinter einem Parkplatz zu sehen, es ist ausgemacht, dass wir uns abends um acht dort treffen werden, falls wir uns aus den Augen verlieren sollten. Ich weiß nicht, wie das Programm aussehen wird, warte ab und sage mir, ich werde improvisieren und möglichst in der Nähe des Direktors bleiben. Wir gehen durch die Fußgängerzone, aus der dieses Kaff hauptsächlich zu bestehen scheint. Alles ist für Touristen angelegt, und es sind enorme Mengen davon da – diese leere und oberflächliche Existenzweise, in der man nichts mehr wirklich wahrnahm oder anfasste, weil alles fotografiert werden musste. Der Bedarf an Welt wurde gelöscht, indem man sich mit fetten, künstlich aromatisierten Sachen vollstopfte und den Rest an Sensorium mit Alkohol abkillte. Das war nur das Gegenstück zur Welt der Banker, in der abstrakte Zeichen ein Vermögen transportieren konnten, wenn sie nur in elektronischer Form auf ein Maximum zu beschleunigen waren. Das war diese absurde Welt, in der ich ab jetzt Geld verdienen sollte, vor der ich mich bisher dank einiger Hilfsarbeiten in mein Bücherregal flüchten konnte und an der ich nun die Tricks lernen sollte, wie man das Geld mitnahm, ohne sich davon tangieren zu lassen. Überall sind kleine Verkaufsstände und Schwarzwaldhütten, in denen aller möglicher Kitsch zu kaufen ist, den mein Alter früher auch angeschleppt hat – je sinnloser die eigene Welt wurde, je zwingender mussten die Taschen mit nichtssagenden Massenprodukten gefüllt werden. Es hilft nichts, sich damit zu beruhigen oder einer selbstbetrügenden Überlegenheit zu huldigen, dass ich ein derartiges Unterniveau dank meiner Kindheit weit hinter mir gelassen habe, denn mir ist klar gemacht worden, dass ich mich genau hier, auf der Ebene der sinnleeren Beschäftigungstherapie, zu bewähren habe, dass ich kapieren muss, was diese Dumpfheit und Borniertheit mit der Kapazität zu tun haben muss, in dieser Welt Gelder zu bewegen. Die typischen Puppen in Trachtenkostümen mit den Bommeln auf dem Kopf, Kuckucksuhren über Kuckucksuhren, alle Arten Schnäpse und edle Brände, Schinken und Rauchfleisch in tausend Variationen, und unendlich viel bunter Schnickschnack. Mir fällt auf wie viele Japaner hier sind, mit Kameras und Fotoapparaten vollgehangen, so was habe ich schon mal gelesen, aber in der wirklichen Welt wirkt es besonders absurd: Asiaten, die hier eine komplementäre Exotik kennenlernen, die dann vollgepackt mit allem lächerlichen Krimskrams rumlaufen. Das könnte ein Bild für meinen Abstecher aus den Ordnungen meines Bücherregals in die wirkliche Welt abgeben oder zumindest eine Karikatur: Sie knipsen, um nicht sehen zu müssen, sie schießen Trophäen oder als Kleinform eben Schnappschüsse, um sich nicht auf das einlassen zu müssen, was ihnen die Welt bietet. Busseweise werden die Touristen am Rand des Sees abgeladen und laufen dann in dicken Trauben in den für Autos gesperrten Bereich. Es ist ein Gewimmel wie auf dem Volksfest, Verkaufsstände und Hütten, Imbiss-Stände und Bierzelte, Pensionen und Hotels, und dazwischen immer ein paar Bäume mit dem Blick auf einen klaren kalten See mit vielen dicken Wolken darüber. Ein paar der Banker müssen pinkeln und gehen in ein Cafe, dann heißt es: „Jetzt geht's zu den Booten, um zu rudern."

Riskner fragt, ob alle da seien, es sieht erst so aus, bis ich bemerke, dass Gatterer fehlt. Wir warten, bis er aus dem Cafe kommt, offensichtlich geht er doch etwas schwerfällig. An der Anlegestelle haben es Dewitz und die Sekretärinnen plötzlich eilig, sie nehmen eines der Tretboote und platschen gleich los. Schlaser, Schwartz und Vogel gehen in ein Ruderboot, Kwäsl, Fipfe und Semper nehmen das nächste. Ich bin unschlüssig und so ergibt es sich wie von alleine, dass nur das Boot von Riskner und Schlagke übrig bleibt, und ich aufgefordert werde, bei den beiden dazu zu steigen. Vielleicht war das so gedacht gewesen, auf jeden Fall hatte ich bewusst verzögert, um darauf zu setzen, dass sich der Direktor um seinen Gast kümmern musste und ich nicht Gefahr lief, alleine am Strand zurückzubleiben. Auf Schlagkes Frage: „Wer rudert?" meinte Riskner: „Herr Musik". Ich zögere und sage: „Ich weiß nicht, ob ich das noch kann, das ist schon lange her..." ich muss meinen Satz nicht beenden, Schlagke hat sich schon hinter den Rudern zurechtgesetzt, Riskner stößt uns von dem hölzernen Steg ab, und setzt sich dann papp neben mich. Wir fahren weit hinter den anderen her, das ist eine Sache der Entscheidungsfindung gewesen, gut Ding will Weile haben. Ich werde nun als Gast gerudert. Schlagke hat Ehrgeiz, er rudert so hektisch, dass die Ruderblätter immer wieder über die Wasserfläche schrammen und es heftig spritzt, aber umso schneller haben wir aufgeholt. Das erste Tretboot ist schon da, Schlagke spritzt gleich mal zu Dewitz rüber, Frau Klits tut ganz empört, und Schlagke rudert weiter raus. Einmal rammt er fast das Boot einer Familie, ich hatte sie kommen sehen und schon vorgewarnt, er hatte sich umgedreht und abgewiegelt, die waren ja noch so weit weg. Dann sind sie auf einmal ganz nah dran, Schlagke versucht abzubiegen, der Knirps am Ruder des anderen Bootes wird hektisch und lenkt in die falsche Richtung, die Boote schrammen aneinander entlang, die Mama hat das Steuer gerade noch herumgerissen, die Paddel verhaken sich ineinander, die Leute sind gelähmt und sehen entsetzt aus, Schlagke hebt sein eines Ruder aus der Halterung und bewegt es über die Köpfe der Leute hinweg, sie werden mit dunklen Tropfen gesprenkelt, dann lösen sich die Boote voneinander, und wir sind vorbei. Schlagke lacht nur: „das ist auf dem Wasser ganz normal und ungefährlich." In der Mitte des Sees trifft sich die PARISER BANK – die Leute halten die Boote gegenseitig fest, Riskner macht Fotos, Kwäsl macht Fotos, es soll schön sein, wie sie sich aneinander klammern. Danach versuchen Schlaser-Schwartz wegzurudern, und Schlagke hält das Boot eine Weile am Heck und fixiert es mit der Masseträgheit der ganzen Gruppe, bis die laut und quengelnd meckern, dann lässt er los, und das Boot macht einen kleinen Hüpfer nach vorn. Wir rudern eine Weile parallel zu Kwäsl – gegenseitiges Fotoschießen – als müssten möglichst viele Situationen, Gesten oder Gesichtsausdrücke dokumentiert werden. Als wir uns dem linken Ufer nähern, meint Riskner: „Rudern sie da mal ran, ich muss pinkeln." Ein Blick streift mich von der Seite, ob mich so was schockt, ich lächele entspannt vor mich hin. Als Riskner sich neben mich gesetzt hatte, war mir aufgefallen, dass ihm diese Nähe, der Berührkontakt, ein bisschen peinlich war, oder dass es immerhin so aussehen sollte. Mittlerweile war es wohl vergessen, ich hatte mich bemüht, wenig Platz zu brauchen, und er hatte es genossen, sich auszubreiten, machtsüchtig wie das bei kleinen Arschlöchern üblich ist. Schlagke ist ans Ufer gerudert, packt einen Busch, um das Boot zu fixieren und Riskner ist vorsichtig aufgestanden und etwas schwerfällig die Böschung hoch gelaufen. Während er weg ist, übe ich ein bisschen Konversation mit Schlagke, sage irgendwann: „Ich staune, sie sind ganz schön chaotisch." Und er bestätigt das, nicht mal als Rechtfertigung, eher als Notwendigkeit: „Ach wissen Sie, wenn man die ganze Woche arbeitet und Zuhause die Kinder, denen soll man auch Vorbild sein..." Ich nicke, sage: „Ja klar..." Die kleine Pause, die nun entsteht, ist ganz neutral, angenehme Ruhe, gegenseitige Anerkennung ohne den Zwang, etwas sagen zu müssen. Riskner kommt zurück, ich beobachte, wie vorsichtig er den Hang runterstapft, er muss sich weiter entfernt haben und kommt aus einer anderen Richtung als der, in der er verschwunden ist. Symbolisch heißt das, so selbstverständlich klappt das Überpinkeln nicht, Hunde haben es leichter. Riskner wird jetzt rudern, Schlagke kommt so geschickt zu mir rüber, dass das Boot nicht mal wackelt und setzt sich neben mich. Riskner stößt das Boot vom Ufer ab und springt rein, dass soll gekonnt aussehen, wirkt aber ein bisschen verkrampft. Er rudert raus und stemmt sich in die Riemen, er will Körperkraft vorführen. Schlagke packt den Fotoapparat aus Riskners Tasche, lässt sich erklären wie das Ding funktioniert. Riskner macht Understatement, er wisse vieles noch nicht, man könne den Apparat richtig programmieren, aber dafür habe er bisher keine Zeit gehabt. Schlagke schießt nun ein paar Fotos von seinem agilen Direktor, der dabei erzählt, wie er dies brauche, sich auszuagieren, auch im Urlaub: „Meiner Frau gefällt das gar nicht, aber da bin ich ein Egoist, Rudern und Segeln usw., das brauch ich. Da merkt man erst, dass man lebt. Segeln natürlich ohne die Kinder, das ist ja gefährlich, erst jetzt sind am Bodensee wieder Segler ertrunken." Ich höre eine Weile zu, wie er erzählt, was alles nötig ist um richtig in Schweiß zu geraten, wie toll das sich anfühlt, wenn man abends so richtig zerschlagen ins Bett fällt, und todmüde ist, und dabei weiß, man hat Urlaub und kann am nächsten Tag ausschlafen. Vor allem auch zu wissen, was man zu leisten im Stande ist, was man körperlich noch drauf hat. Ich werfe einmal ein: „Das ist nötig, wegen dem Spannungsvolumen in der Bank?" Riskner bejaht: „Ich will nicht mit 50 über die Klinge springen, dafür muss man was tun. Meiner Frau ist das schon unangenehm, wenn wir in Urlaub gehen, aber sie kann eben nicht nachvollziehen, dass ich kein Bedürfnis verspüre, in ein paar Jahren den ersten Herzinfarkt zu bekommen." Das ist keine Information für Schlagke, sondern eine für mich, was reziprok auf das Interesse an meinem Machtvolumen verweist. In den vergangenen Monaten hatte ich immer wieder einmal die seltsame Vorstellung genießen dürfen, dass Riskner mit angewinkelten Armen und geblähten Backen durch die Bank rannte, es sollte sportlich aussehen und wirkte auf mich sehr komisch: So ein großer Junge, braun gebrannt mit eng anliegendem, eine Kappe gleichen, kurz geschnittenem Haar, noch keine vierzig aber schon grau gesprenkelt, mit einem ziselierten Oberlippenbart, in Anzug mit Weste, weißem Hemd und exakt gebundener Krawatte. Wie sollte ich so ein Knetgummimännchen ernst nehmen – ich musste viel eher dafür sorgen, mich ihm nicht auszuliefern!

Das Wetter hält die Zwischenlage, es regnet nicht, aber die Sonne kommt auch nicht raus. Riskner betont einmal, wie schön das hier sei, störend nur die vielen Touristen, die scharenweise von den Bussen ausschwärmen. Beim Abendessen sagt er noch mal so was ähnliches, da widerspreche ich dann mit dem Hinweis, dass wir nichts anderes sind. Riskner macht eine abwiegelnde Bewegung: „Wir doch nicht, aber so ernst habe ich das nicht gemeint – ich bestehe nicht darauf." Er rudert quer über den See, ich weise ihn einmal auf einen Raddampfer hin, das ist kein Problem, der ist noch weit weg. Schlagke erklärt, dass Zusammenstöße auf dem Wasser auch viel glimpflicher ausgehen, das gehorche anderen Gesetzen als an Land. Er erzählt, dass er als Junge mit seinem Bruder im

Schlauchboot den Neckar hoch und runter gepaddelt sei, gelegentlich sei die Wasserschutzpolizei gekommen und habe sie aufgefordert, das Boot zu kennzeichnen und dass sie in ganz schön haarige Situationen gekommen seien. Riskner fragt mich nach einer Weile: „Na, wollen Sie jetzt auch mal?" Davor hatte er schon signalisiert, dass das von Schlagke als schön warm bezeichnete Wasser doch fast dazu einlade, dass man über Bord gehen könne – wer bei der Seefahrt dazu gehören wolle, habe das mit einer Taufe zu beweisen. Irgendeine Novelle von Walser fällt mir ein, gute Literatur ist keine Unterhaltung, sondern die Dokumentation gewisser lebensgefährlicher Lebenslagen – ich muss mich nicht als Opfer präparieren lassen, um Aspirant der Bank zu sein. Wir wechseln vorsichtig die Plätze, Schlagke balanciert aus, das Boot schlaukelt nur ganz wenig. Die beiden sagen mir, wie ich die Ruder ansetzen soll, rechts etwas stärker als links, weil das Boot einen Tick nach links hat, ich frage nach, wie tief ich eintauchen soll, Riskner meint, dass das so recht sei, und ich rudere, während die beiden plaudern. Davor habe ich überlegt, dass ich mich von Innenleiter und Direktor rudern ließ, nun rudere ich die beiden, Riskner signalisiert gelegentlich mit der Hand die Richtung, in der ich stärker nachdrücken soll und dirigiert mich. Ich mache brav mit, weich und lernfähig und als er wieder mal lobt, wie schnell ich das könne, meine ich: „Das ist nicht das erste Mal, aber das letzte Mal war eben 1973." Ich vergesse, den beiden zu erzählen, bei welcher Gelegenheit das war, denke an das Trampen zum Lake Windermer, später fällt mir dann ein: das war schon 1972. Riskner unterstreicht lachend: „Das sind ja zwanzig Jahre her, alle Achtung!"
Ich rudere die beiden und sie unterhalten sich, ich höre zu und stelle mich auf das Boot ein. Es geht recht gut, bald kann ich sogar den Druck auf den Rudern verschieden dosieren. Irgendwann meint Riskner: „Na, ist es genug?" Ich meine darauf: „Muss noch nicht." Sie lassen mich noch eine Weile, es strengt nicht besonders an, dann sagt Riskner: „So, dann darf ich wieder." Wir tauschen die Plätze, vorsichtig in der Hocke bewege ich mich langsam an Riskner vorbei, als er hinter mir ist, beginnt das Boot mehr und mehr zu schaukeln, ich bemühe mich ganz ruhig und vorsichtig weiterzukommen, als das

Schaukeln noch stärker wird. Riskner strengt sich an, das Boot in Bewegung zu setzen, das ist ein Versuch, mich über Bord gehen zu lassen. Dann muss ich mich nicht mehr bemühen, die Bewegung auszugleichen, als ich kapiere, was das Schwein macht, drehe ich mich einfach schnell um und lande neben Schlagke auf der anderen Sitzbank. Während ich lachend sage: „Man kann sich einfach fallenlassen!" sehe ich, wie Riskner gebeugt im Boot steht und gerade noch ganz gezielt versucht, einen Drive reinzubringen. Jetzt ist selbst um Halt bemüht und gerät kurz aus dem Takt. Das ist immer das gleiche, die Ärsche leben von meiner Rücksichtnahme und pervertieren mein Einfühlungsvermögen. Wenn ich dann nicht mitspiele, darf ich zusehen, wie dieser Chef die Unterstützung von Schlagke braucht, der kurz nach vorne ruckt und ihn am Handgelenk festhält. Riskner simuliert, er habe sich selbst nicht weniger bemüht, das Boot am Schaukeln zu hindern, setzt sich dann schwerfällig hin, übernimmt die Riemen und beginnt langsam zu rudern, als sei nichts geschehen.

Nach einiger Zeit sind wir wieder bei den anderen, Riskner fragt: „Wo ist der Kwäsl?" und rudert in dessen Richtung. Als Kwäsl die Intention bemerkt, beschleunigt er, Riskner stemmt sich in die Riemen, aber Kwäsl rudert schneller. Riskner spielt den schlechten und humorlosen Chef: „Herr Kwäsl, sie sind entlassen!" Eigentlich nur eine Entlastung, er zitiert den schlechten Chef, der nicht verlieren kann, tut so, als ginge es um ein Wettrudern... – um mir dann den restlichen Tag vorzuführen, dass er mir meine Überlegenheit nicht übel nimmt, sondern dass alle Mitarbeiter aufgefordert sind, mich zu vereinnahmen. Er erzählt eine Geschichte von Herrn von Aufschrayber, einem der Bosse, der solche Kleinigkeiten gar nicht vertrage. Wenn ich mich recht erinnere, war Aufschrayber jene fette, missratene Ausgeburt der Zentrale in Saarbrücken, mit dem am Anfang, nachdem ich die ersten zwei-drei Tage in der Bank war, direkt neben meinem Arbeitsplatz am Kopierer von einer echten Konzeption gesprochen werden musste – so sehr hatte diese Leute beeindruckt, dass mich der Sächsische Staatsminister zu einer Konzeption für das ehemalige Becher Literaturinstitut beauftragt hatte. Riskner übt sich in Selbstdementierung und meint: „Aber so ernst ist es ja nicht!"

Er ruft wieder rüber zum anderen Boot, diesmal muss er klar vorführen, dass er nicht ernst genommen werden will: „Herr Kwäsl, die Prokura ist gestrichen" – sie hatten sich davor im Bus schon darüber unterhalten, dass Kwäsl seit dieser Woche die Prokura hatte, alle Informationen, die ich haben sollte, wurden mir wie nebenbei zugespielt.

Die für die Boote gebuchte Zeit geht dem Ende zu. Eine Weile tummeln sich die Leute noch in der Nähe der Anlegestelle, dann verschwindet einer nach dem andern, vor uns rudert Kwäsl, am Schluss kommen wir. Riskner schaut auf die Uhr, dann auf die Bootskarte, sagt: „Das ist noch Zeit, ich sehe nicht ein, denen was zu schenken." Während wir trödeln, sehe ich wie einige an der Anlegestelle stehen, Schlaser erkenne ich am grünen Kittel, er entfernt sich schon Richtung Straße. Schon vor dem Tausch der Plätze hat Riskner einmal nach der Zeit gefragt, und weil ich nicht kapierte, dass er sich auf die Gültigkeitsdauer der Karte bezog, habe ich auf den Kirchturm am Ende des Sees verwiesen, wir seien zu weit weg, ich könne die Zeit nicht ablesen. Als wir später näher dran waren, sagte ich: „Es ist jetzt kurz nach halb drei!" Direktor und Innenleiter taten erstaunt, hatten wohl nicht mehr an die Frage nach der Urzeit gedacht. Ich sagte mir, dass die Zeit zu schnell vergangen sei und erst jetzt, als Riskner auf die Bootskarte schaut und dann seine Armbanduhr zu Rate zieht, wird mir die Absurdität bewusst: die Banker trugen natürlich Armbanduhren! Daraus lässt sich folgern, was die über mich gedacht haben müssen, als ich meinen Zeitbezug am Index Kirchturm festmachte: Ich trage keine Uhr mehr, seit ich von zu Hause ausgezogen bin – nach der Scheidung meiner Eltern hatte mir meine Mutter eine Taschenuhr zum Abschied geschenkt und der Alte hatte vor meinem Auszug nichts besseres gewusst, als diese Uhr verschwinden zu lassen. Überall waren Uhren, man konnte ihr Sklave sein – aber nachdem erst einmal beschlossen worden war, dass ein durch Urlaubsvertretungen im Buchhandel expandierendes Bücherregal notwendig war, um ins Imaginäre der Archive auswandern zu können, hatte ich keine Uhr mehr nötig gehabt. So weit weg bin ich von der Zeitrechnung dieser Banker und doch wird es nicht allzu lange dauern, und wir würden die Auswahl zwischen einer Handvoll anspruchsvoller Uhren haben: Longines oder Cartier, Rado, Tag Heuer oder Raymond Weil, auch ein Tourbillon hatte sich eingefunden – man musste nur für das richtige Luxusmagazin telefonieren, dann ergaben sich wie von alleine die nötigen Gegengeschäfte und außerdem brauchte es kleine Prämiensysteme, um diesen kompletten Schwachsinn auszuhalten.

An der Anlegestelle meint Schlagke mit einem Vertrauenston der lauteren Personalführung in der Stimme: „Steigen Sie ruhig aus, ich bleibe solange sitzen." Jetzt meint der Innenleiter zeigen zu müssen, wie sehr er sich bemüht, damit das Boot nicht wackelte – daraus ist zu schließen, dass er vorhin seinen Direktor unterstützt hat. Kwäsl, Fipfe und Semper warten noch auf uns, während die anderen sich schon in der Menge verloren haben. Kwäsl weiß, dass sie zu dem Uhren- und Antiquitätenshop gegangen sind, wir gehen unschlüssig in die Richtung, bis ich rechts davon in einem Biergarten den grellen Fleck von Schlasers Jacke entdecke, daneben Frau Schwartz und Dewitz. Ich zeige hin und meine: „Die sind da drüben." Wir gehen hin, werden begrüßt, als hätten wir uns schon lange nicht mehr gesehen, Dewitz und Schlaser halten sich schon wieder gut gelaunt an ein paar Bierkrügen fest, Frau Schwartz sagt zu Riskner: Die Damen sind bei Kaffee und Kuchen im weißen Pavillon. Fipfe, Semper, Dewitz und Kwäsl machen sich auf, um rüber zu gehen, ich bleibe unschlüssig stehen, ich sollte zur Stelle sein, wenn der Direktor auf die Idee kommt, sich mit mir über meine berufliche Zukunft zu unterhalten. Riskner grient mich an und meint: „Es gibt in diesem Biergarten nur Wein und Bier – dann tut es mir leid, dann muss ich hier bleiben." Er zieht seine Jacke aus, legt sie sorgfältig locker über die Bank, Schlagke setzt sich neben ihn. Ich bin immer noch unschlüssig, will nicht schon wieder ein Bier, Schlagke nickt in meine Richtung und ich sage: „Dann gehe ich auch rüber, allein schon wegen dem Alkohol." Schlagke lacht und scheint meine Entscheidung zu bestätigen, aber vermutlich ist er nur froh, wenn ich eine Weile weg bin. Ich gehe hinter dem Grüppchen her, habe ein fragliches Gefühl, ob es nicht besser wäre, dran zu bleiben. Aber nach der Bootsfahrt halte ich es für falsch, mich aufzudrängen, nach Riskners Machtspiel würde ich mir noch ganz andere Sachen gefallen lassen müssen, wenn ich es jetzt nötig hatte, subaltern kleben zu bleiben. Es hat schon genug weibliche Strategie gekostet, bei denen im Boot zu landen. Als das Grüppchen um Kwäsl im Pavillon verschwindet, muss ich mich beeilen, um sie in der Masse von Leuten nicht aus den Augen zu verlieren. Ich renne schräg über die Straße, beschleunige, wie ich es seit einiger Zeit wieder kann, und bin an der aufwendig schweren Tür, als sie gerade wieder ins Schloss fällt. Ich fädele mich im vorderen Raum zwischen den eng gestellten Tischen durch, an denen vor allem tratschende und lärmende, fette, alte Weiber sitzen, dazwischen hin und wieder ein sich produzierender Rentner, ein paar Japaner und in einer Ecke eine laute Gruppe Amis. Ich sage mir, dass Blödheit und Lebenslüge korrelativ zu der Menge an Fett sein mussten, die die Leute zu sich nahmen. An der Theke vorbei durch die nächste Tür komme ich in eine Art Wintergarten mit Seeblick, entdecke in der linken Ecke das Grüppchen Banker, das sich mit softeren Stimulantien des Glücks zufrieden geben kann. Ich setze mich dazu, ein wenig außer Atem. So ekelerregend mir früher das Getratsche bei Kaffee und Kuchen erschienen war – obwohl ich exzessiv gesoffen hatte –, war es mir hier im Augenblick wesentlich angenehmer, als dort drüben auf den Volksfestbänken, wo die harten Banker Bierkrüge stemmten. Ich bestelle ein Kännchen Tee und ein Stück Schwarzwälder Kirschtorte. Dann steht das heiße Kännchen vor mir, und ich kann den Tee nicht eingießen, so zittert mir die Hand – das Rudern hatte die seit einem Jahr lahm gelegten Muskeln wach gekitzelt: Das war mein letzter Job als Packer gewesen und danach gab es keine Zeit mehr für irgendwelches Muskeltraining. Die Muskeln zucken nun unkontrolliert vor sich hin, das hat den gesamten Unterarm ergriffen – ein bisschen wundert es mich, dass Muskeln innerhalb eines Jahres derart abbauten. Semper kichert, ich versuche es noch einmal, stabilisiere die Kanne mit dem linken Zeigefinger und verbrühe meine Fingerkuppe, das gibt eine kleine Brandblase. Ich erkläre Semper: „Das ist alles Gewohnheit. Ich müsste das üben, dann wäre es schnell kein Problem mehr. Ich bin seit 20 Jahren nicht mehr gerudert." Ich habe gewaltige Mühe, die Tasse einzuschenken, totales Zittern. Semper ist es nun peinlich, während die anderen so tun, als bemerken sie gar nichts, sich lebhaft unterhalten, Frau Kauschwer hat ein richtig fettes Grinsen im Gesicht. Ich esse den Kuchen, halte mir mit der linken Hand den Teller fast unters Kinn, habe so nur einen kurzen Weg zu überbrücken und kriege das halbwegs hin. Dann gehe ich pinkeln, schaue im Treppenhaus nach einem Telefon, um dich anzurufen, finde keines. Ich gehe wieder zurück zu dem Tisch, die zweite Tasse Tee kann ich schon halbwegs normal eingießen und an den Mund führen. Jetzt ist die Rede davon, ob wir Minigolf spielen würden oder Wandern gehen sollten. Ich plädiere für Wandern, die anderen übergehen das, Dewitz will zum Minigolf. Wir zahlen, es haut mich fast um: 12 Mark für das bisschen Scheiß für Schwarzwald-Touristen! Ich sage mir: schade um das Geld und denke, dass das eine berufliche Investition darstellt... um viel mehr Geld bei diesen kleinen Spießern verdienen zu dürfen. Riskner hat davor einmal betont, dass hier die Schwarzwald Klinik gedreht worden sei, das war doch was, und ich hatte darauf erwidert dass das nicht viel sage, denn wenn ein Stuttgarter Tatort gedreht wurde, sehe man, wie der Mörder die Willi-Reichert Staffel hochgehe, und oben angekommen, biege der einfach in die Feuerbacher Heide am Killesberg ein, das Landhaus dort, wo der Mord geschehe, stehe dann aber in Berg, ganz in der Nähe des Funkhauses. Riskner und Schlagke haben auf solche Insider-Informationen reagiert, wie man reagiert, wenn man nicht zeigen will, dass man nicht mitreden kann – sie tun, als hätte ich überhaupt nichts gesagt. So geht es mir in diesen Zusammenhängen öfter, die Kategorie Verleugnung dient solchen Leuten als Surrogat für das Realitätsprinzip: Wenn ich irgendwas aus meinem Repertoire anzubringen wusste, das die Banker hätte interessieren oder ihnen eine Erklärung liefern können, schienen sie nicht zu hören, was ich sagte und schnell ging das Bedürfnis verloren, überhaupt etwas zu sagen, das über die konventionellen Floskeln hinaus ging. Dabei hatte ich mich bemüht, um nicht wieder in eine Lage zu kommen, in der Buchhändlerinnen über mich verbreiteten, ich sei mir zu fein dazu, überhaupt mit ihnen zu reden. So wird die Wirklichkeit für die kleinen Spießer hergestellt und eine Schwarzwald Klinik, die für angepasste Doofe gedacht ist, passte genau in diesen Kontext. In der Unterhal-

tung, in den Freizeitveranstaltungen muss der Bedarf an Verleugnung und Nicht-Wissen-wollen ständig nachproduziert werden.
Wir gehen los, Dewitz und ich voraus, die Damen bleiben zurück, Kwäsl ist kurz verschwunden. Dewitz kommt plötzlich auf die Idee: „Wir könnten eine Radtour machen: Die Räder können wir an den Hotels leihen." Ich muss lachen: „Mir zittern jetzt noch die Arme vom Rudern, was meinen sie, wie das nach dem Radfahren aussieht! Ich bin seit 25 Jahren auf keinem Rad mehr gesessen, ich würde vermutlich nur runterfallen."
Unterhalb des Biergartens ein Stück den Weg entlang entdecke ich eine ganze Reihe Telefonzellen. Ich sage: „Ich rufe mal zuhause an!" und lasse Dewitz weiterlaufen, biege ab, um mich dort in einer Schlange hinter einer der Zellen anzustellen. Es dauert bis ich dran komme, ich mache noch den Fehler, die Schlange zu wechseln, als die neben meiner auf zwei Figuren geschrumpft ist und dann stelle ich fest, dass der vorher noch hinter mir wartende Neger im weißen Sweatshirt schon wie ein selbstgefälliger Ami telefoniert, während die Oma vor mir noch immer so jammert, als werde sie nur noch von ihrer Lodentracht in Form gehalten, der armen Frau geht es so schlecht, dass kein Ende abzusehen ist. Ich versuche, nicht hinzuhören, das ist so erbärmlich, wie wenig solche Leute bei einem riesigen Aufwand mitteilen können, aber vielleicht geht es ja gar nicht um die Lexeme, vielleicht reicht es schon, wenn sie die Energien rüberbringt, um ein bisschen von ihrem Elend auf anderen Schultern zu verteilen. Dann bin ich endlich dran, das lautstarke Geschnatter um mich herum sorgt dafür, dass ich erst einmal das Freizeichen nicht höre. Ich rufe dich an, erzähle, dass keine Gefahr besteht, dass alles gut laufe... und als Kai Wah dann ins Telefon bellt, muss ich mich anstrengen, um die Tränen zurückzuhalten. Das ist die Spannung unserer Ausweglosigkeit, auch die Angst, die ich hatte, dich allein zu lassen... Ich berichte kurz vom bisherigen Verlauf, dann ist die Mark schon abtelefoniert, du hörst dich gut an, das Herz klopft mir bis in den Hals hoch.
Ich lasse mir etwas Zeit und gehe dann hoch in Richtung Biergarten, treffe auf dem Weg auf die Sekretärinnen. Frau Kauschwer meint schnippisch: „Ach waaas?" Ich erwidere: „So ein Zufall, so klein ist

die Welt, ich hätte nicht gedacht, dass ich Ihnen hier begegne." In den nächsten Wochen sollten wir ihr ein paar Mal auf unserem Morgenspaziergang unterhalb des Berliner Platzes über den Weg laufen – sie ging zur Bank und wir zum Kräherwald. Beim ersten Mal meinte sie noch hochmütig vorbei zu kommen, ohne mich bemerken zu müssen und dann sah sie dich, die weibliche Rivalität erledigte den Rest. Wenn wir Riskners Sekretärin in den nächsten Wochen begegneten, wurde sie so rot, dass es durch die dicke Schicht Schminke zu sehen war, Schritt für Schritt, über den Umweg seiner Delegierten, verpasste ich Riskner die Erfahrung, dass er bei mir nicht mithalten konnte.

Es würde nicht einmal zwei Jahre dauern, bis ich dem Leiter der Stuttgarter Niederlassung des Schweizerischen Bankvereins eine Anzeigenserie zu verkaufen versuchte und als Köder ein Interview einsetzte. Er ließ mich mehrmals kommen und warten, brauchte mehrere Ansichtsexemplare, die dann immer wieder verschwunden waren und als ich ihm dann endlich gegenübersaß, stocherte er auf das Titelblatt rum und meinte mich nach dem langen Hinhalten klein genug gemacht zu haben, um straflos behaupten zu können: „So einen Wagen", er zeigte auf den Ferrari, „werden Sie nie fahren und so eine Frau, „er bohrte an dem Model auf dem Titelblatt rum, „werden sie nie besitzen!" Das war das Niveau eines internationalen Bankers, der mit seinen Fehlentscheidungen Millionen versieben konnte... Zufällig hatte mir zu dieser Zeit ein Autohändler einen Maserati im Gegengeschäft angeboten – mal abgesehen davon, dass ich es nie für nötig befunden hatte, den Führerschein zu machen, brauchte ich im Bücherregal nicht – und wie von allein ergab es sich in der nächsten Zeit, dass wir mit den Hunden auf der Strecke vom Berliner Platz zum Herdweg waren, als dieser verstümmelte Krüppel in seinem Jaguar-Daimler an uns vorbei musste und mich erkannte, fast an derselben Stelle wie die Delegierte Kauschwer. Oder dass er einmal an der Lange Straße, auf dem halben Weg zu meiner früheren Pariser Bank, hinter dir am Briefkasten warten musste, während Du ein paar Ansichtsexemplar einwarfst, und ich beobachten konnte, wie dieser verklemmte Depp wegen eines kurzen Höschens und einer luftigen Bluse unruhig wurde und Stress bekam, er wirkte wie ein vorzeitig in die Jahre gekommener Gymnasiast – ich stand an der nächsten Ecke und wartete mit den Hunden. Die Orte hatten sich mit meiner Kraft aufgeladen, so seltsam das war, aber die Auswege aus einer ausweglosen Intrige hatten sich an jenen Punkten ergeben, an denen es mir gelungen war, die kleinsten Delegierten der Delegierten der Leute auszuschalten, die gemeint hatten, meine Gegner sein zu wollen. Zwei Jahre, der Schweizerische Bankenverein würde mir einen Umsatz von etwa 30000 Mark bescheren, denn wenn man nicht mithalten konnte, musste man sich freikaufen, das hatten nur Bildungsbeamten nicht kapiert. Aber jetzt war ich noch nicht so weit, jetzt musste ich mich für jede Mark ein paar Mal bücken und akzeptieren, dass der letzte Scheiß an mich ran geredet werden konnte. Aber vermutlich hatte ich hier mein Repertoire an der Psychologie von Bankern angereichert, dieses Wissen musste mir wohl nur aus der Zukunft entgegen kommen, auch wenn es zu der Zeit so aussehen sollte, als würde ich keine Zukunft mehr haben.

Wir gehen hoch, stehen unschlüssig vor den vollgepackten Bänken, irgendwo im Gewühl wird gewunken. Immer wieder fällt mir auf, wie wenig diese Leute wahrnehmen, als seien sie so in ihren Familiengeschichten eingewickelt, dass die Sinne nur die Informationen liefern können, die sie so oder so erwarten. Ich bin in der Regel schneller und sehe zudem alles Mögliche, was sie angehen könnte, aber wohl abgeblockt wird. Ich sage den Damen: „Wir sollen kommen!" und zeige in die Richtung. Frau Kauschwer lacht breit raus, wir gehen hin. Die Banker bestellen gerade die nächste Runde Bier. Frau Klits erklärt halblaut: „Wenn Schlaser zuviel getrunken hat, wird es unangenehm. Ich kenne das schon, das geht ganz schnell, man merkt es ihm nicht an, und auf einmal sucht er Streit oder er wird weinerlich. Ich meine, er ist jetzt bald soweit." Die Damen Vogel, Kauschwer und Klits beschließen, spazieren zu gehen, ich gehe mit. Wir laufen an den Andenkenläden entlang, sie schauen in die Auslagen, ich bummle währenddessen davor auf der Straße rum. Wir kommen zum Zentrum, verlassen dort die Fußgängerzone, gehen einen kleinen Weg hoch zu einer Kirche, sehen von dort aus den Golfplatz, sagen uns, dass wir mal reinschauen können, und trotten gemächlich hin. Dann gehen wir wieder zurück zu den anderen – irgendwie ist das erbärmlich, wie inhaltleer alles ist, was die Banker zustande bringen. Und mittlerweile kapiere ich, wie leicht es einmal gewesen war, ein alternatives Rollenverständnis einfach auf der Ablehnung all dieser Hohlheiten aufzubauen. Zur Strafe durfte ich nun nicht einmal mehr zu erkennen geben, was ich von der fundamentalen Beklopptheit hielt, von den vielen kleinen Besessenheiten der alltäglichen Normalität ganz zu schweigen.

Ich schlage noch einmal eine Wanderung um den See vor, das Sekretariat scheint nicht abgeneigt. Kwäsl lacht, ich weiß nicht, ob über meinen Vorschlag oder über eine Bemerkung des Direktors, und als er sich bückt, fallen ihm verschiedene Sachen aus der Brusttasche seines Hemdes. Die Kamera schlägt hart auf, er schaut entsetzt, nimmt sie eifrig hoch, um zu sehen, ob sie kaputt ist. Auf der Rückseite ist ein Bügel abgebrochen – das war die Negation in der spaßigen Drohung, die Procura zu canceln: Wo fast nichts wirklich stattfindet, beginnen die Worte eine eigene Wirklichkeit zu werden. Wir warten beim Biergarten auf die andern und dann heißt es: Minigolf spielen! Minigolf ist eine ideale Gelegenheit, um eine Gruppenzugehörigkeit einzuüben – und ich kann vorführen, wie sanft und konzentriert ich mitmache, und meine Fähigkeit, Distanzen einzuhalten, auch so zu handhaben ist, dass ich nicht anecke. Wir gehen denselben Weg wieder zurück, die Leute sind abwartend, die vielen Touristen werden belächelt, Schlagke macht müde Späße, insgesamt glaube ich eine Erschöpfungsphase zu bemerken, die engagierten Säufer sind erstmal recht leise geworden. Am Minigolfschalter in einem grün angestrichenen Gartenhäuschen mit roten Fensterläden lösen sie Karten, Riskner als erster. Ich stehe weit hinten in der Schlange und komme recht spät dran, lege zwei Mark hin, weil ich mich erinnern kann, dass irgendjemand erzählt hatte, das koste 1,50. Der fette Typ hinter der Geldkassette guckt komisch ungläubig und Dewitz lacht meckernd hinter mir, die Runde kostet drei Mark. Jeder bekommt ein Klemmbrettchen mit einem Tabellenzettel, einen Schläger und einen Ball. Riskner fängt an, hinter ihm folgt Fipfe, dann der Rest, ich am Schluss. Frau Vogel zeigt sich sehr hilflos, Dewitz Schlaser und Weiß führen die Profis vor, von Spielfeld zu

Spielfeld zeigt sich die verbindende Funktion mehr. Ich achte darauf, dass ich nicht immer der letzte bin, Dewitz macht Späße, zeigt Frau Vogel, wie man den Schläger hält, verbalerotische Anspielungen sorgen dafür, dass kräftig gelacht wird, irgendjemand beginnt mit dem Namen Musik zu spielen. Zwischendurch lassen wir ein Elternpaar mit zwei Kindern vor, die sollen nicht an jedem Feld hinter uns warten müssen, bis auch die Nummer Dreizehn eingelocht hat. Kwäsl und Schlagke bleiben in meiner Umgebung, sind freundlich und geben unterstützende Tipps, die ich dankbar annehme, obwohl ich mich noch recht gut daran erinnern kann, dass ich das Ende der Sechziger häufig in den Ferien im Odenwald mit den Pfarrerskindern von nebenan gespielt hatte. Ich konzentriere mich, lasse mich auf das Spiel ein, bekomme soweit das Gefühl für den Schläger. Ich bemerke Rückwirkungen bei den anderen, meine ruhige Konzentration und Gelassenheit beeindruckt die Leute, sie beginnen sich anzuähneln, die Späße und Sprachspiele werden entspannter und gehen immer mehr auf Vereinnahmung. Wenn ich das Schreibbrettchen auf den Boden lege, kommt es immer wieder vor, dass Kwäsl es nimmt, für mich aufschreibt, es für mich hält, Dewitz oder Schlaser dürfen loben, wie gut ich schon bin, ich darf dementieren und hin und wieder gelingt mir ein Superschlag aus Anfängerglück. Einmal sage ich vermittelnd zu Schlaser: „Ich habe gesehen, was sie gemacht haben, und ich dachte mir, das versuche ich auch so!" Er freut sich und ich denke, das war die richtige Dosierung, dass er sich von der Erwartung verabschieden kann, ich würde versuchen, ihn auszubooten oder bloßzustellen – nichts anderes war von Anfang an sein Problem gewesen. Riskner und Fipfe sind immer zwei Felder voraus und müssen dann wieder auf uns warten, Riskner nützt die Gelegenheit und schießt Fotos. Als es nach und nach auf unseren Termin zugeht, fordert er uns auf: „Die, die schon fertig sind, brauchen nicht warten, können gleich bei nächsten Feld weitermachen!" Aber es hält sich keiner dran, die Stimmung ist jetzt ausgelassen und spannungsfrei, warum sollte sich einer eilen, warum der Stress. Schließlich, um kurz vor acht wird ausgezählt, Dewitz, Schlaser, Schwartz sind die Renner und haben unter 50 Schlägen, ich habe 65, Riskner und Fipfe über 70 – Riskner hatte bei einzelnen Feldern währenddessen immer wieder betont, er habe sieben, das sei schwer, da sei nichts zu machen usw.

Wir gehen zum Hotel am See, auf dem Parkplatz an der rechten Seite steht der Bus, der Fahrer tigert davor auf und ab und macht schon auf die Entfernung einen seltsamen Eindruck. Dewitz und Schlagke laufen hin, er scheint ihnen was vorzujammern. Wir gehen hinterher, Riskner als Verantwortungsträger hört mit ernster Miene zu, was der Fahrer berichtet. Als er telefonieren war und seine Frau angerufen hat, ist der Bus aufgebrochen worden: „Das waren Profis, die auf so was spezialisiert sind, das muss blitzschnell gegangen sein, und dem Schloss ist fast nichts anzusehen. Sie haben meine Kasse und die Papiere geklaut, fünfhundert Mark, einfach futsch!" Riskner spielt auf entsetzt, er habe noch überlegt, ob er seine Tasche drin lassen solle – die Theatralik ist etwas zu übertrieben, ich weiß nicht, ob der nur so schlecht schauspielern kann oder ob er will, dass es so künstlich rauskommt – wenn Schlagke den Innenleiter vorspielt, ist das ein gleiches Strickmuster. Mir geht durch den Kopf, dass ich meinen Schirm im Wagen gelassen habe, überlege, wo die Negation zu verorten ist, die hier zum Tragen kam, die am Fahrer als dem schwächsten Glied der Gruppe abgeleitet wurde. Riskner betont: „Die Leute sind zu gleichgültig, die schauen einfach zu, wenn so ein Verbrechen geschieht. Die Typen hätten sonst nicht einfach abhauen können. Das geht doch nicht, da muss man eingreifen, ich halte es in solchen Fällen für zwingend notwendig, dass man sich einmischt, dass man den Mut hat, zu zeigen: so geht das nicht!" Die Rolle des engagierten Riskner ist eine Vorstellung für mich, aber vermutlich hält er mit dieser Moralpredigt den Gedanken auf Abstand, dass er als Chef eine gewisse Verantwortung übernehmen sollte – alle anderen sind gefragt, die Gemeinschaft als Ganze hat tatsächlich dafür gerade zu stehen.

Wir gehen ins Hotel, Dewitz bleibt noch ein paar Minuten beim Fahrer, er hatte ihn engagiert, und sie kennen sich vom Campingplatz. Später dann, als es heißt, ob der Fahrer nicht auch am Essen teilnehmen wolle, winkt er ab: „Der will jetzt nur seine Ruhe, das habe ihn sehr aufgeregt!" Wir laufen durch eine Eingangshalle unter Glas, dann durch eine Art Speisesaal, schließlich zu einem Neben- oder

Konferenzraum, es ist sehr warm da drin. Der Raum hat holzvertäfelte Wände, in kleinen Nischen hängen zweiarmige Leuchter, die einen schummrigen Schein verbreiten, die Fenster sind mit Draperien verhängt. Eine Bedienung fragt, ob wir mehr Licht haben wollen und dann produziert ein mächtiger Kronleuchter über dem Tisch die nötige Helligkeit. Riskner setzt sich an die Breitseite links, Gatterer und der Neue sitzen links von ihm, ich setze mich rechts an die Längsseite, Fipfe neben mir, dann Kwäsl, Schlagke, Dewitz – um die Ecke, Vogel und Kauschwer, dann Schwartz, Schlaser und Klits, die Feierbegeisterten sitzen dem Direktor also gegenüber. Die Bedienungen bringen Karten in voluminösen Ledermappen, zehn Seiten so dick wie ein Buch, die einzelnen Gerichte in zwei Zentimeter großen goldenen Lettern – wie für Analphabeten – noch cleverer wäre es, neben großen Fotos auch Geschmacks- und Geruchsproben zu präsentieren. Die zwei überflüssigen Gedecke werden abgetragen und wir dürfen schon mal die Getränke bestellen. Die Damen im traditionellen Dirndl mit extra weißen Blusen sind eifrig und leise, Riskner richtet sich an die sie beaufsichtigende Hausdame. Ein ausgemergelter Drache, mir fällt auf wie blass und elend sie aussieht – als müsste ein extremes Maß an Disziplin eine Krankheit in Schach halten.

Ich bestelle einen milden Rotwein und nehme mir vor, das Viertel so einzuteilen, dass es den Abend lang halten wird. Mich frappiert, dass die Menüauswahl, die ja bei der Vorbereitung in der PARISER BANK so wichtig gewesen war, weggefallen ist – die Liste, die Schlaeger einmal hatte rumgehen lassen, die sogar noch einmal korrigiert werden musste, weil irgendwelche Sachen bei einer so großen Gruppe nicht selbstverständlich waren, war gar nicht wieder aufgetaucht, es war nicht einmal mehr die Rede davon gewesen. Jeder kann sich selbst zusammenstellen, was er essen möchte und aus Redefetzen und Andeutungen ist zu erschließen, dass erst ab 20 Personen eine Vorbestellung nötig ist. Einigen fällt jetzt auf, wie warm es hier ist, ein Wispern und Raunen bei den Sekretärinnen, Frau Kauschwer meint: „Das ist doch eine Unverschämtheit gegenüber den Gästen, jetzt im Sommer so zu heizen." Ich stehe auf und mache eines der Fenster hinter mir auf, die beiden anderen lassen sich nicht öffnen und schlage vor, dass wir die Heizungen runter drehen könnten. Aufgrund der zustimmenden Blicke mache ich das bei den beiden Thermostaten in meiner Reichweite, Kwäsl nimmt sich die an der Wand vor. Durch das Fenster kommt kühle Luft rein, die noch immer nach Regen riecht, außerdem die Geräusche vom Parkplatz, zuschlagende Türen, müde und unzufrieden quengelnde Stimmen, anfahrende Autos.

Die Bedienung serviert die Getränke und nimmt dann die Bestellungen auf. Ich habe mit dem Menü Zwei geliebäugelt und dann bestellt Riskner eines und Gatterer bestellt eines, so zögere ich kurz, weiß nicht recht, ob ich dazu stehen soll und bestell es dann doch. Die anderen nehmen ausgefallenere und wesentlich teurere Sachen. Gatterer, der sich mir gegenüber hingesetzt hatte, kommt jetzt rüber und setzt sich neben mich und Riskner geht auf den zweiten freien Platz. Riskner betont: „Das ist eigentlich Schlaegers Platz, es ist dann an Ihnen Gatterer, die Rechnung zu bezahlen." Er unterstreicht noch einmal: „Wie schade, dass Schlaeger nicht mitkommen konnte", und setzt dann positive Signale: „Aber wie schön es doch ist, einmal ganz zwanglos gemeinsam Minigolf zu spielen", als müsste er damit dies Zeichen setzen, das die Verabschiedung eines Konkurrenten aus der Pariser Zentrale besiegeln soll. Einmal meint er: „Wir haben Grund, anzustoßen, schließlich ist bei dem Einbruch nichts von uns weg gekommen!" Ein anderes Mal lobt er die schöne Landschaft und den See und stört sich an den vielen Touristen. Zum Minigolf weiß ich nichts, das ist schon sehr doofe Konversation, aber zu den Touristen wage ich den Einwand: „Aber wir unterscheiden uns von denen gar nicht, wir sind ja auch nur hier, um die Landschaft und den See zu konsumieren" – Riskner lässt das nicht gelten, er argumentiert nicht einmal mit Worten, setzt nur zu einem: „Ja aber hören Sie..." an und schneidet so heftige Grimassen, dass ich meinen Einwand förmlich zurückziehe: „Aber natürlich ist das etwas anderes!"

Er unterhält sich dann mit Gatterer über alles Mögliche. Über die Themen eines Bankboten scheint er gewohnt zu sein, an irgendwelche Informationen über die anderen Geschäftsbanken zu kommen, Gatterer pflegt private Kontakte zu einige Kollegen, über die er wohl etwas erfährt oder von denen er manches weiß. Sie reden über das kaputte Knie und die Möglichkeiten der Orthopädie, die Kunststücke, die ein Physiotherapeut zustande bringt – das Thema wird ausgetappt, um mir zu zeigen, dass Riskner sehr wohl in der Lage ist, sich um die Themen von jemandem zu kümmern, der aus einem ganz anderen Lebensbereich kommt und ich also eine Chance verpasst haben soll. Gatterer bringt das Gespräch auf den Cholesterinspiegel: „Ich habe nie sehr fett gegessen und heute schneide ich jeden Fettrand, jede Kleinigkeit weg. Das war ja nur ein leichter Herzinfarkt, aber ich sehe die Sachen seitdem mit ganz anderen Augen – und dann gibt es noch so viele verborgene Eier, in den Nudeln, in der Wurst." Riskner schüttelt verständnisvoll den Kopf: „Ein paar kleine Laster muss man sich auch erlauben können. Fitness ist alles, treiben Sie Sport, halten Sie sich fit, dann ist das Cholesterin sogar gut für Ihre Gelenke!" Gatterer genießt die Zuwendung, er kommt gleich mit dem nächsten, was seinen inneren Monolog setzt hat: „Und dann das Aids-Risiko! Was bleibt denn da von den kleinen Lastern übrig?" Riskner meint: „Das ist hier bei uns kein wirkliches Problem, eher eine Sache der Dritten Welt..." Und schnell sind sie bei der Verknappung der Rohstoffe, dann beim Umwelt-Gipfel in Rio, und Riskner betont: „So traurig das Schlagwort Insel Europa auch klingt, es hat doch etwas sehr beruhigendes." Gatterer träumt halblaut von seinem Haus in Österreich: „Nach der Pensionierung werde ich dort einiges selber machen, um Kosten zu sparen." Riskner unterstreicht: „Da würde ich mich auch drauf freuen, das ist eine schöne Beschäftigung!" Er gibt ihm gleich ein paar Tipps zu Abdichtmaterialien und den richtigen Fenstern, die er beachten muss. Ich höre ihnen mit einem Ohr zu, beim Ökothema sage ich auch mal was: „Das ist schon seit Generationen bekannt, aber immer konnte man es vor sich her schieben, während es jetzt plötzlich auf dem Pelz brennt! Manches kommt mir im Sinne der typisch deutschen Hysterie sehr übertrieben vor." Riskner nickt bestätigend. Ich kriege mit, dass Gatterer vor dem Job bei der Bank Schornsteinfeger war, 30 Jahre mit dem Fahrrad unterwegs, immer fit, zu Hause hat er noch den Zylinder und einen Chapeau claque. Ich schließe aus den Andeutungen, dass er zur Bank gewechselt hat, als sein Arbeitsplatz überflüssig wurde, nachdem es in der Stuttgarter Innenstadt nicht mehr erlaubt war, mit Kohle zu heizen – also war der Infarkt ein Werk der Bank, was mich überhaupt nicht wundert. Mit dem anderen Ohr achte ich auf die Gesprächsfetzen, die vom Rest der Mannschaft zu mir rüber wehen.

Die Vorspeisen und Suppen kommen, ich muss warten, irgendwann, die anderen haben ihre Suppe schon fast gegessen, sieht es wirklich so aus, als sei ich vergessen worden. Gatterer fordert mich auf, ich solle mich rühren. Ich wiegle ab, will durch keine Beschwerde unterstreichen, dass ich in diesem äußeren Rahmen ein Fremdkörper unter den Bankern bin. Ich warte bis die Bedienung wieder vorbeikommt, mache ein Zeichen, und sie übersieht mich einfach, Gatterer lacht. Um nicht zuzusehen, wie Gatterer jetzt die Sache für mich in die Hand nimmt, rufe ich: „Hallo!" Sie dreht sich um, ich frage neutral und freundlich leise: „Könnte es sein, dass Sie meine Suppe vergessen haben?" Sie zeigt ein Erschrecken: „Ich bringe sie gleich!" Riskner lächelt verschmitzt in meine Richtung, ich bekomme nach ein paar Minuten die Suppe, bin wirklich der Nachzügler. Schlaser und Schwartz sind schon die ersten, denen eine Riesenschüssel Pommes vor der georderten Grillplatte serviert wird. Ich rühre ausgiebig um, habe es eilig, puste auf den Löffel und koste, das ist noch sehr heiß, besonders das Spargelstück. Während ich es im Mund hin und her bewege, wünscht mir Riskner: „Einen guten Appetit!" Ein bisschen zu laut, ein bisschen zu überraschend, vielleicht wollte er mich austricksen, damit ich mir den Mund verbrenne oder jetzt schnell schlucke. Ein Test, ob er mich irritieren konnte! Irgendwie wirkt das wie programmiert, die über Jahre angekitzelte Paranoia will mir suggerieren, dass meine Suppe vielleicht im Auftrag vergessen wurde. Was soll's, das kann ich nicht ändern, aber wenn es so wäre, würde es nur unterstreichen, was die sich wegen mir alles einfallen lassen. Ich lächele in mich hinein, sage erst mal nichts, schiebe den Spargel mit der Zunge in die Backentasche, schlucke das bisschen Suppe vorsichtig runter und antworte dann höflich neutral: „Vielen Dank!" Dann löffle ich gemächlich die Suppe.

Kwäsl macht schon geraume Zeit an seinem Fotoapparat rum, dann ist er soweit und schießt ein paar Fotos. Er steht sogar auf und geht dann auf die Gegenseite des Tisches, fotografiert von dort aus die Runde, nimmt dann mich ins Visier. Ich nicke ihm kurz zu, habe noch zwei Löffel voll im Teller, achte nicht auf den Fotoapparat. Schlaser muss noch unterstreichen: „Den Musik, knips doch mal den Musik!" Ich nehme den nächsten Löffel und Kwäsl knipst. Ich sage, auch um Schlaser zu zeigen, dass er mich nicht verunsichern kann, zu Gatterer: „Das war gut getimed." Und löffele den Rest aus, schiebe den Teller von mir weg. Als später Witze erzählt werden, muss Kwäsl noch mal fotografieren – und natürlich soll ich wieder auf den Film: Er wartet genau bis zur Pointe, und wenn ich lache, drückt er auf den Auslöser. Als sich Kwäsl wieder auf seinen Platz begeben hat, nimmt er die Batterien aus dem Apparat, aus der Kamera schaut danach oben eine Spirale raus. Dewitz macht Witze: „Das ist wohl die Antenne", Schlagke spielt dran rum und fragt: „Ich darf mal kurz meine Frau anrufen!" Riskner will wissen, was es damit auf sich hat und Kwäsl erklärt: „Die ist mir vor dem Minigolf runtergefallen. Jetzt schaltet die Batterieautomatik nicht mehr ab, ich nehme die Batterien raus, weil sie sich sonst entladen."

Unsere Menüs kommen, und während sie aufgetragen werden, überlege ich mir, dass an dieser Kamera, wie zuvor schon beim Busfahrer, die virulente Negation abgeleitet worden ist: Das ist der Preis eines Managementstils, bei dem ständig Energien raus gekitzelt werden. Selbst ein dumpfer Depp wie Dewitz stellte sich bereitwillig zur Verfügung, und so ein narzisstisch gestörter Heini wie Schlaser hatte einen besonderen Ehrgeiz, die konfliktuelle Mimetik aufzuputschen. Vermutlich erklärt dies auch das Wuchern der Formalismen und die Identifikation mit Marken und Warenzeichen. Erst dann ist ein vorgegebenes Corporate Design das absolut notwendige Korsett, wenn die Leute ansonsten völlig inhaltsleer vor sich hin wuseln müssten, die Automarke oder der Herrenausstatter liefern schließlich den Lebenssinnersatz. Die komplementäre Ansicht der vielbeklagten Komplexität unserer Arbeits- und Lebenszusammenhänge ist eine Wiederkehr des Tribalismus: Ich habe es mit dem Indianerstamm der Banker zu tun, sie vergöttern das Geld, die Maschine, die Geschwindigkeit und haben längst darauf verzichtet, überhaupt danach zu fragen, auf welchen Gesetzmäßigkeiten ihre Welt beruht. Bevor sie in die Verlegenheit kommen könnten, zuzugestehen, wie wenig sie von der Welt kapieren, folgen sie lieber ihren zwanghaft niedlichen Ritualen, ihren herzigen Folterspielen, ihren so lieb gemeinten Rivalitäten und der Suche nach Gelegenheiten des gegenseitigen Übertrumpfens.

Ich schaue mir das mit Käsesauce überbackenes Schweinesteak an. Es sieht toll aus, ist mit leuchtend grünen Spinatblättern garniert, dazu gibt es kleine Kartoffelpuffer mit eingebackenem Grünzeug, Thymianstängeln, Lauch- und Fenchelstückchen, Sellerieschnipseln und ein Klacks ganz feine Sauce. Als ich mir noch ein paar Puffer von der gemeinsamen Schale nehme, wischt meine Manschette über die Käsesauce – ich bemerke es, als ich die Schale zu Gatterer weiter schiebe, falte gemächlich und ohne Kommentar meine Stoffserviette auseinander und wische den Ärmel sauber, ein Fettfleck bleibt, falte dann die Serviette wieder ganz akkurat zusammen. Frau Schwartz hat zugesehen und lacht schadenfroh vor sich hin. Ich versuche es mir schmecken zu lassen, das ist liebevoll aufwendig zubereitet; ich habe schon lange nicht mehr die Möglichkeit gehabt, was Gutes für uns zu kochen, vielleicht kann ich etwas ähnliches nachmachen.

Gatterer nutzt die Gelegenheit, um von den Folgen seines Skiunfalls zu erzählen. Er hatte im Krankenhaus einen schweren Fall auf dem Zimmer und klagt vor Riskner über die Auswüchse der Apparatemedizin: „Das ist schon schockierend. Ich muss ja dankbar sein und es hat ja alles super geklappt, aber trotzdem, allein die Erfahrung, da läuft es mir kalt den Rücken runter, wenn ich nur dran denke. Es ist doch schrecklich, wenn die Leute so vor sich hin vegetieren, wenn überall Schläuche rauskommen, wenn sie jetzt an einer Maschine hängen, wenn sie nicht einmal mehr die Möglichkeit haben, selbst darüber zu entscheiden, ob man abschalten soll." Riskner zeigt Verständnis und gibt sich mitfühlend, der Gesichtsausdruck nachdenklicher Betroffenheit und der Stimmton eines Märchenonkels. Allerdings betont er dann die Chancen und damit die Notwendigkeit der modernen Medizin: „Ohne die heutigen technischen Möglichkeiten wären meine Frau und mein Sohn schon tot. Schon eine Geburt kann ein lebensgefährliches Unternehmen sein. Und vor einiger Zeit hatte der Kleine eine Darmverschlingung, unter den Bedingungen des 19. Jahrhunderts wäre er unter grässlichen Qualen gestorben." Ich höre mir die Geschichte an und denke an meinen Hund – und bin wieder einmal froh über die Entscheidung, auf jeglichen Nachwuchs verzichtet zu haben: Wie hätten mich die Krüppelzüchter quälen können, wenn mir ein Kind in den Armen gestorben wäre. Und da war es um kreative Eigenarbeit gegangen, um die Tricks, wie ich mich an den Imperativen einer Institution vorbei mogeln konnte. Bei der Bank war das etwas anderes, hier wurde ganz klar einer rückhaltlosen Identifikation zugearbeitet – damit unterstand man aber ohne ein Gegengewicht dem Spannungsvolumen einer Bank. Der ehemalige Theologiestudent war heute ein dumpfer Fleischklops und hatte in seinen auf Zeitlupe runtergefahrenen Lebensvorgängen auf jede Sinnsuche verzichtet. Eine ausgebrannte Raketenstufe auf der Laufbahn um die leuchtende Sonne des Kapitals, er hatte nicht einmal eine Beziehung oder eine feste Freundschaft zustande gebracht und besuchte lediglich hin und wieder seine Mutter. Die Banker wussten, warum sie alle verheiratet waren und Kinder hatten. Sie brauchten Puffersysteme, irgendwie wollten die negativen Energien abgeleitet werden.

Gatterer betont noch einmal, dass er immer gesund war und nie Probleme hatte, dass er sich sehr cholesterinbewusst ernährt habe, und dann vor zwei Jahren hat es ihn doch erwischt. „Nur, weil eine Ader zu eng war oder nicht mehr elastisch genug..." Jetzt glaube ich zu wissen, warum der Mann herzkrank ist, warum er so viele zusätzliche Urlaubstage hat: das war einer der Blitzableiter, als vor zwei Jahren die Direktion rotierte und dann ausgetauscht wurde – vermutlich bekam er den Infarkt, der einem der Chefs zugedacht war. Das war das Spannungsvolumen, ich hatte es oft genug bemerkt, wenn es zu vibrieren begann, wenn das Brustbein brannte, die Schultern und Oberarme schwer und heiß wurden, einfachste Handlungen auf einmal so extrem müde machten. Ich hatte das lange für eine Dresdenwirkung gehalten: dass unser Kontext psychotisch war, dass die Leute in der Umgebung spannen, dass du mich nicht loslassen wolltest, dass der letzte Verlagsleiter, mit dem ich überhaupt noch was in petto hatte, störte und bei jeder Gelegenheit warten ließ, die

Termine immer wieder verschob und die Gespräche so ansetzte, dass sie einen runterziehen sollten. Noch vor Dresden hatte ich mich um eine freie Mitarbeit als Lektor beworben, in der zweiten Bankwoche kam es dann zu einem ersten Termin und mir wurde der Mund wässrig gemacht: Sie hatten eine zusätzliche und unerwartete Million in den Büchern, die zur freien Verfügung stand und aus diesem Grund wollten sie versuchen, eine kleine Wissenschaftsreihe aufzubauen – dazu würde auch gehören, dass ich mit hochkarätigen Wissenschaftlern zusammentreffen sollte, um Gespräche und Interviews zu führen und als ich bekräftigte, dass das kein Problem war, dass ich keinen überzogenen Respekt vor großen Tieren hatte und ihm eine Kopie meiner Konzeption gab, war das Thema gestorben. Eigentlich war schon zu riechen, dass mir dieser überangepasste Depp in den Turnschuhen einer Nobelmarke, demonstrativ offen, mit wehenden Schnürsenkeln, die seine Lockerheit zu unterstreichen hatten, nur den Schneid abkaufen sollte, aber ich sagte mir, dass ich jede Mark mitnehmen würde, wenn es möglich war, sie zu Hause am Computer zu verdienen. Ich bekam drei amerikanische Wälzer und sollte für jeden ein Exposé erstellen, die grobe Inhaltszusammenfassung und eine Einschätzung, ob sich die Übersetzung für den deutschen Markt lohnen würde. Pro Schreibmaschinenseite 150,- Mark und am besten innerhalb einer Woche. Ich erinnerte ihn daran, dass ich gerade für eine internationale Bank jobbte und er war mit zwei Wochen einverstanden. Also quälte ich mir einen ab, hatte die Entwürfe nach einer Woche fertig, ließ dich den Text eingeben und machte noch eine Handvoll Korrekturdurchläufe. Nach zehn Tagen war das Zeug so hieb- und stichfest, dass so ein Pimpf nicht an der Qualität rütteln konnte. Wir steckten es gleich am nächsten Abend in den Briefkasten des Verlags und dann dauerte es sechs Wochen, bis der Verlagsleiter sich meldete, noch einen Termin machte, den er dann dreimal verschob, um mir dann zu eröffnen, dass er aufgrund eines Fehlers der Buchhaltung gar keine Möglichkeiten habe würde, eine neue Reihe ins Leben zu rufen, sie hatten das Geld nicht. So einfach war es und man musste nicht besonders paranoisiert sein, um auf den Gedanken zu kommen, dass auch das ein Unternehmen gewesen war, mit dem ein paar Auftraggeber versucht hatten, mich nicht loszulassen, um die Kraft zu binden, die nötig gewesen wäre, um etwas neues aufzubauen. Sollten sie doch, nur zu, wenn sie nichts gemacht hätten, wäre ich ärmer und unbedeutender gewesen und solange sich die Krüppelzüchter derart um alles bemühten, was ich zustande bringen wollte, war immerhin die Chance gegeben, dass ich was damit anfangen konnte, an das sie nicht gedacht hatten. Kurz vor dem Ende meiner Bankvertretung bekam ich 800 Mark überweisen und das Altpapier, das ich ihm am Anfang übergeben hatte, kam ungelesen zurück. Damit war bis auf weiteres die letzte Chance, mit irgendeinem Verlag etwas Sinnvolles anzufangen, futsch. Aber immerhin das Geld, ohne diese Überweisung hätte es mir weh getan, dass die Bank vor dem Ausflug nichts angewiesen hatte – jetzt hatten wir aufgrund der beiden nicht erwarteten Zahlungseingänge einen Monat mehr Spiel. Ansonsten konnte ich davon ausgehen, dass die Bank mit den Spielchen der modernen Personalführung und im Kontext meiner Ausbremsung für das Anwachsen der Spannungen gesorgt hatte. Sollten sie doch, wenn das Tests waren, um zu sehen, ob ich gut genug sein würde, sollten sie sich was einfallen lassen, denn damit hatte ich die Möglichkeit, mich zu bewähren. Gerade, weil bei diesem letzten Versuch, auf der geisteswissenschaftlichen Ebene mit einem Verlag ins Geschäft zu kommen, schon wieder die Zeichensetzung zu bemerken sein sollte, dass ich umzingelt sei, dass innerhalb der Bücherwelt alles unter Kontrolle war, dass ich mir also gar nicht einbilden musste, ich würde in the long run eine Nische finden. Ich sollte wissen, dass die Leute, die die Fäden zogen, wenn sie ihre Netzwerke bemühten, die tatsächlich Abhängigkeitsverhältnisse waren, vor allem auf die Hysterisierung setzten. Sie waren zu feige, selbst gegen mich vorzugehen, erschraken sogar, wenn es zu einer unvorhergesehenen Begegnung kam, sie hätten nicht einmal den Mumm gehabt, einen Killer auf mich anzusetzen, weil das eine Gefahr für die Lebensstellung des Bildungsbeamten impliziert hätte. Ich sollte vor allem so scheu und frustriert werden, dass ich mir nicht mal mehr trauen sollte, ohne fremde Hilfe in der Nase zu bohren – das war das Geheimherz ihrer eigenen Uhr.

Und dabei hatte ich die Nische schon, ich musste nur das nötige Geld freisetzen, um einen eigenen Verlag zu gründen. Eine Public Domain-Version des Satzsystems Tex/Latex lief erfolgsversprechend auf meinem MegaSte, die ersten zweihundert Seiten des Philosophischen Sperrmüll hatte ich zur Probe bereits in einem Format erstellt, das jede Linotype-Satzmaschine drucken konnte und das besser aussah, als mancher professionell mit dem Mac erstellte Buchdruck... ich brauchte nur noch eine Einnahmequelle, mit der der Start für meinen eigenen Weltraumbahnhof finanziert werden konnte! Der nächste Schritt war dann, dass ich als selbständiger Unternehmer auf die Idee kommen musste, Werbung und Promotions für andere Zeitungen zu verkaufen – meine Produktion philosophischer Texte wurde zwar zurück gefahren, aber dafür begann ich Umsatz in Bewegung zu setzen, die ich mir als geisteswissenschaftlicher Lumpensammler nicht einmal hatte vorstellen können. Später sagte ich mir manchmal, dass das vielleicht das vernünftigste war, was ich während der drei Monate auf der Bank zustande gebracht hatte: Die grundlegenden Funktionen eines Satzsystems für wissenschaftliche Texte waren mir vertraut und verschiedene Layouts hatte ich durchprobiert – manchmal hing ich aber nur durch und folgte der Eingabe, dass alles was ich in Sachen subversiver Literatur und erotischer Theorie versuchen konnte, nur fehlinvestiert sein würde. Ich hatte wieder einmal keine Chance, aber war das unter den brutalen Prügeln eines Wolfgang Musik anders gewesen? Hatte ich als Putzi und Gelegenheitsstricher, als kleiner Dealer und Mehrfachsüchtiger irgendeine Chance gehabt? Aber aus allem waren Geschichten entstanden, Einsichten und Erkenntnisse, Aktenordner voll Aufschriebe, die aus der Perspektive des Sohnes eines Hilfsarbeiters an der Eroberung einer Welt arbeiteten, in der diese Vergangenheit nichts mehr zu melden hatte... Warum sollte ich nicht gerade die nicht vorhandenen Chancen nutzen können, anstatt in die Stillstellung in der Behördenuniversität und in die Selbstdementierung des Bildungsbeamten zu investieren.

Ich hatte nur auf einen Menschen Rücksicht zu nehmen, hatte keinen guten Namen einer Familie zu besudeln, keinen Selbstbestrafungsimperativen einer Mutter zu gehorchen – ich musste es nur schaffen, dir ein anständiges und befriedetes Leben zu gewährleisten, ansonsten konnte ich im Quick-and-Dirty-Modus irgendetwas zustande bringen und dabei zusehen, wie die Krüppelzüchter dank der über Jahre ausgebrüteten Negation selbst an die Wand fuhren. Ich hatte keine Angst, mir die Hände schmutzig zu machen, und ich erschrak auch nicht, wenn irgendein besonders verbohrter Depp erbärmlich krepierte – ich identifizierte mich nicht mit den Leuten, die meine Gegner sein wollten. Aus diesem Grund war ihr Scheitern für mich keine Bedrohung und steckte nicht an. Ein hintergründiger Spaß in den Siebzigern hatte gelautet: Du hast keine Chance, nutze sie! Und das war alles andere eher als ein zynischer Witz, obwohl es für die Beamtenkinder, mit denen ich zusammen studiert hatte, nicht mehr sein konnte, als die Bestätigung ihrer privilegierten Situation. Aber dahinter war eine Wahrheit versteckt, die für nachgemachte Menschen nicht einmal erahnbar sein durfte: Selber zu sehen und die ausgefahrenen Gleise zu verlassen, die eigenen Erfahrungen ernst zu nehmen und sie nicht aus Trägheit, falschen Rücksichtnahmen und der Angst zu versagen zu verleugnen. Wer keine Chance eingeräumt bekommt, hat das ungeheuerliche Privileg, die Welt als eine Versammlung unendlicher Wege und Verknüpfungen ganz neu für sich zu entdecken.

Natürlich hatte die Bank einen wesentlichen Teil zu meiner Entnervung beizutragen und nicht nur bei den ausgearbeiteten Tests. Das war einfach das durchschnittliche Arbeitsklima, in dem sich dort Führungskräfte zu bewähren hatten – ob die krebskranke Frau des ehemaligen Kollegen aus der Devisenabteilung oder die Darmverschlingungen eines Risknerfilius, so sah das aus, was am besten an irgendwelches Fußvolk weiterdelegiert wurde. Ein Gatterer bekam einen Infarkt, obwohl er schon lange gewohnt war, die geschmackvollsten Fettpartien eines Steaks abzutrennen und peinlich berührt an den Rand des Tellers zu schieben, wie er es jetzt auch wieder getan hat... Früher war ich von einem Weltaspekt in den nächsten gesprungen, ohne mir in irgendeiner Weise Gedanken über die Vergangenheit zu machen. Der größte Bruch im Gefüge der Erinnerungen war noch durch die Verführung geleistet worden, aber dann fielen alle möglichen Relikte und Reminiszenzen der Gleichgültigkeit anheim. Es war mir gestattet, ein anderer zu sein als der, der ich am Vortag oder in anderen Zusammenhängen gewesen war und so fiel es nicht einmal auf, wie leicht ich mich von meinen Süchten löste, wie reibungslos und unerkannt ich mich in anderen Kontexten bewähren konnte. So ist es irgendwie seltsam und bedrohlich, mit welcher Intensität mich die Erinnerung an meine Vergangenheiten zur Zeit einholen. Es war dringend nötig, den Bann der Ausbremsung zu sprengen und irgendetwas neues zu machen, egal was, es musste nur die Spielfelder zur Verfügung stellen, um aus den Erkundungen und Eroberungen neue Kraft zu ziehen und andere Fertigkeiten zu entwickeln.

Riskner hat einen Riecher für die Assoziationsmuster, die gerade bei mir aktiviert worden sind und muss betonen, dass es in der wirklichen Welt noch sehr viel fraglicher aussieht – als hätte er ein Interesse daran, dass ich nicht auf die Idee kommen sollte, mich selbständig zu machen. Er erzählt von seinem Schwiegervater: „Gerade hatte er für die Firma einen neuen Tanklastzug gekauft, 400000 Mark kostet so ein Gerät, und dann hat er einen Schlaganfall bekommen. Eine Katastrophe, ein Glück, dass der Verkäufer das Ding gleich weiterverkaufen konnte, sonst hätte so eine Verbindlichkeit noch mehr kaputt gemacht. Das weiß man davor nie! Danach ist es oft zu spät. Und das ist bei vielen Selbständigen so, gerade ist ein Unternehmen noch auf der sicheren Seite, irgendeine kleine Entscheidung reicht, und auf einmal ist die Existenz bedroht. Es ist noch nicht einmal klar, ob der Vater meiner Frau wieder an seinen Schreibtisch zurückkehren kann."

Ich weiß nicht, ob er die Risiken einer Selbständigkeit so betont, um mich abzuschrecken – schließlich hatte ich schon häufiger mit dem Gedanken gespielt, einen kleinen Verlag zu gründen und mich selbständig zu machen. Wir hatten uns schon mehrfach darüber unterhalten, Riskner hielt das für ein zu großes Risiko und meinte, dass man so was nebenberuflich machen könne, wenn man ein sicheres Einkommen hatte. Wie fraglich manches Unternehmen war, wie sehr die Dinge auf der Kippe standen, wenn größere Geld Mengen in Bewegung gesetzt wurden, hatte ich in den Monaten auf der PARISER BANK zu genüge mitbekommen. Eine Zeitlang hatten der Direktor und seine Stellvertreter eine Maschinenbaufirma beobachtet und Informationen gesammelt, seltsamerweise gehörten da die läppischen Stellen aus den Wirtschaftsteilen der verschiedenen Tageszeiten dazu, die ich regelmäßig auszuschneiden und in einem Schnellhefter sammeln musste. Schließlich hatte ich mitbekommen, dass sie Rücksprache mit der Landesgirokasse und der Dresdner Bank hielten und dann bekam ich drei Briefe, die ich in der richtigen Reihenfolge bei den Banken abzuliefern hatte, der dritte war für den Maschinenbauer gedacht, eine Traditionsmarke in Stuttgart – die Übergabe musste ich mir quittieren lassen und damit hatte ich zu exekutieren, dass diese Firma keine Verlängerung für ihren 50 Millionenkredit mehr bekam und Konkurs anmelden konnte. Das war sicher ein Grund, warum der Bankbotenjob anstrengend sein konnte – bei den Bankern in der Chefetage behandelte man mich wie einen gefährlichen Erpresser, während die Leute beim Maschinenbauer mich als Überbringer gar nicht weiter beachteten. Aber die wirkliche Anstrengung entstand dadurch, dass ich fast nichts machen durfte, um die Energie abzugeben oder auszutauschen, die sich hier in den Wochen und Monaten anstaute, während ich an Entscheidungen beteiligt zu sein hatte, für die ein Riskner wie nebenbei über das Machtvolumen verfügte, das ich aus den Kämpfen innerhalb der Geisteswissenschaften mitbrachte.

Mit dem Schlaganfall ist ein Moment der existentiellen Bedrohung angesprochen, und so kommt Gatterer, der das was Riskner rüberbrachte, auf seinem Register verstehen muss, wieder auf den Einbruch in seinem Leben: „Ich war fit wie ein Turnschuh! Als Schornsteinfeger jeden Tag mit dem Rad unterwegs, bei jedem Wetter, morgens um fünf Uhr aufgestanden usw. – dann auf einmal das. Bis ich nach Österreich gehe, muss ich noch einiges üben, man kann ja aufbauen durch behutsame Belastung, irgendwann will ich einmal mit dem Fahrrad durchs Burgenland. Und außerdem, wenn ich das Haus ausbaue, werde ich vieles selber tun, sonst kann man sich manche guten Sachen gar nicht leisten."

Riskner fragt immer wieder mal was nach, unterstreicht irgendwas, weiß einen Rat und ich höre zu und kaue gemächlich vor mich hin, das schmeckt richtig gut. Mittlerweile haben alle mit dem Hauptgericht zu tun, einige sind sogar schon fertig. Frau Vogel und Frau Kauschwer albern wegen dem Nachtisch rum, Dewitz und Schlaser schwelgen in irgendwelchen Erinnerungen, Schlagke lacht die ganze Zeit meckernd, ich kann nicht nachvollen, um was es geht. Als ich zum Ende komme, sagt Riskner einmal freundlich in meine Richtung: „Das war doch wirklich gut?!" Mehr eine Feststellung als eine Frage. Ich lächele ihn an und meine: „Klar!" Er schaut mich währenddessen ausforschend an, ruhig abwartend aber auch fordernd, er will was wissen. Ich komme nicht einmal auf die Idee, mich jetzt für das Essen oder die Einladung zu dem Ausflug zu bedanken, sondern nicke nur, der soll mir ruhig ansehen, dass es mir geschmeckt hat, groß erklären muss ich mich nicht. Vielleicht ist das eine Provokation, es ist bekannt, dass ich kein Schwätzer bin. Vielleicht will er mich nötigen, lautstark zu loben, um damit zu zeigen, wie nötig ich es habe, mich einzuschmeicheln. Ich lächele etwas mehr, mache dazu noch eine bejahende Kopfbewegung, und schaue ruhig zurück. Riskner sagt: „So gut müsste man das täglich haben! Und wenn Sie sich ein bisschen umsehen, stellen Sie fest, dass hier ziemlich viele Geschäftsleute und Führungskräfte in der Midlife-Crisis nachholen müssen, was sie bisher versäumt haben – die feschen Feger inklusive." Ich nicke und grinse, zucke gleichzeitig mit den Achseln: „Was geht mich das an, ich habe nichts nachzuholen, ich habe bisher auf eigene Kosten gelebt." ~~Ich verspüre~~ keinen Sexualneid, anders als dieser große Bub, der schon grau gesprenkelt ist. Aber irgendwie kommt in diesem Augenblick für mich rüber, was für ein armer und minderbemittelter Idiot dieser Bankdirektor ist. Er hat noch Angst vor dem Ausbruchsversuch, den er sehnsüchtig herbei wünscht, weil er seine Ehe braucht und sie schützen möchte, aber er hat ein derart ambivalentes Verhältnis zu Kurschatten und Gesellschaftsdamen für besser gestellte Herren, dass er der eigenen Midlife-Crisis regelrecht entgegen trauert. Diese Leute scheinen nicht wissen zu dürfen, dass das, was ihnen die Kraft für die Karriere gab, irgendwann liquidiert werden muss – die junge Geliebte, die Prosties für außergewöhnliche Wünsche, die außerordentlichen Events usw. dünnen den immerhin möglichen lebensgeschichtlichen Kontakt aus und führen ihn irgendwann ad absurdum, bis diese Anzugträger dann komplette

Sklaven des Apparats zu sein haben. Aber vielleicht auch nicht, diese nachgemachten Menschen haben möglicherweise nicht das große Gefühl für einander gehabt, sondern die klare Rechnung, den maschinenmäßigen Kalkül, dass sie den oder die nahmen, als sie sich angeboten hatten, weil sie froh sein mussten, wenn überhaupt jemand auf sie reagierte oder an ihnen kleben blieb. Dann hatten ~~hatten~~ sie gelernt, in einem kleinen Repertoire von Regieanweisungen für Gefühle und Erkenntlichkeiten bequem zu sein, um sich der Karriere zu widmen. Wenn sie meinen Lebensgang nur nachvollziehen könnten, wäre für sie ganz klar, dass jemand, der den Großteil seiner Kraft in eine Liebe als Duell investierte, keinen Erfolg haben konnte. Aber wer weiß denn, ob das, was dieser Streber und Kriecher Midlife-Crisis nennt, nur der Aspekt eines weiteren Sozialisationsgeschehens ist, in dem nun darüber entschieden wird, ob er noch ein paar Treppchen höher steigen darf oder ob er nur vor einer Tür landet, hinter der es gar keine Treppe mehr gibt. Wer zur Macht zugelassen wird, muss irgendwie verstrickt worden sein und je weiter es hoch geht, je klarer müssen auch die Dossiers sein, die dafür sorgen können, dass die Karriere mit einer Unterschrift zu Ende ist – sie müssen erpressbar sein und weil dies bei mir nicht vorlag und ich außerdem für meine Kompromisslosigkeit bekannt war, war es gar kein Wunder, dass Dresden nicht geklappt hatte: Wenigstens meine Frau hätte ich betrügen müssen; das mindeste wäre gewesen, dass ich auf den bereit gestellten blonden Engel hätte reagieren sollen.

Nach dem Hauptgericht gehe ich aufs Klo. Nicht etwa weil ich nötig muss, sondern weil ich nicht am Schluss im Gedränge gehen will – außerdem muss ich in aller Ruhe und nicht bei Tisch mit dem Zahnstocher die Fleischfasern entfernen: Wenn ich nicht aufpasste, entzündete sich mein Zahnfleisch. Riskner schaut ein bisschen fragend, als ich aufstehe. Ich gehe raus, draußen ein Stück durch das Treppenhaus, der Weg zu den Toiletten ist gut beschildert, die Treppe runter in den Keller, dort im abgedämmten Licht laufe ich erst zum Massage- und Saunaraum, dann in der anderen Richtung finde ich endlich ~~ich~~ die Toiletten. Kurz nachdem ich oben wieder am Tisch sitze, kommt Frau Vogel von der Toilette, vielleicht deswegen Riskners Blick? Ich hatte gar nicht bemerkt, dass sie weggegangen war, aber er scheint zu unterstellen, dass wir uns auf dem Klo vergnügt haben. Mittlerweile sind die Teller abgeräumt, die Leute bestellen Getränke nach, weitere Portionen Nachtisch werden aufgetragen. Ein bunter Augenschmaus, der mir erst bewusst macht, auf was für feinem, fast durchscheinendem Porzellan wir gespeist haben: Ein paar entsteinte Kirschen, Kiwischeibchen, gedünstete Apfelschnitze um ein luftiges Küchlein mit Vanillegeschmack in einem Klacks dottergelber Tunke – welch ein Luxus, wenn man nicht mehr dem Zwang gehorcht, einfach nur satt zu werden.

Riskner nimmt ein Zigarillo und lehnt sich zurück, schnuppert ein bisschen daran, spielt damit rum, als muss er vorführen, welchen Wert ein Banker auf die Rituale der Lebenskunst legt. Als er es endlich anzündet, ist damit das Signal gegeben: Jetzt kann die Witzerunde beginnen. Ich nenne das für mich so, weil schon bei den Freitagsfeiern mitzubekommen war, dass die Banker eine Form von Konvention gefunden hatten, in der sie sich unkonventionell geben durften, als hätten sie Humor und am Überdruckventil von Karneval und Lachkultur teil – wenn Riskner anwesend war, rauchte er demonstrativ Zigarillos, um sich in eine Wolke des Laissez-faire zu hüllen. Ich würde mir jetzt gerne eine Zigarette drehen, zum Wein rauche ich abends, während ich tagsüber, während der Nikotinspiegel abgebaut wird, gar keine Lust habe – ich verkneife mir das Bedürfnis. Die Banker gehen davon aus, dass jemand, der den ganzen Tag nicht raucht, Nichtraucher ist. Sie müssen ja nicht wissen, dass ich seit Jahrzehnten selber drehe und mittlerweile nur rauche, wenn ich abends Wein trinke, weil es mir sonst nicht schmeckt – das stammte noch aus der Zeit, als wir zusammengezogen waren und ich mir das Saufen abgewöhnen musste, weil ich es sonst nicht brachte: Der Alkohol reduzierte den Spannungsbogen, bis es gerade noch zum Wichsen langte. Weil ich im Bett resozialisiert worden war, hieß das: Vor acht Uhr abends trank ich keinen Alkohol und dann gestattete ich mir einen halben Liter Rotwein, während ich Kette rauchte, um den Nikotinspiegel wieder auf das gewohnte Level hoch zu treiben. Dewitz beginnt damit, Witze zu erzählen, wobei mir jetzt klar wird, dass das Gekicher der Damen anlässlich des Nachtisches schon auf diese Situation angespielt hatte und sie gar nicht so Etepetete waren, wie sie gern taten. Schlagke, Schlaser und Schwartz fallen ein, nach und nach werden die sexuellen und perversen Konnotationen immer beliebter, Frau Fipfe sieht nicht nur aus wie ein rosiges Spanferkel, sie quiekt auch wie ein Schwein. Kwäsl nutzt wieder die Gelegenheit zum fotografieren. Ich habe schnell bemerkt, dass er mich lachend drauf haben wollte, ich tue ihm den Gefallen. Ich habe schon die ganze Zeit entspannt mitgelacht, ohne Mühe aber auch ohne Eifer oder verklemmten Überdruck. Es gibt Fotos von mir, sogar Superachtfilme, in der halben Welt verteilt – nur bei mir finden sich keine Dokumente, weil ich diese Techniken, einen in einer gewissen Situation im Bild festzunageln, ablehne: Ich fühle mich nicht viel anders, als vor zwanzig Jahren, das Körperwissen ist ein energetisches Reaktionspotential und ich lege keinen Wert darauf, mich mit irgendwelchen Momentaufnahmen zu identifizieren. Kwäsl wartet immer wieder, bis eine besondere Pointe zündet, hat mich einige Zeit im Visier, drückt in dem Augenblick ab, in dem ich lache. Es soll wirklich echt aussehen.

Kurz nach halb zehn beginnt Riskner den Aufbruch anzumahnen. Er deutet in einer kleinen Rede an, welche Vorbereitungen zum Gelingen des Abends beigetragen hatten, wer was wie gut ausgemacht, gefunden, getestet oder hinter sich gebracht hatte, um einen so tollen Tag zu ermöglichen. Aber wirklich nur die Andeutung einer Rede, er weiß was er seinen Leuten zumuten kann, und er rechnet schon damit, einen Anlass für eifrige Nachbestellungen geliefert zu haben. Weil die Leute zu einem Ende kommen sollen, müssen schnell die Getränke geordert werden. Dewitz und Schlaser regredieren auf einen pubertären Status und spielen auf frech, so früh geht das noch nicht, gerade jetzt, wo sie doch erst in Stimmung kommen, der Abend hat gerade erst begonnen. Vielleicht sind sie das so gewohnt, vermutlich! Auf jeden Fall macht Riskner den Eindruck, als wüsste er schon, was auf ihn zukommt, in solchen Situationen ist die sonst so selbstverständliche Autorität fast nicht mehr existent. Innerhalb der nächsten halben Stunde hält er es für nötig, die Leutchen dreimal aufzufordern, jetzt zu einem Ende zu kommen. Er weist sogar darauf hin, dass wir an die öffentlichen Verkehrsmittel denken müssen, einige Mitarbeiter kommen sonst nicht mehr nach Hause. Dann ist es endlich soweit, als die Bedienung noch ein paar Biere bringt, fragte er: „Kann ich mit Karte bezahlen?" Das ist ein offizielles Signal, die Leute beginnen schneller zu trinken, ich leere den letzten Schluck des Vierteles. Die Hausdame bringt die Rechnung, Riskner studiert sie sehr genau, sagt ihr dann, sie solle sie noch einmal neu und mit einem anderen Betrag ausstellen, die Frau bedankt sich und deutet eine Art Knicks an. Auf einmal ist ein ziemlicher Wirbel, die Leute packen ein und wollen alle noch auf die Toilette, es gibt eine Art Staffellauf und zwischenrein werden die Gläser geleert. Als wir endlich gehen, tut Riskner so, als würde er seine Zigarilloschachtel vergessen. Gatterer nimmt sie mit und gibt sie ihm im Vorraum. Dann gehen wir raus in die Nacht, es ist empfindlich kühl. Schlagke und Dewitz lärmen, Schlaser erzählt kichernd irgendwelche Geschichten vor sich hin, er klingt wie eine Tunte.

Der Fahrer steigt aus, als wir näher kommen und meint, er habe etwas geschlafen. Jetzt muss er noch mal über den Einbruch berichten: Es war sein privates Geld, selbst die Getränkekasse war weg. Er hat nur mit seiner Frau telefoniert, am Parkplatz der Bus- und Berufsfahrer habe er sogar einen alten Schulkameraden wieder getroffen – der Mann ist über 60, ein Gehbehinderter, der unförmig wirkt, nicht erzählen kann, weil ihm die richtigen Worte fehlen und der dafür linkisch gestikuliert: Seine Erzählung ist komisch und irgendwie hilflos. Das seien eben ein paar Typen rumgestanden, haben ihm die Kollegen erzählt, als er telefonieren war, seien zwei um den Wagen rumgegangen, als würde sie so ein Kleinbus interessieren, später sind sie dann völlig harmlos einfach die Straße entlang gebummelt und in der Masse Richtung Fußgängerzone verschwunden. Sie hatten die Fahrertür aufgebrochen und die Tasche mit den Wagenpapieren und dem Geld mitgehen lassen, sonst nichts, die waren spezialisiert. Nachdem wir alle die Geschichte zur Kenntnis genommen haben, dürfen wir einsteigen – ich setze mich wieder auf den gewohnten Platz, mein Schirm ist noch da; ein gutes Zeichen, wenn ich an das Schicksal des Schirms nach Dresden denke. Riskner spricht noch mal mit dem Mann, sie entfernen sich zwei-drei Schritte, für mich wirkt das so, als habe er dem Fahrer erzählt, dass sie eine gemeinsame Lösung finden würden, um den ihm zugefügten Schaden aufzufangen. Ich weiß nicht, ob der Mann noch müde ist oder nur abgeklärt, das Gespräch scheint beruhigend auf ihn zu wirken. Wir fahren endlich los, ich bin froh, wenn ich wieder zu Hause bin, und das wird noch eine Weile dauern. Ich nehme den Schirm und klemme ihn neben den Sitz. Vor mir sitzt wieder Frau Vogel, daneben Gatterer und Kauschwer, auf meiner Höhe Frau Klits, hinter mir Sample, der im Laufe des Tages immer wieder freundlich und zugleich schüchtern gelächelt hat und dabei einen verkniffenen Eindruck macht – ein Produkt der Landesgirokasse –, und hinten im Wagen wieder das Grüppchen, das lärmt und Witze erzählt, nach und nach immer lauter und ordinärer wird. Sie öffnen wieder Pilse und Piccolos, Schlagke oder Dewitz holen Nachschub. Frau Klits scheint zu schlafen, Gatterer lächelt immer wieder mal zu mir her, ich lächle zurück, zeige aber auch, dass ich jetzt müde bin, mache dann, als ich denke, dass er es nicht als kränkend empfindet, die Augen zu und versuche ein paar Atemübungen. Ich fühle, wie ich wieder absacke, die Stimmung wird ein bisschen depressiv. Das ist das Hin-und-Her, solange ich die Sachen machen kann, die ich kann, die mir Spaß machen, mit denen ich mich definiere, läuft die Maschine wie von alleine und produziert noch immer einen Überschuss an Kraft – aber wenn ich auf die kleinen Krüppelzüchter und die nachgemachten Menschen angewiesen sein soll, bleibt von mir nicht mehr viel übrig. Jetzt sind wir auf dem Heimweg und ich komme mit leeren Händen zurück – hatte ich vielleicht von Anfang an den falschen Platz gewählt? Hätte ich mich nicht mehr anbiedern sollen? Die Gelegenheit beim Minigolf nützen und den Direktor in ein Gespräch verwickeln? Nicht mehr als eine Selbstsubalternisierung und wenn ich mit den größten Versprechungen heimgekommen wäre, hätte das nicht mal etwas besagt – Elvuhr hatte uns einmal versprochen, dass es klappen würde, wenn ich nur mit der nötigen Kraft rüberkommen würde und das war geschehen. Vermutlich war nach dem Ausflug so oder so erst einmal Sendepause, schließlich wurde mir schon vorgeführt, warum irgendwelche Zusagen nur Geschwätz zu Zwecken der Personalführung sein konnten und genauso leicht wieder zurückzunehmen waren. Solche Überlegungen beruhigen mich, ich habe nichts falsch gemacht – ich hatte den Leuten vorgeführt, wie gut ich war, wie bereitwillig ich mit ihnen zusammenarbeiten würde, wie wenig das an meinem kritischen Horizont scheitern musste, wie bereitwillig ich auf jedes Urteil über ihre Lebenswelt verzichtete. Wenn wirklich mehr als Geschwätz drin war, durfte das nicht von mir erkrochen werden. Das taugte sonst zu wenig, es musste aufgrund eines konkreten Bedarfs von ihnen kommen. Und zwar vom Direktor, wenn ich mich von den anderen nur subalternisieren ließe, war doch tatsächlich genau das im Arsch, was die Bank erst spitzt gemacht hatte: Mein Machtvolumen!

Ich döse vor mich hin, schaue aus dem dunklen Fenster, überlege mir hin und wieder, dass ich überhaupt kein greifbares Ergebnis mit nach Hause bringe und freue mich trotzdem darauf, wieder zurück zu sein – ein Minimalziel war ja immerhin schon, wenn wir uns mit den Urlaubsvertretungen bis auf weiteres über Wasser halten konnten. Ob ich in dieser Zeit irgendeine positive Antwort auf meine Bewerbungen erhalten würde, war alles andere eher als sicher – das Maximum an Unwahrscheinlichkeit war, dass einer der Gegner der hiesigen Literaturwissenschaften auf die Idee kommen würde, mich für seine Zwecke einzuspannen, aber wer wusste, ob ich dazu überhaupt in der Lage war: Schließlich hatte ich die hiesige Lehrmeinung nur konsequent weitergedacht und außerdem so ernst genommen, um sie um einige Schwächen bereinigt vorleben zu wollen. Das war noch ein weiterer Widerspruch, ich mochte schon früher in der Rolle eines Kuckuckskindes gesteckt haben, deshalb fiel es mir gar nicht schwer, ihn zu übersehen – wer würde so ein gefährliches Ei an seinem Lehrstuhl ausbrüten wollen? Aber selbst wenn nichts kam, konnte ich weitermachen und vielleicht ergab sich später in der Bank eine bessere Gelegenheit oder einfach nur eine Notwendigkeit, ein passables Angebot mitzunehmen – Riskner selbst hatte einen zeitlichen Rahmen von ein bis zwei Jahren genannt.

Schlagke kommt wieder vor, holt noch ein Bier, verteilt dann die letzten Brötchen vom Morgen. Ich esse eines mit Schinken, nur so und weil es niemand will, Hunger habe ich keinen mehr. Hinten werden weiter Witze erzählt, Lärmpegel und Enthemmtheit nehmen zu, irgendwann kommt Frau Schwartz vor und setzt sich zu Frau Klits, beginnt zu klagen und sich zu beschweren: „Ich bin wirklich nicht sehr schamvoll, aber mittlerweile geht es doch zu weit! Ich weiß manchmal gar nicht mehr, wo ich hinschauen soll!" Und dabei guckt sie ganz neckisch zu mir her, ob ich auch zuhöre, ob ich es vielleicht nötig habe, die Gelegenheit zu nutzen, mich auf Kosten der Banker zu profilieren. Ich schaue neutral zurück, tue so, als würden mir gleich die Augen zufallen und wende den Kopf dann Richtung Fenster. Und die Dame erzählt, was für ein Unterniveau das ist und erzählt nur, um mich anzumachen – ich habe schon ein paar Mal beobachten können, mit welcher verlogenen Naivität sie Situationen herbeigeführt hatte, in denen Schlaser dann eifersüchtig werden muss. Schnell ist sie soweit, dass sie über Schlasers Anhänglichkeit jammert: „Er klammere sich so an, ich kann gar nichts eigenes mehr tun, überall muss er dabei sein, selbst wenn es ihn gar nicht interessiert, z. B. wenn ich Schuhe kaufen gehe. Und dann nervt er auch noch, als müsse ich mich gleich entscheiden, dann kaufe ich lieber gar nichts, obwohl mir Shopping so Spaß macht. Der muss überall dabei sein, noch dazu ist sein Freundeskreis in Saarbrücken, da fühlt er sich wohl, bei jeder Gelegenheit will er da hin, während meine Freunde hier in Stuttgart vernachlässigt werden müssen..." Sie spricht manchmal sogar in meine Richtung. Ihr Singsang rutscht immer wieder in klagende oder ärgerliche Zwischentöne, obwohl es insgesamt beim Singsang einer Bankkauffrau bleibt, die sich selbst darstellt und in dieser Selbstdarstellung gut wegkommen möchte, die deswegen eine Modulation wählt, von der sie weiß, dass damit eine positive Resonanz zu bewirken ist. Ich finde schon die Motivation ekelig, wenn jemand sich wichtigmachen will, indem die Rivalitäten zwischen anderen geschürt werden, und dann der Kontrast zur glatten, selbstgefällig und unschuldig geschminkten Maske der Business-Frau. Sie wäre gern ein ästhetisches Ereignis oder eine erotische Offenbarung, dabei hat es dank der Überangepasstheit dieses knabenhaften Modells nicht einmal zu einem kleinen Sexbömbchen gereicht, kein richtiger Busen und kein Po. Aber die weißen Perlen in den Ohrläppchen haben ein Symbol jener Reinheit und Unerreichbarkeit zu sein, das dem Frauenbild entspricht, dem sie nacheifert und das nur mit einem Maximum an Sadismus auszuhalten ist. Das ist die Verlogenheit pur und ohne Eis, nicht einmal mit Cocktailkirsche. Frau Klits hört ihr geduldig zu, sagt hin und wieder was Bestätigendes, sie scheint diese Vorführung schon zu kennen und spielt mehr mit, als wirklich als interessierte Zuhörerin dabei zu sein. Irgendwann kommt Schlaser vor, ich schaue nicht hoch, habe mir das Theater mit geschlossenen Augen angehört und tief und gleichmäßig geatmet. Von der Dame werde ich mich nicht als Sündenbock oder friedensstiftenden Dritten verwenden lassen. Das war ein Spiel von den beiden, das sogar zu Delegationszwecken für die Direktion getaugt hatte: Die kulturschwule Libido hielt die verschiedenen Institutionen zusammen, wenn siw symbolische Schwanzbeschau, die Rivalitäten zwischen den Männchen, mit den Wichtigkeitsspielen der Dame zusammentreffen. Und das kann als Falle für jeden dienen, der sich aus Geilheit nicht an die Hierarchien hält, der vermittelnder Dritter sein will, um sich wichtig zu machen oder der auch nur ein flirtender Schmarotzer ist. Das sind ideale Fallen im Sinne der Strategien moderner Personalführung: So lassen sich kleinste narzisstische Besetzungen hervor kitzeln und ausreizen. Schlaser tut ganz klein und lieb, er hat ein sentimentales Timbre in der Stimme, vielleicht lallt er schon ein bisschen, als er meint: „Und was macht ihr hier denn Feines?" Und Frau Schwartz braust empört auf: „Genau davon ist gerade die Rede, überall musst du dich einmischen, nichts kann man alleine tun, du bist ja soooo schlimm!" Er lacht, das kennt er schon, er versucht zu besänftigen, setzt sich bei mir auf die Lehne und gautscht besoffen rum, macht Späßchen und lacht selbst darüber... Als sie nicht einlenken will, geht er wieder hinter und wird mit Gelächter begrüßt. Auch hier kommt mir die Empörung sehr gebremst vor, sie wurde wütend oder verzweifelt, ohne dabei den wohlklingenden Stimmton der Mittellage zu verschenken: diese Frau verlor nicht die Fassung, sondern sie spielte vor, dass sie gleich die Fassung verlieren könnte... Am nächsten Rastplatz gibt es eine Pinkelpause, ich muss nicht und bleibe im Bus. Das Ehepaar in spe spielt eine Weile Zerwürfnis vor – Schlaser bemüht sich, den Kontakt zu halten, was sie huldvoll gewährt, er darf einen Sekt spendieren und wieder beim Händchenhalten ankommen. Ich bleibe ganz bewusst auf Abstand: Hinter der modischen Fassade, die sie den aktuellen Modemagazinen verdankte, waren bei ihr die Verhaltensformen des letzten Abschaums verborgen, während Schlaser nur ein sexuell ausgehungerter Depp war und deshalb alles machen würde, was ihm so eine Autistin signalisierte. Nach drei Monaten wusste ich, dass ich die Situationen zu vermeiden und zu umspielen hatte, in denen sie ihm gefährliche Regieanweisungen zukommen lassen konnte. In meiner derzeitigen Rolle bin ich ein viel zu typischer Adressat für so ein Spiel, es ginge nur auf meine Kosten – die anderen waren vermutlich früher schon bei den verschiedensten Gelegenheiten vorgewarnt worden, außerdem gab es keinen Grund, dass sie im gleichen Maße erfolgreich an den Rand zu drücken waren. Ohne meine Mitwirkung blieb es ein Spiel zu zweit, bei dem nicht viel zustande kam. Riskner drängt schließlich wieder einmal zum Aufbruch: Die Zeit geht von alleine rum!

Und wir fahren weiter. Die Witzeerzähler sind müde geworden, vereinzelt wird noch ein bisschen Konversation gepflegt, vorne bei Vogel und Fipfe wispert es, hinten erzählt Riskner von den großen Betriebsausflügen mit den Chefs aus der Zentrale in Saarbrücken, irgendwelche Vorgesetzte, deren Namen im Laufe der Monate immer wieder gefallen sind, falls ich sie nicht auf der Faxliste hatte, irgendwelche berühmten Hotelnamen werden genannt, irgendwer ist völlig betrunken beinahe in den Swimmingpool gefallen... Aber insgesamt ist es sehr leise geworden. Ich döse vor mich hin, programmiere mich zwischendurch immer wieder: Es geht besser und besser... Und überlege dabei, was ich Riskner zur Verabschiedung am Schluss sagen soll: Anbiederung, lobende Zusammenfassung, Dank für den schönen Tag? Ich bekomme bei der Vorstellung, jetzt noch zu kriechen, Hitzewellen, aber ich sage mir, dass ich vielleicht doch irgendeine positive Botschaft für dich zustande bringen könnte. Ich bin mir nicht mal sicher, ob es nötig ist, vielleicht ist es schon optimal gelöst, vielleicht ist aber noch was zurecht zu biegen! Ein dummer Zwang in meinem Kopf, ich habe Angst, zu viel zu tun, und ich befürchte, nicht genug getan zu haben. Vermutlich habe ich schon erreicht, was überhaupt zu erreichen war: Der nächste Job war gesichert, das nötige Geld mit Hilfe der Bank bis Dezember garantiert, andere Sachen liefen, irgendwas würde schon klappen, und die Möglichkeit, bei der Bank einzusteigen, war nach wie vor nicht vom Tisch. Die Leute haben die Gelegenheit gehabt, mich den ganzen Tag zu beobachten, und ich denke, dass das den besten Eindruck gemacht hat.

An der Stuttgarter Raststätte halten wir noch einmal, Pinkelpause und Beine vertreten, ich steige diesmal mit aus. Hinter den hell erleuchteten Fenstern ist ein komisches Volk zu Gange, grell und bunt und primitiv, Zuhälter, Nutten und kleine Kriminelle, da wandert Hehlerware über den Tisch, Drogenpäckchen werden weitergegeben. Ich gehe den Gehsteig entlang, um meine Muskeln zu lockern und beachte diese Figuren nicht. Als Schlagke vom Pinkeln kommt, entdeckt er ein paar Dealer – schmierige lange Haare, dunkler Teint, südländischer Typus – und demonstriert, wie er durchs Fenster stiert. Für mich ist nicht mehr zu unterscheiden, ob ihn so fasziniert, dass die ohne jede Vorsicht auf dem Tisch Portionen abpacken, oder ob er das nur vorspielt, um die Leute zu provozieren. Kurz werden sie unruhig, packen dann zusammen und gehen. Als sie gleich darauf auf der Straße auftauchen und an Schlagke vorbeikommen, scheint der sich ein wenig mulmig zu fühlen – aber die sind wohl harmloser, als sie aussehen. Sie tun so, als hätten sie wichtiges zu besprechen, gehen an ihm vorbei und verziehen sich. Dewitz kommt vom Pinkeln, hat die Szene wohl noch mitbekommen, er grinst breit vor sich hin. Schlaser-Schwartz kommen nach einiger Zeit Händchen haltend aus der anderen Richtung um die Ecke des Gebäudes und führen uns ein verliebtes Paar vor. Frau Fipfe steht schon eine Weile bei mir und fragt nun mit einem für die Postbesprechung bei Riskner üblichen, glucksenden Tonfall und einem Lächeln, das distinguierte Zurückhaltung signalisiert: „Und, wie hat es ihnen gefallen?" Ich zögere, überlege kurz und antworte: „Das ist sehr fremd für mich, aber nicht unsympathisch." Sie fragt nach, wird noch etwas leiser dabei, flüstert die letzten Worte fast: „Waren sie etwa noch nie auf einem Betriebsausflug?" Ich nicke und lächle zurück: „Nein, ich habe nicht mal auf der Uni an den Ausflügen teilgenommen. Der Umgang mit einem guten Buch schien mir immer wesentlich effektiver. Das war in diesem Leben wirklich das erste Mal!" Ich unterstreiche damit, was sie hören wollte, obwohl es nicht ganz stimmt, sie ist zufrieden. Riskner steht in der Nähe und tut so, als habe er nichts gehört – er betont an dieser Raststätte mehrfach, wie viel Zeit so eine kurze Strecke doch in einem Bus koste: „Wenn ich mit dem Geschäftswagen unterwegs bin, ist das ein Katzensprung!" Schlagke schaut den Bedienungen durchs Fenster zu, die jetzt Feierabend oder Pause haben und noch ein paar Früchte essen. Er ist so aufdringlich, dass sie ihm mit Gesten und Blicken zu verstehen geben, er könne sich gern Obst holen. Erstaunt und mit etwas Scham in der Stimme sagt er zweifelnd vor sich hin: „Die sagen, ich soll mir eins holen." Riskner lacht und unterstreicht diese Aufforderung. Schlagke geht zögernd rein, die Bedienungen sind nicht böse und er wirkt ein bisschen wie ein clowniger Tollpatsch. Ich beobachte, dass er eine Aprikose geschenkt bekommt, sie breit grinsend zwischen den Händen sauber reibt als er wieder rauskommt und dann fast schüchtern reinbeißt. Das ist einer der Leute, die über meine Zukunft entscheiden sollen, ein verklemmter und überangepasster Depp, der mit seiner verkrampften Chaotik nur demonstriert, dass er noch gar nicht weiß, auf was es im Leben ankommt. Aus seiner Sicht könnte man das auch anders formulieren: Weil ich alles besser wissen will, muss ich mich nicht wundern, wenn dafür gesorgt wird, dass ich mit diesem Wissen nichts anfangen darf.

Wir steigen ein und verteilen uns über den Bus, der Fahrer startet und will gerade anfahren, als Frau Kauschwer einfällt, dass sie noch zu Hause Bescheid sagen könne, wann sie kommt. Der Wagen wird noch mal rechts ran gefahren, der Fahrer lässt den Motor laufen, Frau Kauschwer geht in eine Behindertentelefonzelle. Sie lässt die Tür schräg auf, wirft Geld ein, und es fällt durch. Sie kommt zurück, das Markstück geht nicht, sie lässt sich vom Fahrer ein anderes geben und bekommt erst die Tür dieses seltsamen Gefährts nicht wieder auf, rüttelt ein paar Mal an dem behindertengerechten Griff. Frau Kauschwer telefoniert ewig lange, nachts ist die Mark mehr wert, sie lacht immer wieder in unserer Richtung, winkt und hat gar kein schlechtes Gewissen, genießt es sichtlich gut gelaunt, auch mal die gesamte Bank warten lassen zu können. Dewitz beginnt zu lästern: „Jetzt hat es die dumme Kuh nötig!" Und Schlaser nuschelt im Hintergrund: „Schmusen kann die doch auch zu Hause!" Dann kommt sie und lacht und schaut herausfordernd in die Runde. Aber keiner hat jetzt noch Lust, sich mit ihr anzulegen – das weiß sie wohl. Endlich fahren wir los. Frau Fipfe steht auf und geht zum Busfahrer vor, sie hat davor mit Riskner besprochen, dass wir sie gleich in Vaihingen raus lassen können, dann musste sie nicht noch mal mit der S-Bahn von der Stadtmitte bis hier hoch fahren. Sie erzählt nun dem Fahrer, wie er sie ohne große Umwege in der Nähe ihrer Wohnung absetzen kann und Riskner widerspricht: „Wir fahren sie direkt nach Hause!" Wir kommen in Vaihingen an einer Kneipe vorbei, von der Riskner – er wohnt irgendwo in der Nähe – erzählt: „Hier habe ich gestern zur gleichen Zeit mit meiner Frau und einem befreundeten Ehepaar gesessen..." – das ist wieder dieser pubertäre Protz, um zu zeigen, was er sich alles zumuten könne und das heißt, um zu verbergen, wie gründlich Kraft und Ausdauer wohl für so einen Ausflug präpariert worden waren: Der Chef musste am meisten vertragen und am wenigsten Kraft brauchen, er musste diese Anstrengung als lässige Übung empfinden, um fit zu bleiben, während seine Mitarbeiter bei gleicher Belastung mit heraushängender Zunge und auf den Brustwarzen am Boden schleifend nur noch an ihr Bett dachten, sofern sie überhaupt noch denken konnten. So stellt man sich auf der Ebene, auf der er firm gemacht worden ist, einen richtigen Chef vor – ich verneige mich in Demut vor diesem Schwachsinn. Das Souveränitätstraining, das ich hinter mir hatte, war schließlich nur einen Kopfschuss wert! Er erzählt von einem Psycho-Spiel, das sie gespielt haben und erst einmal muss er betonen: „Sehr interessant! Mit diesen Spielen kann man einiges anfangen. Es gibt die Kategorien gesund, therapierbar, partiell therapieresistent usw. und die verschiedenen Therapieformen, die jeweils einzelnen Fällen besonders angemessen sind. Man würfelt, zieht Karten, muss dann entsprechend der Therapieerfolge warten, aussetzen oder überspringen; es gibt die und die leichten, schwereren oder unheilbaren Fälle, die und die Diagnosen entsprechend der einzelnen Schulmeinungen, aber auch die und die seltenen Kombinationen, dass auf einmal bei lauter schlechten Voraussetzungen ein Glückstreffer gelingt: Es war ganz realistisch, wie im richtigen Leben..."

Während der Erzählung, der die Leute aufmerksam zuhören, obwohl es nicht mehr als platte Vulgärpsychologie ist, ist der Fahrer längst ins Unigelände eingebogen, hat dort den weiten Bogen abgefahren, der die Anlage umgibt und mittlerweile sind wir fast wieder am Ausgangspunkt. Frau Fipfe lacht hilflos, im Dunkeln sehen die Sachen ganz anders aus, sie findet das Weglein nicht mehr, in das sie sonst einbiegt. Wir haben das Unigelände fast durch, nähern uns wieder der Hauptstraße, an der wir abgebogen waren, als Frau Fipfe endlich aussteigen will. Sie steht die ganze Zeit schon abwartend neben oder vor meinem Sitz, zappelig und unsicher, ohne mich überhaupt zu bemerken. Das vorige Gespräch hat sie wohl eingeschüchtert, jetzt dreht sie sich kurz rum, winkt nur noch in den Bus: „Ade!" Und steigt aus. Schlagke meint: „Den Umweg hätten wir uns sparen können, wenn wir gleich hier abgebogen wären!" Als wir weiter fahren, meint Schlaser quengelnd und ein bisschen lallend: „Auf keinen Fall rechts abbiegen! Sonst kommen nur noch Tunnel, dann sind wir in Heslach." Er fordert Schlagke mehrfach auf, dafür zu sorgen, dass der Fahrer links über die Rennstrecke Richtung Birkenkopf und Westbahnhof fährt, und Schlagke fragt nach und lässt sich alles ganz genau erklären, wie ein stumpfsinniger Idiot – und den Fahrer rechts abbiegen. Schlaser ist sauer, wir fahren durch einen langen Tunnel nach Kaltental rein, er jammert ein bisschen rum, dann wird er leise. Als ihm in Kaltental eine Reklame fürs Anna-Scheufele-Fest auffällt, beginnt er zu schwärmen, wie toll das dort sei usw. und Schlagke unterstreicht das und erinnert Frau Schwartz daran, wie sie letztes Jahr zusammen gefeiert hatten. Der kleine Missklang war vergessen, Schlaser beginnt jetzt alles toll zu finden, er schwärmt im Generellen. Irgendwann höre ich meinen Namen im Zusammenhang mit dem Minigolf, und drehe mich rum und frage: „Ich habe meinen Namen gehört?" Er grinst mich anbiedernd an, meint noch mal: „Der Herr Musik beim Minigolf, das hat doch toll geklappt!" Und ich lächle freundlich und meine: „Das ist alles Übungssache, man muss sich nur darauf einlassen..." Wir lachen uns an, Schlaser macht jetzt einen sehr angeschlagenen Eindruck. Er findet alle Welt schön und toll, manches von dem sentimentalen Gelalle ist nicht mehr zu verstehen. Ich drehe mich neutral um, atme wieder tief und gleichmä-

ßig, sage mir, dass ich immer noch nicht weiß, was ich Riskner zur Verabschiedung sagen sollte – und beschließe abzuwarten, was er sagen wird, finde die Frage nicht mehr sehr dringend.
Jetzt freue ich mich darauf, dass ich bald bei dir sein werde. In der Innenstadt ist mächtig was los, der Bus kommt fast nicht voran, es ist mehr Verkehr als am Tag, die Leute scheinen zum Spaß im Karree zu fahren und wir nähern uns im Schritttempo der Bank – es ist nach halb Eins. In der Kronprinzstrasse sind die Gehsteige und Fußgängerzonen zugeparkt, junges Gemüse hockt auf den Autos rum, aufgemotzte Eitelkeiten promenieren, Heranwachsende, denen man ansehen soll, dass sie später einmal vom Feinsten sein wollen, üben hier schon mal auf den Laufstegen vor den Schaufenstern. Und wenn immer wieder Leute die Beschallungsanlage in ihrem Wagen anstellen, klingt das, als sei die Disco – an jeder strategischen Ecke gibt es hier eine – auf die Straße verlegt. In der Lange Straße muss unser Bus auf den Gehsteig, es ist sonst kein Durchkommen. Der Fahrer fädelt sich vorsichtig zwischen den vielen parkenden Autos durch, in manchen verknotete halbnackte Leiber, in manchen anderen Kiffer mit riesigen Joints, bis er vor der PARISER BANK hält. Wir steigen aus, dehnen uns und gähnen, lockern die eingeschlafenen Glieder, stehen erst mal untätig und abwartend in kleinen Grüppchen rum. Frau Vogel wird von ihrem Mann abgeholt, Schlagke hatte nach dem letzten Halt im Bus schon ganz erschrocken getan, als er hörte, Herr Vogel warte schon seit 12 Uhr vor der Bank. Es wird noch mal bekräftigt, wer mit wem nach Hause fährt: Dewitz wird mit den Busfahrer mitfahren, Kwäsl nimmt Frau Klits mit, Frau Kauschwer wird mit dem Auto abgeholt usw. Gatterer meint zu mir: Sie können ruhig mal vorbeikommen, wir freuen uns drauf. Ich zögere kurz und meine dann: „Wenn ich das Führungszeugnis habe, bringe ich es vorbei." So ergibt sich das! Schlagke tritt hinzu und unterstreicht: „Das bringen sie aber gleich zu mir!" Ich nicke und lache ihn an: „Ja klar!" Ich beobachte, wie Riskner sich von Frau Vogel und ihrem Mann verabschiedet, dann Frau Kauschwer die Hand gibt und dann zu mir kommt. Der Händedruck wahrt eine neutrale Zwischenlage, nicht zu stark aber auch nicht zu lasch, er sagt: „Auf Wiedersehen Herr Musik." Ich antworte: „Auf Wiedersehen Herr Riskner, vielen Dank!" Ich

schaue ihn freundlich an und neige leicht den Kopf, er ist mimetisch und deutet auch eine Neigung des Kopfes an. Dann geht er zu dem Busfahrer, sie verschwinden hinter dem Wagen. Ich verabschiede mich von Gatterer, Schlagke und Kwäsl, sage: „Gute Nacht!" Stelle fest, dass Frau Vogel schon weg ist, gehe zu Dewitz, meine: „Wir sehen uns im Juli!" Dewitz grinst und antwortet: „Da bin ich im Urlaub!" Ich grinse zurück: „Das macht nichts!" Dann verabschiede ich mich schließlich noch von dem Ehepaar in spe, gebe erst ihr die Hand, dann ihm und sage: „Im Juli komme ich wieder." Sie wiederholt den Satz mechanisch, lächelnd, etwas müde, er grinst nur breit vor sich hin und hält sich an ihr fest.

Die Gruppe löst sich auf, ich gehe Richtung der Kinos. Gleich gegenüber der Bank an der Disco – vor der wir schon mittags an normalen Werktagen mitbekommen konnten, wie da zwanzig, dreißig Leute an der Hauswand standen, sich bis auf die Unterwäsche ausziehen mussten und gefilzt wurden – war es voll wie im Kaufhaus am ersten Tag Ausverkauf. Ein strategischer Ort, von dem in der Zeitung zu lesen war, dass bei Razzien jede Menge Ecstasy und andere härtere Sachen konfisziert worden waren – seltsamerweise auch LSD: Ich dachte, das sei schon lange vorbei, der auf Mode, Konsum und stumpfe Beats abfahrende Nachwuchs schien mir zu blöd für metaphysische Drogen. Irgendeine Woge streifte mich, die ich als Bewohner eines Bücherregals und ohne den Kontrast zu diesem Tag des Zusammenseins mit völlig hohlen und überangepassten Bankern vermutlich nicht einmal bemerkt hätte. Ich sehe mich um, beobachte das Geschehen interessiert und werde von einer Fülle von Informationen bombardiert, die ich wohl in den Wochen bei der Bank aufgeschnappt aber nicht weiter beachtet habe.

An der Langestraße ist so eine Discoecke, und vorne am Club Paris noch mal eine, mir fällt auf, dass an den Stellen am meisten Leute sind, wo es gegenüber jeweils in die Tiefgarage geht, die ganze Kronprinzstrasse ist schließlich untertunnelt, und ich sehe immer wieder, wie sich Grüppchen lösen und im Untergrund verschwinden. Die Bullen haben laut Stuttgarter Zeitung in einer Nacht Hunderte aus den Katakomben geholt, nicht nur Kids, die einen draufmachen wollten, Friseusen oder Automechaniker, sondern auch Leute, die bewaffnet waren, schwerere Kaliber. Die Sphären überschneiden sich hier, die verschiedenen Welten mixen sich – es ist kein Wunder, dass wir zwei Jahre später ein Wohnbüro in der Calwer Straße mieten, um dort anderthalb Millionen Mark Umsatz zu machen und immer wieder die Gelegenheit nutzen, inkognito durch die Tiefgarage das Haus zu verlassen, um genau hier auf die Kronprinzstraße zu kommen. Vorne am Wilhelmsbau ist ein primitiver Imbiss, der zu einer Durchgangskneipe gehört: Man kann vorne reingehen, ein Bier bestellen, neben der Toilette den Ausgang in die alte Poststraße benutzen oder die Treppe hoch in ein Sexkino gehen – eine ideale Anlage, in einem anderen Leben hatte ich dort auf einen Dealer gewartet, für den ich kleinere Mengen an die Leute aus meiner Bekanntschaft vertickerte, um meinen Bedarf zu finanzieren. Später hatte ich dann mitbekommen, dass man dort schon seit Jahrzehnten alle Arten Waffen besorgen konnte und die in Vaihingen stationierten Amis größere Mengen Drogen in diesem Umfeld umsetzten. Heute ist direkt neben dem Hinterausgang, um die Ecke, ein Technoclub, in dem sich kleine Jungs den ersten Striptease anschauen dürfen und außerdem für die Ferien an den Abenteuern einer ersten Sucht teilhaben können.

Und überall ist Musik, stumpfe elektronische Sachen, die ich blöd finde, aber auch Titel, die mir gefallen könnten, wenn ich noch Musik hören würde. Irgendwo im Hinterkopf gibt es noch eine ferne Erinnerung an die Nächte in Berlin, als wir den Tag verpennten, weil es auf der Szene erst nachts richtig losging, manche Kneipen machten erst um Mitternacht auf, und in den Läden, in denen es guten Stoff gab, war erst ab zwei Uhr wirklich was los. Schon lange vorbei, 20 Jahre her, ich hatte mal was ganz anderes von der Welt erwartet, und wenn ich jetzt nicht durch diese Wolken aus Musik und aufgedrehtem Stimmengewirr laufen würde, hätte ich keinen Anlass, mich zu erinnern. Zwar nur ein Hauch, aber siehe da, die Welt war wesentlich vielfältiger und auch andersartiger, als es die Komplexitätsreduktion der verwalteten Welt und ihrer Wissenschaften wahrhaben wollte. Ich spüre die Wirkungsmacht der Musik und kann das Vibrieren nicht einmal genau zuordnen: Die Botschaft verkriecht sich im staunenden Gewahrwerden, wie viele Leute jetzt zu dieser Uhrzeit in der Stadt sind: Wie viel Jugend, Erwartung, Schönheit und Beweglichkeit, wie viel Anmaßung, Naivität und Risikobereitschaft, wie viel Reiz und Verleugnung, wie viel Eitelkeit und Selbstzerstörung... Wie viel Sehnsucht nach dem wahren Leben war mit wie viel Betrug amalgamiert, wie viel Spiel mit dem Trieb verdankte sich tatsächlich der Angst vor dem oder der anderen. Ich sah eine Frau, die den Typus verkörperte, auf den ich einmal angesprungen war, konnte in diesem kleinen Augenblick sehen, wie sie ihren Typ so scharf machte, dass ihm die Sinne vergingen und er vom Begehren geblendet wurde und bemerkte, dass sie es zu genießen begann, dass ich auf sie aufmerksam geworden war. Es war wahnsinnig, ich war so gut wie tot, aber ich spürte noch immer einen Funken jener Eitelkeit, die nötigen Reaktionen bei einem Frauentypus auszulösen, an den sich der Durchschnittsmann gar nicht ran traute.

Es gab einmal eine Zeit, als die Musik mich getragen hatte, als mir chemische Ekstasen einen Antriebsüberschuss verpassten, der noch auf der Uni für so viel Drive gesorgt hatte, dass ich für einige Proselytenmacher interessant geworden war – und ich verstand gerade nicht mehr, warum mir selbst die Erinnerung daran seit Mitte der Achtziger weitgehend verloren gegangen war. Das war ein Resultat der akademischen Sozialisation, vor allem der Antrieb galt als obszön. Plötzlich ahnte ich für einen Augenblick wieder, welche Seinsdichte des Prinzips Hoffnung und welche gefährlichen Mächte hier auf engstem Raum vor sich hin köchelten, welcher energetische Zyklon hier entfesselt werden konnte, um die Zeiten ineinander zu verschlingen. Es würde noch einige Zeit dauern, bis ich in der Lage sein würde, mich wieder mit den Erfahrungen, die ich vor den Achtzigern gemacht hatte, auseinanderzusetzen, im Augenblick waren sie so weit weg, dass sie nicht als meine Erfahrungen zu erkennen waren – ein Universitätsstudium war mit einer Gehirnwäsche vergleichbar, der soziale Körper der Wissenschaften sorgte für viele Verstümmelte und für die nötigen Ausschlussverfahren, um dann für das Niveau des Wissens die nötige Subalternität und das erwünschte Mitläufertum zu gewährleisten. Die Leitungsfähigkeit stieg mit dem Mangel an Widerstand und in den gehobenen Sphären der Macht gab es Intriganten, die so kalt und tödlich waren, dass sie einen Status der Supraleitfähigkeit erreicht hatten – was vielleicht nötig war, um nicht an der eigenen Bosheit zu verbrennen. Es würde nicht mehr lange dauern, bis ich die Frage stellen konnte, was aus diesen Institutionen werden würde, wenn die Wissensmöglichkeiten und das lebendige Explorationsverhalten die Gutenberggalaxis hinter sich zurück ließen: Die Ergebnisse dieser Wissenschaftlichkeit waren dann nur noch Reflexionsfiguren der verwalteten Welt und die postmoderne Beliebigkeit tatsächlich das letzte Verschleierungsmanöver, das diesen Krüppelzüchtern noch eingefallen war! Es war nichts beliebig und es gab nichts umsonst – es sind die alten Götter des symbolischen Tauschs, die in unseren Leidenschaften wiederkehren und es wird das offene Spiel der Verweisungszusammenhänge sein, mit denen sich gewisse Wahrheiten einkreisen lassen.

Als ich 1972 das erste Mal aus Berlin zurückgekehrt war, hatte ich nicht nur ein stimmigeres Selbstbild mitgebracht, gewonnen aus den Erfahrungen in einer alternativen WG; mehr noch, ich brachte das Bedürfnis mit, neue Horizonte aufzumachen, ein fundiertes Wissen der besseren Möglichkeiten zu erwerben: In diesem Herbst meldete ich mich – auch gegen die Skepsis meines Päderasten, der die Konkurrenz witterte, der zwar mit einer Verführung eine komplette Deterritorialisierung zustande gebracht hatte, aber nicht unbedingt daran interessiert war, mich zur Entwicklung von Unabhängigkeit und eigenem Denken zu ermutigen, ich sollte bewundern und den kulturellen Werten hinterher hecheln, wie es ihm auch gegangen war – zu zwei Volkshochschulkursen an, einem über die Frankfurter Schule und einem über Sartres Romane. Und als ich im Herbst dann *Der Ekel* las, verstand ich nicht, wie das gehen sollte, dass einem vertrockneten Historiker die Lebenslust neu angefacht wurde, als er dank der Platten auf einem alten Grammophon plötzlich vom transzendierenden Moment der Musik ergriffen wurde und der metaphysische Ennui von einem konkreten Prinzip Hoffnung widerlegt wurde. Jetzt war ich bald soweit, dass es mir ähnlich gehen würde, dass mich der Gesang der Straße ergriff – die Welt war mir wie ein absurder zusammenhangloser Albtraum erschienen, mit dem Gebräu eines Idioten begann bei Ben Johnson die Geschichte des abendländischen Nihilismus – und plötzlich entdeckte ich in manchem Song eine ganze

Geschichte, mancher Refrain wurde zu einer Shortstory. Wer hatte denn gesagt, dass es heute keine Geschichten mehr zu erzählen gab, von wem stammte die Behauptung, dass wir in Institutionen eingemauert waren – es waren genau jene Leute, die das Urteil dieser Analyse an mir zu vollstrecken versuchten, um die eigene Stillstellung auszuhalten.

An der Ecke Lange Straße laufe ich dem Ehepaar Vogel über den Weg, die lachen mich an, ich nicke, lache zurück und meine: „Ade!" Biege dann aber Richtung Königsstraße ab, tauchte im Kaufhausgewühl unter. Es wirkt tatsächlich wie in einer Disko, nur mitten auf der Straße. Ein irgendwie zäher Strom bewegt sich, wie wir das auf den Abendspaziergängen mit den Hunden öfter beobachten konnten, nur nicht in der Dichte, nur nicht mit solchen Wogen wie um Mitternacht, in drei Richtungen gleichzeitig – quirlige und aufgedrehte junge Leute, manche in Schale, als könnten sie es nicht erwarten, als Erwachsene zu gelten, manche halbnackt, obwohl sie wie große Kinder wirken, darunter amorphe Klöpse oder magersüchtige Striche, Mädels bei denen ein goldenes Kettchen, das an Steckern baumelt, die in den Nippeln befestigt sind, dafür zu sorgen hat, dass das offene Sakko nicht zu viel verbirgt, aber auch gepflegte und durchtrainierte Stricher und zwischenrein immer wieder schon gezeichnete Junkies. Es kann vorkommen, dass ein naives, aber bunt angemaltes und heftig dekolletiertes Landei versucht, eine Zigarette zu schnorren und die wuselnden und plappernden italienischen Jungs, denen die Augen glühen, nicht einmal die Zeit haben, der Frage zuzuhören. Dafür werden ausgemergelte Albaner mit einer eklig gelbstichigen Haut aufmerksam, die eigentlich auf der Suche nach ihrem Neger sind, aber nebenbei auch das Taschengeld von Papas lieber Tochter auf den Kopf hauen würden, wenn sie nur dran kämen. Ein Strom ergießt sich aus der Langestraße in die Kronprinzstraße und teilte sich dort oder auch andersrum, zwei Wellen treffen an dieser Ecke zusammen, eine Strömung aus der oder in Richtung der Banken am kleinen Schlossplatz, in deren Umgebung ein paar besonders kaputte oder angesagte Clubs lagen, eine andere aus der oder in die Richtung Wilhelmsbau, in der den Teenies in Videoshops und kleinen Clubs Erotik unter den Vorzeichen Techno beigebracht wurde. Die Fluchtpunkte waren Marienstraße und Bolzstraße, aber alles, was sich dazwischen bewegte, wanderte immer wieder durch den Trichter Alte Poststraße, um dann an einem Sexkino vorbei in die Königsstraße zu münden. Das ist die Absurdität der hormonellen Begeisterung und am Ende wird in den meisten Fällen mit Mallarmé zu konstatieren sein: Nichts wird stattgefunden haben, als das Stattdessen. Ich fühle mich müde und ausgelaugt, freue mich darauf, zu dir ins Bett zu kommen.

Drei Monate hatte ich meine Runden um diesen Block zwischen Kronprinzstraße, Lange Straße, Calwer Straße und Alte Poststraße zu drehen und war oft genug in einer Feuerwand gegangen, der Körper hatte vibriert vor Spannungen, die Wahrnehmung hatte sich derart verengt, dass ich fast nichts mehr sah oder hörte. Zeitweilig hatte ich einen enormen Dünnschiss gehabt, der sich unter Krämpfen anmeldete, kurz bevor ich morgens losging oder mittags nach einer Ruhepause, in der ich vor Stress nicht mehr ruhen, nur noch Atemübungen machen konnte, bis ich wieder loszugehen hatte. Seltsamerweise setzten die Krämpfe in den Mauern der Bank aus – ich überlegte mir immer wieder einmal, dass sie von Bakterien ausgelöst sein könnten, die unter dem Einfluss der elektrostatischen Felder, die hier immer wieder dafür sorgten, dass die Computer abstürzten, stillhielten um sich dann außerhalb explosionsartig zu vermehren. Aber viel wahrscheinlicher war es ein psychisches Phänomen, das in den ursprünglichen Wirkungskreis der Tragödie gehörte: Die Katharsis unter dem Einfluss übermächtiger Gewalten fuhr ins Gedärm. Ich stand unter einem enormen Druck, der sich der Stillstellung und dem gleichzeitigen Mangel an Möglichkeiten verdankte, die aufgestauten Energien in irgendeiner sinnvollen Weise zu verwenden – der Imperativ, der über uns verfügt worden war, hatte dafür zu sorgen, dass ich nicht mehr in der Lage sein sollte, unseren Lebensunterhalt mit einfachen Hilfsarbeiten zu bestreiten. Hätte ich nicht dafür gesorgt, den Einflüssen von Bildungsbeamten aus dem Weg zu gehen, hätten sie sich nicht mit Intrigen unter ihrem Niveau abgeben müssen. Stattdessen hätten sie meine Hoffnung auf eine Karriere und die Suche nach Anerkennung, die Anstrengung für einen passablen Verlag, zu einer unendlich variantenreichen Intrige verwenden können. Wir waren eingekesselt, gewisse Botschaften reichten vom Rechtsanwalt unseres Vermieters bis zu den Aufzugsmonteuren bei der Bank oder den Wurstverkäuferinnen beim Nanz, irgendwelche Standleitungen versorgten die verschiedenen Banken nicht nur mit den Überweisungsdaten, sondern auch mit allem, was dazu verwendet werden konnte, mich runterzuziehen, zu demotivieren, zu bedrohen: In der ersten Woche auf der Bank hatte mich ein Pförtner der Landeszentralbank, an dem ich früher immer wieder vorbei gemusst hatte, wenn ich für den Buchhandel Bücher ablieferte, als wir gemeinsam mit dem Aufzug runterfahren wollten, mit dem Satz angesprochen: ‚Mit Ihnen geht's bergab.' Gegen Ende der Woche, als immerhin feststand, dass ich wieder genügend Einnahmen zustande bringen würde, um unsere nächste Miete zu bezahlen, hatte mich der Anwalt unserer Vermieter abgepasst, um zu fragen: ‚Wo kommen Sie eigentlich her?' Er gab zu verstehen, dass er darüber informiert worden war, dass der grandiose Musik nun als Bankbote jobbte. Ich hatte ihn angegrinst und geantwortet: ‚Ich bin in Cannstatt geboren.' Von da ab wusste ich, dass die Krüppelzüchter sich nicht zu schade waren, ihre Einflüsse bei den schwäbischen Erben und Hausbesitzern, die selbst nichts Produktives zustande brachten und nur von den Errungenschaften vergangener Generationen lebten, spielen zu lassen, um dafür zu sorgen, dass ich mich für meinen Aushilfsjob schämen, dass ich mich verkriechen sollte, um es am besten gar nicht mehr zu wagen, die Wohnung zu verlassen. Sie versuchten auf allen Registern, meinen Mut zum Widerstand zu brechen und vor allem, mich von aller vernünftigen Tätigkeit abzuhalten – und vernünftig hieß in solchen Zusammenhängen, dass man in der Lage war, die lebensdienlichen Einsichten zu beherzigen. Und das war noch nicht alles: Ich musste vor allem für die nötige Disziplin und Makellosigkeit sorgen. Es war eine ernst zu nehmende Warnung, als mir nach Dresden durch eine geringe Unachtsamkeit der Schirm unter der Hand zerbrochen war, als mir kurz darauf die gläserne Teekanne in der Hand zersprang, ich hatte genug Energie akkumuliert, das sie für uns zur Gefahr werden konnte. Ich musste dafür sorgen, dass kein Geistesblitz nach hinten losging, die Negation durfte auf keine Ähnlichkeit, auf keine Leitung treffen, mehr konnte ich schon nicht tun – aber während dieser Zeit kapierte ich den tieferen Sinn des biblischen Gebots: Du sollst nicht fluchen. Der Rest war eine Frage der Zeit, die Negation würde zu ihren Urhebern zurückkehren, wenn wir ihnen den Gefallen nicht taten, sie abzunehmen: Annahme verweigert, zurück an den Absender der Negation! Dann, am 22. Juni, also neun Tage nach diesem Ausflug, mit dem ich mir die Urlaubsvertretungen bis zum Jahresende gesichert habe, versucht ein wahnwitziger Kneipier seiner finanziellen Zwangslage Herr zu werden und verteilte sechzig Liter Benzin in dem Lokal im Durchgang zwischen Calwer Straße und Kronprinzstraße. Er wollte seine Versicherung zu betrügen und fackelte tatsächlich den ganzen Block erfolgreich ab. Nach dem größten Nachkriegsbrand in der Stuttgarter Innenstadt fühlte ich mich seltsamerweise erleichtert und der enorme Druck, der den aufgestauten Energien zu verdanken war, als ich dort meine Runden gedreht hatte, begann nachzulassen. Bei Kierkegaard hatte ich über die Wiederholung gelesen, dass eine Bahn sich immer tiefer eingrub, bis nicht mehr vor ihr abgewichen werden konnte. Nach dem Gründungsrat in Dresden hatte ich Nacht für Nacht irgendwelche James-Bond-Träume, in denen ich gejagt und angeschossen wurde oder bei der Flucht über ein vor sich hin schwelendes Kohlefeld die Beine verlor und in ein endloses Schwarz fiel. Der Brand hatte dafür gesorgt, dass der Musik aus dieser Endlosrille, die ich jeden Tag mindestens vier Mal abzugehen hatte, herausgeschleudert wurde – der Ort meiner Selbstverbrennung hatte sich in nach verbranntem Plastik stinkenden Beton verwandelt. Für die nächsten Monate sorgten Bauzäune und Abbruchgitter auf meinen Urlaubsvertretungen dafür, dass der Musik neue Umwege nehmen durfte.

Als ich ein paar Wochen später für den Sommerurlaub des Bankboten anzutreten hatte, war zu bemerken, dass der Brand die Selbstsicherheit der Banker angeknackt hatte – vielleicht war es nur der Hinweis auf das Reale, das ihnen wie nebenbei meine weiteren Besuche bescherte. Ihr Arbeitsplatz war eine Ecke weiter und das frischgebackene Ehepaar Schlaser-Schwartz hat im Appartement an der Ecke Rotebühlplatz keine irrationalen Ängste ausgestanden, dass der Brand auf die Calwerstraße und den Rotebühlplatz übergreifen könnte – das war so real gewesen, dass sie die Hysterie jetzt relativieren konnten und etwas mehr in der Wirklichkeit angesiedelt waren. Es gab hin und wieder einen Anmachversuch der Dame, aber aus irgendwelchen Gründen meldete sie sich in den Wochen, in denen ich dort Geld verdienen musste, immer wieder aufgrund von Schwindel oder Kreislaufstörungen krank, bis ich von diesem Quälgeist nichts mehr bemerkte.

Vielleicht hatte der Brand noch manch anderem Protagonisten klar gemacht, wie falsch es sein konnte, derartig viele Todeswünsche auf ein Paar zu projizieren, nur weil eine angekurbelte Hysterie dies nahegelegt hatte. Vielleicht stimmte es ja gar nicht, was über uns erzählt worden war, vielleicht hatten wir noch Reserven in petto, vor denen man sich in Acht nehmen musste. Wir wurden weniger abgepasst, der Druck ließ etwas nach, es entstand jene kleine Lücke im Zeitgefüge, dank der sich die Weichen stellen ließen, um jene Richtung einzuschlagen, in der ich mich selbständig machen konnte. Ich meldete beim Gewerbeamt in der Eberhardstraße einen Verlag an und beschrieb die künftige Tätigkeit als Ästhetik- und Textbearbeitung, beantragte außerdem bei der Buchhändlervereinigung in Frankfurt die ersten einhundert ISBN-Nummern und kündigte zehn Bücher an, von denen einige wirklich in den nächsten Jahren entstanden, obwohl ich mich darauf konzentrierte PRs und Anzeigen für ein Luxusmagazin zu verkaufen und der Zwang, den Anschluss an die freigesetzten Umsatzströme nicht zu verlieren, mich für die meiste Zeit des Jahres vom Produzieren abhielt. Wenn ich dann zum Jahresende wirklich einmal sechs Wochen um- und abschalten konnte, brauchte es danach drei Monate, bis ich so auf Touren war, dass sich der Geldfluss wieder stabilisierte. Auch das war eine Gesetzmäßigkeit dieser Welt: Als wir fast kein Geld zur Verfügung gehabt hatten, waren einige der tiefsten Einsichten möglich gewesen und man konnte uns damit quälen, dass wir keine Möglichkeit eingeräumt bekamen, sie unzensiert einem Publikum vorzustellen. Als ich dann die nötigen Umsätze im Bewegung setzte, blieb keine Zeit mehr, sich wirklich der Pflege dieser schon alt gewordenen Einsichten zu widmen, neue kamen keine mehr hinzu. Und als ich über ein Medium verfügte, das vier Mal pro Jahr mit einer Auflage von etwa 100000 Exemplaren erschien, brauchte ich es nicht einmal versuchen, irgendwelche Einsichten zu formulieren oder Wahrheiten aufzudecken, denn dieses Luxuspublikum war nicht willig, sich auf Geistiges einzulassen und in vielen Fällen nicht einmal in der Lage, die Konsequenz einer klaren Gedankenführung anzuerkennen. So ist die Arbeitsteilung in die Köpfe hinein gewandert: Die einen machen Geld und kapieren dafür die einfachsten Belange des Lebens nicht; die anderen widmen sich dem Geist und werden für das, was sie kapieren, ausgeklügelten Subalternisierungen unterworfen, damit garantiert ist, dass sie nichts mit dem Wissen anzufangen wissen. Weil ich dazwischen geraten war, gab es mich noch; weil ich mein Leben lang auf irgendwelchen Schwellen auszuhalten hatte, waren die notwendigen Routinen vorgeprägt worden. Und wenn ich irgendwann genug Geld gemacht haben würde, sollte eine Galerie der Geistesblitze diese Wege im Dazwischen dokumentieren.

Das verklemmte Eschatometer

Algo hat die alten Texte ausgegraben und die Spezialisten für Mustererkennung haben wohl versucht, den gescannten Verknüpfungen zwischen Erregungsfeldern und kartierten Funktionszusammenhängen die Wahrheiten abzulauschen, die über das hinausgehen, was ich so oder so schon von mir gegeben oder veröffentlicht habe. Sie wollen irgendwelche Fehler und Lügen, Verstellungen oder Verleugnungen dingfest machen – dabei hatte ich für so einen Quatsch innerhalb der psychischen Ökonomie gar keine Kraft übrig. Lügen fordern neue Lügen, die Simulation der Normalität absorbiert derart viele Energien, dass es gar nicht verwunderlich ist, zu wie wenig die Leute in ihrem Leben kommen. Ein Gutteil meiner Kraft rührte daher, dass ich mir solche falsch investierten Besetzungen seit vielen Jahren sparte. Ich musste nichts verbergen, es gab bei mir keine verdrängte Homosexualität und kein schlechtes Gewissen eines Fremdgängers, ich schämte mich weder meiner familiären Ursprünge noch der früheren Randgänge und Abseitigkeiten – egal was, ich konnte alles als performatives Argument gegen Anpassung und Stillstellung verwenden.

Ein spaßiges Spiel, denn während sie meinen, mich aushorchen und ertappen zu können, erfahre ich einiges über die Sachen, die ich zwar wie nebenbei mitbekommen hatte, auf die ich reagiert haben musste, die mir aber nie wirklich bewusst geworden waren. Wir wissen viel mehr, als uns bewusst ist, unterschwellig ist eine enorme Menge an Beobachtungen und Begegnungen, an Erwartungen und Gefühlen abgelegt. Es braucht die nötigen schmerzhaften Kontexte, um aufzuwachen, den kleinen Schock des Wiedererkennens, die Stolpersteine, die die Gewohnheitsmuster durcheinander wirbeln, die brennend frappierenden Wahrheiten, die uns um Kopf und Kragen bringen können. Wenn wir nicht ständig damit beschäftigt wären,

Retuschen an dem Bild vorzunehmen, das die anderen von uns haben sollen, würden wir einiges mehr wahrnehmen und möglicherweise auch kapieren, wie schlecht es um die Leute bestellt ist, die bei jeder Begegnung versuchen, uns vorzuahmen, was wir nachmachen sollen, um uns tatsächlich damit Böses anzutun.

Algo: „Wir haben den Scans Ihrer Hirnaktivität die folgenden Fraglichkeiten abgelauscht, die ich unter fünf Punkten zusammenfassen möchte. Es ist sicherlich nicht verwunderlich, dass sie mit der Jetztzeit wenig zu tun haben. Die Muster gehen auf die fehlerhafte Triangulierung in der Familie zurück, auf die Programmderivate des Mutterbezugs. Dies sind nach wie vor und auch bei Ihnen die wichtigsten Schaltstellen – die Rolle des Vaters mag spätere Identifikationen und Stabilisierungen vorbereiten, aber da in Ihrem Fall der Erzeuger mit Sicherheit ungewiss ist, werden wir vor allem jenes Wiederholungsschema zu achten haben, mit dem Ihre Mutter die eigene Besonderheit durchsetzte und das häufig genug auf Ihre Kosten. Die anderen Kleinigkeiten werden sich wohl im Gespräch wie von alleine ergeben.
Zuerst einmal drängt sich die Frage auf: Waren Sie eigentlich so naiv, dass Sie wirklich daran glaubten, nach all den Störungen und Intrigen in Literatur und/oder Wissenschaft Fuß zu fassen? Schon der Grundansatz sollte doch misstrauisch machen, dass bei Ihnen nicht nur Literatur und Theorie ineinander übergehen, dass alle Disziplinen vermengt werden, um dann einem Menschenbild zu huldigen, das wirklich nichts mit den kulturellen Umwegen und der Einwilligung in die Stillstellung zu tun hat. Wenn wir Ihren Andeutungen zum Souveränitätstraining auch nur ein paar Schritte weit folgen, stellen wir fest, dass keine Konvention mehr trägt, dass die großen Institutionen der Menschheit als Mausefallen behandelt werden und dass, dem kann ich überhaupt nicht folgen, aus den Energien des Paars die Grundlegung eines neuen Weltverständnisses zu gewinnen sein soll!"

„Zum einen habe ich darauf gesetzt, dass es die Intrige einiger weniger war, die mit der nötigen Geduld und den richtigen Informationen ausgehebelt werden konnte. Ich wäre nie auf den Gedanken gekommen, dass Netzwerker innerhalb der Geisteswissenschaften eine derartige Kontrolle ausüben konnten, als befänden wir uns in einem totalitären Staat. Zum zweiten hatte ich erst einmal gar kein anderes Repertoire. Die Erfahrungen einer beknackten Elternwelt, in der die Lüge und Verleugnung herrschte, in der der relativ befriedete Raum auf Erpressung und Betrug beruhte, hatte ich so weit zurück gelassen, dass ich nicht in der Lage war deren Gesetzmäßigkeiten auf das Netz anzuwenden, in dem ich gefangen gehalten werden sollte – auch wenn ich unterschwellig genügend Vergleichbarkeiten spürte, um mich nicht vereinnahmen zu lassen. Dazu kommt, dass die späteren Erfahrungen am anderen Ufer und die damit verbundenen Wertmaßstäbe des Süddeutschen Rundfunks einmal in einer Form mit meinem Traum von einer gelingenden Zweierbeziehung kollidiert waren, dass ich nichts mehr mit den Formen der pseudoprogressiven Selbstdarstellung zu tun haben wollte. Ich war in mein Bücherregal ausgewandert und hatte keinen Ehrgeiz, irgendeinen Beruf zu ergreifen oder Karriere zu machen: Ich wollte malen, lesen und schreiben und war bereit, die kreative Selbstverwirklichung durch irgendwelche Gelegenheitsarbeiten und Aushilfsjobs zu finanzieren. Über diese Jahre wollte ich überhaupt nichts mit den durchschnittlichen Lebensläufen zu tun haben, ich pflegte keine Kontakte, ich war täglich fünfzehn bis zwanzig Kilometer in einer Affengeschwindigkeit mit den Hunden unterwegs, dann konnte ich den restlichen Tag stillsitzen und ausgedehnte Reisen im Bücherregal unternehmen. Ansonsten verließ ich das Haus um einzukaufen und um zu jobben; wenn ich von jemand aufgehalten wurde, der mich von irgendwoher kannte, beschränkte sich die Konversation auf das absolut notwendigste – seitdem ich keine Selbstdarstellung mehr pflegte, gab es nichts zu sagen. Irgendwann hatte ich die Chance gewittert, in irgendeiner Nische der Geisteswissenschaften ein bisschen Geld zu verdienen. Ich hatte es ja nicht einmal eilig gehabt und mir gesagt, dass ich mit dem vierten oder fünften Buch irgendwann soweit sein würde, mein kleines Gärtchen zu bestellen. Ich hatte nichts dagegen, die Zeit bis dahin mit Jobs im Buchhandel und mit Kursen auf verschiedenen Volkshochschulen zu überbrücken, bis zu merken war, dass die Krüppelzüchter die Atmosphäre in den wenigen Kontexten, in denen ich mich bewegte, vergifteten und dafür sorgten, dass ich vor lauter zusätzlichen Problemen vom Produzieren abgehalten werden sollte.

Diese kleinen Behinderungen, diese Versuche mir die Freude am Leben zu vergällen, hätten sich noch Jahre hinziehen können, wenn mir der Tod meines Chow Chows nicht demonstriert hätte, dass das kein harmloses Spiel war. Diese Arschlöcher konnten daran arbeiten, dass mir nach und nach die Luft so abgedrückt wurde, wie es dem Chow in meinen Armen gegangen war und ich konnte mich anstrengen so viel ich wollte, über das Ergebnis hatte ich keine Macht. Also sprang ich beiseite, beendete die Jobs, gab keine Kurse mehr und versuchte, unterzutauchen. Mit dem Erfolg, dass die Leute, die es sich in den Kopf gesetzt hatten, meine Gegner sein zu wollen, plötzlich von der Panik ergriffen wurden, keinen Einfluss mehr zu haben. Es dauerte nicht lange und ich bekam aufgrund eines Querschlägers unseres Altpapiers die Einladung, eine Neukonzeption für das ehemalige Becher-Literaturinstitut vorzulegen. Ich hatte nicht gepokert, ich hatte nichts beweisen wollen – aber das Ergebnis lieferte eine fundierte Lektion in Sachen Souveränitätstraining. Ich musste es nur schaffen, von den Krüppelzüchtern zu abstrahieren und ein Maximum an Abstand kultivieren, je weniger ich mich um das kümmerte, was sie über mich verbreiteten, je mehr würden sie in the long run dafür sorgen, dass mein Name im Gespräch blieb – sie würden von ganz alleine anfangen, für mich mitzuarbeiten! Und ich wusste sogar, dass auch das noch eine Falle war: Wenn ich mich drauf verlassen würde, konnte man mich am ausgestreckten Arm verhungern lassen – ich hatte ab diesem Zeitpunkt dafür zu sorgen, noch irgendeinen dritten Weg zu finden. Zur Zeit der Bank ist mit Sicherheit keine Naivität mehr zu unterstellen. Jetzt sollte vielmehr die Rede sein von dem, was ich die Funktion eines blankpolierten Spiegels genannt habe."

„Das kommt später", wiegelt Algo ab und macht ein Zeichen zu den hinter ihren Kapuzen versteckten Witzfiguren. „Zum zweiten sollten wir uns vielleicht an die Frage des Stellenwerts eines sozialen Todes erinnern. Wenn Sie meinen, dass durch den Tod hindurch gegangen werden muss, wollen Sie doch auf dessen Rückseite mit ganz anderen Kräften belehnt wieder auftauchen. Klaus Heinrich lässt die Philosophie aus der Konfrontation mit dem Tod und der Nichtigkeit entstehen, wenn sie einen Sprung auf ein Niveau jenseits der Vergänglichkeit bewirken soll oder Sloterdijk bemüht die Scheintode im Denken, um zu zeigen, wie man sich der Involviertheit entledigt, um zu gewissen Einsichten zu kommen... Sie haben doch ein diametral entgegen gesetztes Programm gelebt und auf den Nenner gebracht, wenn Sie durch die freigesetzten körperlichen Intensitäten über den sozialen Tod hinaus gehen wollten, wenn Sie auf seiner Rückseite einfach so tun konnten, als handle es sich um ein Behindertenkabarett. Das sind Ihre Worte!" unterstreicht sie empört.

„Richtig, ich bin keine Maschine, die nur zwischen Null und Eins unterscheiden kann," korrigiere ich: „Es gibt nicht nur wahr und falsch in der menschlichen Welt, wir können uns an ganzen Hierarchien von Unwahrscheinlichkeiten abarbeiten und häufig genug ist das Nichts nur eine Metapher für jenen kreativen Urgrund, in dem uns eine Sphäre des Möglichen mit den verschiedenen Varianten unsrer Zukunft versorgt. Das Leben entsteht aus einem Maximum an Unwahrscheinlichkeiten, es ist ein derart fragiler Zusammenhang, dass eigentlich nur die Potenzierung von Unwahrscheinlichkeit und Komplexität den Erfolg von Überlebensmöglichkeiten versprechen kann!"

„Aber glauben Sie heute wirklich noch daran, dass sich eine relative Souveränität ervögeln lässt? Steht das nicht längst auf einer Verlustliste, spätestens seit sich Lacans Dictum, es gebe kein Verhältnis der Geschlechter, durchgesetzt hat? Wie lange kann man der Inexistenz in den Augen der Anderen unterworfen sein, bis der irreversible soziale Tod einsetzt. Sie müssen eine Ausflucht suchen, sie müssen in der Lage sein, den Weltausschnitt zu wechseln, um weiterhin in der Reziprozität der Erkennbarkeit ansprechbar zu sein."

„Das ist richtig. Auf Sprache angewiesene Wesen unterstehen der Gefahr des sozialen Todes! Sie sind auf Ansprechbarkeit und Anspruch angewiesen, wie es im Akt der Namengebung verknüpft worden ist. Und das ist die Drohung, die tatsächlich jegliche Souveränität aushebelt – wenn es nicht zweien gelingt, aus den Registern der Beziehungsarbeit die umfassendste Form von Kommunikation freizusetzen. Die soziale Existenz untersteht einer unterschwellig präsenten Widerrufbarkeit, mit der auch am leichtesten zu erklären ist, warum eine Missachtung wehtut, warum es möglich ist, mit der Sprache tödliche Verletzungen zuzufügen. Diese verletzende Wirkung gibt es nur bei einem Wesen, das nur vermittels seiner Ansprechbarkeit und seines Anspruchs sozial existiert. In dem Maß, in dem diese erodieren und verschwinden, droht es als sozial existentes Wesen zu verschwinden. Das ist die eigentliche Kraft der Sprache, wie wir dies bereits anhand von Benjamins Theorie des Namens kennen gelernt haben. Aufgrund des Namens weiß ich, wer gemeint ist, wer mich anspricht und an wen ich mich wenden kann. Er liefert also ein grundlegendes soziales Koordinationsschema – übrigens auch dann, wenn eine Bindung kodifiziert wird. Dabei darf zwar nicht vergessen werden, dass die Konstitution unseres Selbst durch den Namen nie abgeschlossen ist, aber zugleich müsste auch klar werden, dass dieses Ringen um Anerkennung unter gewissen energetischen Wirkungen verlagert und übertragen werden kann. In unserer Sozialkonstitution befinden wir uns in einem ständigen Ringen um Anerkennung – doch in potenzierter Form spiegelt sich dieser Kampf um die eigene Identität im Kampf der Geschlechter. Wer sich also auf dieses Spiel einer Liebe als Duell einlässt, wird sich ganz anderen Sphären der Macht stellen müssen, denen gegenüber die kleinlichen Ausschlussverfahren zu kurz gekommener Krüppelzüchter das Nachsehen haben – aus diesem Grund führt Lacans mengentheoretisches Theorem in die Irre, obwohl er mit seinen Beobachtungen genau richtig gelegen hat."

Algo hat vor sich hin gefeixt und nicht einmal bemerkt, wie sie mir weitere Argumente liefert: „Und dann gehen Sie von dem Spiel mit dem Namen aus und befinden sich zugleich in einem ungeheuren Abstand davon, wenn Sie darauf bestehen, dass der Name des Vaters bei Ihnen nur eine Spielmarke gewesen ist? Der Musik, der sich auf alle Beziehungen zwischen Mythos und Musik berufen hat, um die Möglichkeitsspielräume des Namens für sich nutzbar zu machen, hat immer noch in Reserve, dass er eigentlich anders heißen könnte. Dann wundert es nicht, dass in den Augenblicken der höchsten Bedrohung Zähne splittern und der Kiefer zu schmerzen und sich zu entzünden beginnt. Aber wer sagt denn, dass die Inszenierung Ihrer Mutter irgendeinen Wahrheitsgehalt hatte, der Erzeuger könnte auch ein dritter, ein anderer gewesen sein, als der verhimmelte Rechtsanwalt Kiefer! Vielleicht haben Sie nur bewiesen, mit welcher Macht die Metapher sich ins biographische Fleisch einschreibt."

„Eine menschheitsgeschichtliche Weisheit lautete einmal: ‚Der Vater ist immer ungewiss.' Ich muss jetzt nicht die notwendigen Differenzierungen bemühen, warum sich hinter dieser Resignationsformel des Patriarchats noch immer die Müttermacht ausbreiten konnte, denn erst mit dem Gentest ist diese fundamentale Unsicherheit aus der Welt geschafft. Vielleicht gibt es in der Regel kein Verhältnis der Geschlechter mehr, weil Medien dazwischen geraten sind – was nicht sehr verwunderlich sein muss, wenn wir daran denken, dass unser erstes Medium die Mutter war. Der Mann hat in der Frau alle Frauen zu suchen, also die Mutter, während die Frau im Mann den Erzeuger findet, also das Kind. Aus diesem Grund gilt für meine Armatur des Paars erst einmal, dass der Mann die Mutter im eigenen Kopf schlachtet und die Frau auf die Fortpflanzung verzichtet. Aus dem Imperativ des Konkurrenzausschlusses speist sich alle Abwesenheitsdressur und es verwundert nicht, wie fest Masturbation und Mutterbezug in den Sozialisationsriten der Gutenberggalaxis miteinander verlötet wurden, die Massenmedien treten ein fruchtbares und fürchterliches Erbe an.

In diesem Zusammenhang darf ich für den Souveränitätsbegriff vielleicht noch ergänzen, dass einiges davon zu lernen und zu übernehmen ist, was Benjamin im Trauerspielbuch konzipiert hat. Der Souveränitätsbegriff, wie ihn Carl Schmitt aus der Position des Mächtigen und der Homöostase der Macht entwickelt hat, wird von Benjamin gegen den Strich gebürstet. Der Ausnahmezustand ist die Regel, damit wird die Entscheidung nicht mehr von der Willkür der

Oberen diktiert, sondern sie kann aus den Lebensnotwendigkeiten selbst abgeleitet werden. Unter dem politischen Imperativ der Selbstzerstörung oder dem gesellschaftlichen des galoppierenden Schwachsinns kann schon der Süchtige oder der Melancholiker eine Form von Autonomie erreichen, die ihn unangreifbar macht – er sollte dann in irgendeiner Form lernen, die destruktiven Kräfte der eigenen Besessenheit abzuleiten oder in Dienst zu stellen. Anhand der Surrealisten oder bei Kafka oder Proust werden diese Techniken der Selbstermächtigung nachvollziehbar gemacht."

„Das führt uns jetzt völlig von der eigentlichen Fragestellung weg", sie meint zu insistieren und merkt gar nicht, wie sie mir den Ball zuspielt: „Dann könnte ich gleich noch fragen, warum der Computer seit Mitte der achtziger Jahre eine derartige Bedeutung für Sie gewonnen hat. Haben Sie damit nicht genau so ein Ausweichen durchexerziert. Zu Zeiten, als erwartet worden ist, dass sie sich für ein Habilitationsthema entscheiden, haben Sie angefangen, sich anhand von Computerzeitschriften in verschiedene Programme einzuarbeiten, haben recht früh für einen Geisteswissenschaftler Tabellenkalkulationen zur Verwaltung ihrer Belege genutzt, die ersten Ausgaben der Digitalen Bibliothek als Möglichkeit verwendet, über einen ungeheuren Zitatenschatz zu verfügen und sich an verschiedenen Satzsystemen versucht. Wenn es richtig übermittelt wurde, haben sie sogar die Druckerschnittstelle eines Homecomputers umprogrammiert, um Ihre alten Texte aus der CPM-Welt in die Welt der kompatiblen Rechner zu überführen... Das mögen erst einmal Ausweichbewegungen gewesen sein, also eine neue Form von kulturellen Umwegen, mit denen Spannungen verdünnt und umgeleitet werden konnten. Aber es war nicht weniger ein Terrain, auf das Sie ausweichen konnten, wenn die Anforderungen der Geschlechterspannung ein unangenehmes Level erreichten. Auch Sie haben sich nicht voll und ganz auf eine Partnerin eingelassen, denn sonst wäre wohl nichts von Ihnen übrig geblieben!"

„Das stimmt sicher, oft habe ich mein Bücherregal und irgendwann auch die Externalisierung des Wissens im Computer der wirklichen

Welt vorgezogen. Ein Duell auf dem biographischen Monte Scherbolino, auf eine Distanz von zehn Schritten, kann man sich vielleicht mit Steinschlosspistolen erlauben, mit automatischen Schnellfeuerwaffen ist es sinnlos. Bei allem, was wir machen, brauchen wir Rückzugsräume, die Distanzen müssen stimmen, gerade dann, wenn wir uns rückhaltlos mit all unseren Möglichkeiten investieren. Umso größer die Nähe wird, umso weniger körperferne Waffen dürfen dabei zugelassen sein.

Mein Ausweichen in den Computer war vor allem aber eines vor den Imperativen einiger Geisteswissenschaftler. Ich wollte selbst über die Mittel verfügen, mit denen ein Zugang zur literarischen Öffentlichkeit möglich war, ohne mich in die anempfohlenen Abhängigkeiten zu verstricken." Ich grinse sie an: „Was ich als Abwesenheitsdressur gekennzeichnet habe, war dem psychischen Investment und dem sozialen Risiko diametral entgegengesetzt, das ich in meiner Beziehung akzeptiert hatte. An den Folgen der Abwesenheitsdressur ist klar aufzuzeigen, wie sehr sie auf einer fundamentalen Feigheit beruht, zur eigenen Rolle, zu bestimmten Wahrheiten, zu einem möglichen Partner, einer möglichen Partnerin zu stehen. Weil jemand Angst hat, zu versagen oder nicht anerkannt zu werden, verhält er sich von vornherein gleich so, als sei er gar nicht richtig dabei – wenn sie genau hinsehen, entdecken Sie noch immer den Glanz in den Augen der Mama, die einmal die Besonderheit versprochen hatte, um ihre eigenen Größenfantasien zu bestätigen, auf all jenen Verzichtleistungen, die einem den Zusammenstoß mit der Wirklichkeit ersparen sollen. Bei Devereux war einmal die Komplexitätsreduktion der Wissenschaften gekennzeichnet worden durch das Dictum: ‚Die Angst ist die Mutter der Methode'. Unter dem Vorzeichen der Abwesenheitsdressur kann ich dieser Wahrheit noch eine Weisheit beigesellen, die in unseren Zusammenhängen dem Tabu untersteht: Die Mutter oder besser noch, die Mutterrolle liefert tatsächlich die Methodologie der Angst. Es ist die über Jahrtausende ausgearbeitete Unhaltbarkeit ihrer Position, aus der der psychotische Sog alle Energie gewinnt! Die Abwesenheitsdressur ist ein Tribut an den Anspruch der Mütter."

„Das sagt sich so leicht", versucht sie mich zu belehren: „Aber Sie wissen ganz genau, dass es genügend Situationen gibt, in denen eine Ausweglosigkeit, also eine Endgültigkeit der Entscheidung, vermieden werden kann, wenn man oder frau nur so tut, als sei etwas anderes wichtiger gewesen. Außerdem möchte ich doch darauf verweisen, dass die Intensität Ihrer Ablehnung der Mutter auf die Kräfte der früheren Bindung verweist. Sie sind, wenn ich einen Ihrer Texte variieren darf, in einer Homöostase des Elends instrumentalisiert worden. Sie hatten in Ihrer Rolle als Sohn gar kein Eigenleben zu entwickeln, sondern dienten als Beweisfigur der Besonderheit dieser Frau, als Druckmittel in einer sozialen Erpressung und in the long run als Entschuldigung fürs nicht gelebte Leben."

„Das ist alles richtig und rechtfertigt doch nicht, dass sich jemand in der Anmaßung wohnlich einrichtet, weil alle schmerzlichen Widerlegungen der Verleugnung unterstehen – außerdem werde ich die Schmerzen nie vergessen, die mir angetan wurden, weil ich für den verlogenen Größenwahn dieser Frau den Kopf oder den Arsch hinhalten musste. Die Entschuldigung der Ausweglosigkeit, das Vermeiden einer klaren und eindeutigen Entscheidung, mag für Sie entschuldbar sein oder scheinen. Für mich ist so eine Haltung unredlich und schon an der Grenze zur Lebenslüge", widerspreche ich: „Auf diese Weise mögen viele Ehen halten, gerade weil die Leute in einer Form nebenher leben, dass es mangels Gemeinsamkeiten zu keinen größeren Krisen kommen kann – das schlechteste ist dann schon die Langeweile und die uneingestandene Einsamkeit. Aber unter solchen Bedingungen sollte es nicht auch noch die Möglichkeit geben, sich durch ein Kind eine exklusive Abhängigkeit erpressen zu dürfen. Dank der Entwicklung der Massenmedien war es meiner Mutter möglich, die Sozialisation in eine Märchenwelt zu verlagern und die Zusammenstöße mit der Wirklichkeit waren vor allem für mich schmerzhaft – für die damalige Zeit war das wohl eine ganz geläufige Sackgasse. Mittlerweile hat sich die Anonymisierung von Beziehungen mit den sozialen Medien vervielfältigt, die Möglichkeiten zu berührungslosen Kontakten sperrt die Wirklichkeit nur noch besser aus. Und dennoch muss ich nicht extra erklären, dass es

vielleicht gerade in der bewussten Handhabung der multimedialen Maschine die Tricks gibt, den Imperativen der Abwesenheitsdressur nicht nachzugeben und damit einen Schonraum zu haben, von dem aus es möglich ist, weiter an den gemeinsamen Möglichkeiten zu arbeiten.
Aber zurück zu Ihrer ursprünglichen Frage: Ja, es funktioniert. Was schon bei Kleist den Stachel der Selbstzerstörung ausmachte, lässt sich unter gewissen Bedingungen dazu verwenden, an der allmählichen Verfertigung des Göttlichen beim Vögeln zu arbeiten. Die Götter sind in den Leidenschaften präsent und wenn Sie sich die verschiedenen Mythologien genauer ansehen, stellen Sie fest, wie ambivalent und gefährlich eine Begegnung ist – nur deshalb fügt sich der Mensch lieber dem Todstellreflex, als an einer systematischen Kultivierung der Hormonausschüttung zu arbeiten."

„Das ist doch reine Utopie", widerspricht sie: „Sie setzen immer schon die Wirksamkeit des Paars voraus – aber dazu muss es doch erst einmal kommen! Und die Erfahrung zeigt, dass alle Beteiligten daran arbeiten, dass es dazu gar nicht kommen darf."

„Das ist genau der Ansatz meiner Kritik", unterstreiche ich ihre Behauptung: „Gehen Sie von der Verschränkung der Zeiten aus, die Zukunft muss uns entgegenkommen, damit wir in der Gegenwart in der Lage sind, die Vergangenheit abzuschütteln. Aber es ist richtig, das Geheimnis liegt beim Paar. Dazu muss man/frau immerhin schon mal wissen, mit wem. Außerdem sollte es einen Modus vivendi geben, der beiden die Prämie einer erfüllten Lust einräumt. Erst dann können wir beginnen, aber dann sind wir auch schon bei meiner Erfahrung der Liebe als Duell. Auffällig ist doch, wie sich das ursprüngliche Geschehen eines Kampfes zwischen einer phallischen Beamtentochter und dem Sohn eines Hilfsarbeiters, der das Kuckuckskind eines Rechtsanwalts gewesen sein soll, in die Geisteswissenschaften verlagert hat, als die Beamtentochter und ihr väterlicher Signifikant eingeknickt waren. Die Aufgabenstellung wiederholte sich auf einem anderen Signifikantenniveau, nachdem es nicht gelungen war, mich durch ein Millionärstochter zu binden und meine

Beziehung auszuhebeln. Dieses Spiel des energetischen Austauschs zwischen verschiedenen Signifikanten scheint mir das eigentlich interessante Geschehen. Hier können so etwas wie Quantensprünge stattfinden – wobei ich manchmal schon das Gefühl hatte, dass es in den zwischenmenschlichen Abhängigkeiten Gesetzmäßigkeiten gibt, die in der Atomphysik auf den Nenner gebracht worden sind. In der Liebe gibt es Situationen, in denen wir in zwei Zeiten zugleich sein können, die Energien der Mimesis können Räume überspringen und ganze Gefühlswelten vernetzen. Was Lacan die Logik des Signifikantennetzes genannt hat, erklärt wohl am ehesten, wie sich gewisse Gesetzmäßigkeiten über die Köpfe, selbst über die Institutionen hinweg wiederholen wollen, wie sie den Menschen zum Schauplatz eines fremden Geschehens machen. Ich glaube noch heute an die Beziehungsarbeit als Schicksalsmacht, darf aber gegen alles Love-is-all-you-need die Einschränkung mitliefern, dass es kein ungefährliches Spiel ist. Wir schließen keinen Bund fürs Leben, um dann die in der Tragödie entdeckten Gesetzmäßigkeiten einfach verabschieden zu können. Der Kampf der Geschlechter bringt Ungeheuer hervor, die alles auffressen und vernichten wollen, was uns binden könnte. Die Liebe als Duell bezieht ihr Feuer und ihre Kraft aus der bitteren Einsicht, dass entweder die Liebe oder einer der Antagonisten auf der Strecke bleibt. Es braucht also die Kunst des Dazwischen, einen auf den Wert der Beziehung ausgerichteten Gleichgewichtssinn, der uns in die Lage versetzt, sowohl für unser Recht zu kämpfen, als auch nachzugeben, wenn dem oder der anderen ein Recht einzuräumen ist, das unserem Recht entspricht. Gerade dann, wenn zwei Lebensbereiche mit ihren je eigenen Gesetzmäßigkeiten aufeinanderstoßen, ist nicht gleich dem Hegelschen Quellpunkt der Tragödie zuzuarbeiten, sondern es braucht die Fähigkeit Montaignes für das Schaukeln der Dinge, die Erinnerung an die antike Einsicht des rechten Maßes. Aber wir müssen immer wach und aufmerksam sein, damit das, was wir lieben, nicht den Grund unserer Vernichtung abgibt – denn die dahinter wirkenden Vernichtungsimperative gehen einher mit den Todeswünschen einer Mutter, die niemals bereit ist, einen Teil ihrer Selbst, die Qual ihrer Brut, an einen anderen Anspruch abzugeben. – Sie sehen also, ich trete keinen Schritt zurück, ich stehe zu meiner Wahl, zu den Kämpfen, den Siegen und den Niederlagen. Ich werde noch immer, solange ich kann, meine Kraft für den Kampf mit der Partnerin reservieren, die mich, wenn ich nicht aufpasse oder schwach werde, aufgrund ihrer Gewohnheitsmuster vernichten kann. Die Liebe ist kein Spiel für Feiglinge, nur deshalb findet sie so selten statt. Aber sie kann die Regeln für eine Initiation liefern, die den Weg in eigene Lebendigkeiten frei macht, jenseits der ursprünglichen Triangulierung – und vor allem jenseits jener Imperative von Institutionen, die ihre Existenzberechtigung nur aus der ersparten Lebendigkeit beziehen. Mit irgendwelchen Projektionen und narzisstischen Selbstverliebtheiten hat diese Initiation am allerwenigsten zu tun, denn es geht wie bei allem Schwellenzauber darum, sich zu gewinnen, indem man sich im anderen verliert – eben nicht in den Verwaltungsbezügen einer vampirhaften Alma Mater, sondern in den biographischen Gesetzmäßigkeiten des anderen Geschlechts."

„Das gibt es doch gar nicht!" Sie ist wieder einmal an dem Punkt, an dem ich sie schon ein paarmal in die Flucht getrieben habe. Der Leiter der Datenbankverwaltung schaut kurz hoch und wirft ihr das Stichwort „Melancholie" zu. Sie fängt sich wieder und meint: „Kommen wir also zum dritten Punkt. Auffällig ist doch, dass Sie immer wieder Stimmungen vergegenwärtigen, in denen Sie sich weinerlich bis melancholisch zeigen, und das scheint mir viel weniger eine Selbstcharakteristik, als ein antiker Topos zu sein, hinter dem Sie sich verbergen. Aber in den Stimmungen, die sie beschreiben, wird nicht etwa die Sinnlosigkeit und das Ausgeliefertsein thematisiert, sondern ein seltsamer Zwischenbereich, der vor allen Dingen zeigt, wie sehr Ihre soziale Rolle und Ihre Selbstdefinition als Mann von allem abweicht, was wir eigentlich von jemanden erwarten, der in einem erstarrten Clinch gefangen ist. Wir haben später jemanden mitbekommen, der ungerührt alles Mögliche ertragen hat, der die Distanzen in einer Weise pflegte, dass nichts menschliches mehr an ihn herantrat, der in einer Form nichtidentifikatorisch war, dass sich doch die Frage stellt, warum Sie in diesem Entwicklungsgang so viel Weichheit und Nachgiebigkeit notwendig hatten, warum Sie sich die

Tränen nicht verboten haben... Wie hängt das zusammen: Diese ungeheure Härte und Mitleidlosigkeit gegenüber den eigenen Hoffnungen und Sehnsüchten, diese Unnachgiebigkeit gegenüber den primären Sozialisationsinstanzen und zugleich diese unangemessene Sentimentalität wegen einem toten Hund, diese wehmütige Treue zu einer Partnerin, die alles andere eher verdient hätte..."

„Das stimmt alles und ist doch einfach nur daneben. Lesen Sie die Gesetzmäßigkeiten bei Karl Reinhardt nach oder bei Rudolf Otto und Bruno Snell. Bevor irgendwelche psychischen Differenzierungen möglich sind, müssen sie als Geschehnisse oder Personen in der äußeren Wirklichkeit aufgetreten sein. Wenn es von einem Ritter heißt, er habe große Ehre, dürfen wir uns das so vorstellen, dass er mit einem prächtig herausgeputzten Tross durch die Gegend zieht... bis die Ehre zu einer psychischen Instanz wird, müssen viele Jahrhunderte der identifizierenden Partizipation vergangen sein. Ergänzen Sie zu dieser Entwicklungslinie noch, was Elias zur Affektmodellierung der höfischen Gesellschaft heraus gearbeitet hat. Zwischen Reiz und Reaktion müssen immer mehr Mittelglieder treten, einen echten Affekt darf es gar nicht geben, nur die Maske und das Ritual, das Fetischisieren dieser Mittelglieder, und damit beginnen die Rollenspiele und Intrigen zu wuchern. Hinter dem Pokerface beginnt sich die Simulation zu verselbständigen und in einen neuen Weltbereich zu übersetzen, der nach und nach die Materialität der Welt ausschalten möchte.

Was an der Welt der Fall ist, findet durch Überlagerungen und Berührungen, durch Benetzungen und Übertragungen statt: Die Substanzphilosophie mit ihren Übersetzungsanweisungen für die Metapher greift längst zu kurz. Tatsächlich kreisen wir die Wirklichkeit ein und verändern uns dabei, die Verweisungszusammenhänge mögen einen ganzen Kosmos an Wissensweisen bemühen, aber erst in diesen metonymischen Fortbewegungen findet so etwas wie die wirkliche Welt statt. Die harten Hierarchien und die festen Definitionsvorgaben – so notwendig sie für einen Halt, eine Sicherheit gefordert werden wollen – verpassen schließlich alles, was wir im Leben lernen könnten, wenn die Angst wirklich der Antrieb unserer

Bewältigung der Wirklichkeit bleibt. Von Klaus Heinrich habe ich gelernt, dass der Fall eine Kategorie des Schicksals ist. Wenn wir uns auf die Zwischenwelten einlassen, wenn wir die Übergänge kultivieren, sind die Würfel auch gefallen – allerdings in ganz anderer Weise, als wenn wir uns damit abfinden, dass die Welt für uns nicht zu ändern ist.

Wenn ich hart und ungerührt zu sein hatte, musste ich irgendwelche Instanzen finden, an die ich mein frühere Beweglichkeit und Verflüssigung delegieren konnte. Ich musste gegenüber meinen eigenen Bedürfnissen gefühllos werden wie ein Stein: Der Hund, der für mich starb, die Frau, die für mich ihren Job verlor und deren fehlerhafte Identifikation mit ihren Vorgesetzten in einer Weise zerbrach, dass ihre eigenen Gewissheiten dabei auf der Strecke blieben, waren die Instanzen, an die ich meine Gefühle delegiert hatte. Der innere Monolog war im Schweigen aufgegangen, weil es darum ging, mit äußerster Konzentration das zu tun, was richtig und notwendig war – die Seele ist keine personale Instanz, sondern ein Schwarm, die Reproduktion früherer energetischer Besetzungen – und damit hatte ich den Punkt erreicht, ab dem die innere Affenhorde still war. Wenn klar geworden ist, wie viele Avancen und Aufmerksamkeiten nur Fallen sind, wie die verlogenen Angebote einen von dem abbringen sollen, was jenseits des masturbatorischen Elans zu entdecken war, bleibt tatsächlich nur das eine übrig: Schritt für Schritt und unbeirrt den eigenen Weg zu gehen, selbst wenn es so aussehen soll, als habe er kein Ziel. Ich wurde zu einem kalten und ungerührten Automaten, ich war nicht mehr zu kränken oder runter zu ziehen, ich war nicht einmal mehr zu irritieren, ich beschrieb meine Bahn wie ein Geschoß. Die Heroen werden weich und geben sich noch einmal Gefühlen hin, bevor sie in einen erbarmungslosen Kampf ziehen, in dem es kein Zaudern, kein Innehalten, keine Besinnung mehr gibt – das ist ein Geheimnis der psychischen Ökonomie und es taucht noch heute als entlastendes Ventil auf, ist in vielen Romanen oder Filmen, oft scheinbar unmotiviert, zu entdecken. Die Rührung unterspült vorweg die Ausweglosigkeit, damit ist das Kapitel der Ausgeliefertheit gegenüber einer Übermacht geschrieben und kann abgelegt werden, erwartet uns also nicht in der Niederlage. Dieses Weichwerden bis zur Grenze des Zerfließens hilft, die Endgültigkeit und Härte einer Entscheidung zu ertragen. Das ist die ganze Erklärung, diese Regelhaftigkeit habe ich in den eigenen psychischen Systemen erfahren."

„Das lassen wir mal so stehen, obwohl es für mich nicht nachvollziehbar ist." Algo ist jetzt wieder so glatt und ungerührt, dass ich davon ausgehen kann, eine empfindliche Stelle berührt zu haben. Wie es zu erwarten war, weicht sie auf einen Nebenkriegsschauplatz aus: „Der Mythos vom Arbeiterkind und der Aufstiegschance durch Bildung wird durch Ihre Geschichte doch in seltsamer Weise konterkariert! Vielleicht sollten wir erst einmal klären, was bei Ihnen da schief gegangen ist."

„Wer sagt, dass da was schief gegangen ist?" werfe ich ein: „Wenn überhaupt, ist das aus der Sicht der Leute in die Hose gegangen, die es sich in den Kopf gesetzt hatten, meine Gegner sein zu wollen – und natürlich der pseudoprogressiven Zuträger aus dem sozialdemokratischen Umfeld, bei denen es schon lange das Programm gibt, die Welt in eine Behörde und den Menschen egal welcher Klassenzugehörigkeit in einen Subventionsempfänger umzudefinieren."

Sie beharrt auf ihrem Ansatz: „Es gab doch über längere Zeit die Selbstdefinition, dass Sie sich für unschlagbar hielten, weil Sie aus den einfachsten Verhältnissen und ohne wirkliche Förderung bis zu einer Einserpromotion gelangt sind. Ist das nicht schon während der Arbeit am Altpapier geknackt worden, als Ihnen klar geworden sein muss, dass die Genealogie des Kuckuckskindes solche einfachen Zuschreibungen durchkreuzte. Sie mochten sich daran erinnern, welchen Schmerz dieser Vater verursachen konnte, wenn er jede Anerkennung verweigerte und die körperlichen Schmerzen waren wohl das geringste daran – aber sie wussten mittlerweile auch, dass dies ein Resultat der Strategien ihrer Mutter gewesen sein muss, die ihn mit dem Hinweis auf den Sohn eines Rechtsanwalts immer wieder zu demütigen wusste. Das erklärt vielleicht die seltsame Position auf der Schwelle, die Sie über die Jahre hinweg immer wieder eingenommen haben. Ein Gelegenheitsstricher und Freak im nötigen Kontext durchgefallener Jugendlicher, der Nietzsche und Hegel in den Werkauswahlen des Fischer Taschenbuchs las. Ein Waldschrat der als Kulturreferent provokante Flugblätter auf dem offiziellen Gerät im Rektorat vervielfältigen durfte: Ein Philosophiestudent, der die Rede eingestellt hatte und von den Kommilitonen, die die Kinder von Beamten waren und wieder Beamte werden wollten, als kommunikationsgestört bezeichnet werden durfte, weil sie ihm seine Belesenheit neideten und mit einer Überlegenheit nicht zurechtkamen, um die sich eifrige Professoren bemühten. Wie Sie hören, habe ich verschiedene Zitate aus ihren autobiographisch abgesicherten Texten nur ein wenig anders kombiniert."

„Warum nicht! Aber vielleicht habe ich mich immer gegen den Strich definiert, weil sich der Mutterbezug auf die Rechtsanwaltssippe durchgesetzt hat, in die sie nun mal nicht hinein heiraten konnte? Vielleicht war der Bruch mit der Mutter die notwendige Voraussetzung, um in den nächsten Jahrzehnten die todbringende Verlogenheit der kulturellen Werte aufschlüsseln zu können. Vielleicht habe ich mich anfangs noch gegen das Unrecht der sozialen Differenz gewehrt, also noch ganz in ihrem Sinne – aber spätestens mit der Arbeit am Altpapier ist mir klar gemacht worden, was es eigentlich heißt, wenn eine Frau sich aus Trotz für einen Hilfsarbeiter und ein ehemaliges Heimkind entscheidet, um ihn nach ihren Vorstellungen zu formen: Das war eine echte Traummanngeschichte! Tatsächlich durfte sie dann, nachdem er nicht mehr gebraucht wurde, weil der Absprung in die Welt der Akademiker quasi auf dem zweiten Bildungsweg gelungen war, einen Selbstmörder aus ihm machen. Vielleicht war dieses nächste gemeinsame Buch zugleich die erste Überzeugungsarbeit – denn an den dort herausgearbeiteten Frauenfantasien wurde mir klar, wie tief der Kampf der Geschlechter verankert war und dass es mir nicht anders gehen würde, wenn ich nicht das nötige Machtvolumen vorlegen konnte. Wenn Sie so wollen, habe ich noch die Uniintrige und die Folgen der Einladung nach Dresden dazu verwendet, die geheimen Vernichtungswünsche auf ein Abstellgleis umzuleiten. Aber wenn wir noch einmal auf die Anfänge zurück gehen, wird deutlich, wie sich die Homöostase des Familiensystems, und wenn es nur ein später und unerkannter Ableger eines Nazisystems war, das dem Imperativ Vernichtung-durch-Arbeit gehorchte, in den kleinsten Nebensächlichkeiten durchzusetzen verstand. Überlegen Sie, in wie vielen Zusammenhängen ich mich durch die Aushilfsarbeiten in einer juristischen Fachbuchhandlung, später durch den Service, die Loseblattwerke in verschiedenen Kanzleien auf dem aktuellen Stand zu halten, mit den deppertsten Machtspielen von Rechtsanwälten rumgeschlagen habe, nur um zu beweisen, was für minderwertige Simulanten dieser Stand hervorbrachte. Das würde sehr plausibel erklären, warum ich mich weder als Sohn eines Hilfsarbeiters, noch als Sohn eines Anwalts definieren konnte – ich war keines von beidem – ich hatte nur zu kapieren, dass ich mit den Nachfolgeproblemen kleiner Erben und identifikatorischer Krüppeln nichts als Zeit verlieren würde, bis ich auf den Weg gestoßen bin, auf dem ich mich selbst neu erfinden konnte."

„Einverstanden, Sie sind in jeder Hinsicht und in allen Zusammenhängen in den Zwischenbereichen zugange gewesen. Einen festen Punkt der Zuschreibung scheint es nicht gegeben zu haben – so verwundert Ihre Kennzeichnung nicht, dass Sie mit dem Begriff Heimat nur immer den Ort verbunden haben, wo es besonders weh tat. Also kommen wir zum nächsten Punkt. Unter dem Thema ‚Die Liebe als Duell' sind doch einige Fraglichkeiten deutlich geworden. Sie haben es schließlich erst dank der Intrige innerhalb der Volkshochschule geschafft, den Widerstand dieser Beamtentochter zu brechen. Aber dann sind sie dabei geblieben und haben geheiratet, haben getragen und geholfen... obwohl sie wussten, dass sie entsprechend der Systemimperative ihrer Elternwelt, obwohl die schon einmal durch eine Promotion in die Knie gegangen waren, nur auf die nächste Gelegenheit warten würde, um den Kampf erneut aufzunehmen... Sie wussten doch genau, dass dieser Imperativ, sich für die Bank zu entscheiden, dieses Verbot, weiterhin auf die Welt der philologischen Frage zu setzen, eine Renaissance des Kampfes zwischen phallischer Frau und kulturellem Heros bedeuten würde. Waren Sie immer noch davon überzeugt, die Energien aus dieser

Ambivalenz auf ihr Kraftwerk umzuleiten oder waren Sie einfach nicht mehr in der Lage, umzuschwenken und etwas Neues zu probieren?"

„Dazu darf ich vielleicht zusammenfassen, was mir in ‚The dark knight rises' aufgefallen ist, denn dieser Kampf der Waisenkinder wird tatsächlich durch das entschieden, was in einem Duell der Geschlechter zur Liebe werden kann. Wir haben ein Puzzle von Handlungsfragmenten, aus dem sich in der ersten halben Stunde das Tableau einer ausweglosen Situation zusammenfügt. Dann wird das Kaleidoskop der Montagepartikel ein wenig herumgewirbelt, einmal, zweimal, dreimal – und jedes Mal macht der Film einen Sprung und erzählt die gleiche Geschichte noch einmal unter anderen Prämissen.

Die Liebe als Duell: Erst bestiehlt ihn diese Meisterdiebin um Familienschmuck und Fingerabdrücke, behandelt und verhöhnt ihn als Krüppel – was ihn erst einmal der Faszination durch die Fähigkeiten der katzenhaften Mondgöttin ausliefert und damit an der Reaktivierung teilhat. Dann kostet sie ihm das Vermögen und den gesellschaftlichen Einfluss, er verliert seine Firma. Schließlich verrät sie ihn an den Oberterroristen und scheinbar neuen Chef der Gesellschaft der Schatten – Bane/paine klingt schon wie Schmerz, seine Atemmaske und die respiratorische Droge sorgen dafür, dass er in einer gewissen hysterischen Euphorie alles tötet, was ihm zwischen die Finger kommt. Je mehr Not und Vernichtung er in die Welt bringt, je leichter ist der eigene Status auszuhalten! Bane ist als Conférencier und Moderator der Revolution die personifizierte Psychose: Er inszeniert die Persiflage einer Revolution mit Tribunalen, die dafür sorgen, dass sie ihre eigenen Kinder frisst. Und er nimmt die Ordnungsmacht als Geisel, nötigt sie dazu, der umfassenden Entdifferenzierung zuzuarbeiten – es wird Robins bitterste Erkenntnis sein, dass starre Hierarchie und unflexibles Recht zu einem verwechselbaren Schatten des Bösen werden.

Wayne ist erledigt – der Name bringt es mit dem Reim auf Bane schon mit sich, dass alles umsonst ist. Erledigt vor allem durch die vielen Jahre fehlinvestierter Trauerarbeit um eine Frau, die ihn ohne sein Wissen schon verabschiedet hatte, weil er zur rechten Zeit nicht bereit gewesen war, sich auf sie einzulassen – er bittet um den Tod. Er hat keine Angst vor dem Tod und genau das hatte ihm die Kraft gekostet, er sucht ihn als endgültiges Beruhigungsmittel – wie dies der alte Hausdiener Alfred schon befürchtet hatte. Wir haben hier eine exakte Beschreibung des sozialen Todes unter den Bedingungen einer komplexen Gesellschaft – es bleibt nichts von dem übrig, was einmal seinen Rang und seine Stärke, also seine soziale Identität ausgemacht hatte, nicht einmal der Name. Ohne einen transzendenten Bezug auf die Liebe oder das Heil und die Unsterblichkeit der Seele bleibt tatsächlich nur ein Krüppel übrig, dem das Kreuz gebrochen worden ist.

Er muss in jenem archaischen Gefängnis in einer Höhle, dem Bane entstammt, auf die harte und unmenschliche Weisheit eines Beduinen treffen, um in einen Ritus der Wiedergeburt eingefädelt zu werden, mit einem Strick um den Bauch. Als ihm die Aufgabe, seine Stadt zu retten, einen neuen Antrieb verleiht, wird ihm klar gemacht, welche Kraft die Todesangst gibt. Die Geburtshöhle wird überwunden, als er bereit ist, auf den Halt der sichernden Nabelschnur zu verzichten. Mutter Erde entlässt ihn zu seiner Aufgabe – und es verwundert nicht, dass die Abnablung von der psychotischen Verstrickung einher geht mit dem Gewinn eines neuen Repertoires an Beziehungsarbeit.

Nun sucht er die Frau als Mitstreiterin und besticht sie durch die Möglichkeit, ihre Datenspuren im Netz zu löschen, ihr einen unbefleckten Neuanfang zu gewährleisten – also im kleinen auch für sie eine Wiedergeburt im sozialen Körper. Er braucht sie als Gefährtin am Boden, während er die Übermacht in der Luft in Schach hält und sie die eingeschlossene Polizeiarmee aus der Tiefe befreit. Nicht zufällig sind hier die drei Dimensionen in einer mythologischen Dimension verknüpft, die auf ein zeitliches Geschehen verweist, das in den Ursprüngen und im Ubw nur räumlich dargestellt werden kann. Es nimmt zudem die Aufgabenstellung, an der er früher gescheitert war, auf einem anderen Niveau neu auf: Mit Ihrer Unterstützung kann er an mehreren Orten zugleich sein – und, wie sich später zeigt, die missbräuchliche Verwendung von Heeresgerät dazu verwenden, nicht im Sündenbockschema des Erlösers hängen zu bleiben! Fast zwingend müssen gewisse Lebenslügen der Vergangenheit aufgeschlüsselt und gelöscht werden, damit erst eine Zukunft möglich wird. In der transzendentalen Obdachlosigkeit Gothams gibt es keine Liebe, sondern nur den Blick auf den eigenen Vorteil, Gefühle sind Anlagen, die richtig investiert sein müssen und wenn es drauf ankommt, ist jede/r jedermanns/jederfrau Feind – und damit das auch wirklich überzeugend rüberkommt, wird unterstrichen, dass einer der Bürger den Zünder für die Bombe hat: Kein Fremder, kein Verbrecher, sondern einer von ihnen! Das Recht beruht auf der Lüge, dem Sündenbockmechanismus, dem Opferkult und da dieses Gesetz von den Terroristen nur noch universalisiert werden muss, gibt es nur einen Gott: Die Bombe!

Robin ist das Heimkind, das den Bezug zwischen Wayne und Batman herstellen konnte – er ist im Fortgang der Geschichte derart an den Gesetzmäßigkeiten der Logik der Situation dran und wittert die Bewegung innerhalb des Signifikantennetzes, dass er immer ein bisschen schneller als die geplante Katastrophe und rechtzeitig zu ihrer Verhinderung zur Stelle ist. Er spürt die notwendigen Chancen voraus und ist damit an die Zukunft angeschlossen, sein Wissen wird Batman reaktivieren, wird für die Voraussetzungen der Befreiung der eingeschlossenen Polizeiarmee sorgen.

Die Mitstreiterin um die Entwicklung eines Fusionsgenerators, Miranda Tate, die Wayne auf ihrer Wohltätigkeitsparty abblitzen lässt, um sich dann bei der nächsten Gelegenheit als Nachfolgerin der Geliebten anzubieten, erweist sich tatsächlich als die Meisterintrigantin, der kein Leben heilig ist. Wayne hatte die Entwicklung des Fusionskraftwerks abgebrochen, als ihm die Forschungsergebnisse des russischen Physikers klar gemacht haben, dass er zur Bombe umfunktioniert werden konnte. Tate hatte alles in die Wege geleitet, damit sie die Verfügungsgewalt über diese Bombe erhielt – aus diesem Grund ist sie in der Lage, die entscheidenden Züge der Gegenspieler zu verraten oder, bei der Markierung des Trucks oder der Flutung des Reaktors, zu unterlaufen. Der geschäftliche Ruin eines Wayne ist durch Delegierte geleistet worden, die gar nicht wussten, für wen sie arbeiteten, weil sie nur an das Ziel dachten, ihn als Konkurrenten auszuschalten. Sie ist die Tochter Ras al Guhls, also mittlerweile der tatsächliche Kopf der Gesellschaft der Schatten, Bane nur ihr Instrument – ihre Selbstdefinition soll im großen Stil die Apotheose einer Selbstmordattentäterin bewirken: Ihr Vater war von Batman erledigt worden und sie hat nun seinen Plan zu erfüllen: Gotham zu vernichten und diesen Tod zu rächen. Sie war das Kind, dem die Flucht aus dem archaischen Gefängnis gelang, ihren ehemaligen Beschützer Bane hatte sie erst retten können, nachdem er verstümmelt und durch enorme Schmerzen zerstört worden war. Damit sie dahinter verborgen bleiben konnte, musste er zum späteren Topterroristen aufgebaut werden – mit den Mitteln, die die Rivalen eines Wayne zur Verfügung stellten und wofür ihnen Bane in eiserner Konsequenz mit den Händen das Genick bricht. – Er ist nach seiner Selbstdefinition das notwendige Böse, während die vielen kleinen Kriminellen um ihn und die großen Verbrecher, die sich ihn zu Nutze machen wollen, nur zufällig Böse sind, weil sie irgendwelchen fremden Plänen unterstehen. In Canettis ‚Masse und Macht' findet sich der Gedanke, dass die Leute an der Macht gierig ihrer Vergrößerung huldigen und mit zunehmender Beschleunigung jede/n die/der ihnen auf ihrem Weg half, der Macht selbst zum Opfer bringen müssen. Vielleicht erklärt das, warum Bane, wie der Joker, keinerlei Rücksicht auf die eigenen Gefolgsleute nimmt, warum diese Figuren alles verraten, zerquetschen, niedermähen und in die Luft sprengen, was ihnen in die Finger gerät. Wenn es um die Macht geht, wenn die Energie eines psychotischen Systems einen Beschleunigungsgrad erreicht, der den mimetischen Taumel garantiert, ist niemand mehr bei sich selbst und jeder ein potentielles Opfer.

Die notwendige Entzifferung und Dekodierung des Systems aus Lüge und Verleugnung findet auf drei Ebenen statt und führt vor allem vor, wie die narzisstischen Lebenslügen verabschiedet werden müssen: Zuerst einmal Waynes Bindung an eine Partnerin, die ihn schon verabschiedet hatte – dieses Wissen hatte Alfred aktualisiert, auch wenn er damit erst einmal den Todeswunsch verstärkt hatte; zum zweiten die Idealisierung des Staatsanwalts, der zum gespaltenen Verbrecher geworden war und damit die Voraussetzungen für die Wucherungen einer Unterwelt erst geschaffen hat – das war durch die ungehaltene Rede des Commissioners vorbereitet und durch Bane selbst in die Wege geleitet worden; zum dritten die Verhaftetheit der katzenhaften Juwelendiebin an eine erbärmliche Kindheit und Jugend; der Widerstand gegen eine gesellschaftliche Ungerechtigkeit, die die Solidarität auf die Armen und Ausgelieferten reduziert und damit entwertet, während der kriminelle Egoismus in den oberen Rängen belohnt und bestätigt wird. Die Forderung nach einer gesellschaftlichen Umverteilung und die Hoffnung auf eine gerechte Anerkennung der eigenen Fähigkeiten haben die Neigung der gesuchten Kriminellen zur Gesellschaft der Schatten genährt. Sie könnte Wayne eine Strafpredigt über die Notwendigkeit der klassenlosen Gesellschaft halten, wenn sich im Fortgang nicht die tödliche Konsequenz gezeigt hätte, als ultimative Weiblichkeitsprothese an einer Massenvernichtung teilzuhaben – und zwar als eines der vielen anonymen Opfer. Die angezielte Anonymität hätte sie damit erreicht, allerdings nicht zu den von ihr favorisierten Bedingungen: Die Wahl, die Entscheidung auf welche Seite sie sich schlagen sollte, konnte also nicht so schwer fallen!

Es braucht drei dazu, den männlichen und den weiblichen Pol und die Relation, das Soziale, die Copula. Nun kommt es soweit, dass sie Batman das Leben rettet und ihn damit in die Lage versetzt, die Stadt vor dem Countdown der Bombe zu retten... Am Schluss – nachdem die verschiedensten Informationen bestätigen, dass die Bombe entgegen dem Statement Batmans – der ein Interesse daran hat, die Kunst der Tarnung weiter zu kultivieren – vom Autopilot bis aufs Meer transportiert wurde, dass die Perlenkette verschwunden ist, um am Hals der würdigen Trägerin zu landen, dass Robin die Pläne zum geheimen Stützpunkt Batmans bekommen hat – sehen wir das Bild einer kleinen Idylle in der Toskana, das bisher nur zur traurig verstümmelten Utopie des weinerlichen Faktotums taugen durfte: Das Paar, das zusammen geblieben ist, die beiden, die gelernt haben, sich miteinander wohlfühlen.

Wenn Sie also die Entwicklungslinie durch die Trilogie verfolgen, wird uns eine Pädagogik des Schmerzes und der Vernichtung präsentiert, in der die Welt mehrfach fast zu Schanden geht, in der alle überkommenen Bindungen durch die Psychotisierung der Vertrauens- und Anerkennungsmöglichkeiten aufgesprengt werden, in der die vorhandenen scheinbaren Sicherheiten zerbröseln und die gewohnten Selbstidentifikationen wegfliegen – damit sich als Alternative zum religionsgeschichtlichen Opferkult, der die Gemeinschaft bindet und die Negation unter der Oberfläche der Kultur präsent hält, dann die Möglichkeit des putativen Bündnisses zu verwirklichen beginnt."

„Das geht mir jetzt zu weit, aber ich finde es schon erstaunlich, wie viel Energie Sie auf solchen Schwachsinn verwenden", wehrt sie ab: „Ich bin in keinem Fall bereit, Ihnen darin zu folgen, dass Sie die großen menschheitsgeschichtlichen Themen in den verschiedensten multimedialen Verkleidungen wieder entdecken, wenn Sie meinen, dass Kitsch und Pulp-fiction die Fragestellungen weitertransportieren, die aufgrund ihrer Seinsmächtigkeit aus den gegenwärtigen Diskursen ausgegrenzt worden sind. Das erinnert mich irgendwo an Ihr Ottobüchlein, aber wird die Geschichte der Kritischen Theorie dadurch wirkungsmächtiger, dass Sie sie in der Analyse eines chaotischen Blödels spiegeln? Das hat mich noch nie überzeugt. Was ist da wirklich Substanz und was ist nur Ihre Projektion oder vielleicht sogar eine Strategie, um uns an der Nase herum zu führen!"

„Wenn Sie ein bisschen stöbern, werden Sie diese Aufzeichnungen zum letzten Teil der Batman-Trilogie irgendwo auf einer Platte oder in einer Wolke finden, vielleicht bietet es sich sogar an, darauf später noch einmal zurück zu kommen. Die Argumentationslinie findet sich in fast allen Filmen wieder, die mich so weit gepackt haben, dass ich mich mit ihnen beschäftigen musste. Das geht ja nicht von allein, sondern auch hier beginnen Systeme zu kommunizieren, über den Umweg der Leute, die sich dadurch betroffen fühlen und natürlich auf der Folie einer Unterhaltungsindustrie, die sich alles an Wissen zunutze machen kann, um jene Basiskonflikte in einer neuen Verkleidung zu präsentieren, die ein statistisches Maximum der Konsumenten angeht – das war einmal die Funktion des Mythos und heute ist es die, wie mit Hilfe irgendwelcher momentaner Sinnstiftungen ein

Maximum an Umsatz bewegt werden kann. Da spricht für mich nicht einmal was dagegen, es hängt dann eben davon ab, welche Einsichten freigesetzt werden können und was mit dem Umsatz anzufangen ist. Was die biographischen Zusammenhänge angeht, muss ich ein wenig weiter ausholen und bin damit wie von allein bei jener Verschränkung der Zeiten, mit der ich erklären kann, dass gerade in den Erfahrungen der Ausweglosigkeit ein Wissen aus der Zukunft präsent wurde, aus dem ich die Kraft für „das Rettende" ziehen konnte."

„Nur zu, wenn wir diese Gesetzmäßigkeiten nachvollziehen können, werden wir einen wesentlichen Schritt weiter sein." Algo lehnt sich selbstgefällig zurück.

So wie sie mir schon einmal eines der beiden Gutachten für ein Postgraduiertenstipendium geklaut hat, würde sie jetzt gern über meine Erfahrung verfügen, um sie für mich unbrauchbar zu machen. Also drücke ich ein bisschen auf die Tube: „Zur Ursprungsgeschichte der Subjektivität habe ich einige Anregungen bei Groenewolds Arbeit am Mythos von Oedipus und der Sphinx gefunden, die über die Dichotomien hinausgehen, die wir der Dialektik der Aufklärung verdanken. Die Erfahrung des Formlosen, die Strategien der Entdifferenzierung, des Schreckens der Psychotisierung zwangen mich, die Sicherheit des Gewohnten zu verlassen, die Codes des Wiedererkennens aufzusprengen. Das Fremde im Gewohnten, das Bedrohliche hinter all den vermeintlichen Sicherheiten wurde wieder deutlich, wie ich es zum ersten Mal als Folge meiner Verführung erfahren hatte. Ich war also nicht ganz unvorbereitet und konnte mich schon damit arrangieren, dass ich in einer fremden und gefährlichen Welt durchkommen musste. Mochte es in vielen Fällen eine Welt der Wunder und der Unvordenklichkeiten sein, so bestand ihre Gefahr in den vielfältigen Verdrängungs- und Verleugnungsversuchen derer, die immer alles Unbekannte aufs Bekannte reduzieren mussten und mit ihren Täuschungs- und Verkennungsstrategien wie nebenbei daran arbeiteten, mich aus der Welt zu schaffen. Als wären die durch meine Entfremdung freigesetzten Lernprozesse eine Gefahr, als müsse die angekurbelte Intelligenz und die Resultate an Einsicht und Alltagsgestaltung wieder aus der Welt entfernt werden, weil sie eine zu große Infragestellung darstellten.

Wenn Blumenberg von einem Absolutismus der Wirklichkeit ausgeht und dann die Verfahrensordnungen beschreibt, mit denen der Mensch das Übermächtige aus der Welt ausgrenzt oder in Spielformen domestiziert, argumentiert er für die Institutionen des Wissens und der Vermittlung von Erfahrung. Oft genug geht dabei aber verloren oder wird vergessen, dass der Mensch innerhalb dieser Institutionen einer Entmündigung untersteht und dass häufig genug über sein Leben, nicht nur über dessen Sinn, entschieden wird. Tatsächlich verdanken die Institutionen ihre Fundamente dem Witz und den Einsichten, den Überlebenstricks Einzelner, die zu einer funktionellen Macht pervertiert werden, um dann die Verfügungsgewalt aus der Masse der Mitläufer zu beziehen. Damit ist ganz einfach zu erklären, warum die moralischen Ziele und hehren Ideale vergangener Revolutionen immer dann auf der Strecke blieben, wenn es soweit war, dass die Masse in Dienst genommen und geformt werden wollte. So braucht es also wieder Tricks und Geistesblitze, die Abkürzung der kulturellen Umwege durch die Ventile von Lustpolitik und Lachkultur, wenn es gilt, sich gegen den Absolutismus der Funktionäre von Bildungsinstitutionen durchzusetzen und deren Verfügungen zu unterlaufen. Ich musste es eine Zeitlang aushalten, im Leeren zu taumeln, musste auf jede Gewissheit verzichten und alles, was ich einmal gelernt hatte, einem stumpfen und gleichmütigen Trott unterwerfen, bis die Erfahrungen der Entdifferenzierung auf einer anderen Ebene zu Formen einer höheren Differenzierung wurden: Ich lebte nur noch im Augenblick und nahm in den einfachen Beobachtungen bereits die Gesetzmäßigkeiten wahr, es gab mich fast nicht mehr und zugleich war ich alles zugleich.

An diesem Punkt hatte ich so wenig Gegenwart, dass ich mich mit Zukunft vollzusaugen begann, die Vergangenheit und die Gewissheiten, um die ich mich einmal bemüht hatte, waren derart entwertet worden, dass es ein leichtes war, die Gegenwart zu überschreiten, die Sicherheiten im Vergleichen des Gleichen zersplitterten und ich begann an den Forderungen des Inkommensurablen zu wachsen und mich im Erkennen von Einzigartigkeiten zu schulen. Damit wird vielleicht auch deutlich, was die kreative Eigenarbeit von der psychotischen Entdifferenzierung unterscheidet. Mir wurde ja schon vorgeworfen, dass die Abkürzung der kulturellen Umwege schon der Entdifferenzierung zuarbeite – aber das Gegenteil ist der Fall. Innerhalb der festgefahrenen Hierarchien und Verfahrensordnungen ist ein Verhalten mehr oder weniger psychotisch, wenn es von der Hierarchie profitieren möchte, um möglichst weit oben anzukommen und zugleich jegliche qualitative Differenz zu verleugnen und einzuebnen. Das klassische Beispiel war dafür die bürgerliche Ehefrau, die für den Nachwuchs zuständig war und sonst nichts können musste aber doch über alles herrschen wollte – in einer multimedialen Massengesellschaft haben all die Arschlöcher ihr Erbe angetreten, die nur von Gnaden anderer leben, die nicht eigenes zustande bringen und der festen Überzeugung sind, dass das Leben ungerecht ist, weil sie nicht an der Macht teilhaben und nicht bewundert werden. Dagegen steht der Versuch, eigene Werte zu setzen, außerhalb der Instanzenwege zu neuen Einsichten zu gelangen und die Gesetzmäßigkeiten der eigenen Welt auszuarbeiten. Dazu braucht es Abstände, eigenes Können, ein fundamentales Misstrauen gegenüber allem, was uns Sicherheit versprechen möchte. Es braucht vor allem den Mut, neue Wege zu gehen; die Kraft, sich auf die eigenen Fähigkeiten und Einsichten verlassen zu wollen.

Der Ich als Schauplatz dessen, was einer gewesen sein wird, ist in der Gegenwart die Vereinigungsmenge zweier Zeiten und ein Schnittpunkt zweier Kräftefelder. Die Angstbewältigung, sei's als Flirt, sei's als wissenschaftliche Methode, antwortet immer auf die bedrohlichen Verführungskräfte des Ungeformten, noch Offenen, des Numinosen... In der Regel sorgt die Verdinglichung und Objektivierung dafür, dass das Unvergleichliche egalisiert, also gleich gemacht wird – es verwundert dann nicht, dass die Welt entzaubert, der Geschlechtspartner langweilig und die Kraft des Wunders abgelehnt werden muss. Dabei sind wir Schwellenwesen in einer nur in gewissen Sonderbereichen verstandenen, ansonsten aber dem Wunder unterstehenden Welt. Die Fähigkeit, zum Medium einer Zukunft in der Gegenwart zu werden, entscheidet darüber, ob wir uns die Welt neu aufschließen können oder ob wir mit blassen Abstraktionen, mit abgelebten Schatten, mit den ausgelutschten Hülsen des Konformismus abgespeist werden können. Die Zukunft ist in der Gegenwart schon präsent, auch wenn sie häufig genug nur als das verschlossene Tor erscheint, das wir unseren Erwartungsmustern verdanken, den Denk- und Erfahrungsbehinderungen, die der Vergangenheit gehorchen. Der Ich muss zerspringen und in der Erfahrung der Leere und Offenheit die Diffusion von Vergangenheit und Zukunft erfahren, ohne sich im Lehnstuhl der Gegenwart zurücklehnen zu können. Die zerspringende Membran zwischen Gleich und Geradeeben setzt auf einmal die absolute Gegenwart eines Repertoires an Zukunft frei, wie es schon einmal vor Generationen von Franz von Baader formuliert worden ist – als Medium ein Resonanzraum des Ungedachten und Ungewordenen, das virtuell schon immer im Repertoire der eigenen Entwicklung verborgen gewesen ist. Wir sind alles auf einmal und viel mehr, als die ganze Welt, wenn wir in die Lage versetzt werden, an den Energien einer Optimierung der Gattung teilzuhaben, die schon Jahrtausende alt sind. In jenen Zusammenhängen der vollendeten Leere und Haltlosigkeit ist mir ein Optimismus zugewachsen, dank dem ich an die allmähliche Verfertigung junger Götter glaube."

Der fette Charlus ist wieder da und schaltet sich ein. Ich habe noch nie verstanden, wie jemand, der so genau um die Besetzungen psychischer Systeme Bescheid weiß, seinen Körper derart verkommen lassen kann. Für mich war nicht mitzubekommen, wann er seit dem Tittisee dazu gestoßen ist, vielleicht war er schon bei der Reaktualisierung dabei und ich habe ihn unter der Maske oder in der Verkleidung eines der Protagonisten nur nicht erkannt: „Schön gesagt, es gibt viele Zusammenhänge, in denen Sie nur Girards Darstellung des Sündenbockmechanismus bestätigen. Aber noch einmal zurück zu Ihrer Batman-Analyse. Warum betonen Sie, dass es sich um einen Krieg der Waisenkinder handelt? Warum hat die Liebe als Duell dafür zu sorgen, dass ein gemeinsames Fundament ausgelotet wird, mit dem ausgemacht werden kann, auf was man/frau sich verlassen wird? Meinen Sie, nur durch die Kenntnis dessen, was der Normalverbraucher gerade nicht von seinem Partner, seiner Partnerin wissen möchte, nämlich wo er/sie die Schwachstelle findet, ihn/sie hintergehen und verraten zu können, haben Sie die Gewissheit, dass eine Beziehung nicht in Langeweile und Gleichgültigkeit versandet? Schon nach dem ersten Weltkrieg heißt es bei Jaspers in der ‚Psychologie der Weltanschauungen' ganz nüchtern und pragmatisch, dass die Liebe ein Kampf ist, dank dem wir unsere Existenz erarbeiten. Also kein großes Trara, sondern eine realistische Einschätzung, der nur zu kontrastieren ist, wie wenig sich die Leute auf die Authentizität einlassen wollen, weil das viel zu viel Kraft kostet und die Anstrengung für die tagtäglichen Belange der Karriere und des Geldverdienes viel notwendiger angelegt ist. Die Leute suchen genau jene Ruhe und Geborgenheit im Partner oder der Partnerin, die ihnen eine Regeneration und einen Rückzugsraum verspricht, der dann in the long run dafür sorgt, ihn oder sie betrügen, verraten und verlassen zu müssen. Und dann meinen Sie, wenn Sie sich dem Agon all der Ängste, Todeswünsche und Versagungen stellen, können Sie auf die Wahrheiten setzen, die die Bindungskräfte für ein gemeinsames Leben ausmachen. Das ist mutig, aber auch ein bisschen selbstmörderisch, denn was bleibt von Ihnen übrig, wenn die Partnerin aufgrund irgendwelcher unvorhergesehener Unfälle oder Verbrechen, siehe ‚The dark knight returns', auf der Strecke bleibt. Der Absturz in die Anomie, den der Joker zelebrierte, die acht Jahre Trauerarbeit und Melancholie, die ein Wayne gerade hinter sich hat, weil er noch nicht weiß, dass ihn die Frau schon verlassen hatte, bevor er daran scheiterte, an zwei Orten zugleich zu sein und sie deshalb dem Tod überlassen musste. Ist diese Unfähigkeit, an zwei Orten zugleich sein zu können, nicht nur eine mythologische Darstellung jener Double-binds, die uns in allen Beziehungen erwarten, in denen sich frühkindliche Abhängigkeiten reaktualisieren? Wenn ich es recht sehe, thematisieren Sie vor allem den sozialen Tod, um die Verwobenheit ins Signifikantennetz der vorangegangenen Generation aufzusprengen. Und damit sind Ihre Wiedergeburtsmetaphern nur Hinweise darauf, dass Sie in einer Partnerin jene Bindungskräfte in einer neuen Form investieren können, die ursprünglich die Eltern für sich beanspruchen wollten. Sie sehen, mich interessieren diese Ansatzstellen, weil in ihnen wirklich die menschheitsgeschichtlichen Aufgabenstellungen des Zusammenlebens und des Geheimnisses eines Verhältnisses der Geschlechter verpackt worden sind!"

Er grinst mich breit an, als seien wir Verbündete und ich bemerke aus den Augenwinkeln, dass sich Algo wieder einmal in den Arsch beißt. Einfach nur irre, wenn es nicht so normal wäre, dass jemand, der keinen eigenen Antrieb hat, seine Bestätigung in der Bestätigung der Anderen sucht. Damit untersteht alles der konfliktuellen Mimetik: Der Neid und die Zukurzgekommenheit sind dann der eigentliche Motor, wobei sicher immer wieder mal an die Fraglichkeit erinnert werden sollte, dass ein Bremssystem nur bedingt als Motor taugt, nur von Gnaden anderer Antriebe. Ich nicke ihm zu und fasse zusammen: „Dazu muss ich gar nicht viel sagen, mit Ihren Fragen haben Sie meine Antworten gleich mitgeliefert. Wayne ist Waise aufgrund eines Verbrechens, Tate ist Waise von Gnaden Batmans, Robin kommt aus dem Waisenhaus und wird durch den Erbschaftsvertrag in die Lage versetzt, ganz real unter der Stiftung des neuen Waisenhauses an der Mächtigkeit des Symbols weiter zu arbeiten und bei Bedarf Nachwuchs zu rekrutieren. Wenn Sie genau hinsehen, ist der größere Teil der Superhelden, die den Mythos in den Massenmedien verjüngen, in der Rolle der Waisen eingeschrieben: Spiderman, Dare Devil, Supermann... Nur wenn anerkannt wird, dass die Protagonisten der Vergangenheit tot sind und ihre Gesetze keine Kraft mehr haben, keinen Halt mehr geben können, obwohl sie ihn noch immer versprechen, ist überhaupt die Möglichkeit gegeben, dass Leute sich aufmachen, um die Gesetzmäßigkeiten einer neuen Welt zu erforschen, auf die sie sich einlassen können. Wir schaffen diese Welt erst, sie ist noch nicht da... und wir kommen tatsächlich nie an ein Ende! Aus den Anregungen von Dieter Thomäs Sammelband zur ‚Vaterlosigkeit' ist die Pointe abzuleiten, dass wir uns einer befriedigenden Lösung des Verhältnisses der Geschlechter vielleicht erst dann nähern können, wenn der Großteil der psychischen Energie nicht mehr in den Perversionen des Verhältnisses der Generationen gebunden bleibt.

Unterstreichen möchte ich, dass im Bombast des Popkornkinos und mit der Idealisierung der technischen und elektronischen Spielereien übersehen werden kann, dass von Anfang an mehrere Gegensatzpaare die Möglichkeit von Beziehungsarbeit als irrwitzig voraussetzen wollen. Mit Kamper, Theweleit und Hartmut Böhme ist der Fetischismus der Waffe und der Technik, der glatten und undurchdringlichen Oberfläche eine Reaktion auf die Angst vor den Labyrinthen der geschlechtlichen Erfahrung. So werden die bombastischen Spielereien ex negativo dazu verwendet, die eigentlichen Fraglichkeiten der Beziehungsarbeit zu aktualisieren. Ein Reiz für stillgestellte Konsumenten, die ihr Leben als nicht einmal mittelmäßige Simulanten durch genau die Themen angekitzelt wissen wollen, vor deren Realisierung ihnen graut und deren Wirklichkeit sie als anomische Krüppel erweisen würde! Zugleich aber eine Art psychischer Kompass, der gegen das Unmaß an Verwirrung und Orientierungslosigkeit die entscheidende Richtung weisen kann."

Algo schaltet sich ein und versucht abzulenken: „Ich darf doch mal an die Zahlen erinnern, um zu zeigen, wie pervers das Unternehmen fundiert ist. Da werden über zweihundert Millionen investiert, um ein zwischen Terror und Spiel oszillierendes Spektakel zu fabrizieren und dann über eine Milliarde Umsatz freizusetzen. Was hätte man mit dem Geld alles erreichen können und so ist es einfach weg, für nichts! Ich will davon gar nichts weiter wissen, kommen wir lieber zu unserer Fragestellung zurück!"

Charlus nimmt das Stichwort auf und hakt nach: „Für nichts ist nicht Nichts! Der Missbrauch von Heeresgerät, wie das Kittler einmal genannt hat, hat sich im 20. Jahrhundert nicht nur als gewaltiger Umsatzspender erwiesen – er hat auch dafür gesorgt, dass der immer mächtiger gewordene Todeswunsch der Gattung stellvertretend im Film und den Computerspielen ausagiert werden kann. Gerade das, was die Moralapostel verbieten wollen, stellt tatsächlich die Schonräume zur Verfügung und damit den Aufschub, mit dem die Menschheit lernbehindert, wie sie nun einmal ist, einfach weiterwursteln kann, als sei nie etwas gewesen. Wo das nicht gelingt, kann jedes

Auto in eine Bombe und jedes Flugzeug in ein Geschoß verwandelt werden. Das lässt sich an unserem Material zeigen. Unter dem Archivkennzeichen mus0815p2b4me fanden wir einen auf den ersten Blick nebensächlichen Rückblick, der sich seltsamerweise als exakter Vorausblick auf die anstehende Entwicklung zu erkennen geben konnte. Alle auftretenden Personen scheinen tatsächlich nur Allegorien des Zeitgeists zu sein. Was meinen Sie dazu? Illustriert das vielleicht schon, dass Sie zur Zeit der Abfassung in der Lage waren, zu einem tönenden Gefäß zu werden, dass Sie eine Botschaft transportierten, die erst Jahre später überhaupt entziffert werden konnte?"

„Warum nicht, auch diese Frage transportiert bereits einen Teil der Antwort. Spätestens seit der frühromantischen Philosophie geistert diese Einsicht durch die Texte derer, die sich Gedanken darüber gemacht haben, woher ihnen das Wissen zugekommen ist, mit dem sie über ihre Gegenwart befinden wollen, nämlich aus der Zukunft!" Ich zeige ihm, dass mich seine Anwesenheit nicht stört: „Im Altpapier gibt es ein vorletztes Schlusskapitel, entstanden Ende der 80er Jahre, mit dem ich den Bezug auf die Musik 1984 – ich hatte im Orwelljahr promoviert und die Leute, die erst gedacht hatten, sie könnten bei mir schmarotzen, um dann auf die Idee zu kommen, sie müssten meine Feinde sein, hatten versucht, Orwell umzusetzen – charakterisierte oder in einem personalen Bezugssystem aufzufangen versuchte. Außer oder neben der mehr oder weniger kodifizierten Bedeutung transportiert die Musik etwas viel Bedeutsameres: Körperresonanz, die überzeugende Vergegenwärtigung, dass uns Rhythmen tragen und uns die Schwingungen zu Liebe und Verständigung befähigen."

Während wir sprachen hat der Leiter der Datenbank dafür gesorgt, dass verschiedene Informationen oder die entsprechenden Links auf Algos tablet erscheinen. Sie nimmt Charlus' Gedanken auf, ein bisschen lehrerinnenhaft, aber bemüht. Sie versucht wieder einmal, einen verständigen Eindruck zu vermitteln: „Dann brauchte es also ein paar Jahre, mit denen Sie beide sich so erfolgreich um die Gesetzmäßigkeiten Ihrer Geschichte bemühten, dass die meisten Versuche der Hysterisierung einfach an Ihnen vorbei gingen. Irgendwann konnten Sie vielleicht sogar lokalisieren, wo die Delegationen hergekommen waren, denen eine Beamtentochter so bereitwillig hatte folgen wollen, um ein Ausbremssystem durch Verbalerotik und Partnerverleugnung nachträglich zu rechtfertigen. Wir können also zusammenfassen: Wären Sie zu erledigen gewesen, hätte die Homöostase der phallischen Illusion in the long run recht behalten dürfen – und damit wäre der zeitweilige Sieg, mit dem Sie das Beamtensystem durch eine Promotion in die Knie gezwungen hatten, Vergangenheit gewesen. Dass das nicht nur ein Spiel zwischen zweien war, sondern ein Kampf um Interpretationssysteme, ist mittlerweile deutlich geworden. Was Sie immer wieder als die-Liebe-als-Duell kennzeichnen, hat doch am allerwenigsten mit den beiden zu tun, die sich aneinander abarbeiten. Das ist doch eher die Showseite des Geschehens, während sich tatsächlich im Kampf der Geschlechter metaphysische Weltsysteme aneinander abarbeiten. Damit wäre es aber für uns interessant, wie Sie es geschafft haben, Gags aus der über Sie verfügten Vernichtung zu destillieren. Wie stellt man es an, aus der Spiritualisierung der Verzweiflung so spaßige Wahrheiten und entlastende Einsichten zu gewinnen?"

„Das ist keine schlechte Zusammenfassung," ich nicke ihr anerkennend zu und warte darauf, dass irgendwo, in den harmlosen Schlussfolgerungen, bereits die nächste Bosheit vorbereitet worden ist. Nur zu, soll sie doch, je mehr sie das Messer schleift, das sie zu meiner Widerlegung führen möchte, je länger wird es dauern, bis sie bemerkt, dass sie sich geschnitten hat – es gibt feine tiefe Schnitte, die einem erst auffallen, wenn man eine Bewegung gegen den Strich macht. Ich versuche ihren Gedanken aufzunehmen und für unsere Geschichte zusammen zu fassen: „Nach Dresden ergab sich eine Spiegelung auf einem weit höheren Niveau – aber weil das Strickmuster mittlerweile nachvollziehbar war, begannen wir es als Selbstoffenbarung der Leute zu lesen, die unsere Gegner sein wollten oder nur deren depperte Delegierte waren. In der ZEIT – die ich las, um auf dem laufenden zu bleiben und um mitzubekommen, wo eine Stelle ausgeschrieben wurde, die auf meine Spezialisierung passte, für die ich mich also bewerben konnte, um die nötigen Informationen zu streuen – wurde mehr als einmal ein Artikel verbreitet, der vor Andeutungen, verstellten Zitaten und fiesen Unterstellungen strotzte, ohne dass ich überhaupt genannt war, der mich bekämpfte und gleichzeitig so tat, als hätte es mich nie gegeben und nur anonyme politische Tendenzen oder weltanschauliche Wogen seien auf einen Nenner gebracht worden. Das Medium wurde von gewissen Delegierten zur Hysterisierung pervertiert, sie benützten einige meiner Schlagworte, pervertierten meine Einsichten, um dann in der antithetischen Argumentation den letzten Schwachsinn aus den Prämissen abzuleiten. Mein „Schamane im Bücherregel" diente auf einmal zur lobenden Charakterisierung eines Schwachkopfs, dessen Texte für mich nicht ernst zu nehmen waren. Ich konnte mir sagen: Diese Leute wollten mich am Boden sehen, wollten sich daran weiden, wie ich mich vor Qual im eigenen Dreck winden, wollten sich daran therapieren, wie ich im Angesicht der Erhabenheit krepieren sollte – aber ich durfte mich nicht dadurch definieren. Und während ich die Zähne zusammenbiss, bis sie splitterten, manchmal das Gefühl hatte, ich ginge durch Beton, der mit jedem Schritt mehr aushärtete, die Luft anhielt, bis mir der Atem wegblieb, die Spannung hielt, bis mich gelber Dünnschiss fast zerriss – und trotzdem meine Termine einhielt, am richtigen Ort zur richtigen Zeit war. Ich war schneller, als die Intrige und konnte immer wieder sehen, wie sie mir hinterherhinkten – so wie mir auch ein Riskner den Gefallen getan hatte, sich ertappen zu lassen. Als Zwangskranke waren sie nicht in der Lage, vorher zu planen, was jemand unternehmen würde, der keinem Zwang gehorchte. Als ich beschlossen hatte, die ZEIT nicht mehr zu kaufen, dauerte es nicht lange und die mentale Vergiftung dieses Mediums war soweit vorgeschritten, dass der Absatz gewaltig eingebrochen war."

Charlus lacht fett raus: „Aber Sie wissen doch, dass das natürlich nicht so gedacht war! Ein paar Parapsychotiker wollten Ihnen vorführen, dass sie den eigenen Zwang auf Ihr Leben übertragen konnten, weil sie ihre Finger überall drin hatten, ein Harpprecht oder ein Baumgart, ein Muschg, ein Neumann oder ein Hein haben da nur als

Statisten gedient, wenn sie nicht nebenbei ein paar Beziehungen spielen lassen sollten. Die Verantwortlichen wollten Ihnen zeigen, dass sie, egal wo, immer vor Ihnen da sein konnten. Aber das klappte nur so lange, wie sie innerhalb der eigenen Jagdgründe Fallen aufstellten, bei denen sie davon ausgehen konnten, dass Sie darauf reagieren mussten. Und das ist vermutlich die ganz einfache Erklärung: Sie haben sich nie zugehörig gefühlt, ihre Bewerbungen waren Finten, wie Sie einmal angedeutet haben – sie hätten viel lieber ein Leben zwischen Büchern weiter geführt, fit gehalten durch die Gewaltmärsche mit den Hunden. Sie wussten nur noch nicht, wie dieser Lebensstil auf Dauer zu finanzieren war – aber sie waren nie in der Lage, sich über die Prämiensysteme eines Bildungsbeamten zu definieren. Mich wundert nur, unter welchen falschen Voraussetzungen das Spiel dann immer weiter lief?"

„Vorahmung, sie setzten auf die Paranoisierung und damit der Funke übersprang, präsentierten sie sich den Kollegen oder Schülern – bei einigen Begegnungen auch uns – als verschnupfte oder gekränkte Autoritäten und im Fortgang als angstgepeinigte Paranoiker. Das sollte anstecken, und es hatte eine Wirkung auf all die Leute, die ihren Einflüssen unterstanden und uns kannten. Es gab eine neue Lehrkraft in der Literaturwissenschaft, die auf uns aufmerksam gemacht worden war und die, obwohl wir nie Kontakt hatten, obwohl es nie die Gelegenheit gegeben hatte, behaupten zu können, dass ich so einer frigiden Bohnenstange gezeigt hätte, wie erbärmlich mir ihr Leben vorkam, wenn sie meinte, die größten Leidenschaften für sich auf dem Papier konsumierbar zu machen, an einer Ampel krampfte und die Fäuste ballte wie ein unfähiges Kleinkind, nur weil wir hinter ihr auftauchten und warten mussten, bis es grün wurde. Es gab frühere Kommilitonen, die erschraken, wenn sie uns in der Stadt begegneten oder sich einfach abwendeten und so taten, als hätte es uns nie gegeben. Die immaterielle Botschaft des Todeswunsches sollte ganz reale Folgen haben, die in der Vernichtung mündeten. Außerhalb der Einflusssphäre ihrer Abhängigkeitsbeziehungen konnten sie nicht viel bewirken und als ich erst einmal angefangen hatte, Anzeigen und Promotions zu verkaufen und als Schmiermittel einsetzte, dass ich die Portraits und Interviews im Teamwork mit dem Kunden entwickelte, verfügte ich auf einmal über Möglichkeiten, bei denen sie mit ihrer kleinlichen Stellenpolitik nicht mehr mithalten konnten. Sie hätten meinem Verleger ein paar hunderttausend Mark bieten können, dass er mich abstoßen sollte, aber der war ein solcher Psychotiker, dass er das Geld genommen hätte, um aus mir noch mehr Umsatz rauszuquetschen. Also brauchte es eine frühere Professorenkollegin, die nun als Unternehmensberaterin Umsatz machte, um meinen Neuanfang durch die Simulation der Verfolgung und Umstelltheit zu stören: Sie musste eine Anzeigenseite für 20000 Mark in einem Wirtschaftsmagazin zu schalten, für das ich noch nebenbei Werbung verkaufte, nur um zu zeigen, dass die Geisteswissenschaftler auch hier präsent waren. In von Matts Buch über die Intrige wird nachvollziehbar, wie die Frustration über den Mangel an Heilsplan in der Geschichte innerhalb der Institutionen umfunktioniert wird zu den Techniken, Macht über das Leben anderer zu haben, also für die Untergebenen und Ausgelieferten selber zum Heilsplan zu werden. Diese Perversen machen den theologischen Imperativ für sich im Sinne der Sprechakttheorie verwertbar: How to do bad and cruel things with words. Diese langweiligste Form von Sprachphilosophie konnte unerkannt zu einer gefährlichen Strategie werden, um innerhalb dieser Institution über Leben und Tod zu entscheiden. Das war der erbärmliche Ehrgeiz von Bildungsbeamten, die für die Einlösung ihrer Machtfantasien mit Impotenz und Frigidität gezahlt hatten und nur eine Therapie wussten: Alle Welt nach ihrem Bildnis zu gestalten. Das Bedürfnis war die Fäulnis selbst – und dummerweise gab es lange niemanden, der diesen Institutionskrüppeln ins Handwerk gepfuscht hätte."

Das ist ein viel zu hartes Urteil", wirft Algo ein: „Wenn Sie ehrlich zur eigenen Geschichte stehen und zu den Mitteln, die Sie ergriffen haben, hätten Sie es doch nicht anders gemacht. Da entdecken Sie jemandem mit einer gewissen Begabung und dem Willen, sich durch die schwersten Themen durchzubeißen und lassen ihn an ihrem Wissen teilhaben, födern ihn und bauen ihn auf – und dann macht der sich über die unterdurchbluteten Arschlöcher auf der Behördenuniversität lustig. Oder stärker noch, er macht sich nicht lustig, er gibt durch die Art der Mitteilung zu verstehen, dass er seinem Gegenüber diese Wahrheit zumutet, weil er ihn von den Folgen ausnimmt; er kritisiert nicht einmal, er gibt nur immer wieder zu verstehen, das er sich mit Bildungsbeamten nicht relativiere, dass er es vorziehe, sich mit Hilfsarbeiten durch das Jahr zu bringen. So jemanden hätten Sie doch mit Sicherheit vernichtet, wenn Sie nur die Macht dazu gehabt hätten, noch dazu, wenn sich herausstellte, dass Sie in den folgenden Jahren in einem Schlüsselroman lächerlich gemacht wurden. Sie müssen sich nur einmal vergegenwärtigen, was Sie alles unternommen haben, wie viel Selbstverleugnung und wie viel Verzicht notwendig waren, um ihre Geschichte überhaupt durchzustehen. Warum wollen Sie dann irgendwelchen Leuten Vorwürfe machen? Sie haben sich oft genug über den Grenzbereich der Legalität hinausbewegt, sonst wären Sie kein guter Verkäufer gewesen; Sie haben sogar in Kauf genommen oder großzügig übersehen, dass Geschäfte auf den Konkurs zusteuerten, weil sich die Leute auf ihre Beratung und die Werbung in ihrem Magazin verlassen hatten. Sie wussten recht schnell, dass die geprüfte Druckauflage häufig genug, um Kosten zu sparen, mit Hilfe diverser Tricks gar nicht hergestellt wurde und dass, schlimmer noch, der Verteiler mehr schlecht als recht funktionierte und von manchem Heft die Hälfte der Auflage in der Spedition vergammelte oder auf einem Waldparkplatz entsorgt wurde. Sie haben trotzdem ihren Umsatz zustande gebracht, ohne Rücksicht auf Verluste."

„He Algo, Du verschiebst gerade die Definitionsspielräume", schaltet sich Heinrich unwirsch ein: „Wir sind keine Moralapostel und wir haben auch nicht über die rhetorischen Finessen eines Anzeigenverkäufers zu urteilen. Das ist völlig unwichtig! Wir wollen den Gesetzmäßigkeiten auf die Spur kommen, wie aus dem Durchlaufen eines sozialen Todes neue Kapazitäten, vielleicht sogar Sonderbegabungen freigesetzt werden können."

„Danke, ich hatte keine Wahl, sonst hätte ich mich weiter in meinem Bücherregal vergnügt. Es war übrigens kein Schlüsselroman, schon diese Kennzeichnung war ein Teil der Lüge, mit der unsere komplette Umgebung verseucht worden ist. Was macht man, wenn die Überreaktionen eines Körpers auf die Einkesselung einen auf einmal auf den Gedanken bringen, dass es von einem Tag auf den anderen Schluss sein kann? Wenn das gesamte System vibriert und einen die Schläge des eigenen Herzens am Einschlafen hindern, wenn der Körper zu brennen scheint und der kalte Schweiß die Hitze nicht lindert, aber die Haut in brüchiges Pergament verwandelt. Wenn man auf den Gedanken kommt, dass die Physis das Spannungsvolumen auf die Dauer nicht aushalten wird? Ich bin beiseite gesprungen und habe mir gesagt, dass mit dem vorliegenden Repertoire in irgendwelchen kleinen Parallelwelten weiter zu kommen war. Das war eine Verzichtleistung, ich hatte keinen Ehrgeiz mehr, mich in der Behördenuniversität zu bewähren. Aber ich hätte nie gedacht, wie weit das Netzwerk reichte und dass es noch dazu taugte, uns Schwierigkeiten durch die Müllabfuhr, beim Zahnarzt oder bei unserem im Rollstuhl sitzenden Vermieter zu bereiten." Ich nicke Heinrich zu, aber der nimmt mich nicht weiter zur Kenntnis, für ihn bin ich eine Art Laborratte. Also insistiere ich, obwohl für einen Augenblick anhand der Kräftepfeile klar zu sehen ist, wie arbeitsteilig Algo und Heinrich vorgehen: „Ich meine schon, dass ich in diesen Zusammenhängen weiterhelfen kann! Vor allem möchte ich auf den gewaltigen Unterschied verweisen: Ob ein Einzelner mit den wenigen Möglichkeiten, über die er verfügt, eine Optimierung für sein Leben zustande bringt oder ob ein Funktionär, als Anhängsel einer Institution, an der Lebenskraft und den Möglichketen des Nachwuchses schmarotzt, bis vom Prinzip Hoffnung nichts mehr bleibt. Diese Leute wollten unter falschen Voraussetzungen über mein Leben verfügen. Vermutlich war es mein Glück, dass sie nicht besser waren, warum sollte ich also darüber klagen, dass sie so danebenlagen! Es gab ein Außen, die ganze übrige Welt, und es war tatsächlich eine einfache Übung, den kleinen Kosmos der Bildungsbeamten zu ignorieren. Vielleicht sollte deshalb die Erhabenheit des Grauens ihr Existenzbeweis werden, an meinen Todesqualen wollten sie ihr Lebenselixier destillieren. Es brauchte wieder einmal eine Beweisfigur, dass anderes als das, was sie vertraten, gar nicht möglich sein sollte. Wenn ich zum damaligen Zeitpunkt versucht hätte, die Geschichte zu dokumentieren und unter die Leute zu bringen, wäre dies ein Geschenk für sie gewesen und ich hätte wichtige Zeit verplempert, die uns dann auf den neuen Wegen gefehlt hätte. Deshalb war auch die Rede vom Schlüsselroman irreführend, wir haben zu Typisierungen gegriffen und oft sogar Parallelen, die sich angeboten haben, vermieden. Diese Verführung zog nicht, obwohl sie von mehreren Seiten an mich herangetragen wurde, wir machten lieber Geld. Ich musste nicht zum Erfüllungsgehilfen in der Schreibe werden und ihnen den Mythos vom verkannten Genie schenken. Erhaben war vielleicht mein Wille durchzuhalten, nicht aber der Antrieb von Antriebsgestörten. Was sie bei den inszenierten Begegnungen an Gefühlssignalen inszenierten, an Arrangements der finstersten Verzweiflung und des bittersten Schmerzes, war billiger Kitsch und den großen Klischees abgelauscht worden: Irgendwann gab es mal ein Literaturmagazin, das noch unter den Nachwirkungen der Studentenbewegung und dem Gang durch die Institutionen propagierte: ‚Von Goethe lernen!' Und was lernten sie, wenn nicht die Techniken der Intrige und die Größenfantasie, für ein anderes Leben Gott zu spielen. Dieselben Leute, die aufgrund ihrer Zwangsneurosen nicht in der Lage warten, ein Leben zu führen, in dem Liebe und Arbeit in einem ausgewogenen Wechselverhältnis standen, durften sich aufgrund der Absicherung eines Beamtenverhältnisses in der Lage fühlen, jegliche Möglichkeit einer angemessenen Arbeit zu torpedieren und ganz nebenbei eine große Liebe zu zerstören!"

„Und was ist aus der Größenfantasie geworden", wirft Algo ein: „Texte zu produzieren, die so dicht gewoben waren und deren dem Leser zugewandte Oberfläche so hart geschliffen sein sollte, dass man sich die Zähne dran auszubeißen hatte? Das war einmal Ihr Programm gewesen. Ich kann es belegen, die nötigen Zitate sind leicht abzurufen! Sie wollten doch gar nicht verstanden werden, sondern eine opake schwarze Weisheit produzieren, an der die anderen kapitulieren sollten, das war es doch!"

„Das ist falsch. Aufgrund meiner Biographie gab es manche Wahrheit, die ich kapiert hatte, die mir aber niemand abgenommen hätte, wenn ich in den eigenen Worten versucht hätte, sie auf den Nenner zu bringen. Noch dazu unterstanden einige der wichtigsten Einsichten dem Tabu, darüber sprach man nicht. Also suchte ich mir Reflexe dieser Wahrheiten bei den Klassikern, bei den anspruchsvollsten Sprachakrobaten. Und diese Zitate verwob ich so miteinander, dass damit ausgesagt wurde, was ich nicht hätte formulieren oder wissen dürfen. Ich versteckte mich dahinter, um in den richtigen Zusammenhängen darauf zu verweisen, dass bei Jean Paul oder Friedrich Schlegel, bei E.T.A. Hoffmann oder F.Th. Vischer usw. genau dieses Zitat den Kern der Sache traf – nur deshalb wurde propagiert, ich sei unverständlich. Tatsächlich waren das schon Strategien der Vereinnahmung, mit denen mein Wissen kontrolliert werden sollte.

Daraus habe ich den für mich notwendigen Schluss gezogen: Dafür, dass sich ein paar Schreibtischtäter das Leben ersparen, bis sie davon so viel auf der hohen Kante haben, dass sie über das Leben anderer herrschen können, müssen sich immer wieder ein paar Vorzeigeexemplare finden, die an den Folgen ihrer Neugier und Lebenslust erbärmlich krepieren – siehe ‚Philosophischer Sperrmüll'. Also galt es für uns, die Konsequenz zu beherzigen und nicht zu solchen Beweisfiguren zu degenerieren. Wir durften also nicht der Eitelkeit gehorchen, unsere Energien in eine Schreibe zu investieren, an der künftige Studentengenerationen die nötigen Demütigungen erfahren sollten. So hatte mal der Rat eines Professors gelautet, mit dem mir die Selbstzerstörung begehrenswert gemacht werden sollte. Was in solchen Köpfen vor sich ging, war der verwaltungsoptimierte Vorrang von Wahnsystemen gewesen, die ministeriell garantierte Abwesenheit des Realitätsprinzips. Diese Pädagogen einer Generation von künftigen Lehrern wurden durch die psychotische Verleugnung beherrscht: Vielleicht, weil sie die Abkömmlinge kleiner Nazibeamter gewesen waren und sich innerhalb der Verwalteten Welt als verlässliche Erfüllungsgehilfen der Modernisierung unterbringen ließen."

„Diese Erklärung zieht doch nicht mehr," wirft Algo ein: „Noch dazu wissen wir, dass einige der Protagonisten, die Sie jetzt kritisieren, die ersten Marx- oder Freudlektürekurse initialisiert haben. Vielleicht haben Sie nicht fein genug differenziert und die falschen Leute angegriffen! Vielleicht haben Sie auch nur den Regieanweisungen der Selbstzerstörung gehorcht und es genau mit den Leuten verdorben, die Ihnen die Möglichkeit eingeräumt haben, sich von den festgefahrenen Anhängseln Ihres Familienromans zu verabschieden. All ihre so harten Analysen sagen doch erst einmal etwas über Sie selbst aus, vielleicht war es Ihre ureigene Homöostase des Elends, der konsequenterweise eine Intrige der Leute zuarbeitete, die Sie vor den Kopf gestoßen haben!"

„Das ist gar nicht abwegig, die Geschichte aus dieser Perspektive zu interpretieren. Ich hätte allerdings zwei Einwände: Es war gar nicht mein Ansatz, diese Leute zu kritisieren, ich hatte für einige Zeit sogar gedacht, dass ich mit meiner Kritik ganz auf ihrer Linie lag und mein Verstummen, der Weg in die Schrift als Kanzlist des eigenen Innern, gehorchte fast einem vorauseilendem Gehorsam, sich dem geisteswissenschaftlichen Imperativ unterzuordnen. Erst nach und nach wurde deutlich, dass sie sich durchschaut und getroffen fühlten. Und dann darf ich daran erinnern, dass ich alles, was ich brauchte, selbst verdienen musste und dass auch das Wissen, das mir dann nützlich wurde, meinen einsamen Leseriten zu verdanken war. Ich wurde von dem Gefühl getragen, dass ich etwas aufbaute, ohne in Abhängigkeiten verstrickt zu sein, ohne den Zwang, irgendwelche kleinen Zugeständnisse zu machen – was ich selbst gemacht und erarbeitet hatte, resultierte vor allem auch daraus, dass ich mir all die Zeit sparte, die die Leute in Simulation, Selbstbespiegelung und Beschäftigungstherapie investierten. So reicherte sich ein enormes Lesepensum an und es war einfach falsch, wenn diese Leute behaupteten, ich sei ihr außer Kontrolle geratener Schüler. Ich hatte am anderen Ufer und auf der Drogenszene schon mehr Psychologie von angewandten Machtspiele gelernt, als auf einer Universität an Wissen gestattet wurde.
Auf der verbalerotischen Ebene kann man/frau in der kulturschwulen Vereinigung alles Mögliche propagieren und sich zum Propheten einer neuen Welt oder zum Warner vor der totalen Entmündigung

erklären. Wenn Sie sie intellektuellen Moden der letzten dreißig Jahre Revue passieren lassen und dann schauen, was wirklich draus geworden ist und wo heute die Prioritäten sitzen, bietet sich der Erkenntnis ein ganz anderes Register an, nämlich die Frage nach den körperlichen Zugängen zu dem Verhältnis von Wahrheit und Verleugnung. Damit bin ich wieder bei den nationalsozialistischen Ursprüngen, an der Formierung von Ornamenten der Masse. Schon damals galt: Wer mit den Körpern nichts Ordentliches hinbrachte, erklärte die Impotenz zum Realitätsprinzip! Und der lange Marsch durch die Institutionen hat nicht zu mehr Wahrheit geführt, sondern zur Modernisierung der Abhängigkeitsstrukturen. Warum ruft das pseudoprogressive Gesülze immer so schnell nach Staat und Polizei, warum wird für immer mehr Erzieher und Pädagogen plädiert?

Bevor ich mir die Zähne daran ausbiss, die richtigen Metaphern für diese Qual zu finden und sie damit indirekt zu bestätigen, bevor ich mir die Disziplin auferlegte, die kitschig inszenierte Vernichtung in ihren Fallstricken und Verweisungszusammenhängen nachzuzeichnen und mich an den Unvollkommenheiten der sprachlichen Darstellung abzuarbeiten, bis ich genügend Zeit verloren hatte, um nur noch den metonymischen Fluchtbewegungen aus der Welt gehorchen zu können... widmete ich mich lieber gleich dem Kitsch, der Pornographie, dem Geld und weigerte mich, diese zölibatäre Maschine zu beschicken. Zugleich sorgte ich damit aber für einen Aufschub, der uns an unser eigenes Leben denken ließ – und hatte nebenbei noch die Genugtuung, dass ich auf den verrufenen Feldern meine Ruhe vor diesen überangepassten Asozialen hatte."

„Es ist schade, dass Merk das jetzt nicht mehr gehört hat," meint Heinrich: „Einige dieser Analysen hätten ihm sicher gut gefallen, denn er hat mir von ganz vergleichbaren Erfahrungen berichtet. Das hat ihn immer gewurmt, schon allein, weil es ihm trotz der besten Voraussetzungen nicht gelungen ist, die Ausbremsung auszubremsen. Wobei sicher zu bezweifeln ist, dass ihm Ihre Repertoireerweiterung fremd war, er hat nur nie jene rücksichtslose Mitleidlosigkeit gegenüber der eigenen Geschichte aufbringen müssen, weil er es sich eigentlich hätte leisten können, gar nichts zu tun: Geld war genug da, der gute Name war überall eine Eintrittskarte. Zur Information nebenbei, er hat gestern die Konsequenzen gezogen und sich verabschiedet. Man sagt so leicht ‚für immer' – aber was bedeutet das für uns! Wir haben alle Daten gespeichert, vielleicht holen wir ihn wieder zurück, eine kleine Ewigkeit vor diesem Augenblick, als er sich den Schuss gesetzt hat."

„Warum nicht?" fährt Algo zickig dazwischen: „Sie sind uns schließlich auch erhalten geblieben. Aber ich würde jetzt gern einmal zur Sache kommen. Warum hat hier etwas geklappt, was normalerweise ein sicheres Zeichen des Scheiterns und der Selbstvernichtung ist. Welche psychischen Übersetzungen haben sich ergeben, welche affektiven Besetzungen waren notwendig, welche Übertragungen müssen sich ergeben haben?"

„Das ist als allgemeines Gesetz ganz leicht auf einen Nenner zu bringen." Heinrich antwortet mechanisch und wirkt ein bisschen abgefahren: „Es gibt mich mittlerweile in mehreren Variationen und so wie ich von einer Interpretationsanweisung in die nächste schlüpfen kann, muss unser junger Freund hier zum Schamanen im Bücherregal geworden sein. Es gibt nie nur eine Sichtweise der Welt und so sollten wir uns auch immer mehrere Sichtweisen der eigenen Geschichte patentieren lassen. Wie es scheint, tritt man unter hohen Bedrohungen oder den Zwängen der Ausweglosigkeit in eine Situation ein, die die Möglichkeit mit sich führt, dass das Geschehen der Übertragung von einem abfällt, dass es schlicht ausfällt. In diesem Raum, der dann betretbar wird, jenseits der Vorbilder und des Nachahmungszwangs, werden wir Trickster und Weltenstifter, Problemlöser in eigener Sache – auf einmal ist die Lösung nicht mehr, dass es mehrere Interpretationen der Welt geben könne, sondern es zeigt sich, dass die Welt mit dem entscheidenden und für den Augenblick richtigen Ansatz einfach noch einmal neu beginnt!"

Der Leiter der Datenbankverwaltung hüstelt diskret und wirft ihr wieder ein paar Stichworte hin: „Toter Hund und große Liebe." Er tippt wohl ein oder zwei Links auf seiner Tastatur ein und Algo überfliegt die Verweisungszusammenhänge flüchtig auf ihrem tablet.

„Sie haben in der Position des Verfolgten, als Außenseiter und Ausnahmemensch, einige Leistungen zustande gebracht, die in den Zeiten der Postmoderne schon für abgeschafft und absurd erklärt worden waren." Algo ist wieder so dienstlich, dass ich schon die scharf geschliffenen Messer klappern höre. „Aber auch sie haben ein paar ganz einfach Möglichkeiten der Komplexitätsreduktion gefunden: Sie haben sich erspart, die Stringenz der Bedrohung sehen zu müssen, die Hoffnungslosigkeit eingekesselt zu sein, weil Sie alles erst einmal auf Ihre Partnerin projiziert haben – vielleicht ist das das wirkliche Geheimnis der Liebe als Duell. Dass der Partner immer dazu taugt, all den Müll auf ihn oder sie abzuladen, der tatsächlich aus ganz anderen Machtsphären stammt. Und dazu habe ich wieder einmal ein sehr schönes Originalzitat gefunden!"

„Das stimmt, da haben Sie Recht," unterstreiche ich: „Vieles, was über uns verfügt worden war, konnten wir erst einmal nicht wissen, um seltsamerweise zu erfahren, dass es in den Verhaltensweisen des Partners oder der Partnerin für das Bewusstsein aufzutauchen begann. So entstanden sicher einige Ungerechtigkeiten, bis wir kapiert hatten, uns gegenseitig auf die mediale Wirksamkeit abzuhören – und das war eine gute Übung, mit der auf einmal ganz andere Wahrheiten zugänglich wurden. Es ist phantastisch, wie genau das Sensorium sein kann, wenn es soweit ist, dass es nicht mehr aufgrund alter Gewohnheitsmuster ins Leere schießt. Ich konnte nach einer Begegnung oder Verhandlung zu Hause anrufen und wenn ich bemerkte, wie meine Partnerin skeptisch oder genervt reagierte, dann wusste ich, was mein Gegenüber vor mir verborgen hatte, was aber die Mimesis über den Draht transportierte. Die technischen Medien können Wahrheitsinstrumente sein, wenn wir sie dazu verwenden, den uns verborgen gebliebenen Hintergrund, die Motivation, die Intrige, aufzuzeichnen und dann gegenseitig abzuhören. Wir haben aneinander wahrsagen gelernt, wir haben sogar an einem Repertoire der unmittelbaren Zukunft teilhaben können – das taugte für Vertragsabschlüsse, Markteinschätzungen, Menschenkunde... nur zur Vorhersage der Lottozahlen hat es nie gelangt."

„Jetzt mal weg von den anekdotischen Abschweifungen," Algo hat mich streng beobachtet und meint nun, sie könne mich einfach abwürgen: „Ich habe ein paar Texte von Ihnen, die wir uns endlich genauer ansehen sollten. So lustig, wie es nach 25 Jahren klingt, war das Spiel nicht. Ich habe einige Stellen gefunden, an denen Sie um Haaresbreite der Vernichtung entgangen sind, und bei allem, was wir nachvollziehen können, ist es einfach absurd, dass Sie noch immer hier rumkaspern! Irgendwelche Parameter fehlen einfach noch, irgendwelche Basissetzungen müssen in einer Form programmiert worden sein, die für uns noch nicht nachvollziehbar ist. Also kommen wir zu dem Text, auf den ich mich vorhin schon bezogen habe."

„Wieso nicht?" widerspreche ich: „Ich habe oft genug erklärt, dass Humor und Kreativität mit genau jenen Prozessen zu spielen beginnen, die bei einem psychotischen Schub das Subjekt überfluten. Zu meiner Vorstellung von Souveränitätstraining gehört als Voraussetzung eine elaborierte Säftelehre. Wir müssen in der Lage sein, die Verhärtungen zu verflüssigen, den Fetischismus der Konvention aufzusprengen, den Konformismus der Sicherheitsbedürfnisse hinter uns zu lassen. Das hat mindestens so viel mit Humor wie mit Sex zu tun und nicht umsonst waren einige unserer Kulturheroen Trickster oder Joker."

„Das ist hoffnungslos, warum soll ich mit Ihnen darüber diskutieren," wehrt sie ab: „Aber ich kann vielleicht den Text paraphrasieren, auf den ich mich schon geraume Zeit beziehe. Wie oft haben Sie eine diffus verspürte Bedrohung auf ihre Partnerin projiziert – dabei gehorchte sie mit großer Wahrscheinlichkeit ganz andern Instanzen. Und Sie wissen doch warum? Haben Sie vergessen, dass hinter der Liebe als Duell immer ganze Sternensysteme in Kämpfe verwickelt sind. Jetzt mal leise, ich verwende sogar ihre Formulierungen und darf mal meine Argumentation entwickeln, um zu zeigen, wo der archimedische Punkt liegt, an dem Ihre gesamten Voraussetzungen

ausgehebelt werden! Warum gehen Sie nicht davon aus, dass Ihre Partnerin in den ersten zehn Jahren einen Auftrag zu erfüllen hatte, der für sie überlebensnotwendig war. Wissen Sie unter welchem Druck sie gestanden hatte, um einen früheren Quälgeist zu decken? Und als die väterliche Identifikation aufgrund Ihrer Promotion in die Knie gegangen war, hatte das dahinter stehende mütterliche Erpressungssystem noch lange nicht aufgegeben – das konnte die psychosomatische Erkrankung unter Beweis stellen. Und Sie waren nicht der lachende Sieger, Sie haben alles für eine akademische Karriere Wichtige vernachlässigt und hängen gelassen, um ein Jahr daran zu arbeiten, dieses System der Selbstbestrafung zu durchschauen und auszuheben. Dass die Protagonisten der Universität auf den Gedanken kommen konnten, zu Antagonisten zu werden, weil sie Ihre Abwesenheit als maximale Form von Kritik interpretieren mussten, ist Ihnen nicht einmal in den Sinn gekommen. Die ganze Kritik an der Behördenwelt hat etwas nachzeitiges, denn erst nachdem Sie sich rar gemacht haben, wurden die verschiedenen Steinchen losgetreten, die einmal eine Lawine werden sollten. Und in diesem Sinne korreliert das Erpressungssystem einer Beamtengattin mit der Gekränktheit einiger Professoren. – Sie hatten einige Jahre Zeit, um an Ihrem biographischen Altpapier zu arbeiten und schon an der Dauer und den Verzögerungstaktiken hätten Sie bemerken müssen, dass da noch andere an Ihrer schriftstellerischen Karriere beteiligt waren. Das Scheitern, das Versacken in der Bedeutungslosigkeit, die Erfahrung der Ausgeliefertheit, der völligen Beliebigkeit der eigenen Anstrengungen hatte ja nicht nur zu beweisen, dass man sich nicht ungestraft gegen eine philosophische Fakultät profilieren durfte, es bestätigte vor allen Dingen den Imperativ der absoluten Ausbremsung, wie ihn die Mutter Ihrer Lebensgefährtin durchsetzen wollte. Und damit hatten Sie ihr zugearbeitet: Sie hatten es geschafft, Ihre Lebensgefährtin wieder ins Register der Gesundheit einzuschreiben und Sie haben eine Autorin aus ihr gemacht, aber eben um den Preis, dass Sie erledigt sein sollten. Soweit zu den Hintergründen eines Zwischenspiels der Liebe als Duell!
Und ich bin noch nicht fertig! Sie können sich die Argumente aufheben oder notieren, vielleicht erfahren wir gerade an dem mehr oder

weniger spontanen Protest, was uns bisher noch fehlt, was noch nicht nachvollziehbar ist. Akzeptieren Sie doch endlich, dass Sie schon lange tot sein müssten. Es geht gar nicht, es kann nach allen statistischen Regeln gar nicht möglich sein, dass Sie hier eingeladen werden, um der nächsten Generation Überlebens- und Souveränitätstricks zu lehren. Als ein Lautmann Ihnen eine Besprechung des Altpapiers schickte mit der Nachfrage, ob Sie nicht etwa Material über den frühkindlichen Missbrauch eines Mädchen zur Verfügung stellen konnten, war klar, dass er genau getroffen hatte – aber das interessierte gerade nicht, denn Lautmann war ein Suhrkamp-Autor und aus diesem Grund mit den Leuten unter einer Decke, die sich in den Kopf gesetzt hatten, Sie zu vernichten! Dabei hätten Sie aufgrund dieser Nachfrage die Chance gehabt, ein nächstes Manuskript mit ein paar hundert Seiten unterzubringen. – Sie hatten das Material doch dank der handschriftlichen Ausarbeitungen Ihrer Partnerin schon weitgehend präsent und schon die Andeutungen und Querbezüge im Altpapier sind heute noch immer überzeugend. Natürlich hätten Sie damit Ihre Beziehung untergraben, aber das ist der Preis für den Erfolg. Dann hätten Sie vermutlich einmal ein Buch zustande gebracht, das sich auch verkaufen ließ! Wie viele Beispiele gibt es für die bittere Erkenntnis, dass die Schönheit der Kunst nur der Abglanz der in ihr verscharrten Leichen ist – ich zitiere! Wie viele Beispiele waren Ihnen damals präsent, dass der Erfolg sich erst auf dem Grab eines Partner oder einer Partnerin eingestellt hat. Das war also wieder einmal eine einmalige Chance, die Sie mit Füßen getreten haben!"

„Das stimmt alles, das haben Sie genau beobachtet. Genau so war es!" bestätige ich: „Und es war eine gefährliche Falle. Sie idealisieren wohl nur deshalb den abstoßenden Opportunismus, um die andere Seite der Medaille zu verdecken. Warum ist es so leicht, irgendwelchen Leuten an der Macht, wenn es soweit ist, Dreck am Stecken nachzuweisen? Weil sie nur deshalb zur Macht zugelassen wurden, weil sie erpressbar sind, weil sie auf ihrem Weg nicht zimperlich sein durften! Wenn ich mich auf so ein Spiel eingelassen hätte, gesetzt den Fall, es wäre überhaupt eine Möglichkeit eingeplant gewesen, wäre ich komplett verstrickt gewesen und ohne den Rückhalt eines Menschen, der alles für einen bedeutet, bleibt gegenüber den Imperativen einer Institution nicht viel übrig. Aber das ist unrealistisch, denn solche Spiele heben sie sich für jemanden auf, der ein reiches und einflussreiches Elternhaus hinter sich hat, dann muss noch mit anderen Mächten gerechnet werden, bis die Abhängigkeit hergestellt worden ist. Warum hätte ich als Einzelner ohne Eigentum damit rechnen sollen, dass die Leute, die alles in Bewegung gesetzt hatten, um mich zum Schweigen zu bringen, nun einen ihrer Gewährsleute machen ließen, um meine Bücher am Markt zu lancieren. An so eine Hoffnung wird sich nur jemand klammern, der an der eigenen Abschaffung arbeitet. Es war für mich klar, dass es kein Zurück mehr gab und damit schieden solche linken Spielereien einfach aus. Wahrscheinlich ist eine der grundsätzlichen Voraussetzungen, dass alle Brücken hinter einem abgebrochen werden: Man kommt nur auf neue Lösungen, wenn die gewohnten Strickmuster nicht mehr zur Verfügung stehen, zudem sollten alle Boote in Brand gesteckt werden, damit eine mögliche Rückkehr keine wertvolle Kraft absorbiert.

Aber irgendwo habe ich das Gefühl, dass es hier gar nicht darum geht, mit meinen Überlebenstricks etwas anzufangen. Manchmal klingt es viel eher so, als müsse ich mich dafür rechtfertigen, dass es mich noch gibt..."

„Das ist es! Ihre Überlebenstricks sind die eines Selbstmörders – also muss es noch eine würzige Zutat geben, eine Nuance, die uns bisher entgangen ist. Wir haben die Mustererkennung und bringen im Rahmen statistischer Durchschnittswerte recht gute Übersetzungen zustande – aber es fehlen uns die Differenzkriterien für jene Muster, die von der Statistik nicht zu erfassen sind." Sie insistiert und versucht mich gleich noch ein bisschen zu provozieren: „Wenn wir das wüssten, wenn wir die Gesetzmäßigkeiten nachbauen könnten, wären wir einen wesentlichen Schritt weiter. Was meinen Sie denn, warum wir Sie eingeladen haben? Sicher nicht, um uns Ihre Zugänge zur Philosophie oder andere Einführungen auf dem Niveau von Volkshochschulkursen anzuhören."

„Wir könnten das auch etwas freundlicher formulieren," wird sie von Heinrich unterbrochen: „Die Vorstellung eines bewussten Ich ist eine oft nützliche, manchmal aber behindernde oder in gewissen Fällen auch sehr gefährliche Illusion. Wir sind wesentlich mehr, als wir selbst glauben oder bewusst wahrnehmen können, wir verfügen über viel mehr Ressourcen, als wir bewusst erleben. Wenn wir uns auf Techniken der indirekten Wahrnehmung, der Reizüberflutung und der schockartigen Entfremdung in Extremsituationen einlassen, können wir erkennen, dass wir mehr von der Welt spüren, als wir bemerken. Halluzinogene können spielerisch eine Vielfallt von Wahrnehmungen freisetzen, vor denen wir zu staunen beginnen, die uns erahnen lassen, was uns die Ökonomie unseres Wahrnehmungsapparats und die Evolution der Verarbeitung der Sinnesdaten alles vorenthält. In Situationen, in denen wir eins sind, mit dem was wir tun, gibt es ein unmittelbares Gefühl fließender Energie: Wir müssen nicht wissen, was wir tun, weil die zugrunde liegende Übung und Gewohnheit dafür sorgt, dass die Impulse aus der Welt oder die Anforderungen des Materials direkt in stimmige Handlungen umgesetzt werden und wir damit wesentlich schneller und treffsicherer sind, als es ein auf die bewussten und kontrollierbaren Wissensweisen achtendes Ich je sein könnte. Sennett hat in seinem Buch über das Handwerk einige interessante Schlussfolgerungen über derartige Techniken gezogen, es gibt eine Material gewordene Intelligenz, es gibt Übungen und Gewohnheitsbildungen, die uns dazu bringen, dem Werkzeug zu folgen, und die Kräfte, die in einem Gegenstand wirken, für uns arbeiten zu lassen. Oder nehmen sie Gumbrechts Ausführungen über die Möglichkeiten der Präsenz und ihre Verwirklichung im Sport!"

„Das stimmt und liefert sicher manche Anregung für die Tricks, mit denen man sich gegen unlautere Delegationen durchsetzt," bestätige ich seine Ausführungen: „Es gibt genügend Routinen, in denen es uns erlaubt ist, automatisch und ohne Kontrolle des Ich zu funktionieren. Die Nervosität ist dann weg, die Angst zu versagen, die Unsicherheiten sind verschwunden, weil keine Zensurinstanz dazwischen redet. In verschiedenen Kontexten der Überlastung hatte sich die innere Affenhorde verabschiedet, die sprachliche Selbstvergewisserung in den stummen Dialogen war für eine gewisse Zeit zum Erliegen gekommen. In der Stille, im Schweigen des Selbstgesprächs, wuchs die Sensibilität für alle möglichen anderen Signale, für scheinbar nebensächliche Zeichen, die sonst nur weggefiltert werden. Die Assoziationen, die eine Fernsehansage oder ein aufgeschnappter Fetzen auf der Straße freisetzen konnten, führten manchmal direkt in den bitteren Kern einer Wahrheit. Es gibt diese Erfahrung der frappierenden Evidenz: Auf einmal ist der Groschen gefallen und du kapierst, um was es geht."

„Und Sie meinen also, dass Sie zu diesem Zeitpunkt kapiert haben, warum die Einsichten und Selbsterfahrungen eines Einzelnen seinsmächtiger sein können, als das überkommene Wissen durch Traditionen oder die Verwaltung des Weltverständnisses durch Institutionen!" Algo schaut mich triumphierend an: „Das würde aber heißen, dass Sie einen Weg angeben können, wie es zu dem Wissen gekommen ist, das in einem zweiten Schritt von den Institutionen verwaltet und umgeformt wird. Damit sind Sie aber einen Schritt über die Arbeit am Mythos hinaus gegangen, denn Sie liefern einen ursprünglichen Text, an dessen Variationen sich die anderen erst versuchen dürfen!"

Sie ist nah dran, aber vor allem versucht sie gerade, mir zu schmeicheln, um mich einzuwickeln. Dieses Hüh-und-Hott hat Methode, du wirst angekurbelt und ausgebremst, du wirst negiert und hochgejubelt – bis du weich geklopft bist und bereitwillig den letzten Scheiß mitspielst: „Ich würde eher andersrum argumentieren: Ich lieferte keinen Text, sondern bestätigte nur die maximale Unwahrscheinlichkeit meines Überlebenswillens. Weil es mich noch gibt, können diese Leute nicht im Recht gewesen sein. Ich hatte keine Waffensysteme, keine Delegierten, keine Einflusssphären, ich hatte nur die Möglichkeit alles richtig zu machen und darauf zu setzen, dass die Leute, die unbedingt meine Gegner sein wollten, sich in ihren eigenen Widersprüchen verwickelten. Sie meinten schließlich, sie müssten mir die

Selbstzerstörung und die Desorientiertheit vorahmen – solange ich aber in der Lage war, mich nach den brauchbaren und überlebensförderlichen Einsichten zu richten, war es ihr Risiko. Wenn diese Arschlöcher aufgrund der von ihnen initiierten Wartephase zwischen der Absage nach Dresden und den suggerierten weiteren Bewerbungsgesprächen die Chance gewittert hatten, eine zusätzliche Negation rein zu mogeln, um unsere Energie zu binden und zu entwenden, war es eine klare Entscheidung, zu sagen: Das interessierte uns gerade nicht! Aus Tübingen war ein fingiertes Schreiben gekommen, dass ich mir für den Herbst eine Woche für das Bewerbungsgespräch für eine Schreibwerkstatt freihalten sollte, sie konnten nur noch nicht genau sagen, wann der Termin sein würde... Und in diesem Sinne war Lautmanns Anfrage zu verstehen. Ich sollte meine Zeit verplempern, sollte abwarten, sollte hoffen... bis ich erledigt und ausgeblutet sein würde – ich sollte nur nicht auf die Idee kommen, irgendetwas außerhalb der akademischen Einflusssphären zu unternehmen."

„Aber hat dieser Hinweis Lautmanns keine Zweifel gesät, ob die ganzen Jahre der Mühe um eine Partnerin nicht nur fehlinvestiert waren?" Sie gibt nicht auf: „Was Sie als Liebe als Duell kennzeichnen, könnte doch auch auf den naheliegenden Schluss führen, dass gegen die Abwesenheitsdressur kein Kraut gewachsen war, dass das auf eine vergebliche Liebesmüh hinaus lief!"

„Dazu brauchte es keinen Lautmann, das war schon in den Jahren davor ausgekämpft worden. Das Thema war wirklich ein Motiv für manchen erbitterten Kampf – nehmen Sie die Statistik, an wie vielen Kindern rumgefingert wird, wie viele Kinder in der psychischen Ökonomie eines Elters meist symbolisch, aber manchmal auch ganz real, den abwesenden Partner vertreten müssen und das betrifft mich und meinen Aufenthalt im Bücherregal nicht weniger –, so mag der Anlass gewesen sein, dass im Nebel der frühen Kindheit ein Jungfernhäutchen verschwunden war, dass der Übeltäter gedeckt werden musste, indem die junge Frau sich auf keinen anwesenden Partner einlassen durfte, weil der als Zeuge hätte dienen können usw. Vielleicht liefert dieses Schema die einfachsten Erklärungen für jene fundamentale Abwesenheitsdressur, also für all die Impulse, die sich als Beziehungskiller erweisen: Es geht nicht um spätere Besetzungen, die einem die Abwesenheitsdressur nahelegt, den Hollywoodstar oder die Wichsvorlage, nicht der Postbote oder die Friseuse – es geht immer um den Vampirismus der ersten Bezugspersonen, die eine/n nicht loslassen können und alle späteren Chancen blockieren, die die Betreffenden dazu bringen, abwesend zu sein, sie also in ihrer eigenen Zeit nicht für die Präsenz freigeben.

Aber zum damaligen Zeitpunkt war dieses Thema nicht mehr relevant. Wir wussten, dass sehr wahrscheinlich nichts von uns zurückbliebe, wenn wir die Energie durch einen weiteren Nebenkriegsschauplatz absorbieren lassen würden. Oder im übergeordneten Rahmen: Der Vater ist immer ungewiss und mein Erzeuger war aus zweiter Hand, meine Chancen seit der Verführung waren aus zweiter Hand, die große Liebe meines Lebens war aus zweiter Hand und dann schrieb ich auch noch Bücher über biographischen Sperrmüll und philosophisches Altpapier – ich war ein Lumpensammler und Restmüllverwerter, denn mehr hatte ich nicht zur Verfügung gestellt bekommen – noch dazu hatte ich mir aus einigen ethnologischen Studien das Wissen um die Notwendigkeit einer Initiation ins sexuelle Register abgezogen. Wir wissen nicht von alleine, wie es geht, und wenn wir nicht die Chance haben, an einem fremden System der Bedürfnisse die Regeln zu lernen, bleibt der Eros ein Leben lang ein stumpfes und trübes Sehnen, das sich dann an Hass und Zerstörung therapieren muss. Warum sollte ich also nicht auf die Idee kommen, mit einer Frau, die ein wenig angestoßen war, die große Liebe zu realisieren. Es verwunderte mich nicht, dass Lautmanns Ruf im folgenden Jahr durch eine Schmutzkampagne beschädigt wurde, das war fast stimmig nachdem er den Leuten auf der falschen Seite einen Gefallen tun musste und damit seine ursprüngliche Intention verleugnet hatte. So funktioniert das, während bei uns eine Erkenntnis gekeltert wurde, die am Machbaren ausgerichtet war und zugleich berücksichtigte, was wir für einander waren, was wir gegen diese Übermacht an Feinden aneinander haben konnten.

Und damit wurde dieses Schema der Liebe als Duell zu einer Form der Komplexitätsreduktion, die dafür sorgen konnte, dass viele der bösen Wünsche und neidgetränkten Delegationen gar nicht bis zu uns vorgelassen wurden. Wie viele der Unternehmungen der Uni, der Volkshochschule, des Buchhandels waren darauf gerichtet gewesen, uns auseinander zu bringen – wie hatten diese verstümmelten Abkömmlinge der Jahrgänge 39 bis 44 schon einmal aufgeatmet, als es immerhin gelungen war, dass mir ein drei Jahre alter göttlicher Hund in den Armen krepierte. Aber schon bei Sartre ist zu lesen, wie oft das Schema Wer-verliert-gewinnt nur eine Deckadresse ist: The killer in me is the killer in you. Wenn meine Partnerin in früheren Zeiten nicht alles daran gesetzt hätte, mich rücksichtslos auszureizen, hätte ich vielleicht eine Portion Vertrauen zu viel in die akademischen Abhängigkeiten investiert. Wenn es möglich gewesen wäre, auf die normalen Männer- und Frauenrollen zu rekurrieren, wären wir jetzt beide tot. Vielleicht verdankten wir es der Reinszenierung von uralten Konkurrenzansprüchen zwischen den Geschlechtern, dass wir uns in einer Weise aneinander abgearbeitet hatten, die für die Wirkungsmacht der Intrige nicht mehr viel Angriffsfläche übrig lassen konnte. Tatsächlich versucht das Sensorium etwas auf einen Nenner zu bringen, eine diffuse Ahnung der Bedrohung, ein fernes Gefühl der Vernichtung und weil nichts greifbarer ist, als ein paar Erinnerungen an vergangene Krisen und anachronistische Zeichensysteme des Misstrauens und der Verzweiflung, stellt sich dafür eben die Projektionsfläche des Partners oder der Partnerin ein. Während ich noch immer damit beschäftigt war, dass sie mich zu einem Scheitern verführen könnte – das war ich gewohnt, das kannte ich schon –, hatten die Krüppel von der Geisteswissenschaftlichen Fakultät nach und nach genügend Einflüsse spielen lassen und die nötigen Fallen gebaut, um den Musik in Ermanglung der Musik oder auch abgeschnitten von seinen Wurzeln, auf ein Nichts zu reduzieren."

„OK, das wussten wir schon – aber bei Ihrer Biographie haben Sie wohl gar kein Recht gehabt, von einer Partnerin zu verlangen, dass sie allein über sie hätten verfügen dürfen." Sie versucht mich nach wie vor zu provozieren: „Alles aus zweiter Hand. Selbst der Erzeuger. Selbst die Möglichkeiten einer akademischen Kariere – sind Sie sich wirklich darüber im klaren, auf was für ein Menschenbild Sie sich hier zurückziehen?"

„Ja klar," nicke ich ihr zu und realisiere das selbstgefällig fiese Grinsen eines Charlus: „Im Rahmen einer philosophischen Anthropologie gibt es nur Variationen und Weitererzählungen, aber keinen Ursprungstext – ich bin nur eine Variante ein und desselben Versuchsablaufs, warum sollte es in meinem Leben anders sein! Ich habe eben irgendwann beschlossen, das Experiment zu variieren und die Beziehungsarbeit als Oberbegriff anzusetzen: Also nicht den Ich, sondern die energetische Spannung, die sich zwischen zweien des unterschiedlichen Geschlechts aufbaut. Ich allein war tatsächlich nichts, aber alles was ich im Werben und Ringen um eine Frau aufbaute, machte mich stärker und klüger als all jene, die sich an meine Fersen geheftet hatten. Vielleicht erklärt das, warum ich mich nur selten um die Konsistenz eines Ich gekümmert habe. Ich wusste viel mehr, als mir bewusst sein konnte, ich verfügte in den entscheidenden Zusammenhängen über gewisse Handlungsrepertoires, die mich schneller und besser und wahrer sein ließen – und die im Nachhinein sogar die nötigen Erkenntnisse freisetzten. Das geht nur, wenn man nicht zu sehr an dem Schauspiel haftet, das wir ständig für die anderen aufführen sollen. Dabei sind es schlechte Schauspieler, die sich so in ihrer Rolle verloren haben, dass sie nicht mehr wissen, was sie sich selbst und den anderen vorspielen. Wenn sie wissen, dass alles aus zweiter Hand ist, verabschieden sie sich leicht von den Statuszwängen des Charakters und beginnen auf die Details zu achten, auf die Nebensächlichkeiten, auf den Wind in den Weiden. Das habe ich im Rahmen Souveränitätstraining aber schon ausführlich erklärt."

„Das war also eine bewusste Entscheidung, nicht auf diesen Hinweis einzugehen," insistiert sie: „Doch dabei war das damals durch die Bücher von Alice Miller der Ansatz, mit dem Sie sich die nötige Popularität gesichert hätten! Nicht weniger, als wenn Sie Ihre Verführung für ein Psychogramm des Päderasten ausgeschlachtet hätten,

anstatt zu begründen, dass in all den antriebsgestörten und überangepassten Nullen, ich zitiere, die Päderastie auf der Lauer lag. Sie waren mit dem ‚Altpapier' ganz nah dran am Herzschlag der Jetztzeit und haben gleichzeitig alles dafür getan, dass dieses Buch erst ein-zwei Generationen später richtig nachvollzogen werden kann. Und Sie habe genau gewusst, dass das das Risiko beinhaltete, ihr Buch für immer im Vergessen verschwinden zu lassen. Waren Sie hier schon an einem Punkt angekommen, ihr Werk, ihre Einsichten, ihr besseres Wissen im Tausch auf die Waage zu werfen, um dann unerkannt davon zu kommen?
Gelegentlich haben Sie einmal kritisiert, dass die Leute ständig nach Entschuldigungen für das nicht-gelebte Leben suchen, dass sie selbst die Situationen hervorbringen oder herbeizitieren, die dann den Grund zu liefern haben, warum man zu dem und dem, obwohl doch alle Voraussetzungen gestimmt haben, leider nicht gekommen ist. So könnte ich Ihr Festhalten an einer Beziehung auch interpretieren, in der Sie genötigt waren, ständig in irgendwelche Geschichten zu investieren, die Sie tatsächlich wenig interessierten. Das geht bis zu jenem manischen Höhepunkt, als Sie die Wohnung nicht mehr verlassen sollten, weil die Gefahr bestand, dass Ihre Frau aufgrund der Stresswellen und Schwindelgefühle umknallen konnte – wobei Sie mangels Reserven auf jeden Fall den Job im Buchhandel zu einem guten Ende bringen mussten. Bis Sie aufgrund der Arbeit am Telefon dann wirklich von zu Hause aus schaffen konnten, sollten noch eineinhalb Jahre Zeit vergehen. Warum sind Sie eigentlich nicht auf den Gedanken gekommen, ihre früheren Beziehungen zum süddeutschen Rundfunk aufzuwärmen. Noch heute hören wir ein gewisses Verständnis für den Päderasten in Ihren Argumentationen – warum haben Sie sich nicht diesen Bezug zunutze gemacht. Das Geld wäre doch kein Problem mehr gewesen und vermutlich hätten Sie über die Zugänge zu einer durch den Rundfunk vermittelten Öffentlichkeit ganz schnell dafür sorgen können, dass ihre Professoren gewaltigen Rechtfertigungszwängen ausgesetzt gewesen wären. Aber was machen Sie? Sie nützen keine der Möglichkeiten, die sich anbieten und wählen einen Weg der Qual, der Selbstverstümmelung und Askese!"

„Ich frage mich, ob Ihr moralischer Unterton nicht aus einer ähnlichen Perversion gespeist wird, wie die in den letzten Jahren hochgekitzelte Wut auf die Päderasten. Wie die stillgestellten Krüppel im Sexualneid noch immer partizipieren wollen, wie die moralische Empörung vor allem von den Energien gespeist wird, sich ganz legal und unter dem Deckmantel des rechten Empfindens mit Praktiken zu beschäftigen, die aufgrund der eigenen Unfähigkeit so faszinierend sein müssen, rühren Sie in irgendwelchem imaginären Dreck, um vor allem dem bösen Wunsch die Wirklichkeit zu verleihen, dass Liebende keine eigene Welt begründen dürfen. Ne, ich hatte kein Bedürfnis, mich den Protagonisten früherer Abhängigkeiten auszuliefern – es gibt die einfache Regel, dass man sich nie jemandem ausliefern soll, von dem man sich früher einmal befreit hat. Was bringt Ihnen diese Krüppelzüchterperspektive, wenn nicht die Verleugnung einer Beziehung der Geschlechter? Wenn alle Menschen nur mehr oder weniger beziehungsgestört in irgendwelchen Abhängigkeiten hängen, erübrigt sich die Frage nach den menschlichen Möglichkeiten. Aber solange es noch möglich ist, dass eine große Liebe die Kraft verleiht, sich über die stillstellenden Imperative der Institutionen hinweg zu setzen, gibt es eben ein wenig mehr in der Welt, als ihre Statistik bieten kann.
Aber zurück zum historischen Standindex! Was sollte ich zu diesem Zeitpunkt damit, für mich war das Thema erledigt. Das scheinbare Angebot war eine Verführung, dass ich mich in die nötigen Abhängigkeiten verstricken sollte, mit denen es wieder möglich gewesen wäre, bei uns rein zu mixen. Als erstes hätte ich auf die Beziehung verzichten müssen, um mir den Erfolg versprechen zu lassen – mit diesem Thema hätte ich wohl selbst an der Zerstörung der Beziehung zu arbeiten begonnen. Diese Leute setzten mit der Intrige in der Volkshochschule am gleichen Register an, mit dem auch meine Mutter schon versucht hatte, auf ihrem Einfluss zu bestehen: Die Partnerin hatte zu verschwinden, damit sie über den psychischen Halt gebieten konnten. Und dann hätte ich höchstwahrscheinlich die Botschaft zugestellt bekommen, dass ein wirklicher literarischer Erfolg an die Voraussetzung meines Ablebens geknüpft sein würde.

Darauf war geschissen, aber ich hatte dank ein paar kleiner Winke und Zeichensysteme, die in der Straßenkandel nach einem Stadtfest oder im Müll in unsrem Hinterhof direkt aus der Zukunft auf mich zugekommen waren, schon kapiert, dass der wirkliche Einsatz in diesem Spiel mein Überlebenswille war."

„Das klingt alles sehr abstrakt und abgehoben," wirft Charlus ein. „Ich hätte gern, dass Du einmal ganz konkret vorführst, wie sich diese Einwirkungen in eurer unmittelbaren Umgebung zeigten. Ihr pfleget keine Kontakte, du warst nur zum Geldverdienen unter Leuten und selbst das in einem reduzierten Rahmen. Ihr wart euch selbst genug und außerdem so viel und häufig mit den Hunden im Wald, dass man doch eigentlich davon ausgehen müsste, ihr hättet Kraft im Übermaß gehabt. Kein Fehlinvestment in gesellschaftliche Verpflichtungen, keine familiären Ausbremsungen, dafür ein Leben zwischen Büchern und Ausdauertraining, aufgebaut durch intensive Gespräche und die gemeinsame Schreibe!"

„Wir hatten drei Jahre darum gekämpft, dass unser erster gemeinsamer Roman erscheinen konnte und dieses Verfahren erscheint mir heute nur noch im Modus der Ausbremsung. Vermutlich war selbst dieser Vertrag lanciert worden, um Einflüsse auszuüben, um in unserem Leben über einen Verleger mitmixen zu können. Ein erfolgreich angekurbelter Delegierter funktioniert, wenn die Delegation und der eigene Wunsch in einer relativen Vereinigungsmenge übereinkommen und so hatte dieser Verleger vor allem das Interesse, seine Unterlegenheit über kleine Machtspiele zu therapieren. Es greift ineinander, du kannst nur jemanden wirklich delegieren, wenn du ihm nahelegst, dass er den eigenen Wunsch erfüllt, während er der Erfüllungsgehilfe deines Vernichtungsplans ist. Dass die Kacke am Dampfen war, zeigte sich an den Zusammenhängen in denen wir regenerieren, in denen wir uns wohlfühlen oder gehenlassen wollten. Dabei traten immer häufiger Störungen auf, die dafür sorgten, dass wir angespannter wurden, dass das Stresslevel stieg, schon bei Kleinigkeiten. Wenn wir Spaziergänge mit den Hunden machten, war der Rückweg nervig, weil wir wussten, dass irgendwelche nervigen

Anrufe zu erwarten waren – und das wurde geballt lanciert und über jeden erdenklichen Anlass immer mehr Scheiße auf uns abgeladen. Wir wurden geräuschempfindlich, erschraken bei Kleinigkeiten, hatten immer wieder enorme Stresswellen im Körper und wie nebenbei wurde uns nahe gelegt, die Finger von all dem Großen zu lassen, das wir uns zugetraut hatten, denn bald sollte uns gar nichts mehr zuzutrauen sein. Diese Hysterisierung begann sich als Todeslauf ins Körpergedächtnis einzuschreiben, wir konnten sie an allen Vermittlungssystemen, die in irgendeiner Form das Verhältnis von Innen und Außen regelten, ablesen – die Klospülung ging kaputt, die Sprechanlage setzte aus, der Briefkasten wurde zum Jahreswechsel in die Luft gesprengt, die Türschlösser klemmten oder gaben den Geist auf und der Aufzug blieb so häufig stecken, dass er irgendwann eine neue Steuerung bekam, die dann seltsamerweise am Anfang gar nicht so funktionieren wollte, wie das die Monteure erwartet hatten – es waren lauter Blitzableiter der Negation, die über unseren Köpfen angereichert worden war. Das einzige Medium, das sicher und ohne Schwachstellen funktionierte war das Telefon, weil damit zuverlässig die verquirlteste Kacke bei uns reingefiltert werden konnte – erst als wir die Notwendigkeit einsahen, einen Anrufbeantworter dazwischen zu schalten, um nicht in der Erwartung irgendeiner positiven Entscheidung eine gemeine Schweinerei reingedrückt zu bekommen, begann auch das Telefon gewisse Schwächen zu zeigen. Wir wussten schon, dass es mit der Verzögerungstaktik des Verlags zusammenhing, auch wenn wir die Einflüsse erst sehr viel später auf einen Nenner bringen konnten: Im Buchhandel wurde versucht, mich zu hysterisieren, warum das Buch nicht endlich erschien und auf der Volkshochschule war die Losung ausgegeben worden, dass irgendwelche Interna in diesem Buch zu erwarten waren, dass es ein Schlüsselroman war, der vom Stadtdirektor höchstpersönlich abgelehnt wurde. Der Verlag verzögerte die Auslieferung unseres ‚Altpapiers' mehrfach mit den hanebüchensten Ausreden, und nachdem endlich die freudige Nachricht gekommen war, dass es jetzt auf dem Weg sei, bekam mein Hund den ersten epileptischen Anfall. Nachdem der Verlag uns zu mehrfachen Umarbeitungen genötigt hatte, nachdem meine theoretischen Abschweifungen kassiert worden waren, nachdem einige der besten und treffendsten Charakterisierungen vom Lektorat verwässert oder sogar in ihr Gegenteil verkehrt worden waren, hatte ich beschlossen, das Ding für eine nächste Veröffentlichung durchzuziehen, falls es aber zu Lesungen kommen würde, auf unseren ursprünglichen Text zurückzugreifen, um die Leser und Käufer als Zeugen zu verwenden, wie systematisch die Verlage daran arbeiteten, dass nichts erschien, was vom gewohnten Strickmuster zu weit abwich. Dabei war das nicht mehr das Problem, während uns Zeichensysteme des Wahns und der Vernichtung zu umwuchern begannen, aber natürlich willst du dir das nicht eingestehen und machst einfach weiter, versuchst die Stabilisierung in den täglichen Routinen hinzubekommen, obwohl sie von allen Seiten angefressen werden. Als wir feststellten, dass Dino nach den ersten epileptischen Anfällen schreckhaft wurde, sagte ich mir gefühlsmäßig, dass er unser erster Hund war, der in relativer Stille aufgewachsen und sozialisiert worden war. Die Hunde der vorangegangenen Jahre waren in den wichtigen Jahren rund um die Uhr von Sound umgeben, während ich diesen noch unvollkommenen Gott zu einem Zeitpunkt abgeholt hatte, als ich keine Musik mehr hörte. Er war in der Stille den hysterischen Spannungen unseres galoppierenden, eine laufende Praxis simulierenden Rechtsanwalts über den Körperschall genauso ausgesetzt, wie dem überbordenden Geräuschpegel auf den Straßen der Innenstadt. Er hatte nie gelernt, dass es viele Geräuschwelten gab, die einfach unwichtig waren, wusste nicht zu unterscheiden, dass es akustische Räume gab, die wie Spiegelbilder funktionierten und aus diesem Grund für ihn unwichtig sein konnten. Wir spielten ihm nach den ersten Anfällen Pink Floyd, Peter Gabriel, Genesis, Kansas oder Supertramp vor, von The Wall bis zu ABACAB – am Anfang schaute er hektisch hin und her, ließ sich aber schnell ablenken, stellte wohl fest, dass ihn diese Geräusche nicht bedrohten, das packte sogar die gemächliche Verarbeitungskapazität eines Chow Chows. Tatsächlich hatte die Bedrohung, die er auf der mimetischen Ebene mitbekam, nichts mit der Musik zu tun, am Sound lag es nicht. Dafür spürte ich ein letztes Mal für lange Zeit dieses Erhebungsgefühl, dass mich die Musik leicht machte und für Augenblicke auf einer Woge der Größenphantasie mitnahm. Aber diese späten Versuche der Desensibilisierung änderten nichts, der Druck nahm zu und Dino hatte im Laufe des Jahres noch weitere epileptische Anfälle, die immer eindeutiger zuzuordnen waren: Immer wenn ich beim Jobben dem psychotischen Regime einer Debihla ausgesetzt war, transportierte ich so viele Spannungen mit nach Hause, dass die Sicherungen des kleinen Hundes durchbrannten – in der Regel nach dem ersten oder zweiten Tag meiner Urlaubsvertretung und dann noch einmal, wenn ich den Job hinter mir hatte. Er war mein Delegierter und nahm mir genug von den bösartigen Negationen ab, die diese in Bonn ausgebildete Behördenhexe im Auftrag von zwei Literaturwissenschaftlern für jede meiner Urlaubsvertretungen ausgebrütet hatte. Die Musik war es nicht, also konnten wir diese Übungen vergessen, es war der Musik. Einmal, als der Chow bei einem besonders schweren Anfall versuchte, mich in die Schulter zu beißen, während ich ihn wie üblich hielt und stabilisierte, musste ich ihn in den schaumigen Blubber fallen lassen. Ich wartete erschöpft ab, bis er sich total besaut und abgestrampelt hatte und als er mich danach desorientiert und wie fremd anschaute, tat das so weh, dass ich wusste, dass ich es war. Ein Blick, mit dem ein fassungsloses und abgrundtiefes Entsetzen rüberkam – ich hatte den Schmerz auszuhalten, dass mein Hund, mein Kindersatz, in mir seine Vernichtung gesehen hatte. Das war die Energie, die ich mitbrachte, die mich wie eine immer dunklere Wolke einhüllte, der Hass einer Zukurzgekommenen, die schon in Bonn gelernt hatte, wie leicht sie dafür sorgen konnte, dass gewisse Mächtige über den eigenen Schwanz stolperten und die nun den Sexualneid frigider Buchhändlerinnen instrumentalisiert hatte, den Neid derer, die ich gemeint hatte, weit hinter mir zurückgelassen zu haben. Aber ich musste jobben, ohne diese Gelder hätte es jenem freien Schriftsteller, der ich werden wollte, nicht einmal für das Hundefutter gereicht. Der Hund war mein Delegierter und nahm mir Negationen ab, er war leider nur nicht dazu ausgestattet, böse Wünsche auszuhalten, mit denen Professoren gewohnt waren, ihre Machtsphäre zu erweitern oder mit denen Parteifunktionäre übten, aufmüpfigen Nachwuchs oder unvorsichtige politische Gegner zu beseitigen. – Und dann war er tot. Wie hätte man mich verletzen können, wenn ich Kinder gehabt hätte, wie froh war ich, dass ich diesen Zugang mit einer Sterilisation abgestellt hatte: Aber der kleine leidende und noch so unvollkommene Gott in meinen Armen bereitete mir noch Monate nach seinem Tod enorme Schmerzen! Die Verwesungsgerüche, die der abgestorbene Magen freigesetzt hatte, krochen mir aus Mülltonnen und Kellerlöchern, aus Hinterhöfen und S-Bahnschächten entgegen und noch zur Zeit der Bank, als die Müllabfuhr über Wochen streikte, roch faulendes Fleisch für mich nach Verzweiflung. War das konkret genug?"

Charlus lächelt nur und nickt mir zu. So fein ist die Arbeitsteilung hier ausgearbeitet, Algo hat aus diesem Grund gleich noch eine Frage: „Wenn Sie die Resonanzräume des psychischen Geschehens so genau beschreiben, hätte ich gern gewusst, welche Rolle die Musik tatsächlich spielt. Wir haben von der einfachsten Talmiesoterik à la ‚Die Welt ist Klang' über die Philosophiegeschichte bei den Griechen, die Spekulationen der Renaissance und der Frühromantiker, bis zu Kittlers ‚Musik und Mathematik' in verschiedensten Ausprägungen den Anspruch, dass mit den Gesetzmäßigkeiten der Musik wesentlich mehr über die Welt auszusagen ist, als die Welt freiwillig preisgibt. Also hätten wir gern noch ein wenig mehr über jenen Todeslauf der Musik gewusst, durch den sich ein Musik neu erfunden hat – oder war es ein Todeslauf des Musik, mit denen die verborgenen Gesetzmäßigkeiten der Musik für einen Augenblick offenbar wurden?" Sie stiert mich an, als könne sie die ihr genehme Antwort erzwingen. Wenn sie nur eine Ahnung davon hätte, was ich anders gemacht und warum ich etwas hingebracht habe, das für sie apriori nicht realisierbar ist, hätte sie das Spiel schon längst abgebrochen.

„Das ist keine Mühe wert." Ich wiegle ab, denn dafür haben die ein enormes Material zur Verfügung. „Aber ich darf vielleicht einige wesentliche Schritte rekonstruieren, den Rest suchen Sie dann in Ihrem Archiv zusammen: Als Dino starb, fiel ich in ein unerbittliches Schweigen. Der Tod war gegenwärtig und jeder Rückgriff auf irgendwelche psychologischen Differenzierungen hätte mich mitgerissen. Ich hatte nur eine Chance, gefühllos zu marschieren, die immer schwerer werdende Last der Behinderungen von Tag zu Tag zu tragen, abends in einen Erschöpfungsschlaf zu fallen und im Traum gegen irgendwelche dumpfen Mächte zu kämpfen. Ich durfte nicht aufhören, am nächsten Morgen hatte ich weiter zu marschieren – ohne Rücksicht auf irgendwelche Selbstbefindlichkeiten, möglichst ohne Erinnerung an die früheren Ziele und die gehegten Erwartungen, nur Schritt für Schritt durch eine Todeszone, unter Qualen, ohne ein Ziel außer dem des schlichten und anonymen Überlebens. Die Musik war aus und die Stille war die einer letzten übermenschlichen Konzentration des Musik, weil sich nun, als wäre der Tod dieses kleinen und unvollkommenen Gottes ein Startsignal gewesen für eine gemeinsame Front all derer, die in den letzten Jahren schon versucht hatten, uns zu behindern. An allen Ecken taten sich wie auf Knopfdruck neue Kriegsschauplätze auf – wenn die Arschlöcher nichts wussten, so wussten sie immerhin, dass es Spaß machte, in einer offenen Wunde herum zu stochern. Im Film würde jetzt jede der Begegnungen, die mit verlogenen Fiesheiten und gemeinen Unterstellungen gewürzt waren, durch die die Spannung steigernde Musik untermalt werden, während es bei mir immer stiller wurde: Bevor ich mir Scheiße anhörte, hörte ich gar nicht mehr hin. Bei Lacan heißt es einmal, wir könnten die Ohren nicht schließen – aber das stimmt nicht. Wie die Spannungen stiegen, war ich in der Lage, weg zu hören, mich auf anderes zu konzentrieren, immer seltener ein Ohr für die Bosheiten zu haben. Und so, wie mir irgendwann während der Volkshochschulkurse die Lust an der Selbstdarstellung vergangen war, wurde es zu jener Zeit in mir still, über weite Strecken fiel der innere Monolog einfach aus: Weder von außen, noch von innen kam Gelaber an mich ran. Die Delegierten der verschiedensten Einflusssphären – sei es der Buchhandel und die Volkshochschule, sei es die Hausbesitzersippe und die Universität Stuttgart – hängten sich ran und schmarotzten am Todessog: Sie sahen eine reale Chance, denn wenn wir bisher keine Schwäche gezeigt hatten, so sah das auf jeden Fall anders aus, wenn der tote Hund als Einfallpförtchen weiterer Negationen dienen konnte."

„Jetzt würde ich gern wissen," wirft Heinrich interessiert ein: „Wie Sie es in dieser Situation noch geschafft haben, die Einladung nach Dresden zu bekommen? Man hätte sie doch einfach auf dem untersten Niveau weiter quälen können: Ein Hund war tot, die Einnahmen hatten sich halbiert, das Altpapier setzte kein Interesse frei. Ich finde es etwas widersprüchlich, dass ein paar wirklich einflussreiche Drehpunktpersonen im Kunst- und Wissenschaftsbereich dafür einzuspannen waren, das Spiel auf ein ganz anderes Niveau hoch zu hieven. Es wäre doch einfach und stimmig gewesen, sie wursteln zu lassen und mit den nötigen kleinen Nadelstichen nach und nach den letzten Widerstandswillen zu brechen. Das widerspricht doch der ganzen Intrigentheorie! Warum hätte man Ihnen eine solche Chance einräumen sollen?"

„Weil sie größenwahnsinnig waren, weil sie davon ausgingen, dass ich keinerlei Unterstützung hatte, weil sie sich den Genuss versprachen, an einem verfügten sozialen Tod noch mächtiger und größer zu werden und keinerlei Risiko sahen, dass jemand Einspruch erheben konnte. Was sonst, aus Mangel an Intensität wollten diese Behördenkrüppel endlich einmal die Erfahrung machen, was es hieß, wenn man jemand ein Messer zwischen die Rippen und mitten ins Herz drückte – wenigstens symbolisch! Bei jemand mit einem anderen Familienhintergrund wären sie sicher nicht so offensiv vorgegangen, aber nachdem lange genug ausspioniert worden war, dass wir ganz allein auf uns gestellt waren, dass keine politischen oder wissenschaftlichen Einflüsse, dass keine Finanzierungsspritzen außer der Reihe zu erwarten waren, war ihnen das einen extra Bewerbungstermin wert. Nach Dresden wussten sie dann immerhin, dass sie es auf keinen realen Termin mehr ankommen lassen durften."

„Vielleicht war es aber eine nächste Falle," wirft Charlus ein: „Denn es ging nicht darum, dass Sie sich bewähren konnten. Es mussten Situationen geschaffen werden, in denen man Sie entmutigen konnte, die Ihnen Zeit und Kraft kosten sollten. Die Leute waren nicht größenwahnsinnig, das glaube ich nicht. Sie befolgten nur die einfache Regel, dass man jemanden, den man vernichten wollte, nicht loslassen durfte."

„Das ist sicher richtig, denn wir hatten systematisch alle Verbindungen gekappt, mit denen noch eingewirkt werden konnte. Die Volkshochschule als Arbeitgeber meiner Partnerin begann mit dem Terror, unsere Hausbesitzersippe – vernetzt durch den eigenen Rechtsanwalt, der mit einer Fachbereichsleiterin bekannt war – schloss sich sofort an, außerdem bemühte sich unser Verleger, genau die richtigen Zeitpunkte zu finden, um ein Maximum an Negation und Vergeblichkeit zu suggerieren. Also wurde die Volkshochschule verabschiedet; und meine Kurse gingen zu Ende, ohne dass ich noch einmal neue Vorschläge abgab; unseren Verleger ignorierten wir und jede Unterstützung seiner Veröffentlichung dieses verstümmelten Buchs wurde abgeblasen. Es blieb noch der Buchhandel, in dem ich seit 1975 alle Arten Urlaubsvertretungen gemacht hatte und der immerhin ein minimales Einkommen garantiert hatte. Seit die Assistentin der Besitzerin von Gnaden einer Krebserkrankung selbst zur Geschäftsleitung geworden war, war ich dort nicht mehr so gern gesehen, aber nachdem ich über all die Jahre alle negativen Zeichensetzungen einfach ignoriert hatte, wurden schließlich, nachdem ich für den Sommer meine letzte Vertretung angekündigt hatte, noch die nötigen Schweinereien ausgebrütet, um mir jeden einzelnen Tag so schwer wie möglich zu machen. Das war tatsächlich die letzte Station, um Negationen bei uns reinzufiltern, denn schließlich brauchte ich das Geld. Und die Delegierten gaben sich Mühe, stolperten über die eigenen Füße, wenn sie merkten, dass mir die Nadelpiekse Wurst waren, machten die seltsame Erfahrung, dass sie mich nicht ärgern aber sich mit den eigenen bösen Wünschen schädigen konnten. Die Geschäftsleitung ließ ihre Einflüsse spielen und forderte für den Ernstfall bei Klaus Harpprecht Verstärkung an. Hier ist mit Sicherheit eine der Delegationen zu finden, die dafür gesorgt haben, dass ich die Einladung zu dem Gründungsrat bekam, eine weitere führt ins literaturwissenschaftliche Institut der Universität Stuttgart. Ich wusste, dass ich die Verabschiedung sauber hinzubringen hatte, dass von mir keine Negation ausgehen durfte – und dann wollte ich in der Anonymität verschwinden. Damit hatte ich den Traum, bei Lesungen aus dem Altpapier eine multimediale Vergegenwärtigung der Siebziger zu veranstalten, die Doors im Hintergrund, Bildwelten von Woodstock bis Pompeji, das Spiel mit Pornos und alternativen Selbstdarstellungsformen, zu verabschieden. All das war gestorben. Ich musste Geduld haben und abwarten können, ich durfte mich nicht dadurch irritieren lassen, dass uns bis zum Jahresende das Geld ausgehen würde, ich durfte vor allem nicht in die Verlegenheit kommen, irgendeinem dieser Arschlöcher zu bestätigen, dass ich Angst vor ihnen hatte..."

„Aber es war doch Wahnsinn, alles abzustellen," muss Algo fragen, als hätte sie nicht kapiert, um was es ging: „Von was wollten Sie leben, mit was konnten Sie weitermachen, wenn die auf ein paar Monate berechneten Reserven aufgebraucht waren? Was gab Ihnen die Sicherheit, dass sich etwas in Bewegung setzen würde?"

„Die Analyse der Machtschematik, die Kräftepfeile, die ich sehen konnte!" Ich schaue mir eine Weile an, wie sie die naive Blondine spielt und als sie wieder ansetzt, irgendwelchen Scheiß zu simulieren, überfahre ich sie: „Erst nachdem manche der kleinen Ärsche abgestellt waren oder sich selbst ins Aus befördert hatten, kamen die Auftraggeber zum Vorschein. Erst als sie keine Chance mehr sahen, durch Delegierte und indirekte Wirksamkeiten unsere Kraft und Lebenszeit zu absorbieren, weil wir nirgends mehr drin waren, weil es niemanden mehr gab, von dem wir abhängig, auf dessen Gunst wir angewiesen waren, mussten sie sich eine Geschichte wie die der Bewerbung für das Becher Literaturinstitut einfallen lassen. Erst als ihre Negation keinen Zugang mehr fand, brauchte es eine Schlüsselszene wie die Einladung vor den Gründungsrat im „Sexischen" Staatsministerium. Damit hatte ich, wie es schien, ein Maximum an Bedeutsamkeit erreicht, die Mächte, die mich vernichten wollten, waren zu Verbündeten wider Willen geworden – wenn ich abgeschnappt wäre, hätten sie einen Mythos aus uns machen können und genau das, dass sie sich an unserer Lebensflamme dann nachträglich das steinerne Herz wärmen wollten, gönnte ich ihnen nicht.

Lieber blieb ich am Leben, und wenn ich dafür durch den letzten Dreck kroch und vergaß, wer ich war, als dass ich in das schmutzige Tauschgeschäft der Sündenböcke und Gründerheroen einwilligte. Es war ein Drahtseilakt auf einem Hochspannungskabel. Vor Spannung vibrierend immer weiter ins Nichts hinaus, immer ungeheuerlicher in der Kraft, von einem Mut, der einen zur Verzweiflung hätte bringen können, wenn nur die Möglichkeit bestanden hätte, innezuhalten und zu überdenken, was gerade geschah, der einem die Luft geraubt hätte, wenn auch nur die Zeit zum Atemholen gewesen wäre. Das Gleichgewicht im Nichts zu halten, bedeutete, auf jeden Standpunkt zu verzichten – das Ich wurde sich als das Interface bewusst, das es tatsächlich war. Aber ich musste nun jeden Schritt, jeden kleinen Lebensvollzug, in einer Makellosigkeit hinbekommen, die der kompletten Vernichtung jeder narzisstischen Selbstgefälligkeit gleichkam."

„Dann darf ich zusammenfassen", meldet sich Heinrich nachdenklich: „An anderer Stelle haben wir mitbekommen, dass es im Rahmen der Liebe als Duell schon einmal darum gegangen war, den Ihnen zur Verfügung stehenden Kraftpol der Musik abzustellen. Mit den von ihrer Lebensgefährtin manipulierten, scheppernd dröhnenden Lautsprechern schien es begonnen zu haben – und es ist sicher von einer gewissen psychischen Wertigkeit, hier gab es eine Besetzung, dass Sie sich das Gerät vom Geld des ersten Jobs gekauft hatten. Das ist offensichtlich das Strickmuster in Ihrer eigenen Familie gewesen, dass nichts etwas wert war, weil alles, was man mit der eigenen Hände Arbeit zustande brachte, nur durchgestrichen sein musste. Vermutlich war ein späterer Ansatz für die Vergeblichkeit aller Bemühungen schon der Selbstmord des alten Musik gewesen, der es dem jungen Musik wie nebenbei ermöglicht hatte, ein Abitur hinzubekommen, obwohl schon verhandelt worden war, ihn wegen ständiger Abwesenheiten mit einem Ultimatum auszuschließen. Mit diesem Selbstmord hätte er über die Härtefallregelung Medizin studieren können, um später sicheres Geld zu verdienen und mit dieser Selbstprogrammierung den Todessog zu verarbeiten und auszuhalten, der von diesem Selbstmörder ausging. Schon hier kann man sich fragen, warum sich jemand in seiner Lage dann für ein Philosophiestudium entscheiden muss. Aber vielleicht ist ein relativer Anfang zu jenem Zeitpunkt anzusetzen, als eine psychotische Mutter ihren Sohn dazu verwendete, einen Rechtsanwalt unter Druck zu setzen und dann doch darauf angewiesen war, dass sich ein Hilfsarbeiter und ehemaliges Heimkind solange für sie abstrampelte, bis sie es schaffte, einen gebildeten Nachfolger an seine Stelle zu setzen. Eigentlich ist in diesem Leben alles durchgestrichen worden – so muss es nicht verwundern, dass auf einmal Lösungen entstanden sind, die im Rahmen der normalen Sozialisationsmuster nicht einmal vorstellbar waren."

„Ja sicher, wenn man nur richtig ansetzt, kann man mit der Geschichte der Menschheit beginnen und dann über den Nachteil, geboren zu sein, den Verstand verlieren. Das ist der Hohn, während wir diese Gesetzmäßigkeit zu kapieren begannen, mussten wir um jede einzelne Mark kämpfen. Vielleicht gibt es in jeder Geschichte immer wieder einen Punkt, an dem es nur eines gibt: Alles zu vergessen und wieder einmal von vorne anzufangen, als hätte es nicht schon unzählige Versuche, gelungene und gescheiterte, davor gegeben. Und auch für diese Notwendigkeit scheint vor allem die Ästhetik ein Refugium zu sein. Benjamins Betonung, dass der große Künstler immer wieder bei null beginne, verlängert sich in einer Analyse Adornos, die vieles von dem, was mir zu dieser Zeit wichtig war, anhand Schönberg in der ‚Philosophie der neuen Musik' auf einen Nenner bringt: Es gibt eine Souveränität, die sich aus der Kraft des Vergessens speist. An nichts haften zu müssen und immer wieder voll Entdeckerfreude von Neuem beginnen zu können. In der Fähigkeit, mit jeder Weiterentwicklung einer Verfahrungsweise, abzuwerfen und zu verneinen, was man vorher besessen hat. Gegen den Besitzcharakter der Erfahrung zu rebellieren und sich die Fähigkeit zu bewahren, alles noch einmal so anzugehen, als hätte man es noch nie gesehen, als habe es noch keinen Kontakt gegeben. Diese Kraft des Vergessens, ist jenem barbarischen Moment der Kunstfeindschaft verwandt, das durch Unmittelbarkeit des Reagierens in jedem Augenblick die Vermittlungen der Kultur in Frage stellt, das aber zugleich der meisterlichen Verfügung über die Technik die Waage hält und sie für die Tradition rettet. Für Adorno war Schönbergs Wachheit so groß, dass sie selbst noch eine Technik des Vergessens ausbildete, damit wurde die Tradition zur Vergegenwärtigung des Vergessenen."

„Damit haben Sie aber ganz klar in das Spiel eingewilligt," erinnert Charlus an seine ursprüngliche Frage: „Indem Sie vergessen, was gerade auf dem Spiel steht, bemühen Sie eine Naivität, die Ihnen in Ihrer prekären Situation eigentlich nicht zusteht. Oder haben Sie gemeint, Sie könnten selbst den Köder spielen?"

„Also noch einmal zum Thema Falle," nehme ich sein Insistieren auf: „Vielleicht war das die gefährlichste Falle. Was ich solange nicht sah, wie ich davon ausging, dass ich die Leute provozieren konnte, wenn ich mich rarmachte. Mit dem Auftritt vor dem Gründungsrat hatte ich ein Machtvolumen erreicht, das für normale alltägliche Zusammenhänge unzumutbar war. Für jemanden, der Wert darauf gelegt hatte, seine Unabhängigkeit durch Hilfsarbeiten zu finanzieren, war das vermutlich die durchtriebenste Verführung. Auf dem energetischen Level, das ich aus Dresden mitbrachte, war ich für keinen Chef mehr auszuhalten, der eine Aushilfskraft zur Vertretung brauchte. Sie konnten es sicher nicht auf den Nenner bringen, aber ihr Körper reagierte darauf, sie hatten Schwierigkeiten, meinem Blick standzuhalten, obwohl ich in keinster Weise insistierte, sondern sehr zurückgenommen agierte; sie konnten mir nicht lange zuhören, sondern mussten das Thema diffundieren oder mir beipflichten, um mich möglichst schnell loszubekommen – in einem der Werbebüros hatte sich der Verantwortliche kurz vor meinem Termin den Handrücken verbrüht und bat bei der Begrüßung um Vorsicht, als ich ihm die Hand hinstreckte: Es war dann klar, dass die Zusammenarbeit mit jemandem, wegen dem man sich die Hand verbrannte, sehr kurz ausfallen würde. Das war vielleicht die fieseste Falle! Wie sollte ich auf dieser energetischen Woge noch einmal an Hilfsarbeiten kommen, die mir über längere Zeit den Job garantieren konnten – so hatte ich mich also selbst daran gearbeitet, mein Repertoire zu minimieren. Ab jetzt blieb fast nichts mehr übrig, die realistische Einschätzung war, dass ich mich eigentlich nur noch selbstständig machen konnte. Die Kontakte zu zwei Werbebüros, die nach einem Texter gesucht und ganz interessiert gewirkt hatten, waren nach Dresden eingeschlafen usw. und später schlossen sich manche anderen an – eine Zeitarbeitsfirma, bei der ich mich als Generalist empfohlen hatte, existierte kurze Zeit später nicht mehr. Es brauchte schon den Ehrgeiz einer internationalen Bank, und das war nicht unbedingt positiv zu werten, wenn mich ein paar Führungskräfte als Sparringspartner missbrauchen wollten."

„Also geben Sie zu, dass Sie erledigt waren," Algo scheint nach wie vor Probleme damit zu haben, dass ich überhaupt eingeladen worden bin: „Mich wundert immer wieder, welche Hoffnungen und Sehnsüchte bei Leuten auftauchen, die eigentlich erledigt sind. Das ist doch irgendwie lächerlich, warum windet sich der Wurm der Aufklärung noch, wenn er tatsächlich schon zertreten worden ist!"

„Weil es Repertoireerweiterungen gibt, weil wir nach gewissen Erfahrungen nicht mehr so sind, wie man uns gerne haben möchte! Nach Dresden begann sich die Geschichte eines EXE auszufalten. An anderer Stelle habe ich beschrieben, was es heißt und mit welchen Hintergründen es möglich ist, sich in ein ausführbares Programm zu verwandeln. Während ich auf der Bank jobbte und dann nach und nach anfing, mich in die Selbständigkeit zu entlassen, um mit Hilfe eines Telefons Gelder in Bewegung zu setzen, gab es ausgeprägte Emanationen der Entwicklungsgeschichte der körperlosen Stimme. Ich mochte immer wieder Schwierigkeiten gehabt haben, mich unter normal genannten Menschen zu bewegen, ich konnte mich nicht am durchschnittlichen Small-Talk über Urlaub, Fußball, Fernsehserien und Krankheiten beteiligen und war nicht in der Lage, Interesse für irgendeinen Scheiß zu heucheln, der mir am Arsch vorbei ging. Alles was die Normalen simulierten, um möglichst normal zu erscheinen, hatte mich derart abgestoßen, dass ich mich freiwillig und ohne Bedauern von ihrer Gemeinschaft ausschloss und nur die Notwendigkeit einsah, ein Minimum an Lebensunterhalt in ihrem Zusammenhängen als Hilfsarbeiter zu verdienen. Für eine körperlose Stimme war das völlig egal und ich lernte um: Ich konnte am Telefon über alles sprechen und dank der entsprechenden kulturellen Hintergründe fast überall mitreden, ich konnte genau zuhören und die notwendigen Informationen aus den Reden meines Gegenübers gewinnen. In den wenigen Fällen, in denen ich zum Kunden hin musste, um an den nötigen Abschluss zu kommen, musste ich die nötigen Widerstände überwinden und mich immer erst einmal völlig ausscheißen – danach war der Stress weg und mein Assemblerprogramm übernahm die Ausführung. Wenn ich gemeint hatte, mir in dieser Welt meine Menschlichkeit als kafkaesker Hungerkünstler bewahren zu müssen, so hatte ich nach der jüngsten Neuformatierung gelernt, dass sich das Geld am leichtesten im Modus des Maschinencodes verdienen ließ. Ich war Pirat und Erpresser, Verführer und Straßenräuber, Dealer und Vermögensberater – nebenbei auch noch offizieller Ästhetik- und Textberater des Verlags dieses absolut geistlosen Luxusmagazins. In den ersten sieben Monaten musste ich genügend Magazine und Briefe streuen und mich multiplizieren, um bis zum Jahresende mühsame 70000 Mark Umsatz hinzubekommen – und in Ermanglung einer sehenswerten Stuttgartausgabe, ließ ich den hochkarätigen Geschäftsleuten ein Hamburg- oder ein Berlinheft zukommen, um ihnen klarzumachen, dass ich mit ihrer Präsenz ein mindestens so beeindruckendes Stuttgartheft zustande bringen konnte. Das klappte sogar, das selbe Telefon, die selbe Nummer, mit denen uns noch im vergangenen Jahr ein derartiger Terror angetan worden war, dass wir seitdem allergisch auf alles reagierten, was sich durch rot-grüne Institutionsverkrüppelungen definierte, taugte nun dazu, Umsätze anzukurbeln, die alles überstiegen, was wir uns je hatten vorstellen können – am Ende dieses nächsten Jahres waren es fast 400000 Mark. Am Telefon war ich nur Stimme, konnte am selben Tag in hundert Orten sein, konnte versprechen, flirten, desinteressiert abwiegeln, konnte auftauchen, als sei ich ganz wo anders, konnte verhandeln, als stellte ich mir einen finanzstärkeren Partner vor, konnte entgegenkommen, Druck ausüben, Langeweile zeigen, absausen lassen und im rechten Augenblick den Auftrag faxen. Am Telefon war ich allgegenwärtig, hatte es nur noch mit Energien zu tun, machte aus Geduld und dem Gespür für die Bedürfnisse des Gegenübers, aus der Gunst des Augenblicks und dem richtigen Timing Geld, enorme Mengen Geld, die bis dahin völlig außerhalb unseres Interesses gelegen hatten. Als mich der depperte Rechtsanwalt von gegenüber wieder einmal kränken wollte, passte er mich ab und erzählte von einem Klienten, der 150000 Mark Schulden hatte und die niemals würde abzahlen können, um zu suggerieren, dass er einschätzen könne, wie wenig Zukunft uns geblieben sein sollte und dass diese Summe unsere Möglichkeiten derart überstieg, dass wir nicht einmal das Privileg genießen konnten, so hohe Schulden zu machen. Eine Geschichte, die er mir zu einem Zeitpunkt erzählen musste, als ich schon die erste Viertelmillion am Telefon erarbeitet hatte – und es aus diesem Grund nicht mehr lange dauerte, bis dieser Schmarotzer von Lebenszeit kollabierte. Er mochte es nie wirklich gebracht haben, aber aufgrund der nötigen familiären Absicherung immer so tun, als-ob – aus diesem Grund mangelte es eben am realistischen Einschätzungsvermögen, wie das bei vielen juristischen Simulanten der Fall ist. Als er mich das nächste Mal abpasste, um eine weitere Subalternisierung zu versuchen, streckte ihn ein einfacher und harmloser Nebensatz nieder. Und ich bin kein Sadist, ich wurde nur zu einem Meister des symbolischen Tauschs. Von mir aus soll jeder leben wie er will oder nicht anders kann, ich bin sehr großmütig, solange man mir nicht in die Quere kommt – aber wenn es endlich so weit ist, dass das Signifikantennetz den Leuten die Quittung schreibt, erschrecke ich nicht vor der Konsequenz. Dann kann ich nur sagen: Recht so!"

„Bei Derrida haben Sie einmal die an Husserl ausgerichtete Kennzeichnung gefunden, dass die Stimme ins Reich der Phänomene gehört." Heinrich versucht anscheinend, meine Geschichte zwischen die Brennpunkte Ausnahmezustand und Macht zu verlagern: „Aber dann würde mich interessieren, wie sie den Widerspruch aufgefangen oder bewältigt haben, dass zu diesem Zeitpunkt eine enorme Bedürfnisstruktur in Ihrem Gerüst steckte und aus diesem Grund gar nicht mit dem nötigen Erfolgsversprechen zu telefonieren war. Malraux hat doch immer wieder unterstrichen, dass wir die Stimme über zwei Kanäle hören: Über die Ohren, aber auch über den mitklingenden Körperschall. Das sich beim Sprechen Hören vermittelt eine unmittelbare Rückmeldung über die augenblickliche Befindlichkeit, näher kann man doch gar nicht an sich rankommen! Die Stimme ist das Fleisch der Seele, sie ist der Überschuss des Körpers, damit aber der Verweisungszusammenhang auf die Geistigkeit der materiellen Grundlagen jeder körperlichen Erfahrung. Mit dieser Voraussetzung konnte bei Ihren Telefonaten tatsächlich nur die Verzweiflung und die Hoffnungslosigkeit transportiert werden, aber sicher kein Erfolgsversprechen!"

„Warum sollte ich verzweifelt sein?" frage ich dazwischen: „Wenn für Derrida die Wirkung der Stimme auf der Selbstaffektation und Selbsttransparenz besteht, begannen in solchen Zusammenhängen für mich die Schwierigkeiten mit der Theorie – da stimmte etwas nicht. Eher war es die Erinnerung an die Spur, an den Wunderblock unserer biographischen Geschichte, die mir Derrida nahebrachte, denn in meinen energetischen Bahnungen war die Selbstaffektation eben nicht an die Transparenz geknüpft, eher an das Elend der Verneinung und Verleugnung. Mit der Spur habe ich die Möglichkeit den Riss in der Präsenz zu bedenken, die maximale Selbstentfremdung, den Verweisungszusammenhang auf ein Nichts oder eine Leere, in der die Stimme erst im Verklingen die Zusammenhänge stiften kann. Wenn ein Steiner darüber nachdenkt, ‚Warum Denken traurig macht', setzt er immer schon die Antriebshemmung und die Stillstellung voraus. Nur, mir war nie gegeben worden, dass ich mich dank der Einflüsse und der Ressourcen eines Familienvermögens irgendeiner Profilierung widmen durfte – ich hatte gelesen und gelernt, um die schwachsinnige Welt zu begreifen, der ich entlaufen war und ich hatte die Reisen im Bücherregal durch anstrengende körperliche Arbeit verdient. Ich war zu Zeiten der Dresden-Einladung auf einer Geschwindigkeit und Arbeitstemperatur angekommen, dass gar nicht von Trauer die Rede sein konnte, eher vom unbarmherzigen Willen, sich gegen alle Widerstände durchzusetzen. Die Melancholie sollte über mich verfügt werden, diese Leute, die meinten, meine Gegner sein zu müssen, hätten die Sinnlosigkeit ihrer Behördenexistenz wohl gerne an mich delegiert – um sich durch die Schlachtung eines Sündenbock gerechtfertigt zu wissen. Aber wenn ich mitbekam, wer das war, und was alles in Bewegung gesetzt wurde..." ich mache eine kurze Pause, um in die Runde auf über ihre tablets gebeugte Köpfe zu schauen und erkläre: „Dann hätte ich in die nächste Falle tappen können und größenwahnsinnig werden. Dabei machten sie nichts anderes, als sadistische kleine Mädchen, die sich an ihrem Repertoire des Ich-bin-wichtig versuchten: Sie wollten, dass wir uns mit ihnen beschäftigten. Diese Krüppelzüchter und ihre Delegierten bemühten sich, unsere Lebenszeit zu okkupieren und den Raum, in dem wir uns bewegten, zu besetzen. Dabei ist nicht nur an jenen Bereiche der Literatur gedacht, in denen sie sich die Legitimität erarbeitet hatten, Strippen zu ziehen – sondern auch an jene alltäglichen Zusammenhänge unseres Lebens, in denen sie gar nichts zu melden hatten. Die Delegierten passten uns auf den Spaziergängen mit den Hunden ab, ihre Botschaften begrüßten uns beim Einkaufen oder lagen beim Jobben auf der Lauer.

Aus diesem Grund bot es sich fast zwingend an, in die Zwischenbereiche auszuwandern und die Stimme siedelt in den Zwischenbereichen. Es sollte dabei nicht übersehen werden, dass die Stimme und das Schweigen direkt vermittelt sind. Man hatte mich nicht zum Schweigen gebracht, sondern ich hatte längst davor ins Schweigen eingewilligt, weil mir das Geschwätz und die akademischen Selbstinszenierungen so unnütz und kontraproduktiv vorkamen. Im Raum dieses Schweigens vertiefte ich gewisse Einsichten und schulte den Widerstand, hier akkumulierten sich jene Kräfte, die die anderen dauernd nur zerredeten. Für die Erfahrung einer Wiedergeburt auf einem anderen Signifikantenniveau ist die Stimme also eine wesentliche Erscheinungsform der Schwelle. Die Stimme potenziert jenen paradoxen Mechanismus der Triebobjekte, die zugleich der Einverleibung wie der Ausscheidung unterstehen und zugleich nichtkörperliche Supplemente des Körpers und die Schwelle zwischen Außen und Innen darstellen – sie befinden sich im Bereich der Überschneidung, topologisch also der der Vereinigungsmenge! Ich habe in den verschiedenen Zusammenhängen zeigen können, dass mein Lernvermögen von den Schwellen abhing, die ich überschreiten oder auf denen ich mich längere Zeit aufhalten musste. Mit der Stimme ist Kraft rüberzubringen, sicher, aber das ist längst nicht alles; die Stimme führt in die Intensitäten der Präsenz, sie ist die Wesenheit, die ganz Oberfläche, ganz Performation ist und dennoch nicht darin aufgeht. Sie präsentiert nicht nur Sinn und Bedeutung, sondern sie tut dies im Medium des Sinnlichen; die Stimme ist jenseits der Trennung von Körper und Geist, sie ist das Dazwischen, in dem beides zugleich ist – und sie gewinnt eine besondere Intensität, wenn sie sich bewusst dem Schweigen widmet. Wenn ich nichts zu sagen habe, ist mein Schweigen ein Einverständnis meiner Schwäche und Unterlegenheit – aber wenn ich in der Lage bin mit der Stimme eine derartige Macht rüber zu bringen, dass man lieber lügt und trickst, dass man sich zur Sicherheit drunter weg duckt, als mir zu widersprechen und dagegen zu halten, dann wird meine Einwilligung ins Verstummen zu einer potenzierten Bedrohung. Wenn das, was ich sagte, schon so gefährlich war, wie musste es dann um das Wissen bestellt sein, das ich für mich behielt. Ich durfte nur den Anschluss nicht verlieren und musste es schaffen, dass das energetische Potential den Engpass der sich aufbauenden Mauer des Schweigens übersprang. Ich wurde als immaterielle Stimme am Telefon wiedergeboren und setzte Materie und Geld in Bewegung; ich hatte in einem völlig geistlosen Medium zu arbeiten und fand nach und nach wieder die Anschlüsse an jenes Wissen, das mir unter der Einwirkung dauernder Negationen verloren gegangen und dann durch Tabus verstellt worden war. Auf einmal war ich wieder hier und jetzt, konnte die uns umzingelnden Barrieren überschreiten und die bösartigen Gerüchte unterlaufen. Diese Phänomenalität des Dazwischen machte es möglich, an all jenen Erfahrungen und Funktionen anzuknüpfen, die mich früher auf den verschiedenen Schwellen geprägt hatten! So wie die Musik selbst ist, worüber sie spricht, wird die Präsenz nicht bezeichnet, sondern vergegenwärtigt. Die Fähigkeit, sich auf die Arbeit der Sinnesysteme einzulassen, sich von ihrem Rhythmus tragen zu lassen, ihren Drive mitzunehmen, liegt erst einmal diesseits der Hermeneutik und unterläuft die Zwänge der Gestaltbildung. Eben weil die Semantik nicht einfach auf reine Zeichenprozesse reduziert werden kann, sind in diesen Semiosen Freiheitsspielräume auszumachen, die der kodifizierte Sinn nur verhindern will. Die metonymische Bewegung der Art und Weise des Bezeichnens unterläuft erst einmal jedes hierarchische Wissenskonzept – aus diesem Grund ist mit dem Computer eine basisdemokratische Kraft freigesetzt worden, für die spezielle Formen der Selbstverblödung als Gegengift entwickelt werden mussten und weil dies noch längst nicht reicht, braucht es die Vorratsdatenspeicherung und die Verführung durch Big Data. Aber was soll's, was gehen mich die gesteuerten Hirntode und die von langer Hand vorbereitete Resignation für die Suchtkrüppel des Konsums an. Bei unserer Geschichte haben wir vom Ergebnis her dann die Deutung, stellen sich die Bedeutungen ein, die nun rückwärts buchstabiert werden und in diesem Nachvollzug zu den Wahrheiten jenseits von Unredlichkeit, Lüge und Verleugnung führen."

„Sie prostituierten den Doktortitel, wie sie früher ihre Jugend prostituiert hatten," wirft Algo ein, um von einem Argument abzulenken, dem sie nichts entgegensetzen kann: „Sie konnten davon ausgehen, dass niemand überhaupt nur auf den Gedanken kam, ein Herr Doktor habe keinerlei Möglichkeiten mehr, Geld zu verdienen. Sie gaben doch vor, dass im Rahmen eines Luxusmagazins genau das zur Eitelkeitsdressur passte: der promovierte Ästhetiker kümmerte sich nun höchstpersönlich um den früheren Mercedesmitarbeiter, der sich mit Unterstützung des Konzern selbständig gemacht hatte, um die anfallenden Oldtimer zu restaurieren und damit wie nebenbei noch immer Werbung für den Konzern zu machen. So ist es leicht, Anzeigen an die oberen Zehntausend zu verkaufen, wenn man den akademischen Titel als kleine Zuwendung offeriert."

„Das ist eine richtige Erklärung für den Umsatz, aber sicher keine für die Wirkungsmechanismen, die durch einen sozialen Tod ausgelöst werden. Ich konnte in vielen Zusammenhängen eine überzeugende Form von Unerreichbarkeit dokumentieren: ich hatte es nicht nötig, mich anzubiedern, war nicht einzuschüchtern, sprach nur das Notwendigste, um die Sachen dabei genau auf den Punkt zu bringen und verspürte keine Angst... nach dem, was über mich kolportiert wurde, mussten die Leute davon ausgehen, dass ich irgendwas in der Hinterhand hatte." Ich schaue in die Runde und stelle fest, dass alle betroffen wirken, dass selbst Algo den Blick senkt, irgendwas habe ich also gerade wieder einmal getroffen, ohne genau sagen zu können, was es in diesem Fall ist. Aber vielleicht zeigte ihnen die Mustererkennung gerade das Potential einer Katastrophe. Bei dem Rechtsanwalt hatte es sich wie nebenbei ergeben, als ich ihn darauf hingewiesen hatte, wie sehr ein Hund mit der Nase arbeitete, und er war erledigt. Ich musste nicht einmal ausführen, dass es damit ziemlich Wurst war, ob er in Knobelbechern, mit den Schuhen eines Flamencotänzers oder in normalen Straßenschuhen in seiner Praxis auftauchte – es kam durch den einfachen und minimalen Hinweis rüber: Für den Hund war klar, dass in unserem Treppenhaus immer der gleiche Psychotiker Geräusche machte, er roch den Stress eines solchen Simulanten – und damit war die Darstellung einer vielbesuchten und erfolgreichen Praxis hinfällig. Unser Nachbar bekam einen Anfall und hörte ab jetzt Stimmen! „Also sollten wir uns den wirklichen Gesetzmäßigkeiten zuwenden! Ich glaube nicht, dass bei meinen Telefonaten so viel Hoffnungslosigkeit rüberkommen konnte, denn auch in diesen Zusammenhängen habe ich mich nicht mit dem identifiziert, was ich gerade tun musste."

„Dann hätte ich doch aber ganz gern gewusst, wo Sie die Sicherheit her genommen haben?" Algo macht den nächsten Versuch, obwohl sie gerade nicht mehr in der Lage scheint, zu insistieren. Vermutlich haben ihr die Scans der Erregungsfelder durch den Systemiker gezeigt, dass das kein harmloses Thema ist. Sie wollen ihre Mustererkennung an meinem Fall schärfen und präziser machen und stellen dabei fest, wie wenig ihre Statistiken von den tatsächlichen Wirkungsweisen einfangen. Sie wollen das Außergewöhnliche mit ihren Statistiken einfangen und bekommen Wischiwaschi. Im für sie besten Fall, denn damit stellt es sie nicht mehr in Frage, wird erreicht, dass das Maß an Unwahrscheinlichkeit zunimmt und nichts außergewöhnliches in der nächsten Zeit mehr auftritt. Algo versteckt sich hinter einer eher interessierten Nachfrage: „Irgendwo haben Sie mal jemanden beschrieben, der besser war als alle anderen und aus dem Grund ganz allein. Das passt doch auf die Entwicklung, der sie beide unterworfen worden waren. Warum haben Sie nicht an einen Kompromiss gedacht? Jetzt wäre es doch an der Zeit gewesen, gewisse Anpassungsleistungen einzusehen!"

„Dafür war die Zeit schon lange vorbei und wenn ich die Geschichte betrachte, hätten irgendwelche Kompromisse ein paar Jahre früher nur dafür gesorgt, dass ich mich ausgeliefert hätte. Dann wäre an den nötigen Schaltstellen innerhalb der Behördenuniversität schon dafür gesorgt worden, dass ich gründlich ausgebremst worden wäre. Aber jetzt gab es schon längst keine Möglichkeit mehr. Die Leute arbeiteten systematisch an unserer Vernichtung und versuchten, uns in den Wahn oder Selbstmord zu treiben.
Wenn Sie keine Möglichkeit mehr eingeräumt bekommen, können Sie aufgeben. Oder kapieren, dass ein Ausnahmestatus erreicht ist, bei dem keine moralischen Bedenken, keine selbstgefälligen Rücksichtnahmen, keine Angst vor der Meinung der anderen mehr zählen. Und wenn die Entwicklung zeigt, dass die Leute, die sich angemaßt haben, meine Gegner sein zu wollen, unerbittlich daran arbeiten, einen aus der Welt zu entfernen, gibt es keinen Vorbehalt mehr: Was sollen denn die Leute denken! Entweder du kommst durch oder die Geschichte ist zu Ende. So leicht kann man es sich machen. Diese nachgemachten Menschen hatten mich in ein totales Niemandsland katapultiert, aber ich entdeckte dort, dass es unendlich viele und ganz verschiedene Wege gibt. Jetzt war es angesagt, irgendwo wieder einen Zipfel Land zu gewinnen."

„Und was beweist, dass Sie sich das nicht alles nur eingebildet haben?" fragt Algo betont harmlos. „Vielleicht haben keine Geisteswissenschaftler an Ihrer Paranoisierung gearbeitet. Vielleicht waren Sie nur paranoid, weil Sie zu wenig Kontakt zu normalen Menschen hatten. Weil Sie sich den ganzen Tag mit Bücher umgaben und Ihr soziales Umfeld auf die Gewaltmärsche mit gestörten Kötern reduziert war. Vielleicht mussten Sie erst auf einer internationalen Bank wieder lernen, wie man sich unter normalen Menschen bewegte und vielleicht hat das deshalb so angestrengt?"

„Das glaube ich nicht – außerdem wissen Sie sehr gut, was ich vom Lebensersparnismodus der normalen Menschen halte." Diese Reduzierung auf ein das-bildest-du-dir-ein kommt mir absurd vor: „Wir waren systematisch verhext worden und die Protagonisten legten wirklich Wert darauf, dass wir bemerken sollten, wie sie die Strippen zogen. Wir konnten versuchen, diese Zeichensysteme zu ignorieren, aber die negative Wolke um uns wuchs und akkumulierte immer mehr Kraft, solange keine Möglichkeit gefunden war, diese Energie zu verschleudern. Das war bei einfachen und ungesuchten Begegnungen auf der Straße zu beobachten. Irgendjemand bog um eine Straßenecke und stand uns plötzlich gegenüber, erstarrte, die Augen weiteten sich, der Schreck fuhr den Leuten in die Glieder – und sie wussten gar nicht warum. Manche schauten uns erstaunt nach, manche wirkten völlig desorientiert... in solchen Augenblicken gewöhnte ich mir an, so zu tun, als sei ich zu schnell auf die Ecke zugelaufen und rief lachend ein ‚Tschuldigung'. Das glich den Schrecken etwas aus oder vernebelte die Situation – aber für mich war es ein Beweis für jene Unheil dräuende Wolke, die sich über uns auftürmte. Also keine Paranoia, sondern Voodoo von stillgestellten Bildungsbeamten, die an der Ethnologie und den Einsichten des ‚Neuen Denkens' gelernt hatten, wie ein esoterischer Fundus zur Machtausübung pervertiert werden konnte."

Charlus fragt ganz lässig dazwischen: „Und was ist jetzt mit der Musik? Was können wir an deren Gesetzmäßigkeiten für uns produktiv machen?

„In der Musik und in der Erotik finden sich zwei verschiedene Zugangsweisen zu jenen Sphären der Macht, in denen über die Bedingungen der Möglichkeit einer Lösung der Frage nach den menschlichen Möglichkeiten befunden wird. Als Summen, Pochen, Stöhnen und Schreien, als Wispern, Rauschen, Brausen und Donnern, als Vorformen der Musik unterhalb der Sprache angesiedelt wie das Spiel des Begehrens und die Begleitgeräusche der Funktionen des körperlichen Geschehens. Als musikalisches Ereignis dann auf einer metasprachlichen Ebene angesiedelt, in der die Wirklichkeiten einer sprachlich geordneten Welt als Zitate oder Signalgeber taugen können, um das formal nachempfundene Weben des Begehrens mit Inhalten zu untermalen. Und vielleicht ist die musikalische Grammatik tatsächlich eine Grammatik des Wirklichen, weil sie sich an der Darstellung des Begehrens zu bewähren hat und das Begehren nicht nur der Triebgrund der Wirklichkeit, sondern auch der Anlass ihrer Veränderung ist. Das Herz der Gegenwart, die Intensität des Augenblicks – die Musik macht sie erahnbar, konsumierbar selbst für jene, die in ihrem maßgeschneiderten Gefängnis aus Ängsten und Gewohnheiten festsitzen und alles daran setzen, dass es gar nicht anders sein darf. Und die verschiedenen Dienstleistungssparten der Erotik haben vor allem dafür zu sorgen, dass es bei der Ersatzbefriedigung bleibt. Dennoch zerreißt immer wieder einmal ein fahler Blitz diesen Verblendungszusammenhang – vielleicht diktiert schon die Angst genau jene Methoden der Derealisierung der Liebe, der Verschiebung auf ein Jenseits oder auf eine/n Abwesende/n, dass es nur folgerichtig ist, wenn nichts so sehr gefürchtet wird, wie die Widerlegung. Es ist aus diesem Grund nur zu wahrscheinlich, dass das Verdrängte wiederkehrt.

Das Feuern der Macht wird oft genug erst auf diese Weise bemerkbar – dass die Festen der Wirklichkeit zu wanken beginnen, dass der ganze Aufwand an Fundamenten und Versicherungen in einem kleinen Augenblick als hinfällig erscheint: Dass zwei Liebende mit ihren Rhythmen in jener Kraft mitschwingen und eine Wirksamkeit zum Klingen bringen, die Prometheus von Hephaistos entwendet hatte. Einmal gab es ein für unsere Breiten recht starkes Erdbeben, das sein Epizentrum beim Rheingraben hatte und das in unserem Schlafzimmer einige malerische Sprünge in den Verputz und die Tapete prägte. Just nach jenem an anderem Ort beschriebenem Telefonanruf nach dem Ende der ersten Bankvertretung. Als wäre eine Mauer eingerissen worden, als hätte die ganze negative Energie, die von den Vertretern von Großinstitutionen darauf verwendet worden war, uns einzukesseln, plötzlich einen Abfluss gefunden, weil wir uns nicht an die Regelung gehalten hatten, dass es für uns keine Möglichkeiten oder Beziehungen mehr geben sollte. Als hätten die

Vorgaben des sozialen Körpers der Geisteswissenschaften eine energetische Blockade bewirkt, die alle unsere Versuche aufgesaugt hatte, die um so mächtiger geworden war, um so mehr Kraft wir darauf verwendet hatten, sie zu durchbrechen. Weil jeder Kampf gegen den Imperativ dieses sozialen Körpers noch immer eine Anerkennung der entgegenstehenden Gewalt war, während die einfache Notwendigkeit, sich für eine kleine Erbschaft zu bedanken, dafür sorgen konnte, ein Übermaß an negativer Energie in ein paar Erdstößen abzuleiten und damit unschädlich zu machen. Obwohl nicht unterschätzt werden darf, welche Wolke negativer Energie über uns angesammelt worden war – das bekamen zu allererst jene kleinen Delegierten zu spüren, die uns ärgern oder behindern sollten und auf die manchmal ein Blitz übersprang, der von einer Kraft war, dass ihnen Hören und Sehen verging; aber das bekamen leider auch noch einige meiner Kunden in den ersten Jahren zu spüren, die aus Versehen und wie nebenbei platt gemacht wurden, nur weil sie gemeint hatten, sich mit mir relativieren zu dürfen. Zuerst einmal – obwohl ich in den verschiedensten Zusammenhängen begründet hatte, dass ich keine fehlerhaften Rücksichtnahmen und faulen Kompromisse machen musste, weil ich nicht zu den Erben gehörte – widerlegte diese kleine finanzielle Zuwendung die Eingabe, dass wir gar keine Möglichkeiten mehr haben sollten und als nächstes wurde auch die Delegation ad absurdum geführt, dass keine Chance mehr für uns bestehen sollte, zwischenmenschliche oder familiäre Kontakte zu pflegen."

„Ich möchte noch einmal auf das Medium der Energie zurück kommen", wirft Charlus geduldig ein: „Der Klang einer menschlichen Stimme! Es wundert mich ein wenig, dass Sie sich auf diese Qualität des Menschlichen berufen. Sie waren verstummt, pflegten keine Kontakte mehr, waren völlig allein und hatten ihr kommunikatives Vermögen auf eine reflektorische Form des Small-Talks herunter gefahren, die fürs Jobben in relativ fremden Gesellschaftsbereichen gerade noch ausreichte. Wir befinden uns an einem Zeitpunkt, als nicht mehr viele Eigenschaften von einem Menschen an Ihnen waren. Mich erinnert dieser Zustand an eine zerschossene und ausgebrannte Kampfmaschine, die sich noch müde mit den letzten Energien immer wieder die gleiche Bahn entlang schleppte, gelegentlich so provoziert wird, dass sich zwar noch ein Blitz auslöst, der irgendeinen depperten Delegierten der Gegenseite verdampfte, aber zugleich die eigene Homöostase immer weiter vom Status eines Gleichgewichts entfernte. Mit jedem, den Sie wegblitzten, wurde das Sicherungssystem tatsächlich maroder, und Sie wussten, dass es nur Delegierte zweiter und dritter Ordnung waren – nachdem sich zu Beginn noch ein paar Große blamiert hatten, schienen sie nun peinlich genau darauf zu achten, dass nur noch kleinster Abschaum auf Sie angesetzt wurde. Nieten, die die Normalität ihres Berufszweigs simulieren mussten, weil sie sie nicht erreichten; Erben, die von der Kraft vergangener Generationen lebten und vertuschen wollten, dass sie von der Substanz zehrten; Delegierte eines Stadtdirektors, der die Mühlabfuhr dazu verwenden konnte, Sie durch Missachtung zu strafen; Flüsterpropaganda Ihrer Vermietersippe, die durch die Bäckerin an der einen Ecke und den Tabak- und Zeitschriftenladen an der anderen Ecke dafür sorgen konnte, dass Sie beim Tengelmann, beim Aldi oder beim Pennymarkt, also bei all den Geschäften, bei denen sie noch einkaufen mussten, sofort von einer Atmosphäre aus höhnischem Neid und bösartigen Unterstellungen empfangen wurden. Als Sie die Bankvertretung begannen, hatten Sie noch gedacht, dass Ihre Frau in dieser Zeit die notwendigen Einkäufe übernehmen könne und als deren Schwindelanfälle stärker wurden und Aggression und Hoffnungslosigkeit durch diese Flüsterpropaganda verstärkt wurden, haben Sie geduldig und ohne Vorwürfe auch noch die Einkäufe gemacht. Wenn ich mir überlege, warum Sie nicht anzustecken waren, warum der Todeswunsch nicht auf Sie übersprang, ist das vielleicht die Erklärung! Für jemanden, den wir lieben, bringen wir Leistungen zustande, die aus reiner Selbstbezogenheit nie gelingen könnten. Mit einem derart differenzierten Kommunikationsvermögen haben Sie in die Selbstverstümmelung des Verstummens eingewilligt – das fällt unter den Begriff des symbolischen Tauschs. Sie hatten kapiert, dass bei all dem Gerede nur Schmerz und Verstümmelung, also fortwährende Subalternalisierungsversuche rüberkommen sollten. Warum war die Stimme dann aber Garant des Erfolgs in anderen Weltbereichen – man sollte doch meinen, dass die Leute, die Ihre Vernichtung geplant hatten, es klug genug vorbereiten konnten, damit Sie von ihren Begabungen nichts haben, auf keinen Fall aber Profit freisetzen sollten. Man hatte Sie zum Verstummen gebracht, warum und mit welchen Umwegen haben Sie zur Präsenz der Stimme, zur Melodie, zur Macht der Musik zurück gefunden? Es war doch eigentlich perfekt arrangiert, nachdem die Delegationen soweit eingesenkt schienen, dass Sie alles selbst abgeschafft hatten, mit dem Sie sich einmal auszeichnen konnten?"

„Weil es nicht anders ging – oder wie ich vorhin schon angedeutet habe, weil mit der Stimme die Kraft rüberzubringen war, die ich im Schweigen akkumuliert hatte. Also erst einmal über die ganz profane Notwendigkeit, Geld zu verdienen. Für mich hatten sich alle Fraglichkeiten, die in der letzten Zeit angeklungen sind und sicher noch ein paar mehr, an die ich gerade nicht mehr denke, aufgelöst in der Aufgabe, Geld zu verdienen. Das waren also zwei Schritte. Wie es sich ergab, dass ich lernte, mit einem Telefon zu arbeiten, landete ich in einem medialen Zwischenbereich, der noch von keinen Tabus oder Selbstbehinderungszwängen verseucht worden war. Aber vor allem musste ich diese vergiftete energetische Blase, die sich um mich aufgebaut hatte, abkanalisieren und die Energien umleiten. In der von Seifert dargestellten Sprachtheorie Freuds zeigen sich einige interessante Zusammenhänge. Die Dingqualitäten werden im psychischen Apparat nach sprachlichen Regeln verknüpft, und die symbolische Übersetzung der Verknüpfungen von Objektvorstellungen wird durch verbale akustische Verweisungszusammenhänge geleistet. Ich konnte mich anhand der Stimme gegen das Ausschlussverfahren in die Wirklichkeit zurückholen, weil die Bildung des Selbst wesentlich stärker durch Hören und Sprechen, als durch visuelle Wahrnehmungen und Bilder bedingt ist. Das Sprachverständnis bildet sich über das Nachsprechen aus und das Sprechen wird wie ein Aspekt des eigenen Selbst empfunden. Schon früh kommt den symbolischen Übersetzungen die Funktion einer energetischen und ökonomischen Umwandlung zu, die als Reizschutz dient. Diese Filter- und Pufferfunktionen, die mit der sprachlichen

Codierung einhergehen, binden die Triebregungen und schaffen jene Mittelglieder zwischen Reiz und Reaktion, aus denen auf die Dauer die Zwischenwelt der Kultur hervorgeht. Mit dieser nur noch zweckorientierten Rückkehr zu den Anfängen landete ich weit vor dem ambivalenten Verhältnis, dass Antriebe und Motivationen zerredet werden können und die Show-des-Als-Ob an die Stelle der realen Handlungsvollzüge tritt. Ich musste mir nicht mehr überlegen, ob meine ehrgeizigen Ziele mit meinem Selbstbild in Einklang zu bringen waren, denn beides, die Ziele wie das Selbstbild, war futsch. Es gab keine Regeln der Wohlanständigkeit und des guten Gewissens mehr, denn der Ausnahmezustand führte mich auf jenen Grad, an dem ich mir selbst das Gesetz gab. Ich hatte dafür zu sorgen, dass wir durch die Behinderungssysteme der Intrige durchkamen, dass die Ausbremsung selbst ausgebremst wurde und dass die Reduzierung unserer Möglichkeit auf Fast-Null in die Offenheit der Welt umschlagen konnte.

Der Klang der Stimme transportierte die Macht. Was ich ausgehalten hatte, als ich kurz davor war, innerlich zu verbrennen, schien nun manchem, der mich hörte, Kraft zu suggerieren: Die Werbung in meinem Medium musste besonders erfolgsversprechend sein. Der Druck unter dem ich gestanden war, war nun der Druck, den ich mit der Stimme rüberbringen konnte. Anfangs fiel mir sogar auf, dass sich bei manchen Kunden, mit denen ich ein- zweimal Kontakt gehabt hatte, irgendeine Negation eingeschlichen hatte, ein Herzinfarkt, eine Insolvenz, ein Brand oder ein verunglücktes Kind, oft waren es Leute, mit denen der Kontakt am Telefon sehr gut verlaufen war, bei denen anscheinend eine Sympathie übergesprungen war, die mir einen Abschluss zugesagt hatten – mein allererster Auftrag mit einem Händler für Supersportwagen wurde nie eingelöst, weil der Mann einen schweren Autounfall hatte, bevor er das zugesandte Auftragsformular unterschreiben konnte. Das war die Negation, die sich über meinem Namen akkumuliert hatte. Und auch das war noch eine Falle: Ich musste genug Überlebenswillen haben, dass mich diese Mahnmale nicht verschreckten – denn schließlich ging die Negation, die besonders an den Kollateralschäden auf der Gegenseite zu bemerken war, nicht von mir aus. Das war kein friendly fire, aus dem Grund erhöhte jeder Ausfall, jedes Versagen, die woanders eine Ableitung gesucht hatten, meine Chance, von der Negation runterzukommen, durften mich also nick erschrecken. Ich musste sie verdünnen und ableiten, ich telefonierte bis zur kompletten Erschöpfung und Selbstvergessenheit, weil ich kapiert hatte, dass diese Blase voll Todesenergie, in die ein paar Geisteswissenschaftler mich eingeschlossen hatten, sich an meiner Kraft regenerierte. Also musste diese Kraft verschleudert werden, bis ich irgendwann so weit ausgepowert war, bis ich mich derart verausgabt hatte, dass ich noch einmal ganz langsam und vorsichtig von vorne beginnen konnte. Die energetischen Besetzungen der Stimme führten wie von alleine zur Musik zurück, allerdings zu einem Zeitpunkt, als ich so abgestumpft und ausgeleert war, dass mir die Reproduktion einer alten Platte auf CD am Abend gerade mal die Kraft vermitteln konnte, in der Nacht ein paar Stunden durchzuschlafen."

„Das ist für mich noch nicht befriedigend aufgelöst," hakt Algo nach: „Ich möchte doch noch einmal insistieren: Warum haben Sie unter diesen Voraussetzungen nicht einfach aufgegeben? Bisher haben wir doch gesehen, dass Sie mit einem höhnischen Lachen alles selbst zerstörten, was Sie einem außergewöhnlichen Studium verdankten. Wenn Ihre Professoren die Intrige damit rechtfertigten, dass Sie ein Zauberlehrling waren, der sich der Kontrolle entzogen hatte, antworteten Sie darauf, indem Sie den Zauber systematisch platt machten und ihm jede Kraft entzogen. Das war doch kein symbolischer Tausch, sondern eher ein verstockter und beleidigter Trotz!"

„Das glaube ich nicht. Ich habe gewisse Einsichten nie verleugnet oder verdrängt – aber ich musste von der destruktiven Energie runterkommen und das ging nur, indem ich die Kraft ohne Vorbehalte und Reserven verpulverte. Also doch ein symbolischer Tausch, ich verzichtete und durfte dafür etwas Neues aufbauen. Aber ich habe nicht aufgegeben, schon deshalb,, weil ich gar nicht darauf gekommen bin! Weil es mir völlig absurd vorkam, wenn mir irgendwelche Schwachköpfe diesen Gedanken nahelegen wollten. Es gab mich nun mal und damit war ich dafür verantwortlich, den nötigen Raum zu schaffen, die brauchbaren Möglichkeiten freizusetzen. Es gab niemanden, der das für mich hätte machen können: Was ich nicht hinbrachte, würde niemand für mich machen. Soweit ich zurückdenken konnte, gab es diese Voraussetzung: Was du selbst nicht zustande bringst, wird kein anderer für dich tun! Das ist nebenbei vielleicht die beste Erklärung, warum ich mich nicht mit anderen relativierte."

„Aber vielleicht lässt sich diese Frustrationstoleranz viel leichter erklären", insistiert sie: „Wenn wir Ihren Familienroman betrachten und dieses Amalgam aus Selbsterhöhung und Qual nehmen, dann waren Sie wohl schon an eine ganz andere Dosierung gewöhnt worden. Dieses Maximum an Forderungen, Ihre Besonderheit im Dienste einer Mutter unter Beweis zu stellen, kombiniert mit einer nicht weniger maximalen Erfahrung der Nichtanerkennung durch den Vater."

„Das ist alles längst vergangen," wirft Charlus ein: „Du kannst doch die späteren Leistungen nicht dadurch erklären, dass jemand seine frühkindliche Schädigung kompensieren muss. Das hat schon bei Adler nicht funktioniert und weist viel weniger auf eine personale Leistung hin, als auf eine Wirkung des Signifikantennetzes. Du kannst gewisse Sonderleistungen und von der Regel abweichende Entwicklungen eben nicht mit der Statistik oder der Entwicklungspsychologie erklären! Bei Komplexitätssteigerungen ist es immer möglich, vom Späteren auf das Frühere die nötigen Ableitungen zu schaffen, aber in der Richtung der Emergenz ist dies eben nicht selbstverständlich und deshalb nicht vorhersagbar."

„Das ist auch immer eine Sache der Perspektive," erkläre ich: „Wenn bei Lacan vom Spiegelstadium als Bildner der Ichfunktion die Rede ist, so geht er wohl von seinem Repertoire als Psychiater aus und von der Erfahrung mit Psychotikern. Aber es ist nicht zwingend, dass wir am Anfang der Entwicklung als wirre Ansammlung von Partialobjekten in die Welt geschickt werden. Ich war als kompaktes und unzerstörbares Geschoß in die Wirklichkeit eingetreten... Der Psychotiker wird erst einmal hergestellt und wenn die notwendigen Traumatisierungen und Desorientiertheiten durchgesetzt worden sind, wundert es nicht, dass dann ein Halt in Vorbildern und Fetischen gesucht wird. Das konstitutionelle Mängelwesen Mensch hat seine Wahrheit nicht in der Psychose, sondern seine Wirklichkeit in einer evolutionären Entwicklungslinie, die einem Grundton folgt. Dieses Entwicklungsgesetz der Gattung ist schon im Embryo präsent, der die Welt über den Rhythmus wahrzunehmen beginnt – sie wird gefühlt und erhorcht. Wenn es nicht klappt, kommt es zu Entwicklungsstörungen, zu Früh- oder Totgeburten und damit hat das evolutionäre Programm versagt, aber schon wenn es zu einer durchschnittlichen Geburt langt, sind tatsächlich alle Systemprogramme richtig eigestellt worden, um die für ein Leben notwendige Lern- und Verwandlungsfähigkeit zu gewährleisten. Wir sind erst einmal Raumfahrer und kommen in einem mit allem Komfort und einem Maximum an positiver Verstärkung ausgestatteten Schiff aus den unendlichen Weiten der Schöpfung. Am Anfang finden wir einen unvollkommenen Gott in den Windeln, der mit den Wellen geht und sich selbst für die Strömung hält. Erst die frühesten Erfahrungen modellieren mehr oder weniger überzeugend den Status der Ausgeliefertheit und Angewiesenheit.

Diesen frühen Kick des Einheitserlebens suchen wir ein Leben lang, im Rausch, im Orgasmus, in der Selbstvergessenheit des Gelingens; wir versuchen ihn später in die durchschnittlichen Weltregionen zu transponieren. Schon beim exzessiven Lesen war es mir gelungen, immer wieder einen Status der inneren Leere zu erreichen. Wenn ich dann in gewissen Zusammenhängen das Aufnahmevermögen und die Assoziationsgeschwindigkeit derart beschleunigen konnte, dass die anderen nicht mehr mitkamen, verdankte sich dies wohl der Tatsache, dass ich keine Bremswiderstände transportierte, es fühlte sich sehr angenehm an. Das Gefühl, von innen her zu verbrennen, stellte sich erst ein, als ich umzingelt und völlig ausgebremst worden war. Ich konnte also am Telefon einen anderen Weg finden und mich ungebremst in die Welt katapultieren, mich so verausgaben, dass die aufgestaute Energie abgeleitet wurde und keine unverantwortlichen Blitze in einer inneren Hektik freigesetzt wurden. Worte transportieren noch immer einen Schatten jener Macht von Lebensvollzügen, in denen sie einmal volles Sprechen waren, und es ist nicht ungefährlich, wenn wir mit diesen Mächten am Schreibtisch und in der Stillstellung spielen, während es viel angemessener wäre, mit ihnen im Kontext harter körperlicher Tätigkeiten umzugehen. Vielleicht war es mir deshalb so leicht gefallen, die härtesten und gefährlichsten Wahrheiten als Packer und Bote zu erarbeiten – die hunderte Kilo Bücher, die ich jeden Tag aus- und einpackte und durch die halbe Stadt trug, haben sicher dazu beigetragen. Bei jener extrem anstrengenden Tätigkeit am Telefon hatte ich wieder einen Status erreicht, an dem der innere Monolog verstummte und der psychische Apparat sich hin und wieder einfach der Funktionslust überlies. Auch ein gelegentlicher Jubeleffekt stellte sich ein: Immer wieder einmal fiel mir auf, dass ich noch nicht tot war, dass es mir noch Spaß machen konnte, gemeinsam aber ohne Ziel einfach nur spazieren zu gehen oder für uns etwas Feines zu kochen..."

„Dann möchte ich auf einen Widerspruch hinweisen, der Ihnen wohl bisher entgangen ist," unterbricht mich Algo: „Sie haben sich in Desinteressiertheit geübt und die Abstände vergrößert, um jeder konfliktuellen Rivalität das Wasser abzugraben. Sie haben es anscheinend geschafft, für all die Sehnsüchte und Erwartungen unerreichbar zu sein, mit denen die Leute so bereitwillig in ihre Beherrschbarkeit einwilligen. Aber Sie haben auch überzeugend gezeigt, dass die Beziehungsarbeit eines Paars nur dann auf die Dauer nicht der Langeweile und dem Überdruss untersteht, wenn akzeptiert werden kann, dass die Liebe ein Duell ist. Das mag ja stimmig sein, wenn Sie etwas Pfeffer brauchen, wenn es Ihnen vor allem darum geht, dass eine gewisse Dynamik erhalten bleibt und weiterhin Blitze freigesetzt werden. Mal abgesehen davon, dass das in den durchschnittlichen Beziehungen die Funktion des Dritten ist, der die Eifersucht entfesselt und damit die Beziehung verjüngt. Haben Sie in einer Konzeption der Liebe als Duell nicht genau die Nische für die konfliktuelle Mimetik geschaffen, die sie ansonsten mit mancher Verzichtleistung aus Ihrem Leben zu entfernen wussten? Es geht wohl nicht ohne! Und eine Steigerung kann ich noch anbieten: Haben Sie vielleicht die größten Feinde und die gefährlichsten Aufgaben noch dazu umfunktioniert, dass sie gegen die auseinander treibenden Kräfte dieses Duells das stählerne Band einer Notwendigkeit des Zusammenhaltens schmieden konnten. Die Abschweifung zu Hephaistos ist mir nicht entgangen, ich denke, dass wir da noch einmal nachhaken sollten."

„Das hätten Sie wohl gern so, aber dabei ist eines nicht bedacht." Ich schaue sie mir gar nicht während meiner Antwort an, sondern beschäftige mich mit den Bildschirmeinstellungen meines tablets, das ich bisher noch nicht einmal dazu verwendet habe, Zitate abzurufen: „Das Zauberwort heißt ficken. Bei der konfliktuellen Mimetik wird das Begehren immer immaterieller und hat auf eine wirkliche Einlösung im psychotischen Taumel längst verzichtet – es kommt nur zur Ersatzleistung des Tötens. Während wir ein psychisches Feuerwerk freigesetzt haben, um es dann im energetischen Tausch der Geschlechter abzubrennen. Das ist das universelle Heilmittel einer Liebe als Duell: Alle Spannungen zwischen den Geschlechtern und nebenbei noch die unendlich vielen anderen, die wir zu kurz gekommenen Krüppeln verdanken sollen, können in einer lustvollen Form abgefahren werden. Für die einen gibt es die gemeinsame Überschreitung der Grenzen, für die anderen das Ausweichen in den Krieg und andere Ersatzintensitätenvermittlungen. Für uns sind das dann Intensitäten, während es für die Krüppel, die den Imperativ Folge-mir-nach ausgaben nur die Irritation bewirkte, feststellen zu müssen, dass wir ihnen nicht ähnlich wurden."

„Das ist doch eine derartige Unverschämtheit," empört sich Algo: „Sie wissen ganz genau, dass seit Freud das verbale Herbeirufen und Unterstreichen des Geschlechtlichen schon eine Form ist, Sex miteinander zu haben. Ich wünsche das nicht, ich lege keinen Wert darauf, auch wenn Sie das gerne unterstellen wollen. Ich bin hier, um meine Arbeit zu tun und damit erfülle ich wohl eine der Prämissen, der sie auch immer wieder die nötige Kraft verdankt haben."

„Das Stichwort Grundton gibt mir zu denken," schaltet sich Heinrich ein und unterstreicht: „Damit sind wir bei der Musik! Und ich habe das Gefühl, dass Stimme und Spur durchaus vermittelt werden. Die

Spur als indexikalische Präsenz eines Abwesenden und die Stimme als momentanes Verklingen der Präsenz. Die akustische Spur, die die Stimme auf dem Weg zur Bedeutsamkeit hinterlässt und in der vieles mitklingt, was nicht gesagt werden kann oder darf. Die Zeichen und Spuren, die für Sie auf das Subliminale verweisen, tauchen in der Stimme in potenzierter Form auf. Womit Sie allerdings eine seltsame Gegenbewegung zur ‚Grammatologie' Derridas nahelegen. Bei Ihnen wurde die Stimme zur Spur, Sie sprachen nur noch Schrift in einer unendlichen Semiose von Verweisungszusammenhängen. Als es geschafft war, Ihnen auf der ministeriellen Ebene vorzuführen, dass für Sie kein Platz vorgesehen war, wurde die Konzeption der Spur in einer grenzenlosen Offenheit wieder zu einem Werkzeug für die Eroberung neuer Welten – wie sie das in den Ursprüngen schon immer gewesen sein musste!"

„Das ist sicher richtig. Im Rahmen der universitären Entwicklungsansprüche habe ich mein Pensum erst einmal übererfüllt und bin verstummt, habe ganz im Sinne der Grammatologie und einer Kritik am phono- und logozentrischen Ansatz des abendländischen Denkens also die Rückzugsbewegung auf die Schrift exerziert. Ich las nicht wie ein Besessener, um Theorien zu sammeln, sondern um zu verstehen, in was für einer Welt ich mich bewegen musste. Ich hatte Derridas Kritik am Ausschluss der Schrift oder deren Unterordnung unter die Sprache für mich übersetzt als Kennzeichnung der kulturschwulen Vereinigung, denn gerade jene Voraussetzung, dass das Sprechen als direkter Ausdruck eines inneren Selbst gesehen wurde, machte jene eitlen Selbstinszenierungen von Schwätzern und Wichtigtuern möglich, und die Metaphysik der Präsenz mit der Setzung, die Simulanten der Selbstheit bezögen ihre Bedeutung aus sich selbst heraus. Dagegen half der Rekurs auf die Schrift als dem Medium des Toten, ich hatte die Schreibe als Mortifikation ausgeübt. Aber diese Ausweichmanöver hätten mich auf die Dauer ausbremsen können, wenn nicht die Liebe als das Medium der Lebendigkeiten eine Gegenbewegung freigesetzt hätte. Es gab eine frappierende körperliche Evidenz, die mich davon abhalten konnte, in die melancholischen Antriebsstörungen des universitären Nachwuchses einzuwilligen. Wir produzierten dank der Liebe als Duell einen gewaltigen Überschuss an Energie und selbst zu Zeiten der anempfohlenen Depression waren unter Druck die notwendigen Geistesblitze freizusetzen. Ich musste eben eine jener Scheibenwelten finden, in denen es nicht als subversiv und absurd galt, wenn jemand auf die Idee kam, selber leben zu wollen und sich nicht nach Klischees oder den großen Vorbildern der Krüppelzüchter zu richten."

„Sie hatten die wichtigsten Anregungen über Jahre hinweg von der Musik bezogen," unterstreicht Heinrich: „Adrenalinstöße und Glückshormone – und sie hatten sie vergessen und ihre Bedeutsamkeit verleugnet, während Sie sich immer tiefer in das geisteswissenschaftliche Projekt der schwarzen Magie hatten hineinziehen lassen. Dabei war der Code der Musik die Energie selbst, die Kraft des kosmischen Feuers, die Blitze, die zwischen den Geschlechtern funkten... Der Signifikant, der nicht durch Signifikate eingefangen werden konnte!"

„Das zeigte sich dann," unterstreiche ich und erkläre: „Die Stimme, die ich über den Resonanzraum des Körpers hörte, war mir vertraut und genau an dieser Vertrautheit setzten die Einflüsterungen und Manipulationsversuche an. Ich sollte mir überlegen, was ich von mir erwartet hatte, um am Kontrast der Reaktion der Leute zu zerbrechen, die nun mit dem Finger auf mich zeigten, weil sie genießen wollten, dass ich ein Versager war und keinen Fuß mehr auf den Boden bekam. Und ich sagte mir, dass solche Veranstaltungen nur unterstreichen konnten, wie weit ich von ihnen weg war und wie wenig ich mit so einem Kruppzeug zu tun hatte. Die Entfremdung wurde noch einmal potenziert und mit dem Grad der Entfremdung steigt das Lernvermögen! Ich kann mich erinnern, welches Schamgefühl freigesetzt wurde, als ich mich die ersten Male auf einem Tonband oder Kassettenrekorder hörte: das war ich nicht, so blöd konnte ich gar nicht klingen – welchen Schauder es auslöste, als ich meine ersten Statements im Hörsaal in ein Mikro sprechen musste, damit es über diese Turnhallengröße gehört wurde: das Gefühl der Fremdheit passte nicht zur Tragweite dessen, was ich sagen wollte. Das wurde vielleicht abgeschwächt durch Gewohnheitsmuster, doch bei der Grenzerfahrung, die dadurch entstand, dass mich der soziale Körper der Geisteswissenschaften ausspuckte, nahm die Entfremdung eine Dimension an, der dann keiner der Manipulationsversuche der Selbstdefinition mehr gewachsen war.

Dieser Effekt, der entstand, wenn man sich beim Sprechen über den Umweg eines technischen Mediums zu hören bekam, hatte in den extremen Phasen der verfügten Entfremdung eine Verwandlung durchlaufen. Nach den Monaten, in denen ich im Leeren getrudelt war, hörte ich mich am Telefon aus einer erhöhten Distanz reden – es interessierte nicht mehr, wie ich klang, die Stimme des Ich war die eines Fremden, der irgendwelchen Scheiß erzählte, der mich überhaupt nicht interessierte – es ging darum, Geld zu verdienen. Die Entfremdung, die früher durch Aufzeichnungsmaschinen spürbar geworden war, wurde nun verdoppelt zu einer Entfremdung von den Folgen der Entfremdung: Ich hörte, wie ich auf mein Gegenüber am Telefon wirkte und konnte so den Ton, die Geschwindigkeit, den Druck modifizieren. Es ging nicht mehr um mich, es ging nicht mehr darum, dass ich sprach, um eine Anerkennung zu erfahren, es ging nicht mehr um einen Inhalt oder eine Botschaft. Es ging nur noch um den Umsatz, um Geld, alles andere war zu vernachlässigen – ich war nicht einmal mehr dadurch zu irritieren, dass manche Leute versuchten, mich über den Außenlautsprecher ihrer Anlage mit der Rückkopplung meiner eigenen Stimme zu verunsichern. Weil es derart unwichtig geworden war, wie ich klang oder wie gut meine Argumente waren, weil ich die Sache, sprich mein Medium für sich selbst sprechen lassen konnte, und weil ich es nicht nötig hatte, das Blaue vom Himmel zu versprechen, hatten die Leute am anderen Ende der Strippe auf einmal das Gefühl, dass ich ihnen mehr Substanz versprach, dass ich ein Forum der Selbstdarstellung für ihr Produkt oder ihre Dienstleistung bieten konnte, wie es in den anderen Medien nicht zur Verfügung stand. Weil es mir Wurst war, weil ich pragmatisch und skeptisch mit der Botschaft umging, erwarteten manche Leute mehr von der Werbung in dem Medium, für das ich auf meine Art Werbung machte.

Beim Geldverdienen waren keine Vorbehalte in Sachen Moral und Selbstdarstellung mehr zu berücksichtigen, nachdem ich die Erfahrung gemacht hatte, dass mir selbst die kleinen Jobs eines Hungerkünstlers streitig gemacht werden konnten. Dann eben eine oder zwei Etagen höher, auf der Ebene, auf der man mit einem niedlichen MCM-Timer für tausend Mark seine Termine festhielt und sich zur Belohnung gelegentlich eine kleine Antiquität oder eine Luxusuhr leistete... Ich tat es nicht freiwillig und hätte mich viel lieber einem nächsten Manuskript gewidmet, auch deshalb war es egal, wie ich rüberkam und was die Leute von mir dachten. Vielleicht hatte ich dieses Pensum an Zynismus gebraucht – die Gier wollte gespiegelt werden, das ich-bin-wichtig, das sich noch in der Werbung für ein Produkt multipliziert, wollte bestätigt werden – und diese Bestätigung kam besonders überzeugend rüber, wenn sie durch einen blankpolierten Spiegel vermittelt wurde: Weil es mir Wurst war, weil ich mich in keinster Weise in Relation zu den Leuten setzte, denen ich die Metaphysik der Verheißung verkaufte, sahen sie keinen Grund, an meiner Glaubwürdigkeit zu zweifeln. Vermutlich hatte ich die Grundlagen dieses umfassenden Zynismus auf einer internationalen Bank kennenlernen müssen."

„Das ist mir noch zu pragmatisch," wirft Heinrich ein: „Ich will ein bisschen mehr über die Wirkungsweisen der Magie wissen!"

„Das führt heute eigentlich schon zu weit! Wir sollten nun nach und nach zu einem Ende kommen," unterbricht ihn Algo: „Der zeitliche Rahmen ist weitgehend ausgeschöpft. Ich hätte es also ganz gern gesehen, wenn wir uns auf drei-vier kurze Rückfragen oder Antworten beschränken könnten – zu mehr steht uns kein Speicher mehr zur Verfügung. Unterschätzen Sie bitte nicht, welche Datenbanken im Hintergrund arbeiten, um die Informationen, die wie nebenbei als gegeben und normal vorausgesetzt werden, gegenzulesen und den Wahrheitsgehalt in einem neuronalen Netzwerk freizusetzen. Es mag sein, dass wir noch lange nicht verstehen, was hier wirklich abgelaufen ist. Aber wenn wir die Abläufe nachbauen können, beginnen wir über die Kräfte zu verfügen – selbst wenn es sich herausstellen sollte, dass sie sich unserem Verständnis in ähnlicher Weise entziehen wie die Prozesse im subatomaren Bereich."

„Das ist jetzt ärgerlich, das ist unbefriedigend!" insistiert Heinrich: „Unter der Voraussetzung einer zeitlichen oder speichertechnischen Beschränkung können Sie es vergessen. Die wichtigen Informationen kommen nicht, wenn man nachbohrt und unbedingt wissen will. Nein, wir müssen die Möglichkeit haben, ohne Einschränkung einfach weiter zu machen und wir werden im Nachhinein feststellen, dass wir alles, was wir wissen wollten, wirklich gefunden haben!"

„Das geht jetzt nicht," insistiert Algo: „Wir können das technisch nicht realisieren – außerdem haben wir wirklich genug Zeit gehabt, warum kommen Sie jetzt mit solchen Sachen! Wir haben etwa ein Fünftel für die Magie verbraucht, ein Fünftel für die Musik, ein Fünftel für die Zeugung von Göttern und ein Fünftel für Initiationsriten – das ist doch gar nicht übel, finde ich. Was von den letzten 20 Prozent noch bleibt, reservieren wir für ein paar spontane Fragen oder Improvisationen oder Verzichterklärungen. Ich darf daran erinnern, dass für Lacan gerade die Beschränkung des zeitlichen Rahmens die Möglichkeit von tragfähigen Ergebnissen garantierte und gebe Ihnen für die vorletzten Fragen noch maximal eine halbe Stunde Zeit!"

Heinrich akzeptiert diese Bevormundung nicht. Ohne weiteren Kommentar und ohne auf die Resonanz zu achten, steht er auf und macht Anstalten zu gehen.

„Aber so warten Sie doch!" versucht sie ihn zu stoppen. „Das ist doch nicht böse gemeint, wir haben nur fast keine Bandbreite mehr für die Querbezüge, für all das, was nebenbei noch transportiert wird. Wenn wir uns klar an ein Thema halten, kommt meine Mustererkennung wunderbar mit. Aber genau das machen wir ja nicht, wir widmen uns unendlichen Abschweifungen. Und ich gebe sogar zu, dass das wesentlich fruchtbarer ist. Aber was soll's, bei unserem nächsten Treffen nach dem Vortrag über die „Helden des Subliminalen" konzentrieren wir uns darauf, welchen Kräften im sozialen Tod zu begegnen ist und was es mit der Wiedergeburt auf einem anderen Signifikantenniveau auf sich hat. Warum hat sich in den verschiedensten multimedialen Zusammenhängen der letzten Jahrzehnte ein derartiges Bedürfnis entwickelt, Leute zu hören und zu sehen und an ihren Erfahrungen teilzuhaben, die von der anderen Seite zurück gekommen sind. Warum diese süchtige Angewiesenheit auf die letzten Fragen, also auf Botschaften aus dem Raum jenseits des Lebendigen?"

Heinrich dreht sich nicht einmal um und blafft vor sich hin: „Was soll das jetzt, ich will mich nicht schon wieder auf ein nächstes Mal vertrösten lassen. Sie leben von meiner Geduld und meinem guten Willen, und dann kommen Sie mir nicht mit Vertröstungen und einem verlogenen Eigenlob, um noch Bedingungen zu stellen!"

„Ok, warten Sie!" Algo wird ein wenig hektisch: „Ich habe hier einen Text, der schon einen Großteil der von Ihnen gewünschten Antworten transportiert. Er ist fast 23 Jahre alt und wurde später mit Kommentaren versehen, wir waren bisher nicht in der Lage, ihn richtig auszuwerten – aber vielleicht ist das jetzt die Gelegenheit. Es braucht nur die richtigen Stichworte und das nötige Raster steht zur Verfügung." Sie gibt ein paar Befehle an der zentralen Konsole ein und der folgende Text erscheint auf unseren tablets. Nachdem Heinrich unwirsch einen Blick darauf geworfen hat, wirkt er plötzlich gebannt und setzt sich, ohne weiter auf Algo oder uns zu achten, auf eine rote Lederchaiselongue, den nächsten Platz in Richtung Ausgang.

Die Musik war zugleich auch eine Metapher für die Mächte, die in gewissen Augenblicken meines Lebens für mich zu arbeiten begonnen hatten. Als es nicht mehr weiter zu gehen schien, als jede noch so einfache Lebenstätigkeit unendlich schwer schien, als selbst in den Träumen Lasten zu tragen waren und Aufgaben zu lösen, die die Kraft eines normalen Sterblichen überstiegen, Mächte ohne Namen und Gesicht, gesteigerte Formen der Dunkelheit, die mich zu einer enormen Konzentration zwangen, die mir im Traum eine derart anstrengende Disziplin abverlangten, dass mich in einer nächsten

Ewigkeit ein nass geschwitztes Bett erwartete und ich völlig ausgelaugt auf die Morgendämmerung wartete, unfähig zu schlafen und nicht mehr in der Lage, richtig wach zu werden. Es waren Kräfte, die mein Fassungsvermögen in einer Weise überstiegen, dass ich sie nur als eine bildlose, ungreifbare und übermächtige Andersheit erfahren konnte und in meiner Eingekesseltheit und Ausgeliefertheit nichts Besseres wusste, als bei ihnen um Hilfe und Kraft zu bitten. Eine andere höchste Form des Schweigens, kam mit dem Schweigen der Semantik in der Musik überein. Ich begegnete dem Göttlichen im Schweigen und betete spontan und ohne eine bewusste Entscheidung zu einer Macht, von der alles seinen Ausgang nimmt, die allem zu Grunde liegt und zutiefst dunkel ist, die eine kosmische Potenz ist und keine personelle mehr: Ich ertappte mich dabei, wie ich die Dunkelmaterie zu beschwören begann, sie möge bei der Formung der Struktur des Kosmos an die nötigen Risse denken, an die Nischen und Brüche, die ein unabdingbares Muss waren, wenn eine Welt auf dem Weg war in den unbeweglichen Hierarchien eines Gottesstaats zu erstarren oder wenn eine mit Instanzenwegen zu betonierte Wirklichkeit ausgehebelt werden sollte. Der Kosmos war ein dünnes Luftgespinst in einer Unendlichkeit voll schwarzem Nichts, ich war in einem Traum durch einen Tunnel aus Licht geschossen und hatte nach und nach die Sinne verloren, bis ich irgendwann in einem dunklen, geruchlosen, unfassbaren Schweigen auch noch das Gefühl für die immer noch zunehmende Beschleunigung verloren hatte. Ein Schwarm vielfältiger Erinnerungen an den Ich raste durch einen heraklitschen Raum, in dem nichts mehr zu sehen oder zu hören war, nichts zu tasten oder zu riechen, nur die ungeheure Schwärze übte einen enormen Druck aus und dieser Druck war tatsächlich alles, an was ich mich erinnerte oder was mein Bewusstsein besetzte, als ich erschöpft und völlig ausgeleiert aufwachte. Nichts sonst – und ich wusste, dass ich einfach weitergehen musste, Schritt für Schritt, einfach weiter und weiter, bis diese Todeszone irgendwann in der Vergangenheit zurückbleiben würde. Kleine Schritte, mit der Disziplin, die einem möglich wird, wenn keine Wahl mehr ist, Schritt für Schritt ohne große Ziele, ohne Überzeugungen oder Ideale, nur dem Wispern des Wunsches folgend, auch an diesem Tag wieder zu essen und zu lieben.
Als spirituellen Führer bekam ich einen Hund zugesellt, der den reinen Willen verkörperte. Ohne irgendeinen Zweifel am Sinn seines Lebens, ohne Zweifel überhaupt, dieser reine und unverstellte Antrieb gab mir zum ersten

Mal zu verstehen, was die Seele wirklich war: Das Ausfalten der Gesetzmäßigkeiten einer Gattung, die nur in der Lebenskraft der Einzelindividuen zu einer Wirklichkeit wurde. Er hatte nie dran gezweifelt, da zu sein, hatte niemals die Verführung gekannt, sich selbst als Störfaktor oder überflüssig zu empfinden, er war davon ausgegangen, seinen Platz als Hund innezuhaben, unhinterfragt ein Hund zu sein, eine Präsenz zu genießen, die ein Teil der Ewigkeit war. .... Es konnte noch so schwer werden, der Halter, der sein Leben ausgemacht hatte, war gestorben, die restlichen Familienmitglieder wollten ihn nicht und hielten ihn in dem schmalen Raum hinter dem Küchenbüffet und dem Balkon gefangen und als er zu rotieren begann und um sich biss, steckten sie ihn ins Tierasyl. Es konnte noch so viel kaputt gehen, für seinen kleinen Horizont erfuhr er ein unendlich großes Leid... die Einschläferung wäre eine Erleichterung gewesen. Aber vielleicht, weil er sich durchgebissen hatte, weil ihn niemand haben wollte oder behalten konnte, wartete er genau den Zeitraum, den ich brauchte, bis ich nach Dinos Tod wieder in der Lage war einen Hund zu nehmen, im Tierasyl darauf, dass wir kamen. Er wartete seit diesem Monat von Dinos Tod, wurde kastriert, bekam einen Hoden aus der Bauchhöhle entfernt, wurde mit dem Wasserschlauch sauber gespritzt und mit den größten Monstern zusammen gesperrt... Er war so traumatisiert, dass er gar nicht mehr gucken konnte, die Augen waren nur noch ganz schmale Schlitze. Dabei war er so auf Power, dass er wie ein grauer Derwisch um die eigene Achse rotierte und sofort bereit war, zuzupacken, wenn man nur eine Schwäche zeigte. ... Noch als er nicht mehr gehen konnte, über neun Jahre später, als ich ihn beim Fressen und Saufen halten musste, damit er nicht umfiel oder im eigenen Napf ertrank, war er davon überzeugt, dass es so weitergehen würde, dass er sich durch diese momentane Schwäche durchbeißen würde, dass er schon viel größere Katastrophen überstanden hatte und es nur eine Frage der Zeit war, bis er wieder springen können würde... So wie ich damals, als ich ihn ins Leben zurückgeführt hatte, mit dieser Mühe zugleich zustande brachte, dass ich etwas neues in Bewegung setzen konnte, obwohl ein paar Professoren die Botschaft ausgegeben hatten, dass ich keinen Fuß mehr auf die Erde bringen und nichts mehr hinbekommen sollte. Mit Fritz an der Leine und einem Telefon an der Hand begann ich mich selbständig zu machen, den toten Raum zu verlassen, in dem wir eingekesselt worden waren – es dauerte nicht lange, und ich hörte, wenn mich der Handelsvertreter, für den ich als Subunternehmer telefonierte, in seinem Oldsmobil abholte, aktuelle Hits der SDR3-Hitparade.

Was mich wunderte war, dass die Songs Geschichten erzählten. Das hatte ich wohl vergessen oder ich hatte ein wenig zu lange auf die Apologeten der Entzauberung der Welt gehört. Natürlich war es leichter, das Leben zu verwalten, wenn man ihm jeden Zauber absprach, natürlich bedeutete die nachdrängende Generation eine viel geringere Drohung, wenn die Welt kein Geheimnis mehr hatte – und glücklicherweise waren die jungen Leute, die versuchten, sich durch die Musik zu definieren und ihre aktuellen Erfahrungen zum Ausdruck zu bringen, nicht auf das lange Stillhaltetraining einer akademischen Ausbildung angewiesen. Worüber ich staunte war, dass ein guter Text es schaffte, in wenigen Zeilen eine Welt zu evozieren, in einer extrem minimalistischen Art mit zwei Adjektiven und einem Substantiv eine Lebenshaltung anzudeuten, mit einer Metapher den Abgrund zu umreißen, über dem sich das Leben abspielte. Es wurden wieder Geschichten erzählt, mit einer Spritzigkeit und Variantenbreite, mit einer forschen Naivität oder einer jugendlichen Unverfrorenheit, dass ich mich daran freuen konnte.

„Nun meine Herren, hier ist der Zauber versteckt. Diesen Text haben wir zu knacken versucht, aber es fehlt noch eine wesentliche Bedienungsanleitung!" Algo schaut triumphierend in die Runde. „Wir haben uns nicht nur ständig um jenen Zauber im Leib zu kümmern, der behelfsmäßig auf den Namen Erotik hört. Es gibt auch den Zauber der in einem Text spielt, der Energien freisetzt, die zwischen einigen, wenigen Worten sistiert worden sind!"

„Die einfachste Erklärung ist der Luxus der Verschwendung," erkläre ich: „Die Leute hatten versucht, uns auf die Ebene von Sozialhilfeempfängern zu reduzieren, wir sollten hoffnungslos nichts mehr zustande zu bringen. Und dann erlaubten wir uns den Luxus, einen Hund aus dem Tierasyl zu nehmen, der nicht mehr vermittelbar war, weil er rotiert hatte und seitdem bei jeder Gelegenheit seine Zähne spielen ließ – dieser kleine Krüppel hatte kapiert, dass man sich gegenüber antriebsgestörten Wohlstandskreaturen mit der nötigen Frechheit durchbeißen musste. Das war eine Form der Übersprungbildung. Als mein Chow gestorben war, war daran gearbeitet worden, mein Repertoire zu verkleinern, weil ich mir gesagt hatte, dass ich erst wieder einen neuen Hund nehmen konnte, wenn ich die nötige Stelle mit der richtigen Bezahlung bekommen würde. Welcher Fehlschluss, ich hatte bis dahin niemals den Drang verspürt, mich um eine Stelle zu bewerben. So verdreht war der Weltbezug durch den Tod des Hundes geworden, so durchgreifend hatte die Delegation dieser Bildungsbeamten gewirkt. Dagegen schienen wir jetzt zu dokumentieren, dass wir noch die Kraft hatten, uns mit solchen Spielereien zu beschäftigen! Wer die Kraft hatte, einen völlig verhaltensgestörten Hund, der als nicht vermittelbar galt, wieder hinzubiegen, verfügte noch über andere Möglichkeiten. Wenn wir weiterhin jeden Tag stundenlang mit den Hunden unterwegs' sein würden, waren einige weitere Bücher zu erwarten, die wir uns ergehen konnten und genau damit sollte es ein Ende haben! – Ich kann mich gut erinnern, wie erledigt die Frau Professor am Kleinen Schlossplatz war, trotz eines Sicherheitsabstands von mindestens zehn Metern, als sie uns das erste Mal mit dem grauen Wolfsspitz begegnete – vielleicht weil für sie die Autorität Wölfel geheißen hatte und für uns auf der Ebene der Magie des pars-pro-toto ein Totemtier daraus geworden war. Das waren keine bewusst herbei geführten Entscheidungen und wir waren auch nicht in der Verlegenheit, etwas vorführen zu wollen. Es geschah einfach, das Signifikantennetz begann Signalements für uns auszuwerfen und Zeichensetzungen zum richtigen Zeitpunkt am richtigen Ort zu produzieren, vor denen die Leute in die Knie gingen, die mit einer enormen sadistischen Energie vergleichbare Zeichensysteme extra für uns entworfen hatten. Anders ist es wohl nicht zu erklären, dass jemand mit ihrem Einkommen und ihren Einflüssen sich derart infrage gestellt fühlte, nur weil wir einen Schwerstfall aus dem Tierasyl übernommen hatten."

„Ich darf aus der ‚Philosophie der neuen Musik' einige Passagen verfremden, die in den Zusammenhängen Ihres ‚Philosophischen Sperrmülls schon einmal zum Thema sozialer Tod und Wiedergeburt auf einem anderen Signifikantenniveau angedeutet worden sind." Ein bisschen oberlehrerhaft, aber auch mit einer Portion der Selbstironisierung kommentiert Charlus: „Der Verfall des Subjekts, gegen den jeder redlich Denkende sich wehren sollte, wird auf einmal unmittelbar als die höhere Form gedeutet, in der das Subjekt aufgehoben sein soll. Was sie predigen, entspricht also einem sehr scharfen, zweischneidigen Schwert. Wo kommt die Kraft, wo kommen der Witz und die Geistesgegenwart noch her, wenn man einmal in die Selbstaufgabe eingewilligt hat! Tatsächlich endet das bei der ästhetischen Verklärung des reflektorischen Charakters des heutigen Menschen, der in Informationsnetze verstrickt ist. Die verwendeten Bildwelten von Ödipus und Persephone zeigen diesen Mythos als die Metaphysik der universal Abhängigen, die keine Metaphysik wollen, keine brauchen und ihrem Prinzip hohnsprechen: Es gibt sie nur noch als Reagierende und die Autonomie des Denkens erweist sich als Resultat der Autosuggestion. Damit bestimmt sich der Bezug auf ein unvermitteltes Objekt als das, wovor dem Denken graut und wovor Grauen zu bekunden seinen ganzen Inhalt ausmacht, als eitle Privatbeschäftigung des ästhetischen Subjekts, als Trick des isolierten Individuums, das sich aufspielt, als wäre es der objektive Geist!"

„An dieser Stelle möchte ich auf das Thema Hephaistos insistieren," drängt Algo: „Ob die Selbstverleugnung oder der soziale Tod, wir sollten endlich auf die Gesetzmäßigkeit in den mythischen Fundamenten des Abendlands zurückgreifen können!"

„Kein Problem, das müsste alles bereits abzurufen sein," bestätige ich und prompt erscheint es auf dem tablet:
Butor hat an verschiedenen Stellen den engen Zusammenhang zwischen Musik, Sprachmagie, Alchimie und dem Zeitalter der Korrespondenzen aufgezeigt. Der Hinweis, dass das poetische Unternehmen des Verseschmieds zurückreiche in ein vulkanisches Zeitalter der ersten Metallgewinnung, hat mich ein paar Fäden aufnehmen lassen und als ich erst einmal angefangen hatte, sie mit meinen Themen zu einem Netz der Bedeutsamkeit zu verknüpfen, ergaben sich noch ganz andere Schlussfolgerungen. Die Schmiede verfügen über geheime Verfahrensweisen, mit den Leitmaterialien den göttlichen Funken zu akkumulieren – so verwundert es auch nicht, dass in den verschiedenen Überlieferungen die Erde beim Orgasmus bebt,

wenn der actus purus in einem Stadium der Inkommensurabilität mündet und der Moment an einer unendlichen Dauer teil hat. Der lächerlich gemachte und vom Olymp ferngehaltene Gott der Schmiede, Hephaistos, ist auch ein Gott der geschlechtlichen Gewalt gewesen, und wir verdanken ihm die Pornographie. Einer der mythischen Ursprünge der Aufklärung ist tatsächlich in jenem emanzipatorischen Heilsgeschehen zu finden, in dem die Schmiedekunst eins wird mit der Zeugung von Göttern: der ursprüngliche Rhythmus neben Tod und Wiedergeburt, muss der einer umwandelnden Macht gewesen sein, die alles in alles verwandeln konnte. Der Name Prometheus bringt das auf einen Begriff, er hat den göttlichen Funken entwendet, hat das Feuer und die Bearbeitung des Erzes weitergegeben, und er weiß um das Geheimnis, wie der Sohn zu zeugen sein wird, der die herrschenden Götter besiegen kann – er hat damit sogar die Vorhersage möglich gemacht. Ein Geschehen, das durch Epimetheus zu einem vorläufigen Ende gebracht wird, der für die Institutionen des Erinnerns steht, die ohne weiteres mit Pandoras Gaben – die wie nebenbei auch ein Geschöpf des hinkenden Schmiedes gewesen ist – verrechnet werden können: Die Götter sind die Verkörperung der unmittelbaren Präsenz, wir erfahren sie in der Leidenschaft und es ist in dieser Hinsicht gar nicht falsch, wenn gesagt werden konnte, Gott sei ein Peptid. Wir verlieren die Unmittelbarkeit in der Sorge und in der Erwartung, in der Sehnsucht und in der Angst. Die Stillstellung geht einher mit der Objektivierung der Erfahrungsgehalte und häufig genug ist es der Blick zurück, der uns endgültig einbrechen lässt. Seit dieser Erfindung der ersten Frau, die die verfluchten Techniken der Abwesenheitsdressur mitgebracht hat, muss die Problematik in einer verkürzten Version in jeder Generation wieder neu gelöst werden: Als großes X der Frage nach einer Beziehung der Geschlechter oder als Kreuzworträtsel stillgestellter Krüppel, die im schlimmsten Fall zwar noch in der Lage sind, über die Insistenz des Buchstabens im Unbewussten zu grübeln, aber alles dran setzen, die Bedingungen der Möglichkeit eines Verhältnisses der Geschlechter zu irrealisieren.

„Zwei Motive sollten hier hervorzuheben sein," kommentiere ich und würge aus Versehen Charlus ab, der gerade etwas sagen wollte: „Zum einen möchte ich auf den göttlichen Hinker verweisen, dessen kunstvoll geschmiedetes Netz den ersten Porno ermöglicht – wobei er der Betrogene ist und die Gehbehinderung schon von Anfang an den Bezug auf Potenzstörung und Ersatzleistung setzt. Und zum anderen, dass seine Künste noch in eine Zeit vor der der olympischen Götter zurückreichen und dass sie sehr viel mit der Arbeit am Mythos und der Erzeugung junger Götter zu tun haben. Wenn Sie an den Zusammenhang von Schwellenerfahrungen und Wiedergeburtsmetaphern denken und dies auf die Erfahrung des Numinosen beziehen, wird deutlich, dass der Tod und die Sexualität, also die Einfallpforten eines ungeregelten oder übermächtigen Naturgeschehens, jene Grenzerfahrung transportieren, an der wir entweder zuschanden gehen oder eine ganz andere Form der personellen Integrität und Macht gewinnen können. Das ist eine Erfahrung, die ich den Intrigen der Leute verdanke, die ausgemacht hatten, meine Gegner sein zu wollen. Bis dahin hatte ich mir immer wieder die Dummheit oder Anmaßung erlaubt, mit mir und dem Leben, das mir vergönnt war, unzufrieden zu sein, an Kleinigkeiten rumzumäkeln. Nach dem Todeslauf war ich auf einmal in der Lage, mich der kleinsten Kleinigkeiten zu erfreuen, auf einmal war mein Leben aus einem Guss und gehärtet wie Stahl. Es gab nichts mehr zu bezweifeln oder zu beklagen, das solipsistische Spiel, im Zweifeln und Negieren die eigene Bedeutsamkeit zu erpressen, war mit den uneingestandenen Abhängigkeiten zuschanden gegangen. An deren Stelle begann mich eine umfassende Bejahung zu tragen. Egal was es war, ich sagte ja und handhabte es so, dass ich das Beste für uns draus machte und seltsamerweise gelangen auf einmal Sachen, die zu Zeiten der Selbstversicherung durch Zweifel und Kritik jenseits unserer Möglichkeiten gelegen hatten."

„Ich komme noch einmal auf die ‚Philosophie der neuen Musik' zurück, denn zum damaligen Zeitpunkt scheint ein Koordinatennetz vorzuliegen, das durch intensive Lektüre entstanden ist." Charlus versucht auf seine Schiene zurück zu kommen und bemerkt anscheinend nicht, wie weit wir uns in diesen Gefilden bereits in unsichere Gewässer vorgewagt haben: „Die Grundforderung der traditionellen Kunst ist der Bezug auf etwas, das von Anbeginn der Zeiten dagewesen sein soll. Und das bedeutet, dass es wiederholt, was die

Zeiten hindurch immer da war, was als Wirkliches die Kraft bewährte, das Mögliche zu verdrängen. Ästhetische Authentizität ist gesellschaftlich notwendiger Schein: Kein Kunstwerk kann sich mit der Macht arrangieren, die eben das unmöglich macht, was die Eigengesetzlichkeit des Werks tatsächlich ausmacht. Somit gerät es in Konflikt mit seiner Wahrheit, mit der Statthalterschaft für eine kommende Gesellschaft, die Macht nicht mehr kennt und ihrer nicht mehr bedarf. Das Echo des Uralten, die Erinnerung an die Vorwelt, von der aller ästhetischer Anspruch auf Authentizität lebt, ist die Spur des perpetuierten Unrechts, das sie zugleich im Gedanken aufhebt, aber dem sie doch auch all ihre Allgemeinheit und Verbindlichkeit bis heute einzig verdankt. Jede archaische Regression ist der Authentizität nicht äußerlich, mag sie diese, in der immanenten Brüchigkeit des Gebildes, sogar zerstören. Wenn Mythologie zubereitet und damit Mythos verfälscht wird, tritt darin nicht nur das usurpatorische Wesen der informatorischen Verweisungszusammenhänge hervor, sondern auch das Negative des Mythos selber. An diesem fasziniert das Bild von Ewigkeit, von der Rettung vorm Tode, was tatsächlich in der Zeit durch die Todesfurcht, durch barbarische Unterwerfung zustande kam. Eben diese Fälschung des Mythos bezeugt die Kräfte der echten Arbeit am Mythos. Und hier darf ich an Blumenberg erinnern, für den alle ‚Arbeit am Mythos' bereits eine Form von Aufklärung leistet. Wir tricksen das Schicksal aus, die Möglichkeiten des Zusammenlebens verdanken sich weitgehend den kulturellen Umwegen. Wenn wir die Erfahrung des Göttlichen zitieren, geschieht dies innerhalb abgegrenzter Sparten und eingefriedeter Formen des Konsums."

„Vielleicht lässt sich anhand einiger biographischer Einsatzstellen dokumentieren, dass das auf einen fundamentalen Selbstbetrug hinaus laufen kann. Es ist stimmig und die Grundlage der gängigen Kulturtheorien – aber damit ist noch lange nicht zu gewährleisten, dass etwas Neues entsteht. Mit dem Ansatz der Institutionstheorie kann man befriedete Räume rechtfertigen, aber längst nicht gewährleisten, dass so etwas wie Freiheitsspielräume entstehen. Die muss man sich nämlich erkämpfen, oft gegen den Anspruch der vorgegebenen Institution," versuche ich zu klären: „Seltsamerweise kehre sich das Schema der mythischen Verfolgerkausalität genau zu dem Zeitpunkt um, als wir wieder den Mut hatten, einen neuen Hund zu nehmen. Vielleicht war es schon ganz falsch gewesen, sich zu sagen: Wenn ich erst die Stelle, wenn ich erst ein brauchbares Einkommen habe, nehme ich einen würdigen Nachfolger für Dino – denn genau mit dieser Bedürfnisstruktur war jene Angewiesenheit geschaffen, mit der ein paar Krüppelzüchter versuchen konnten, uns die Luft abzudrücken. Vielleicht ist jedes einzelne Wort in diesem Satz falsch gewesen. Als wir bereit waren, einen hoffungslosen und völlig verkorksten Fall aus dem Tierheim zu nehmen, setzte sich jenseits des Möglichen etwas in Bewegung und wir zogen uns als gelehrige Schüler Münchhausens an der Hundeleine eines Verlorenen aus einem Sumpf, der mit viel Geschick angelegt worden war, um einen unbotmäßigen Zauberlehrling der Geisteswissenschaften für immer verschwinden zu lassen. Mit Fritz begann es bergauf zu gehen und kennzeichnenderweise dauerte es nicht sehr lange, und die Musik kehrte zurück.

Ein Jahr nach Dresden begann ich wieder Musik zu hören. Erst dabei wurde mir klar, dass mir gar nie bewusst geworden war, dass ich aufgehört hatte, Musik zu hören – das Tabu war viel zu leichtflüchtig auf alles gesetzt worden, das mit mir zu tun hatte. Wir kauften einen billigen CD-Player und als ich dann die ersten Male CDs kaufen ging, war das wie ein Besuch in einer anderen Welt. Es waren sogar die gleichen Läden oder immerhin Ladenlokale, in denen ich früher einmal Platten gekauft hatte, aber es war ganz anders. Wenn man in den CDs blätterte gab es ein kurzes, trockenes Stakkato, die kleinen Faltblätter erinnerten mehr an Briefmarkensammlungen als an surrealistische Schinken und die Texte der Songs waren oft schon nicht mehr abgedruckt, und wenn, dann so winzig, dass sie fast nicht zu entziffern waren. Und doch war es wurst, wenn einen die Musik ergriff. Mir fiel zum ersten Mal auf, dass viele der Texte eine kleine Geschichte transportierten, dass in einer Zeit, in der behauptet worden war, es gäbe keine Geschichten mehr zu erzählen, die Geschichten allgegenwärtig waren und dass sie einen dank der Kräfte des Mediums ergreifen und verändern konnten. Gott war tot, aber wen interessierte das, die vielen Götter, aus denen er monotheisiert

worden war, waren wieder da; der lange Prozess der Säkularisation hatte den Leib verteufelt und die Körper immer stärkeren Abstraktionen unterworfen, um die Kräfte zu akkumulieren und über sie zu verfügen, die in ihnen zu Hause waren. Nun waren sie wieder da, dank des Mediums vor der Schwelle der Alphabetisierung. Im Sound regte sich eine kosmische Potenz. Die Weltmacht Musik, vielleicht begann ich nun zum ersten Mal zu erahnen, was die Leute, die gemeint hatten, meine Gegner sein zu müssen, im Namen der Musik befürchtet hatten – ich hatte keinen Namen, lebte in vielen Geschichten, schlich mich in fremde Sprachfiguren und Weltanschauungsstile ein, war weich und flüssig aber nicht zu bremsen, war nachgiebig und suchte den Weg des geringsten Widerstands, war schneller als die anderen und in meiner Zielstrebigkeit auch unerbittlich. Hermes und die Orphiker waren zugleich die Gründerheroen der Literaturwissenschaft. Wenn dann einer in deren Namen antrat, um den Verblendungszusammenhang von Bildungsbeamten aufzudecken, die mit ihrem rot-grünen Anstrich verdrängen wollten, dass sie die Kinder von Nazibeamten gewesen waren – begann sich der fein säuberlich verpackte Vernichtungswunsch des Bildungsanspruch selbst zu demaskieren, und sie wollten nur noch töten, „nur ein bisschen töten", wie das Originalzitat hieß, das ich der unterdrückten Einleitung unseres Altpapiers mitgegeben hatte. Der Hohn war tatsächlich, wie uninteressant und vergessenswert dieser Klamauk war, wenn man sich vergegenwärtigte, was eine milliardenschwere Unterhaltungsindustrie mit den heiligen Schwingungen der Musik hinbrachte.
Wenn diese Leute, die so gut wie keinen Umsatz erwirtschafteten, mit dem Anspruch auftraten, im Namen der Bildungsgüter für eine bessere Welt zu stehen, sagte das gar nichts, wenn man/frau nur hinschaute, mit welchen Rivalitäten und Intrigen sie die ihnen zur Verfügung stehende Zeit vergifteten. Gegen die Klage einer Entliterarisierung und Entkunstung der Welt ist daran zu erinnern, dass die Musik heute multimedial geworden ist und am laufenden Band literarische Kleinformen produziert. Und den Apologeten des klassischen Bildungsbegriffs wäre zu erzählen, dass sie als Erben der Säkularisierung des Monotheismus nur daran gearbeitet haben, die Komplexität der Welt auf einige wenige Erzählstränge zu reduzie-

ren, um nicht zugestehen zu müssen, dass ihre Machbarkeitsemphase und der einhergehende Beherrschungswille hilflos vor lauter Fülle kapitulieren müssten."

„Was Benjamin oder Adorno für die metaphysische Entität des Kunstwerks formulierten, lässt sich aktuell übersetzen!" meldet sich Charlus wieder zu Wort, und er scheint damit zu unterstreichen, was ich gerade erzählt habe: „Weil sie es in ihrer Zeiterfahrung nicht mehr für die Einheit ihrer Lebendigkeit formulieren, könnte auf jener Grenze der Selbstauslöschung und des Vergehens eine notwendige aber klare und distinkte Lösung erscheinen. Immer wenn in der ‚Philosophie der neuen Musik' der Begriff Werk als Notlösung und Schwundstufe der großen biographischen Fraglichkeiten strapaziert wurde, brauche ich nur das Wort Ich einsetzen und die eigentliche Aufgabenstellung tritt wieder zu Tage. Das jeweilige Ich und seine Geschichte ist keine bloße Folge von Fragen und Lösungen. Es ist wohl das tiefste Anliegen eines Ichs, eben der Dialektik sich zu entziehen, der es gehorchen soll. Jedes Ich reagiert auf das Leiden am dialektischen Zwang. Er ist die unheilbare Erkrankung an der Notwendigkeit, und die Formgesetzlichkeit der Sozialisation, die aus der materialen Dialektik entspringt, sich an den vorgegebenen Forderungen abzuarbeiten, ohne sie einfach hinzunehmen. Diese Dialektik wird unterbrochen und zwar von nichts anderem als der Realität, zu der sie sich verhält, also von der Gesellschaft selber. Während das Ich diese kaum je nachahmen kann und in der Regel nichts von ihr zu wissen braucht, sind die biographischen Gesten und individuellen Ausdrucksgestalten objektive Antworten auf objektive gesellschaftliche Konstellationen. Manchmal angepasst, oft im Widerspruch zu den Sozialisationsanforderungen, niemals aber von diesen zureichend umschrieben. Jedes Abbrechen der Kontinuität der Verfahrensweise, jedes Vergessen, jedes neue Ansetzen bezeichnet eine Reaktion auf die Gesellschaft. Das Ich antwortet aber umso genauer auf deren Heteronomie, je mehr es der Welt abhanden kommt. Nicht in der Lösung seiner Fragen und nicht einmal notwendig in der Wahl der Fragen selber reflektiert es auf die Gesellschaft. Aber es steht gespannt gegen das Entsetzen der Geschichte. Bald insistiert, bald vergisst es. Es gibt nach und verhärtet sich. Es hält sich durch oder verzichtet auf sich, um das Verhängnis zu überlisten. Die Objektivität der Biographie erscheint dann als Fixierung solcher Augenblicke!"

„Dann gehen wir wieder weg von Ihren Spekulationen und betrachten den ursprünglichen Text," wirft Algo ein: „Kunstwerke gleichen den Kinderfratzen, welche der Stundenschlag zu dauern zwingt. Die integrale Technik ist weder im Gedanken an den integralen Staat noch in dem an seine Aufhebung entstanden. Aber sie ist ein Versuch, der Wirklichkeit standzuhalten und jene panische Angst zu absorbieren, welcher der integrale Staat entsprach. Die Unmenschlichkeit der Kunst muss die der Welt überbieten um des Menschlichen willen. Die Kunstwerke versuchen sich an den Rätseln, welche die Welt aufgibt, um die Menschen zu verschlingen. Die Welt ist die Sphinx, der Künstler ihr verblendeter Ödipus und die Kunstwerke von der Art seiner weisen Antwort, welche die Sphinx in den Abgrund stürzt. So steht alle Kunst gegen die Mythologie. – Damit wird doch aber ganz klar, dass wir nicht bei einer negativen Dialektik stehen bleiben können! Außerdem halte ich es für fraglich, dass Sie meinen, mit einer sowohl fragmentarischen als auch mehrdimensionalen Ichkonstitution gegen die Unmenschlichkeit der Welt standhalten zu können."

„Das Fest geht nun zu Ende, um Shakespeare zu zitieren," meint Charlus: „Wenigstens für heute Abend, aber wie nach und nach zu erkennen ist, hat es nie ein Fest gegeben, nur vielfältige Versuche der Verführung, deren letzter der Tod sein wird. Die Musik verklingt, wird vielleicht noch in der Ferne vom Wind weitergetragen – was gewesen ist, war immer viel weniger und zugleich vielfältiger, als das, was die Überlieferung aufbauscht, um sich in dessen Glanz zu sonnen und es gleichzeitig auf einen Nenner zu bringen, der den späteren Zwecken zu gehorchen hat. Und wenn es nur darum geht, sich an der heruntergebrannten imaginären Glut ein letztes Mal die klammen, knochigen Finger zu wärmen. So könnte nur die Frage bleiben, warum der Musik einmal auf die Idee gekommen war, die großen Fraglichkeiten der Philosophie in seiner Liebe lösen zu wollen. Wie kommt einer auf das irrwitzige Unternehmen, sich mit den Toten zu begatten, um das Wagnis der Lebendigkeiten auszuhalten – und warum scheint es sich dann wie von selbst zu ergeben, dass die Verantwortlichen in den Institutionen des Wissens dieses naive Versucherlein sogleich zerstören wollen und sich darin weitgehend einig sind. Wie kommt es weiterhin dazu, dass sie in ihrem Zerstörungswunsch erst jene Kräfte freisetzen, die das Paar unschlagbar machen. Warum lassen sich manche dieser Machtspiele wie eine Partitur lesen – die Leute folgen ihrem Ehrgeiz oder ihrer Neurose und merken nicht, wie sie durch Kräftepfeile geführt werden, die jenseits dessen sind, was sie tatsächlich wollen – warum ermöglicht die Intrige eine Realisierung der Kräfte, die in ihrer Art zu Beginn der Geschichte nicht einmal erahnbar war?"

„Ich fasse nochmal zusammen, aber ich glaube nicht, dass ich damit noch etwas Neues beitragen kann. Eigentlich ist alles Wichtige schon gesagt. Die Leute kapieren eben in der Regel nicht, dass die abstrusesten Theorien genau die sind, die ihr Leben wie ein Schachspiel strukturieren." Ich bin ein wenig müde und nachlässig, aber ich gebe mir Mühe: „Die Philosophie begegnete mir nur als Schrift und dem Sokratischen Vorbehalt gegenüber der Schriftlichkeit war lange Zeit nur die Feststellung beizugesellen, dass es in einer arbeitsteiligen Gesellschaft gar keine Weisheit mehr geben konnte. Aber ihren Gewalten war ich auf den verschiedenen LSD-Trips ausgeliefert gewesen, und wenn sie mich ergriffen hatten, war der Bezug auf eine alles durchdringende und ins Mark treffende Weisheit die unmittelbarste und überzeugendste Geschichte der Welt. Es sollte sie nicht mehr geben, aber ihren kleinen, verkitschten Geschwistern begegnete ich in vielen Popsongs, in der Science fiction, die ich damals las, in den Geschichten, die das Unterhaltungskino produzierte. Das war fast eine Erleuchtung wert, der normale Irrsinn dieser Welt bestand darin, dass die tiefsten Sehnsüchte, die ältesten Erkenntnisse, die durchschlagensten Gewalten alle in dem Thema Liebe kulminierten und dass zugleich, weil weder die Spiritualität, noch die Wahrheit, noch die Sexualität zu Konkurrenzmächten der Normali-

tätsdressur werden durften, dafür gesorgt war, dass sie zerredet werden mussten, dass sie nur im Modus des Scheiterns oder Verpassens gezeigt werden durften, dass sie vor allem als minderwertig und nicht für ein Erwachsenenleben geeignet zurück bleiben sollten. Und dann musste ich mir nur ansehen, was die Normalität vom alten Musik übrig gelassen hatte, musste mich nur erinnern, was Moral und Erziehung in meiner Welt kleinster Spießer für eine verheerende Wirkung gehabt hatten. Wer kapiert, dass die Ingredienzien der großen Weisheit mit Füssen getreten werden müssen, weil sie den jeweiligen Status quo des bürgerlichen Lebens oder besser, den Modus vivendi von Totgeburten in Frage stellen könnten, ist dem Geheimnis der Weisheit schon ganz nah gekommen.
Ursprünglich hat die Weisheit einen Bezug auf die mündliche Überlieferung – in der eine Form der Musik die Kraft transportiert: Höre die heiligen Schwingungen. Die Rede der/s Weisen überliefert eine gesteigerte Form von Lebenserfahrung, eine Quintessenz, die vielleicht noch nicht einmal in Worte zu fassen ist, die sich aber in der Körperspannung äußert, im Rhythmus, in den Erregungen, für die der Körper der Resonanzraum ist, die in biomagnetischen Feldern auf eine Dialektik der Eigengesetzlichkeiten der Geschlechter zurück verweisen. Vielleicht geht das Geschehen im Tantra sogar noch einen Schritt weiter zurück, wenn die Einführung der Meisterin das volle Sprechen des Körpers freisetzt, ohne dass unbedingt eine sprachliche Vermittlung notwendig ist. Vermutlich hat dieses Geschehen der Initiation erst dann weite Umwege über den symbolisch vermittelten Austausch nehmen müssen, als der soziale Körper ein nicht mehr fassbares Eigenleben gewonnen hatte und seine Funktionäre nun versucht haben mussten, das Ursprungsgeschehen zu überformen. Es ging vermutlich nie verloren, aber gegenüber dem Herrschaftswissen und den Glaubensansprüchen der jeweiligen Machthaber musste es weiter im Untergrund, in den Randbezirken, im Verworfenen und in den Künsten überwintern oder ins Geheimnis exilieren. Über die verschiedenen esoterischen Initiationen hatte diese Form der Weisheit immer Teil an jenem schamanistischen Grenzerfahren am Grunde der Welt, noch heute ist es möglich, selbst Traumfahrten wie Parmenides und die Eleaten in den ver-

schiedenen Archiven zu unternehmen, mit LSD auf dem heiligen Dreifuss gesessen zu sein und die Dämpfe eingeatmet zu haben wie die Pythia – der ganze zivilisatorische Aufwand an Umwegen ist oft nicht mehr als eine Schimmelschicht auf einer nahrhaften Käsekugel. Vielleicht gilt es nur immer wieder neu zu erfahren, ob bei de Sade oder in der Gnosis, ob in der Kabbala oder dem Tanz der heiligen Sufis, ob bei den Surrealisten oder dem Weg der altdeutschen Mystiker, ob bei Batailles Erotismus oder der Disziplin der asiatischen Zenmeister oder gar der tantrischen Meisterin –, wie ein heiliger Funke auf den wachen Leib übergesprungen ist und dieser zu brennen beginnt – vielleicht hat aber auch nur der Tod im rechten Augenblick ein junges Leben gestreift und für einen Augenblick alle gewohnten Koordinationen über den Haufen geworfen. Noch der Krieger Castanedas hat im allgegenwärtigen Tod den wichtigsten Lehrmeister."

„Damit sind wir noch einmal beim Wechselverhältnis von Musik und Erleuchtung," insistiert Heinrich: „Am Ursprung gibt es noch keine Zensur und keine Anweisung, wie zu Summen und zu Vibrieren sei, am Anfang ist die Ausdrucksbewegung, die noch eins mit den Säften ist und die später in den übermittelten Lebenserfahrungen noch immer mitklingt. Es ist ein Wissen, das tradiert wird, wie der Mythos und das, wie der Mythos, damit auskommen muss, dass es keinen wirklichen Ursprung gibt. Es sind immer nur die Erzählungen über Erzählungen und dass es kann keine ursprüngliche Weisheit geben, weil das hormonelle und biomagnetische Geschehen im Anfang reine Gegenwärtigkeit ist und auf keine Übersetzung angewiesen ist. Schon jeder Versuch der sprachlichen Reproduktion stellt die Reduktion eines umfassenden Geschehens dar und aus diesem Grund immer eine Verarmung bewirkt. Die vielschichtigsten und umfassendsten sprachlichen Schöpfungen sind eine Ansammlung von Offenheiten und Leerstellen, und wenn in der Lyrik oder ihrem Vorläufer, dem Zauberspruch, besonders nahe an die Wirklichkeit herangekommen wird, dann beruht das darauf, dass der Nonsens, den sie transportieren, in irgendeiner Form, Beziehung oder Struktur dem Non-Sens ähnlich ist, der die Wurzeln der gemeinten Wirklichkeit ausmacht: Biomagnetische Felder, synaptische Chemie, hormonelle Codierungen – Zeichen, die Kräfte sind, die in allem späteren Umgang innerhalb eines sprachlichen Universums wieder belebt werden wollen, um in entscheidenden Augenblicken des Lebens wieder zu Zeichen zu werden, die Kräfte sind."

„Das ist zu formal gedacht! Ich darf an eine Einsicht Kittlers erinnern, die sich durch die späten Schriften in den verschiedensten Verkleidungen artikuliert." Charlus lächelt verschmitzt vor sich hin, er weiß schon, dass er Algo jetzt den nächsten Stich versetzt: „Am schönsten in der ‚Schattenschrift' wo es ex negativo heißt, selbst Homer dürfe nicht mehr vernommen werden, als singe er die Liebeslust, die Göttinnen mit Göttern kuppelt und zugleich Göttern, die dem nackten Schauspiel zusehen, den Wunsch nach einer Nachahmung eingeben. Die Partizipation an den göttlichen Gewalten der Lust ist das Geheimnis aller großen Kultur – nur aus diesem Grund mussten Verfahrensordnungen und Darstellungsregeln vorgeordnet werden, um den Sog der ursprünglichen Nachahmung durch vielfältige Filtersysteme für alle möglichen anderen Zwecke zu pervertieren! Das in den Institutionen gepflegte Wissen ist auf Schriftlichkeit und verbürgte Auslegung bezogen, es entfernt sich nicht nur aus diesem Grund immer weiter von der ursprünglichen Weisheit, die auf ein Körpergeschehen zurückgebunden war. Die Schrift ist eine Technik der Mortifikation, in der Schrift wird das Gesetz festgehalten, die Schrift wird allgewaltig, weil in ihr kodifiziert ist, wem die Gewalt zu gehören hat, wer die Kraft vermittelt durch Werkzeuge und Waffen ausüben darf. Dieses Wissen dient vor allem der Macht, der Machtakkumulation. Die Wahrheit der Körper gilt ihm schon als Subversion und wenn es einer Institution gelingt, die imaginäre Herrschaft eines sozialen Körpers aufzurichten, sichert dieser die Grenzen durch Verfolgungswahn und Selbstzerstörung – als Russel sich zur ‚Eroberung des Glücks' aufmachte, waren ihm diese zwei Punkte manche Erörterung wert, nämlich als Fundamente eines falschen Lebens. Die Konvention und die Simulation sind die beiden Seiten ein und derselben Medaille: Der Entkräftigung der weltschöpfenden Potenzen der Sinnensubjekte."

„Jetzt wollen wir doch mal auf die metaphysischen Spekulationen verzichten und einfach die Tatsachen für sich sprechen lassen." Algo versucht die Provokation ganz sachlich zu umspielen: „Musik wusste erst einmal nichts von diesen Gesetzmäßigkeiten, er suchte die Weisheit, um sie mit der Wahrheit zu verwechseln. Auf der Kontrastfolie der Gesetzmäßigkeiten seiner Elternwelt war es die einfachste Sache der Welt, es besser machen zu wollen – mit der Erinnerung an die kleinen Notlügen und die größere Lebenslüge, mit der langen Wut auf die vielen Techniken, nicht wahrnehmen zu wollen, wie es um einen bestellt war, um sich weiter am gegenseitigen Quälen zu üben und gleichzeitig im anderen immer die Entschuldigung fürs verpasste Leben zur Hand zu haben. Er wollte es besser wissen, wollte den Mut haben, zu wissen, was die anderen nicht wissen wollten oder konnten, wollte der Wahrheit ins Auge blicken, vor der die vielen, der er nachgemachte Menschen nannte, solche Angst hatten. Vielleicht wich er aus, weil er Angst vor ihnen hatte, vielleicht begann er die Distanz zu üben, weil er erfahren hatte, das er sich mit seinen Hoffnungen und Erwartungen einer Übermacht derer gegenüber sah, die genau diese Hoffnungen und Erwartungen als unrealistisch bekämpften und abstraften, wo sie nur konnten. Musik war nicht auf der Suche nach einer weltabgewandten Weisheit, er suchte nach dem besseren Waffenarsenal, er wollte die Armatur zur Verfügung haben, mit der genau solche Leute, die das Recht und die Ordnung für Kriecher und Mitläufer durchsetzten, die Anpassung und Verzicht, Disziplin und Resignation predigten, um dann selber am Machterwerb zu gewinnen, an die Wand zu spielen waren. Er war also zuerst einmal gar nicht so verschieden von den Leuten, die er später immer mehr gegen sich aufbrachte. Aber es gab auf den verschiedensten Feldern des Wissens Prozesse, bei denen die Errungenschaften der Zivilisation wie nebenbei rückwärts buchstabiert wurden. Musik hatte den erotischen Ursprung des pädagogischen Unternehmens kennen gelernt und als er nach und nach die Gesetzmäßigkeiten der Verführung auf einen Nenner bringen konnte, wurde ihm nicht nur bewusst, welcher Motor die kulturschwulen Vereinigungen antrieb, sondern auch, dass die Macht der Souveränität gar nicht beim Subjekt liegen konnte, wenn es der Verführungsmacht des Objekts unterstand. Womit natürlich ein Blick auf die Rollendefinitionen der Geschlechter möglich wurde, der in mancher Hinsicht das Gegenteil von dem offenbarte, was sie gerne für sich in Anspruch nahmen. Wir sind hier also viel eher bei einer Potenzierung der Distanz, als bei den Ansätzen einer erotischen Theorie! Wenn Sie die Ausführungen über das Souveränitätstraining ernst nehmen, vor allem auf die Nebensätze und Abschweifungen achten, stellen Sie eines fest: Das ist kein Lob des Triebs, sondern viel eher eine Bedienungsanleitung, wie dessen Macht gebrochen wird, wie man/frau sich dessen Imperativ entledigen kann!

Musik tauschte später einen Teil seiner Arbeitskraft in Bücher, trieb also mit diesen Archiven des Wissenserwerbs zugleich eine Form der Naturalwirtschaft. Er verbrachte einen Großteil der Zeit, in der er nicht in Büchern verschwand, mit sechs Hunden im Wald, legte Wert auf Körpersprache und Muskelarbeit und verzichtete weitgehend darauf, Zeit in die üblichen sprachlichen Selbstdarstellungsriten zu investieren. Andere powern sich in dieser Zeit aus, um eine der wenigen Stellen in der Behördenuniversität zu ergattern und mancher bleibt dabei ausgebrannt und desillusioniert auf der Strecke – Musik las, was er für wichtig hielt, beachtete keine der Regeln, die für eine Karriere als Bildungsbeamter festgeschrieben waren und ging mit den Hunden spazieren, um die Aufmerksamkeit zu verjüngen. Eine Wartephase, in der sich seine Lebensgefährtin in einer kulturschwulen Institution bewähren durfte, um der alten Illusion zu huldigen, die phallische Frau sei eigentlich der bessere Mann! Wenn es in gewissen wohlwollenden Frauenzirkeln hieß, die phallische Frau sei eine, die sich Illusionen mache, wird dabei einfach übersehen, dass es sich um einen Anspruch handelte, der mit jedem Atemzug einfach mal dreitausend Jahre zurückgreift. Und Musik konnte sie gewähren lassen und sich den Konkurrenzkräften entziehen – er war Hausmann und Hausmeister, arbeitete nach und nach die wichtigen Namen werkausgabenweise durch und das Wissen wuchs, bis das subversive Potential der früheren Geschichten die nötige kritische Masse erreichte. – Aber von Ihren Provokationen zur erotischen Theorie ist lange überhaupt nichts zu bemerken!"

„Dafür gibt es einen Einwand!" unterbreche ich sie: „Was ich damals nicht wusste, ist deswegen nicht einfach entwertet. Denn es brauchte nur ein paar Anstöße, bis ich durch abwehrende oder bösartige Reaktionen auf einmal auf die aberwitzige Idee kommen konnte, wieder dort anzuknüpfen, mich wieder an jene Besessenheit zu erinnern, mit der ich einst in eine große Liebe gestartet war. Wie von alleine ergab sich, dass wir mehr von den geheimen Gesetzmäßigkeiten des Willens zum Wissen erfahren wollten, als die Krüppelzüchter zuließen – der Mut und die Fähigkeit, sich der Freiheit des Denkens zu widmen, hat am allerwenigsten mit den Techniken, Bonsais zu züchten, zu tun. Dann dauerte es nicht lange und die Ahnung dämmerte, wir müssten nur das nötige Wissen einsetzen, um die kulturschwule Institution zu sprengen und die Partnervermeidungszwänge auszuhebeln. Vielleicht mussten wir noch bemerken, mit welcher durchtriebenen Raffinesse auf allen Ebenen daran gearbeitet wurde, unsere Beziehung zu stören und uns auseinander zu bringen. Für diese Einsicht war lediglich die Erfahrung einiger kleiner Bosheiten notwendig. Auf den ersten Blick schien das noch immer das übliche Wettrüsten, so hatten viele der derzeit Mächtigen einmal begonnen – und doch muss es ab einer gewissen Zeit einen kategorialen Unterschied gegeben haben. Die Hormone singen mit der nötigen Übung intensiver; die biomagnetischen Felder folgen, wenn sie einer großen Liebe unterstehen, einer Kompositionsregel, die den Spannungsbogen immer höher kitzelt. Und genauso finden die im wilden Lesen hergestellten Wissensweisen sich irgendwann in einer Partitur wieder, die nur noch dieser Liebe gewidmet ist. Auch wenn die frühe Version noch unter dem Schatten der Erbsünde steht – wie sie im ‚Sperrmüll' definiert wurde: Dass die Heranwachsenden derart in den Modus der Ersatzbefriedigungen und Selbstbestrafungen der Elternwelt eingebunden werden, dass sie mit ihrer Lebenskraft die Sinnlosigkeit und Verlorenheit in Schach zu halten haben, bis sie sich in nichts mehr unterscheiden. Dieser Schatten des Bildungsbürgertums und der Beamtenwelt sorgte dafür, dass unsere Bemühungen über Jahre hinweg der Konzeption einer Liebe als Duell verstanden. Wie gesagt, wir wussten nicht was, aber wir wussten schon, dass irgendetwas bei uns anders lief, als es die Universalgeschichte der Abwesenheitsdressur vorgeben wollte."

Das lässt sich in einem ganz anderen kategorialen Rahmen weiter fassen," ergänzt Charlus: „Wenn die institutionellen Formen des Wissens sich immer mehr von dem entfernen, was einmal die Weisheit ausgemacht hatte, beinhaltet der Konflikt mit ihren Vertretern die Chance, zu den verschiedensten lebensdienlichen Wahrheiten zurückzufinden. Die Wahrheiten sind oft die gleichen, es besteht nur der kleine qualitative Unterschied, dass sie bei der Pflege des Wissens der Macht unterstellt werden, während die Weisheit sie auf den Körper zurückführt und dort auch wieder zugänglich macht. Diese Funktionäre des Wissens müssen eine/n nur dem sozialen Tod unterstellen, die Mortifikation muss aktiv ausgeübt werden, weil sie den Zusammenhalt ihres sozialen Körpers durch die realen Ströme der Körper bedroht sehen – und die uralte schamanistische Reise zu den Ursprüngen der Wahrheit stellt sich ein. Eine Reise durch den eigenen Körper, ins Zentrum der Welt, ins Herz der Gegenwart – und auf einmal zählt nur noch das Hier und Jetzt. Das Leben wird zu einer Kette von Augenblicken, die sich in einer unendlichen Vielfalt aneinander zu reihen beginnen und zu einer Intensität und Tiefe reifen und fortschreiten, die selbst den Begriff der Zeit relativiert und eine unendliche Sinnfülle beschert. Diese Weisheit ist ein Innewerden der intensiven Verwobenheit von Mikrokosmos und Makrokosmos und zugleich eine Teilhabe an diesem Wechselspiel. Und die Liebe wird zur Pflege des Hier und Jetzt, zur sinnlichen Offenbarung, zur Wahrnehmungsintensität, die zum Selbstzweck geworden ist – aus dem Duell ist das putative Bündnis geworden! Ich finde, dass das ein gigantisches Projekt ist, ich habe bisher nur noch keine Ahnung, wie wir das für unsere Lehrveranstaltungen umsetzen können."

„OK, fassen wir zusammen, die Zeit wird nämlich knapp," Algo versucht auf die Zielgerade einzubiegen: „Die Masse der Bildungsgüter, die Zwänge des Stillsitzens und der Antriebsstörung hätten ohne weiteres in die Karriere eines melancholischen Selbstzerstörers münden können, wenn nicht die nötigen Instanzen auf den Plan getreten wären, um die Vernichtung in die Wege zu leiten. Vielleicht hätte Musik sich auf Dauer tot gesoffen, weil die Verwaltungsuniversität zu wenig Intensitäten übrig ließ, vielleicht hätte er seine Liebe ruiniert, weil ihm der Mangel an Welt nahe gelegt hätte, in Ermanglung realer Bewährungsfelder auf irgendwelche Ersatzbefriedigungen auszuweichen, den Don Juan zu spielen oder sich um die Wette mit anderen Arschlöchern für ein Amt zu bewerben. Tatsächlich sollte er seinen selbsternannten Gegnern dafür dankbar sein, dass sie ihm halfen, diese Variationen der stillgestellten Unzurechnungsfähigkeit zu vermeiden."

„Der Bildungsbegriff des Barock zeigt den Melancholiker nach Benjamin oder Panofsky als den in der Geschichte letzten Typus, der dem Traum nachhängt, ein komplettes Wissen über die Welt in der Schrift zu finden", sekundiert Heinrich: „Seitdem ist nicht mehr zu verleugnen, dass der Universalgelehrte eine Erwartungsfigur für eine sehr beschränkte Welt gewesen ist – und aus diesem Grund tauchen seine Probleme in den Identitätsstörungen des narzisstischen Sozialcharakters wieder auf. Wir müssen mit Vagheiten leben und den Umgang mit Unsicherheiten lernen – mit der Einsicht in die mehrdimensionale Komplexität unserer Welt erweist sich jede Suche nach Gewissheit, jede Forderung nach einer abgeschlossenen Wahrheit als ein Mangel an Reife oder, schlimmer noch, als eine zwangsneurotische Besessenheit. Seit dem Barock ist nicht mehr von der Hand zu weisen, dass eine Karte als Abbildung der Welt immer beschränkter zu sein hat, als die Welt, die sie abbildet. Damit ist die Weisheit für Jahrhunderte erledigt gewesen zugunsten des abstrahierenden Wissens und der generalisierenden Schrift – das more mathematico war vor allem ein Verzicht auf die Erkenntnis der Komplexität der Welt. Mit der Relativierung der institutionalisierten Wissensweisen geht nach und nach aber eine neue und dabei uralte Einsicht einher: Alles mag relativ sein, damit ist aber auch alles aufeinander bezogen und in einer weicheren und geschmeidigeren Form nähern wir uns wieder einer Konzeption der ganzen Wahrheit als Weisheit. Der Melancholiker träumt noch von ihr, um ihrer Einheit in der Antriebsstörung und Erstarrung zu huldigen, der Dandy simuliert sie als Grundlage seiner Haltung, der Exzentriker versucht sie ex negativo zu erreichen und der Erotomane bemüht sie in trotzigen Intensitätssteigerungen gegen die Sinnlosigkeit der Jagd nach der Nummer. Das waren alles Wege des Verpassens und damit Versuche, den als unangenehm bedrohlich empfundenen Wirkungen des Begehrens durch das Scheitern, durch die Beweisfigur des Verlusts oder Bankrotts, ein Misserfolgsgeheimnis entgegen zu setzen. Was Lacan den Zauber der Impotenz nennt, ist tatsächlich die Delegation, dass man/frau sich auf ein gemeinsames Surrogatrepertoire einigen könne, in der die Kunst, es nicht gewesen zu sein, die Regeln vorgibt. In deren Gefolge machte sich danach die Vergeblichkeit breit, um alle möglichen Reservate des Ersatzes in der Vorstellung zu kultivieren. Wie gesagt, ich halte das alles für Derivate des neuzeitlichen Erkenntnisbegriffs und der starren Trennung von Subjekt und Objekt – denn tatsächlich zählen nur die Bereiche des Dazwischen. Das Reale ist die Schwelle, also kein kantisches Jenseits unserer Möglichkeiten, sondern es ist nur jenseits der Subjekt-Objekt-Dichotomie: Das Reale ist das Peircesche Dritte, das wir nicht wahrnehmen, durch das das Erste und das Zweite – das Subjekt und das Objekt, der Mann und die Frau, also auch Wert und Bedeutung – erst vermittelt werden. In irgendeiner Abschweifung Musiks tauchte einmal der Gedanke auf, dass wir uns an die Konzeption einer Karte gewöhnen sollten, die wesentlich größer und umfangreicher ist, als das Terrain, das sie abbildet, weil sie zusätzlich die Verweisungszusammenhänge, die Interpretationsanweisungen und Deutungsvarianten mitliefert – ich habe mich mit dem Gedanken angefreundet, dass es diese Form des Realen ist, die das Reelle, das Imaginäre und das Symbolische umfasst. Ich vermute, dass wir damit erst den erkenntnistheoretischen Rahmen haben, um wirklich mit der Komplexität unserer Welt oder wenigstens mit der Komplexität zwischenmenschlicher Beziehungen umgehen zu können."

„Das ist richtig!" unterstreiche ich und ignoriere dabei die Vereinnahmungsversuche: „Allerdings möchte ich einschränken, dass der Zauber der Impotenz nicht nur aus der Verführung zur Einigung auf gemeinsame Surrogate beruhen kann. Das wäre zu wenig, dabei bliebe tatsächlich die energetische Wirkung des Zaubers auf der Strecke. Man sollte nicht unterschätzen, dass wir mit den Strömen der Libido, also den Besetzungsenergien, reale Wirkungen auslösen und so, wie es die vorsprachlich fundierte Überzeugungskraft der Ausstrahlung eines gelungenen gemeinsamen Orgasmus gibt, der bei Leuten, die noch vom Prinzip Hoffnung angetrieben werden, sofort einen Nachahmungsimpuls freisetzt, gibt es auch die Wirkung eines energetischen Überdrucks, der auf seine Entlastung verzichtet hat. Es gibt solche Leute, an denen man/frau kleben bleibt, wie an einer Leitung unter Hochspannung – die Spannungen werden akkumuliert und üben einen derartigen Reiz auf all jene aus, die sich sehnen und hoffen, aber nicht den Mut oder die Routinen haben, sich auf das reale Geschehen mit einem Partner oder einer Partnerin einzulassen und in der induzierten Bewunderung, im Anhimmeln und Mitlaufen merken sie nicht einmal, wie sie zur Ader gelassen werden, wie es tatsächlich ihre Energien sind, die hier der Akkumulation dienen. In solchen Fällen eines modernen Vampirismus kann ich als Antidot ein elaboriertes Sexualleben empfehlen und dann ist im Gegenzug zu sehen, wie sich die nachgemachten Menschen der Behördenuniversität oder die Untoten der Verwaltungsvollzüge unter der Spannung des gepredigten Verzichts zu winden beginnen.

Aber zurück zum eigentlichen Thema der Frustrationstoleranz und dem Umgang mit Unsicherheiten. Wir hatten notgedrungenermaßen einen Status des Lernens und der Selbstvergegenwärtigung erreicht, in dem die Formen des sinnenbewussten Erfahrens tragfähig sein mussten – wir hatten nichts anderes und waren wirklich auf unser paläoanthropologisches Repertoire der leiblichen Erfahrung zurückgeworfen. Irgendwann, in den Augenblicken größter Not, muss es den Punkt des Umschlags gegeben haben, in irgendeiner infinitesimalen Strategie im Spiel der Entscheidungen gegen eine Übermacht muss sich der Überlebenswille von den fremdbestimmten Programmierungen abgelöst haben, ohne dass das im Augenblick überhaupt zu bemerken war. Vielleicht, weil die Wahrnehmung oft genug nur noch instantan stattfand, weil außer dem Jetzt nichts mehr übrig blieb, weil uns keine Zukunft gelassen worden war und die Vergangenheit immer schneller wertlos wurde. Für zwei Kinder der Abwesenheitsdressur, die immer nur dem nächsten Ziel nachgerannt waren, die die Intensität des Jetzt nicht auszuhalten wussten – weil das so erwünscht war – und die aus diesem Grund dachten, die Lebendigkeit zu fühlen, wenn eine Erwartung die nächste jagte, war das vielleicht die überzeugendste Unterweisung in der Vergegenwärtigung des Hier und Jetzt: Die Erwartungen waren einfach futsch, nicht in kleinen Dosierungen und unter den heilsamen Frustrationen, unter denen ein nachgemachter Mensch erwachsen werden sollte, sondern alle auf einmal und unwiderruflich, weil der soziale Körper der Geisteswissenschaften uns in einer totalitären Verbohrtheit klar zu machen hatte, dass auf unsere Existenz geschissen war. Gibt es tatsächlich bessere Argumente gegen die Abwesenheitsdressur? Der Groschen war gefallen, wenn irgendjemand für die Qualität und die Intensität unseres Lebens zuständig sein sollte, konnten es nur wir selbst sein. Auf einmal war wieder eine antike Weisheit präsent: Wenn man/frau das Glück wollte, durfte es nicht dazu verführen, sich suchen zu lassen: Man/frau musste sich nur bücken und da war es, musste nur zugreifen und das, was sich dann bot, schätzen lernen, und dann war es gegenwärtig. Wen wundert's, vermutlich werden die Freuden des Lebens nur auf diese Weise bewusst – erst wenn du alles verlierst, helfen keine großen Ziele mehr, erst wenn sie mit dem Finger auf dich zeigen und so tun, als seist du der letzte Dreck, ist auf die Ideale geschissen, sind die Rücksichtnahmen auf irgendwelche Benimmregeln und moralische Rechtfertigung gestrichen. In diesem Nu zwischen dem unmittelbaren Jetzt und dem schon flüchtigen Gerade-Eben muss sich an irgendeinem unvorhergesehenen biographischen Punkt plötzlich die Supplementstruktur einer unendlich vielfältigen Erfahrbarkeit der Gegenwart ausgefaltet haben. Und auf einmal waren wir in einer Sinnfülle angekommen, die sich nicht mehr nur als Beiwerk der Notwendigkeit des Überlebens präsentierte, sondern die sich als Vielzahl sinnlicher Repertoires erwies, mit denen es sich spielen lässt, um die Zeit mit Sinn zu füllen. Wir waren mehr oder weniger Anhängsel gewesen, wie das in den Anfängen nicht anders zu erwarten ist – aber mittlerweile waren wir in die Lage versetzt worden, die Vergangenheit mit einem Wissen umzuschreiben, das aus der Zukunft auf uns zu kam."

„Damit sind Sie in bester Gesellschaft mit einigen Klassikern, die für alles Mögliche gelobt werden, nur damit der tatsächliche Ansatzpunkt ihrer Argumentation nicht weiter beachtet werden muss," unterstreicht Heinrich: „In der Liebe treffen sich Eros und Musik und vielleicht ist es nicht nur stimmig, sondern auch gerecht, dass ein auserwählter Egozentriker und eine bevorzugte solipsistische Schöne erst einmal durch die Hölle gehen müssen, bis sie in der Lage sind, einander zu erkennen – auch wenn die Körper sich in ihrer Bestimmung im Biblischen Sinne schon 25 Jahre zuvor erkannt hatten. Huxley hat in ‚Das Genie und die Göttin' mit leichter Hand einige Voraussetzungen genannt – mit der nötigen Skepsis, die daraus resultierte, dass er diese Einsichten an keinem wirklich symbiotischen System darstellen konnte, sondern auf gewisse parasitäre Bedingungen des patriarchalischen Systems zurückgreifen musste, die mittlerweile in einer Weise beseitigt worden sind, wie es in den ausgehenden 50er Jahren noch nicht erahnbar war. Aber wie nebenbei skizziert er mit einer schlafwandlerischen Sicherheit die notwendigen Konstituentien junger Götter.

Für Huxley sind die Musen nicht nur die Töchter der Erinnerung, sondern die Gefährtinnen der Präsenz, und das Göttliche ist noch viel weniger ein Kind der Erinnerung, denn es resultiert aus der Intensität der unmittelbaren Erfahrung. Die Erinnerungen, die von Priestern und Gelehrten verwaltet werden, mögen noch einen Teil der ursprünglichen Kraft transportieren, aber sie dienen dem entgegengesetzten Zweck. Wenn wir uns bemühen, die Zeit in irgendwelchen Objektivationen wieder zu finden, wenn wir sie festhalten wollen, haben wir das Paradies verloren. Wenn wir uns dem Augenblick hingeben und uns nur noch im Hier und Jetzt bewegen, geht dagegen die Zeit verloren, und das ist für Augenblicke das wieder gewonnene Paradies... Wenn man jeden Augenblick leben will, wie er sich darbietet, muss man in der Lage sein, nicht zurück zu schauen und nichts zu erwarten. Das beinhaltet die Kapazität des Lassen-Könnens und damit die Fähigkeit, an keinem Augenblick haften zu müssen, also jeden Augenblick für das Hier und Jetzt absterben zu lassen. Ich finde, dass das eine geniale Aktualisierung eines uralten Menschheitswissens ist!"

„Dann frage ich mich aber," meldet sich Algo hinterhältig verschmitzt zur Stelle: „Wie Sie in solchen Stadien der Istigkeit noch auf einen anderen Partner, auf eine Partnerin eingehen wollen oder können. Irgendwie kommt es mir so vor, als meinen Sie, mit einer weiteren Steigerung der seit dem sechzehnten Jahrhundert zunehmenden solipsistischen Tendenzen, denen wir schließlich das Abstraktionsniveau der modernen Wissenschaften verdanken, wieder jenseits der Abstraktion anzukommen. Das ist fast so, als würden die Vertreter einer augmented Reality argumentieren, dass nur auf diese Weise nah genug an die Wirklichkeit heran zu kommen ist. Das ist für mich Humbug – ich verlasse mich auf die Wirklichkeit, die wir in unseren Rechnern konstruieren können und sage mir, alles andere gehört zu Kants Welt an sich, also zu dem Etwas, denken sie an Heideggers Ausführungen zum Ding, das für uns ein Alien ist, das wir also a priori nicht erreichen können!"

„Genau deswegen sind wir hier!" unterbricht sie Heinrich: „Es gibt einen anderen Weg, und wir haben die verschiedensten Zugänge. Wir sind keine Gehirne im Tank, sondern Lebewesen, die durch die Evolution in extrem vernetzten Zusammenhängen zu dem geworden sind, was sie heute für sich darstellen. Und der Rausch, die Überschreitung, die Liebe sind die besten Beispiele für jene Kapazität des Menschlichen, die längst noch nicht ausgelotet ist! Viel zu häufig wird übersehen, dass die Übergangsrituale in den biographischen Bahnungen sehr viel mit der Erfahrung des sozialen Todes zu tun haben, denn mit jeder Lebensphase, die wir hinter uns lassen, mit jedem Sprung auf ein anderes Lernniveau, sterben auch Teile von uns ab, werden Besetzungen abgezogen und auf andere Wirklichkeiten verlagert. Das System ist tatsächlich offen und in einer dauernden Bewegung, wenn das Ich nicht wir ein Sparschwein, sondern wie ein relationaler Verweisungszusammenhang konstituiert ist – und es spricht dabei nichts dagegen, dass zwei miteinander und aneinander lernen. Solange die Körper die nötigen Bindungskräfte freisetzen, wird auf jeden Fall mehr Gemeinsamkeit und Vertrauen anzunehmen sein, als bei konventionellen Veranstaltungen, die nur aus Feigheit, Lebensangst und Faulheit den Bund fürs Leben postulieren, um ihn dann bei jeder Gelegenheit kurz mal zu suspendieren. Die Hormone müssen am Feuern beteiligt sei, dann steht das Thema Treue gar nicht zur Diskussion und auch das Interesse an den Interessen des Partners oder der Partnerin muss nicht eingefordert oder erpresst werden.

Also noch einmal zurück zu Huxley, der einige Einsichten aus der Begegnung mit der indischen und der chinesischen Philosophie formuliert hat, die für uns heute mit den aktuellen Theorien des Bewusstseins auf einer ganz anderen Ranghöhe anzusiedeln sind.

Für den Liebenden wird alles mehr, und zwar bezeichnender. Diese selbstreflexive Art und Weise des Bezeichnenden liefert Wirklichkeiten, keine Symbole. Für Huxley ist die Tradition Goethes durchaus im Unrecht. Wenn dieser Vertreter der Abwesenheitsdressur, der sein Leben lang der Begegnung mit einer ebenbürtigen Frau ausgewichen und aus diesem Grund vor der Wahrheit der Geschlechterspannung in die kulturschwule Vereinigung geflohen ist, alles Vergängliche zum Gleichnis erklärte, ist für Huxley in jedem Augenblick jedes Vergängliche ewig dieses Vergängliche, was es bezeichnet, es ist sein eigenes Sein. Und dieses Sein ist dasselbe wie das mit dem größten aller großen Anfangsbuchstaben geschriebene Sein, wie man klar sieht, wenn man verliebt ist. Warum liebt man die Frau, die man liebt? Weil sie ist. Und das ist schließlich Gottes eigene Definition: Ich bin, der ich bin. Die Liebenden sind, die sie sind. Einiges von ihrer Istigkeit fließt über und durchtränkt das ganze Weltall. Gegenstände und Ereignisse hören auf, bloße Vertreter ihrer Klasse zu sein, und werden etwas völlig Einzigartiges. Sie hören auf, Veranschaulichungen der verbalen Abstraktionen zu sein, sie werden so konkret und gewinnen eine solche inhaltliche Intensität, dass alles andere demgegenüber verblasst. Wenn Sie erst einmal den Status dieser Einzigartigkeit der Nähe erreichen, wenn eine Pore oder ein Härchen, eine gewisse Intonation, eine kleine Geste oder eine Art

Blick die Echtheit verbürgen, brauchen Sie sich über die Dauer keine Gedanken machen."

„Das ist keine unsensible Zitatmontage," unterstreicht Charlus: „Einige der für uns wichtigen Einsichten Huxleys machen den Spannungsbogen deutlich, in dem die körperlichen Intensitäten in einen Status der Erleuchtung eintreten."

„Aus diesem Grund müssen wir die Götter wieder finden, vielleicht sogar dafür sorgen, dass sie neu gezeugt werden," Heinrich gewinnt etwas an Fahrt: „Wir müssen abermals ein Teil der natürlichen und daher göttlichen Weltordnung werden. Das heißt, unsere Fühlung mit dem Leben wieder herstellen – mit dem Leben in seinen einfachsten Kundgebungen, als körperliche Gefährtenschaft, als das Erlebnis animalischer Wärme, als starke Sinnesempfindung, als Begierde und Stillung der Begierde. Es ist eine Frage der Selbsterhaltung.
Es gibt ein inneres Aufquellen von etwas Starkem und Wundervollen, etwas, dass offenkundig größer ist, als man selbst; die Dinge und Ereignisse, die neutral oder einfach feindlich gewesen sind, kommen plötzlich und unverdient von selbst zu Hilfe – dies sind die Tatsachen. Sie lassen sich beobachten, sie lassen sich erfahren. Aber will man von ihnen reden, entdeckt man, dass der einzige Wortschatz dafür der der Theologen ist. Gnade, göttliche Führung, Inspiration, Vorsehung – und das Problem dabei ist, dass die Wörter zu viel beteuern und damit selbst in Frage stellen, was sie aussprechen wollen. So wird das Übernatürliche das Natürliche; Huxley betont, dass das Göttliche weder etwas geistiges noch spezifisch menschliches ist; es findet sich in Landschaften und Sonnenschein und Tieren, es ist in Blumen, in dem säuerlichen Geruch von Säuglingen, in der Wärme und Weichheit sich anschmiegender Kinder, in Küssen, in den nächtlichen Apokalypsen der Liebe, in der diffusen, aber nicht weniger unaussprechlichen Seligkeit, sich in der Präsenz des Hier und Jetzt einfach wohl zu fühlen."

„Die Musik wie der Eros werden um so mächtiger, umso größer die Hingabe an den Augenblick ist und seltsamerweise sind es diese

Augenblicke, in denen wir an der Ewigkeit teilhaben." Irgendwie ist das so selbstverständlich, dass ich keinerlei Bedürfnis verspüre, es breit zu treten und damit der Inflation zu unterstellen. Und zugleich habe ich das Gefühl, ich müsste hier eine Fremdsprache in der direkten Methode unterrichten, weil überhaupt kein Repertoire für Wort-zu-Wort-Übersetzungen zur Verfügung stand: „In der Liebe treffen sie sich, wenn die Liebe ein sinnliches Ereignis ist, wenn sie die Sinne öffnet und Aufmerksamkeit, Achtsamkeit, Wachheit für den anderen ist, wenn sie als Hingabe an das Jetzt und Hier bis zur Selbstvergessenheit, bis zum Sprengen der Mauern des Ich vorankommt. Wer liebt, wächst in der tiefen Überzeugung, dass das Leben einen Sinn hat, über die ursprüngliche Begrenzung hinaus – die Liebe ist ein völliges Akzeptieren des anderen und zugleich die Aufhebung der Distanzen. Du musst den Sinn nicht suchen, nicht über seine Abwesenheit klagen – eine späte Nachgeburt der romantischen Liebeskonzeption, die die imaginären Intensitäten in Ermanglung der realen aus der Abwesenheit der/s Geliebten keltern mussten –, wenn er aus den Sinnen quillt, wenn das Licht in den einzelnen Zellen zu wirken beginnt, wenn die Gewebe anschwellen, wenn die Drüsen produzieren und die Säfte schießen. Wo die Liebe wirkt, ist Sinn, Glückseligkeit, Erleuchtung und Sein, wo sie ist, sind kein Glauben und kein Prinzip Hoffnung mehr erforderlich. Und natürlich schlägt dies den vielen Subalternitätsdressuren der Medien und der Institutionen ein Schnippchen. Wer in den Intensitäten des Hier und Jetzt geschult wird, muss nicht mehr fragen: Wer bin ich? Das staunende Schauen und Empfinden und Mitschwingen überlagert den Schwachsinn und die Manipulation. Ein Leben, gegründet auf ein eigenes körperliches Sein, das auf Beweglichkeit, Wandlungsfähigkeit, Sinnenbewusstsein und Hingabe beruht, braucht keine Rechtfertigung mehr. Die Liebe ist unsere einzige Chance – als volle Aufmerksamkeit im Augenblick – lebendig zu sein gegen den Bemächtigungswahn und die Sucht zu kontrollieren, gegen den von Gewohnheiten vorbereiteten und von Institutionen gesäten Tod. Die Chance der Istigkeit mag zwar häufig genug der Ursprung einer Institution gewesen sein, für die bestehenden Institutionen gilt sie aber immer als Bedrohung. In der Musik ist sie zu haben, ohne ernst genommen zu werden, in der Droge, mit der Gefahr der Selbstzerstörung, in der Verführung, mit dem Schicksal, in einer stumpfen Ehe zu landen, die für alle Beteiligten ein Verlust ist: In der Regel antworten auf diese eine menschheitsgeschichtliche Chance unendlich viele Funktionäre der Behinderung und der Ersatzbefriedigung, die an den verschiedenen Formen des Betrugs arbeiten, damit diese auf Dauer nur in der Zerstörung enden können. Erst wenn einer/m bewusst wird, welche Weltmächte gegen die Energien mobilisiert werden, die ein Paar freisetzen könnte oder manchmal auch kann, klingt eine Ahnung an, was alle institutionalisierten Mächte dieser Ursprungsmacht verdanken – gegenüber dieser weltsetzenden Fantasie, die mit der Musik die Angewiesenheit auf das Ohr teilt, den Anspruch und die Antwort, das Labyrinth des Hörens und die bannende Kraft des Benennens, den Namen für die Säfte und das Eingedenken der Botschaften, gegenüber diesem Verweben von Körpern und Schicksalen sind die Institutionen der Menschheit parasitäre Wucherungen, die sich an aller wachen Lebendigkeit versündigen…"

„Wenn bedacht wird, welche Emanzipationspotential in den Geisteswissenschaften konserviert wurde", kommentiert Heinrich: ‚Während es, nach den weitgehend einstimmigen Äußerungen der akademischen Intelligenz, in der restlichen Welt längst nicht mehr zu finden sein soll, liegt die Schlussfolgerung nahe, dass die gesellschaftliche Arbeitsteilung für ein ganz ausgetüfteltes Labyrinth gesorgt hat, in dessen Zentrum, als Belohnung für die Wenigen, die es geschafft haben, bis zu einigen fundamentalen Wahrheiten vorzudringen, die Vernichtung wartet. Natürlich gibt es auch die Hüter dieser Wahrheiten, allerdings werden sie nach einem einfachen Kriterium ausgewählt und bestellt: Sie müssen entweder so verkrüppelt sein, dass sie nichts mit den in diesen Wahrheiten gebundenen Kräften mehr anfangen können oder sie müssen so korrupt und erpressbar sein, dass alles, was sie damit anfangen könnten, kontrollierbar ist. Kritikvermögen, Autonomie und Souveränitätstraining sind in dieser Institution – obwohl sie zu ihren wichtigsten Gegenständen gehören – gar nicht erwünscht: Vielmehr werden sie durch diese Institution unter Verschluss gehalten. Sie werden nicht etwa in Asyle oder Reservate verwiesen, weil um ihren Wert gewusst wird und sie nicht verloren gehen sollen, auch wenn sie zum gegenwärtigen Zeitpunkt der menschlichen Entwicklung angeblich nicht mehr gebraucht werden. Nein, genau so, wie dieses menschliche Potential in der Massengesellschaft eingeebnet und zugeschüttet wird, unterstehen die Qualitäten des Menschlichen in den weiterführenden Schulen, in der Lehrerausbildung und in den akademischen Abhängigkeiten einem Tabu, das durch Zerreden und Zynismus, durch den Praxisschock und die Resignation artikuliert, dass es gar nicht anders gehen kann. Und für die Wenigen, die sich nicht beirren lassen, die davon ausgehen wollen, dass es ein Etwas geben müsse, das den realen Anlass des Zerredens und der Selbstdementierung ausmacht, bleiben gewisse verführende Köder und einschüchternde Drohgebärden – und wenn alles nichts hilft, wird ihnen vorgeführt, dass die Wirkungsweise der Macht nach wie vor, auch wenn die bürgerliche Entwicklung angeblich die Tat durch die Vorstellung ersetzt hat, auf der Vernichtung beruht. Die wirkliche Macht erkennt man daran, dass sie das Leben nehmen kann – alles andere ist Gelaber oder die Vertuschung und Verleugnung der frustrierenden Erfahrung, dass die Mächtigen, wenn sie schon kein Leben stiften können, immerhin über den Tod verfügen.

Wer sich nicht ausbremsen lässt, wer nicht zu der Ersatzleistung zu verführen ist, für ein bisschen Selbstverleugnung das Schauspiel des selbstbestimmten Akademikers aufzuführen, hat auf jeden Fall mit dem sozialen Tod zu rechnen, und wenn er/sie nicht aufpasst, hat das soziale Netz plötzlich solche Löcher, dass ein Fall ins Bodenlose daraus wird. Nicht etwa aus Versehen oder aus einer konzeptionslosen Nachlässigkeit, sondern aus System. Das Statusbewusstsein des Geisteswissenschaftlers muss die Tatsache der Subalternität mit den Größenfantasien der Emanzipation der Gattung in Einklang bringen – das geht nur mit Hilfe von Sündenböcken, die vor Augen führen, wie es ihnen selbst ergehen könnte, wenn sie sich nicht ducken und buckeln wie pseudoprogressive Fahrradfahrer. Der Sündenbock hat ihnen, sei's als Kulturheroe, sei's als bürgerliches Genie, sei's als unangepasster Nachwuchs, sei's als abgedrifteter Freak, ein Ventil für die aus dieser Erfahrung entstehende Aggression zu liefern. Es ist ein Höllensystem: Wer den Sprengstoff in die Hand nimmt, hat nur die Möglichkeit, sich selbst in die Luft zu sprengen und wer ihn brav verwaltet, wer alles daran setzt, ihn gar keiner Verwendung, auch keiner besseren, zugänglich zu machen, wird ziemlich schnell nur noch die eigene Stillstellung rechtfertigen – wenn es sein muss mit allen Mitteln, die das System zur Verfügung stellt. Ein in jeder Generation einmal auftretender Ausnahmezustand kann es sogar rechtfertigen, unbotmäßige Schüler in die Luft zu sprengen oder im Nichts der Hoffnungslosigkeit zu versenken: Welche geheime Genugtuung!"

„Ich habe eine Nachschrift von 1997 und die daraus wachsenden Kommentare, die natürlich längst dafür gesorgt haben, den ganzen vorangegangenen Text zu modifizieren, aufzupumpen und an den Jahren reifen zu lassen!" Algo ist ganz zufrieden, dass sie jetzt verkünden kann: „Aber unser Speicher ist voll, ich kann keine Verweisungszusammenhänge mehr abrufen. Ab jetzt ist alles nur noch ein unkontrollierbares Statement!" Sie lächelt leise und ein wenig erschöpft vor sich hin. „Aber hören Sie kurz noch einmal hin: Wie oft war ich in den vergangenen fünfzehn Jahren so gut wie tot. Seit drei Jahren leben bei uns Umsätze auf, während die meisten der Dinge, die mir einmal wichtig waren, in die zweite Reihe zurückgefallen sind. Erst wurde ich in ein geistiges Niemandsland geschickt, um mich dort zu verirren, und ich begann dich zu gewinnen; dann wurde das Paar bekämpft, in Intrigen verwickelt und den Wirkungen einer künstlich inszenierten Psychose ausgesetzt, wir hatten danach nichts mehr an Halt, nur noch die klare Erkenntnis, dass es außer uns nichts gab, auf das wir uns verlassen konnten; um die Früchte dieser Erkenntnis zu verhindern, folgte die nächste Intrige, diesmal ministeriell gefördert auf dem höchsten akademischen Niveau: Als Sieger konnten wir nur das Wissen und die Macht mitnehmen, hatten auf diesen Ebenen aber nichts mehr zu suchen; und ohne Mittel musste etwas Neues aufgebaut werden, wobei ein unerschrockener Rest der akademischen Krüppelzüchter Beziehungen spielen ließ, um kleinste Neuanfänge als Bankbote oder Aushilfslektor zu erschweren und unmöglich zu machen. Die parallelen Versuche, durch Übersetzungen und Buchbesprechungen in einem Verlag Fuß zu fassen, wurden trotz oder wegen bester Voraussetzungen abgewürgt und sollten wie zufällig im Sand verlaufen – wobei auch hier wieder seltsame Veranstaltungen dafür sorgten, dass an vorgegebenen Terminen nur Vertröstungen oder Absagen einzusammeln waren und nebenbei wie zufällig jene Professoren den Weg als Mahnwachen kreuzten: Total psychotisiert, sei's mit einer abgehackten Bewegungsform und zu Stein gewordenem Gesicht bei einem Simulanten des Stils, sei's verstresst, mit zuckenden Mundwinkeln, einer Augenpartie, die diffus in den selbst geschaffenen Schatten fliehen wollte, mit den hektischen Bewegungen einer Furie des Verschwindens – nach eigener Einschätzung im Selbstdarstellungsmedium der Stuttgarter Zeitung ‚eine kluge Frau an der Seite eines begabten Mannes'. Es mag nicht mehr verwundern, dass jemand, der sich an solchen Beobachtungen therapieren muss, nicht mehr willig ist, sich auf den Höhen des Geistes zu investieren. Aber ich lasse mir nicht weismachen, dass Sie bei der Pflege der von Ihnen freigesetzten Umsätze nicht auf ganz ähnliche Machtspiele gestoßen sind!"

„Jeder Verkauf ist ein Spiel um die Macht, ein Tauziehen. Und manche Unterschrift gibt es nur, damit die Unterlegenheit nicht offiziell anerkannt werden muss – das hatten wir alles schon. Das ist ein harter Kampf, aber er findet auf keinem Feld statt, auf dem staatlich subventionierte Simulanten des Wohlwollens noch während dem Spiel die Spielregeln ändern dürfen. Ich darf abschließend zusammenfassen," ich wende mich an Heinrich und Charlus und ignoriere die nachgemachte Menschin: „Die Spielereien um das Eigenleben der Archive von Lebensweisen stammten aus einer Zeit, in der ich keine Zeit zum Denken mehr hatte, aber darauf hoffte, dass nichts von unseren Erfahrungen verloren gehen sollte. Der Sprung vom Archiv zum aktiven Verteiler, der ohne Backbone funktionierte wie ein Filesharigsystem, kam mir erst später, als die umfassenden Datenspeicher als Speicherstätten für Intensitäten und Geistesblitze konzipiert werden konnten. Erst damit wurde also ein anderer Begriff der Abbildung der Wirklichkeit denkbar – und die Nähe zum Internet sollte nicht verwundern, aus den alltäglichen Routinen entstehen reziproke Weltbilder und mit ein bisschen Glück die entsprechenden Wirksamkeiten. Das Prinzip Karte fängt eine Welt immer nur unvollkommen ein, als Ausschnitt oder Verkürzung oder Modell. Was wäre, wenn diese Welt vielleicht nur ein Hologramm einer anderen Welt wäre, in der energetische Entitäten in einem unendlich vermittelten Datenverkehr begriffen sind, der in seiner Immaterialität nicht einmal den Beschränkungen der Lichtgeschwindigkeit untersteht. Wenn ich ‚das Abenteuer der Ideen' in einem derartigen Archiv graduell über dem materiellen kosmischen Geschehen ansiedle, komme ich zu einer Karte oder Abbildung der Welt, von der die Welt nur ein kleiner, beschränkter Teil ist. Die Karte ist nicht nur identisch mit der abgebildeten Welt, sie enthält zudem alle Verweisungszusammenhänge und die Varianten der verschiedensten Interpretationsanweisungen – vielleicht untersteht eine solche Karte als totalisierter Verweisungszusammenhang nicht mehr der Linearität des Zeitverlaufs und macht damit verständlich, warum gewisse Wahrheiten aus der Zukunft auf uns zu kommen. Wir sind nicht fertig, also noch nicht festgestellt. Der Mensch ist das Wesen, das sich durch die Möglichkeiten definieren kann, die seine Zukunft bereit hält; der Mensch ist wesentlich bezogen auf das, was er noch nicht ist – das war der Quellpunkt des mythischen Denkens und es liefert noch heute die Funktionen des weltsetzenden Vermögens, durch das die Technik und die Informatik zu Erweiterungen unserer Organausstattung geworden sind. Wenn also hin und wieder vom Ende des Menschen die Rede war, betraf dies eine sehr spezielle und in seinen Möglichkeiten extrem reduzierte Form der Anthropologie des bürgerlichen Denkens, die im neunzehnten Jahrhundert ausgeprägt wurde. Was Sie über den Grübler und Melancholiker zusammengefasst haben, möchte ich ergänzen durch den Hinweis auf die Möglichkeiten eines schnellen Brüters. Die für solche Zusammenhänge postulierte Form von Verweisungszusammenhang wäre also seinsmächtiger als die durch unsere Wissenschaften verbürgte Welt. Ich spiele mit dem Gedanken, dass mit Hilfe der von mir bearbeiteten Archive eine nachvollziehbare Handlungsanweisung für die Auswege aus einer vernagelten Wirklichkeit gefunden werden kann. Dank der Erfahrung von Intrigen, die dem Machterhalt und nicht der Wissenschaft dienten, die der institutionalisierten Verleugnung zuarbeiteten, ist es also kein Wunder, dass die Archive für mich im Laufe der Jahre mit immer mehr theologischen

Versatzstücken gesättigt wurden. Es galt den Quellpunkt jener Weisheiten zu kultivieren, an dem die verschiedenen Theologien immer nur schmarotzt hatten, um eine überzeugende Substanz simulieren zu können. Der Reiz der literarischen Intensitäten des Wissens war für mich tatsächlich eine Schwundstufe der ursprünglichen Weisheit. In den Verweisungszusammenhängen, den Randgängen der Signifikanten, in den unterschwelligen magnetischen Feldern, den unwillkürlichen Erinnerungen, den Irrgängen einer Metaphorologie usw. – fand ich einen Bezug, der mich über die selbst geschaffenen Gefängnisse des institutionalisierten Wissens hinaus führte. Und gerade weil mich einige ihrer Vertreter vernichten wollten, blieb wohl gar nichts anderes übrig, als zu den Urgewalten eines erotischen Wissens zurück zu finden und mit diesen Mitteln eine weitere Variante der Welt zu schaffen. Ich musste nicht mehr der Verführung gehorchen, im Werk als Bildungsbeamter zu verschwinden und dann als scheinbar neutraler Kommentator oder Chronist über Leben und Tod entscheiden zu wollen, um mir dank dieser Machtausübung eine Nische für einen zweiten Aufguss von Lebendigkeit zu sichern. Es war vielleicht einmal eine gute Übung, den Ich durch den Verzicht auf Redundanzen zu sprengen, die eigene Denkbewegung in Zitaten zu entfalten, die im Fortgang der Argumentation derart komprimiert worden waren, dass der Autor wegfiel und die Zitatmontage derart aus den befruchtenden Gedanken der Werke zusammengestellt wurde, dass sie mehr transportierte, als in den einzelnen Werken tatsächlich stand und die Form der Montage zugleich meinen verborgenen Kommentar lieferte – auch hier findet sich die autopoetische Funktion des Supplements wieder. Aber das war nicht mehr als eine Übung, ein letzter frommer Versuch, inkognito in einer Institution Fuß zu fassen, die mich gar nicht haben wollte und ab einem gewissen Stadium des Wettrüstens nur noch daran interessiert war, mich zu vernichten. So war es genau diese Technik der Liquidierung des Ich, mit der ich der Vernichtung entkam: Die verflüssigten Wahrheiten trugen ein Stück weit, hin und wieder beförderte mich ein logos spermaticos noch einen Weltentwurf weiter und immer wurde ein Gefühl freigesetzt, als suchten uralte Wahrheiten nach einem neuen

Wasserträger, bis plötzlich eine Leitung stand und die Weisheit war da."

„Algo hat noch nicht aufgegeben: „Ich kann dagegen nur zitieren, was sie selbst von sich gegeben haben!" Manchmal überlege ich nun, ob wir nicht dauernd von Toten umgeben sind, ob die verschiedensten Einsichten, Weisheiten oder Wissensformen nicht wirklich immer wieder auf die Gelegenheit warten, bis eine Empfänglichkeit entsteht und sie sich als Geistesblitz in unser Leben filtern können, um längst gewusstes wieder mit neuer Lebenskraft zu versehen, mit der unseren. Aber vielleicht ist das auch noch ein Trick, vielleicht wird so manche Empfänglichkeit dingfest gemacht, um sie von ihrer Inkompetenz zu überzeugen. Manchmal bin ich müde und am Ende dieses langen Wegs ausgebrannt, allerdings ausgerüstet mit den Erinnerungen an vielfältige Ekstasen. Der Hang zur Desillusionierung hatte schließlich Teil am Unternehmen der Aufklärung, die Inkompetenzkompensationskompetenz sollte jene feurige Vernunft beerben, dank der wir einmal in der Lage gewesen waren, junge Götter in die Welt zu schicken. Gegen die vorauseilende Enttäuschung liefern mir die vergangenen Jahre mittlerweile ohne Trauer oder Wut das Gefühl, mit einer weniger werdenden Zukunft vor mich hin zu wursteln – und vielleicht ist das gut so, vielleicht wird das einmal die einfachste Entscheidung sein: sich einfach hinzulegen und sich zu sagen, dass es jetzt genug ist. Die Wochen vergehen mit einer stumpfsinnigen Arbeit, für die ich dankbar bin, weil sie genug für unseren Lebensunterhalt abwirft und mich nicht fordert. An Corinne Maiers ,Entdeckung der Faulheit' ist einiges dran, warum sollen wir uns verheizen lassen, wenn uns die Arbeit in einem größeren Konzern die Möglichkeit einräumt, all das zu pflegen, was die entsprechenden Institutionen verhindern wollen – warum soll ich nicht für die Promotion meiner Einsichten für die Waffenlobby Werbung machen oder Atomkraft verkaufen. Das wäre eine Arbeit, die es sogar möglich macht, an der alten Routine der ausgiebigen Spaziergänge mit den Hunden festzuhalten, mittlerweile ohne Hunde – wir könnten morgens zwei Stunden gemeinsam spazieren, danach würde ich mich umziehen und in die Stadt fahren. An den Abenden könnte ich zwei-drei Stunden Zitate sammeln und an den Wochenenden ein paar Stunden schreiben. Unzensiert, ohne das Ziel, eine Veröffentlichung zu Stande zu bringen, könnte ich mir die Finger an der verbliebenen Glut eines inneren

Feuers wärmen. Manchmal frage ich mich, warum wir es uns so schwer gemacht haben.
Meinen Sie, damit bringen Sie eine neue Heilsbotschaft zustande? Das nehme ich Ihnen nicht ab! Warum sind Sie dann kein Beamter geworden? Aber natürlich bin ich gespannt auf Ihren Vortrag."

„Das Zitat haben Sie mutwillig verkürzt. Eigentlich ist es nur eine Kontrastfolie, auf der sich die tatsächliche Entscheidung besonders deutlich abhebt. Und die war einer der Gründe, warum wir uns zu der Einladung für ‚Die Schule der Liebe' entschieden haben," kommentiert Heinrich nach einem trockenen Hüsteln: „In diesem Kontext heißt es ganz eindeutig im Sinne unseres Forschungsauftrags: Die Male, wenn sie den göttlichen Pinsel eintunken und eine Skizze in den Farben der Ekstase hinterlassen, sind sie wieder jung und haben Teil an jener Unsterblichkeit, von der sie einmal ausgegangen waren. Und es wundert mich ein wenig, dass Sie aufgrund irgendwelcher persönlichen Animositäten zu vergessen scheinen, warum wir eine Konzeption für Verjüngungsseminare ausarbeiten sollten. Es reicht nicht, im Herzen jung zu bleiben und erst recht nicht, auf die plastische Chirurgie zu setzen – wir können keinem zwangsinfantilisierten Deppen helfen und keinem mit dem Skalpell hergestellten Stillleben! Das ist alles zu wenig, während hier alles da ist, abgesichert in den diversen Formen der Selbsterlebensbeschreibung. Wir haben die wesentlichen Einsichten und die biographischen Ansatzstellen – ich wundere mich wirklich, warum Sie sich quer stellen und blockieren!"

„Wir haben keinen Speicher mehr," Algo klingt etwas gequält: „Ich kann mir die Antwort sparen, denn ich kann sie derzeit nicht mehr begründen. Also greifen wir zu dem uralten Topos: ‚Hier ist Schluss!'"

Das ist schön und erinnert mich an einen Traum aus jener Zeit, in der aus Sparsamkeitsgründen der Traum der vergangenen Nacht wiederholt und auf alle Bilder verzichtet werden musste. Eigentlich war alles verloren gegangen, ein schwarzer Traum, wie er bei

Roszak beschrieben worden ist, hatte mich geschluckt. Nach einer letzten Empfindung ungeheuerlicher Beschleunigungen fiel nach dem Sehen plötzlich auch das Hören aus: Kurz zuvor noch der enorme Krach eines Hubschrauberrotors direkt über mir, dann der barbarische Rhythmus eine Dampframme, die den Boden unter meinen Füssen derart erschüttert, dass ich um mein Gleichgewicht ringe. Die körperliche Gegenwart dieses unerbittlichen Hämmerns und dieser von den Rotoren gepeitschten Luft bleibt, als auf einmal kein Ton mehr zu hören ist. Stresswellen, die durch den Körper jagen, eine Ewigkeit in einer unendlichen Schwärze und doch ohne irgendeinen Laut, nur die körperlichen Erschütterungen dieses unbarmherzigen Lärms waren geblieben: Mit der Kraft eines vom Himmel fallenden dunklen Steins rasen wir durch die Nacht. Manchmal, für einen kurzen Zeitraum, zerteilt das Licht eines Geistesblitzes die schwarze Gleichgültigkeit der unendlichen Räume. Hin und wieder begegnet unserem verklingenden Leuchten das ferne Licht eines fremden Blitzes und wie die Woge Helligkeit einen Augenblick länger hält, haben wir das tröstliche Gefühl, in einer Stimme zu sprechen, an einer gemeinsamen Kraft teilzuhaben und nicht völlig allein zu sein. Ich nehme keine Bilder mehr wahr, sondern beginne mich daran zu gewöhnen, Bilddateien zu durchsuchen, ich höre keine Musik mehr, sehe keine Filme mehr – aber ich achte auf die wiederkehrenden Muster in den Datenpaketen, auf die rhythmischen Muster dieser Muster, auf die Wiedererkennbarkeit von Gleichverteilungen. Das Wispern der Zeichenverarbeitung kann so etwas wie Glück transportieren, die Sogwirkung des Magnetismus die Reziprozität der Gefühlswelt suggerieren, der Austausch von Daten zwischen Archiven eine gewisse Geborgenheit vermitteln – wobei die enormen Entfernungen das Risiko minimieren, denn so besteht mit Sicherheit keine Gefahr, unvermittelt aufeinander zu stoßen. Wir haben nicht darum gebeten, hier zu sein, es hat gebraucht, bis wir endlich realisierten, dass wir einem Projektil gleichen; es hat gedauert, bis uns klar geworden ist, dass es kein Zurück geben kann, weil uns nicht bekannt ist, wo wir hergekommen sind; wir wissen nicht einmal, ob eine verborgene Zielprogrammierung dafür sorgen soll, dass wir als Bombe irgendwo einschlagen oder ob die Freude an der eigenen Kraft und Beschleunigung irgendwann durch die Sinnlosigkeit aufgesaugt sein wird. Dann taumeln wir vielleicht als ausgebranntes Wrack durch den leeren Raum, bis nach einer Unendlichkeit eine fremde Gravitation zugreift, die uns in die Geburt eines Sonnensystems einbacken wird. Und dann dauert es im kosmischen Maßstab nicht sehr lange, bis wir wieder für eine Ewigkeit durch die absurde Nacht rasen, um eine ganze Zivilisation in einem blendend grellen Blitz vergehen zu lassen oder eine tote, kahle Wüste mit neuen Lebensspuren zu impfen. Auf die Dauer und im Zuge der unabzählbaren Wiederholungen ist es nur ein kleiner Trost, gelegentliche Leuchteffekte und energetische Spuren in diesem allumfassenden Nichts zustande zu bringen.

Die Galerie der Geistesblitze

Erster Teil: Der Schamane im Bücherregal

Zweiter Teil: Die Schule der Liebe und der Schrecklichen Künste

Dritter Teil: Die Chronik eines sozialen Todes

Supplemente:

Souveränitätstraining
Eigenzeit – Wahrheiten der Sinne
Helden des Subliminalen

www.ingramcontent.com/pod-product-compliance
Lightning Source LLC
Chambersburg PA
CBHW060822170526
45158CB00001B/52